软件开发魔典

U03364888

C++
从入门到项目实践（超值版）

聚慕课教育研发中心　编著

清华大学出版社
北　京

内容简介

本书采取"基础知识→核心应用→核心技术→高级应用→行业应用→项目实践"结构和"由浅入深，由深到精"的学习模式进行讲解。全书共 23 章，首先讲解了 C++语言的基本概念、C++程序结构、常量与变量、数据类型与声明、运算符与表达式、循环与转向语句、数组、指针、函数等基础知识，还介绍了类和对象、C++的命名空间与作用域、继承与派生、多态与重载、输入与输出、C++文件操作、C++容器、C++模板、C++标准库、异常的处理与调试等。在行业应用实践环节讲解了 C++在游戏行业、金融电信行业、移动互联网行业中的应用，最后在项目实践环节重点介绍了 C++语言在简易计算器、学生信息查询系统两个大型项目案例中项目开发实践的全过程。

本书的目的是从多角度，全方位地帮助读者快速掌握 C++软件开发技能，构建从高校到社会的就职桥梁，让有志于从事软件开发工作的读者轻松步入职场。本书由于赠送的资源比较多，我们在本书前言部分对资源包的具体内容、获取方式以及使用方法等做了详细说明。

本书适合 C++语言初学者以及初、中级程序员阅读，同时也可作为没有项目实践经验，但有一定 C++编程基础的人员阅读，还可作为正在进行软件专业毕业设计的学生以及大专院校和培训机构的参考用书。

图书在版编目（CIP）数据

C++从入门到项目实践：超值版 / 聚慕课教育研发中心编著. —北京：清华大学出版社，2019
（软件开发魔典）

ISBN 978-7-302-51902-7

Ⅰ. ①C… Ⅱ. ①聚… Ⅲ. ①C++语言－程序设计 Ⅳ. ①TP312.8

中国版本图书馆 CIP 数据核字（2018）第 286722 号

责任编辑：张　敏
封面设计：杨玉兰
责任校对：徐俊伟
责任印制：宋　林

出版发行：清华大学出版社
　　　　　网　　　址：http://www.tup.com.cn, http://www.wqbook.com
　　　　　地　　　址：北京清华大学学研大厦 A 座　　　邮　　编：100084
　　　　　社 总 机：010-62770175　　　邮　　购：010-62786544
　　　　　投稿与读者服务：010-62776969, c-service@tup.tsinghua.edu.cn
　　　　　质量反馈：010-62772015, zhiliang@tup.tsinghua.edu.cn
印 装 者：三河市龙大印装有限公司
经　　销：全国新华书店
开　　本：203mm×260mm　　　印　张：26　　　字　　数：770 千字
版　　次：2019 年 4 月第 1 版　　　印　　次：2019 年 4 月第 1 次印刷
定　　价：79.90 元

产品编号：075196-01

前言
PREFACE

丛书说明

本套"软件开发魔典"系列图书，是专门为编程初学者量身打造的编程基础学习与项目实践用书。

本丛书针对"零基础"和"入门"级读者，通过案例引导读者深入技能学习和项目实践。为满足初学者在基础入门、扩展学习、编程技能、行业应用、项目实践 5 个方面的职业技能需求，特意采用"基础知识→核心应用→核心技术→高级应用→行业应用→项目实践"的结构和"由浅入深，由深到精"的学习模式进行讲解。

本丛书目前计划包含以下书目：

《Java 从入门到项目实践（超值版）》	《HTML 5 从入门到项目实践（超值版）》
《C 语言从入门到项目实践（超值版）》	《MySQL 从入门到项目实践（超值版）》
《JavaScript 从入门到项目实践（超值版）》	《Oracle 从入门到项目实践（超值版）》
《C++从入门到项目实践（超值版）》	《HTML 5+CSS 3+JavaScript 从入门到项目实践（超值版）》

古人云：读万卷书，不如行万里路；行万里路，不如阅人无数；阅人无数，不如有高人指路。这句话道出了引导与实践对于学习知识的重要性。本书始于基础，结合理论知识的讲解，从项目开发基础入手，逐步引导读者进行项目开发实践，深入浅出地讲解 C++在软件编程的各项技术和项目实践技能。本丛书的目的是多角度、全方位地帮助读者快速掌握软件开发技能，为读者构建从高校到社会的就职桥梁，让有志从事软件开发的读者轻松步入职场。

C++语言最佳学习线路

本书以 C++语言最佳的学习模式来设计内容结构，第 1~4 篇可使您掌握 C++语言软件编程的基础知识和应用技能，第 5、6 篇可使您拥有多个行业项目开发经验。遇到问题时可学习本书同步微视频，也可以通过在线技术支持，请老程序员为你答疑解惑。

本书特色

1. 结构科学、自学更易

本书在内容组织和范例设计中充分考虑初学者的特点，由浅入深、循序渐进，无论您是否接触过 C++

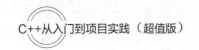

语言，都能从本书中找到最佳的起点。

2．视频讲解、细致透彻

为降低学习难度，提高学习效率，本书录制了同步微视频（模拟培训班模式）。通过视频除了能轻松学会专业知识外，还能获取老师的软件开发经验，使学习变得更轻松有效。

3．超多、实用、专业的范例和实践项目

本书结合实际工作中的应用范例逐一讲解 C++语言的各种知识和技术，在行业应用篇和项目实践篇中更以 5 个项目的实践来总结本书前 18 章介绍的知识和技能，使您在实践中掌握知识，轻松拥有项目开发经验。

4．随时检测自己的学习成果

每章首页中均提供了"学习指引"和"重点导读"，以指导读者重点学习及学后检查；章后的"就业面试技巧与解析"均根据当前最新求职面试（笔试）题精选而成，读者可以随时检测自己的学习成果，做到融会贯通。

5．专业创作团队和技术支持

本书由聚慕课教育研发中心编著和提供在线服务。您在学习过程中遇到任何问题，均可登录 http://www.jumooc.com 网站或加入图书读者（技术支持）QQ 群 529669132 进行提问，作者和资深程序员为您在线答疑。

本书附赠超值王牌资源库

本书附赠了极为丰富超值的王牌资源库，具体内容如下。

（1）王牌资源 1：随赠本书"配套学习与教学"资源库，提升读者的学习效率。
- 全书同步 280 节教学微视频（支持扫描二维码观看），总时长 12 学时。
- 全书 5 个大型项目案例以及全书实例源代码。
- 本书配套上机实训指导手册，全书学习、授课与教学 PPT 课件。

（2）王牌资源 2：随赠"职业成长"资源库，突破读者职业规划与发展弊端与瓶颈。
- 求职资源库：206 套求职简历模板库、600 套毕业答辩与 80 套学术开题报告 PPT 模板库。
- 面试资源库：100 例常见面试（笔试）题库、200 道求职常见面试（笔试）真题与解析。
- 职业资源库：100 例常见错误及解决方案、100 套岗位竞聘模板。程序员职业规划手册、开发经验及技巧集、软件工程师技能手册。

（3）王牌资源 3：随赠"C++软件开发魔典"资源库，拓展读者学习本书的深度和广度。
- 案例资源库：120 套 C++经典案例库。
- 程序员测试资源库：计算机应用测试题库、编程基础测试题库、编程逻辑思维测试题库、编程英语水平测试题库。
- 软件开发文档模板库：10 套八大行业软件开发文档模板库，40 套 C++项目案例库、C++等级考级题库。
- 软件学习必备工具及电子书资源库：C++标准库函数查询手册、C++常用命令查询手册、C++程序员职业规划手册、C++程序员面试技巧、C++常用语句解析手册、C++常见错误及解决方案、C++开发经验及技巧集。

（4）王牌资源 4：编程代码优化纠错器。
- 本助手能让软件开发更加便捷和轻松，无须配置复杂的软件运行环境即可轻松运行程序代码。

- 本助手能一键格式化，让凌乱的程序代码更加规整美观。
- 本助手能对代码精准纠错，让程序查错不再难。

上述资源获取及使用

注意：由于本书不配送光盘，书中所用及上述资源均需借助网络下载才能使用。

1. 资源获取

采用以下任意途径，均可获取本书所附赠的超值王牌资源库。

（1）加入本书微信公众号"聚慕课 jumooc"，下载资源或者咨询关于本书的任何问题。

（2）登录网站 www.jumooc.com，搜索本书并下载相应资源。

读者服务
QQ 群

（3）加入本书读者（技术支持）服务 QQ 群（529669132），读者可以打开群"文件"中对应的 Word
文件，获取网络下载地址和密码。

（4）通过电子邮件 elesite@163.com 或 408710011@qq.com 与我们联系，获取本书的资源。

2. 使用资源

本书可通过以下途径学习和使用本书微视频和资源。

（1）通过 PC 端（在线）、App 端（在/离线）和微信端（在线）以及平板端（在/离线）学习本书微视
频和练习考试题库。

（2）将本书资源下载到本地硬盘，根据学习需要选择性使用。

本书适合哪些读者阅读

本书非常适合以下人员阅读：

- 没有任何 C++基础的初学者。
- 有一定的 C++基础，想进一步精通 C++编程的人员。
- 有一定的 C++编程基础，没有项目实践经验的人员。
- 正在进行软件专业相关毕业设计的学生。
- 大专院校及培训学校的教师和学生。

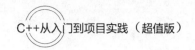

创作团队

本书由聚慕课教育研发中心组织编写，参与本书编写的主要人员有：王湖芳、张开保、贾文学、张翼、白晓阳、李伟、李欣、樊红、徐明华、白彦飞、卞良、常鲁、陈诗谦、崔怀奇、邓伟奇、凡旭、高增、郭永、何旭、姜晓东、焦宏恩、李春亮、李团辉、刘二有、王朝阳、王春玉、王发运、王桂军、王平、王千、王小中、王玉超、王振、徐利军、姚玉忠、于建杉、张俊锋、张晓杰、张在有等。

在本书的编写过程中，我们尽所能地将最好的讲解呈现给读者，但也难免有疏漏和不妥之处，敬请不吝指正。若您在学习中遇到困难或疑问，或有何建议，可写信至信箱 elesite@163.com。另外，您也可以登录我们的网站 http://www.jumooc.com 进行交流以及免费下载学习资源。

作　者

目录
CONTENTS

第 2 篇　核心应用

第1篇

基础知识

只有具备了牢固的基础知识，才能更快地掌握高级的技术。本篇从 C++基础部分讲起，通过对 C++开发语言的环境搭建、C++程序结构、常量和变量、数值与数据结构、运算符和表达式等知识的讲解，为以后编程奠定最坚实的基础。

第1章

步入 C++编程世界

 学习指引

    C++语言是当今应用最广泛的面向对象程序设计的语言，它包括 C 的全部特征、属性和优点。C++被认为是一种中级语言，它综合了高级语言和低级语言的特点，吸引了许许多多的编程学习者。本章将详细介绍 C++编程世界，主要内容包括：了解 C++语言、走进 C++、C++应用程序开发基本过程、C++代码结构编写规范。

 重点导读

- 熟悉 C++的优缺点。
- 掌握 C++开发环境。
- 熟悉 C++应用程序开发基本过程。
- 掌握代码结构编写规范。

1.1　了解 C++语言

    C++进一步扩充和完善了 C 语言，成为一种面向对象的程序设计语言。C++语言发展大概可以分为三个阶段：

    第一阶段：从 20 世纪 80 年代到 1995 年。这一阶段 C++语言基本上是传统类型上的面向对象语言，并且凭借着接近 C 语言的效率，在工业界使用的开发语言中占据了相当大的份额；

    第二阶段：从 1995 年到 2000 年，这一阶段由于标准模板库（STL）和后来的 Boost 等程序库的出现，泛型程序设计在 C++中占据了越来越多的比重性。当然，同时由于 Java、C#等语言的出现和硬件价格的大规模下降，C++受到了一定的冲击；

    第三阶段：从 2000 年至今，由于以 Loki、MPL 等程序库为代表的产生式编程和模板元编程的出现，C++出现了发展历史上又一个新的高峰，这些新技术的出现以及和原有技术的融合，使 C++成为当今主流程序设计语言中最复杂的一员。

1.1.1　从 C 到 C++

C 语言是 1972 年由美国贝尔实验室的 D.M.Ritchie 设计发明的。它不是为初学者设计的，而是为计算机专业人员设计的。大多数系统软件和许多应用软件都是用 C 语言编写的。但是随着软件规模的增大，用 C 语言编写程序渐渐显得有些吃力了。

C++是由 AT&T Bell（贝尔）实验室的 Bjarne Stroustrup 博士及其同事于 20 世纪 80 年代初在 C 语言的基础上开发成功的。

C++对 C 的"增强"，表现在两个方面：

（1）增加了面向对象的机制。

（2）在原来面向过程的机制基础上，对 C 语言的功能做了不少扩充。

面向对象程序设计，是针对开发较大规模的程序而提出来的，目的是提高软件开发的效率。不要把面向对象和面向过程对立起来，面向对象和面向过程不是矛盾的，而是各有用途、互为补充的。

C++是 C 语言的继承，它保留了 C 语言原有的所有优点。C++不仅可以进行 C 语言的过程化程序设计，又可以进行以抽象数据类型为特点的基于对象的程序设计，还可以进行以继承和多态为特点的面向对象的程序设计。C++在一定程度上可以和 C 语言很好地结合，甚至大多数 C 语言程序是在 C++的集成开发环境中完成的。C++相对于众多的面向对象的语言，具有相当高的性能。

学习 C++，既要会利用 C++进行面向过程的结构化程序设计，也要会利用 C++进行面向对象的程序设计。

1.1.2　C++优点

C++是一种中级编程语言，它既可以高级编程方式编写应用程序，又可以低级编程方式编写与硬件紧密协作的库，让开发人员能够控制资源的使用性和可用性。

（1）修补了 C 语言中的一些漏洞，提供更好的类型检查和编译时的分析。使程序员在 C++环境下继续写 C 代码，也能得到直接的好处。

（2）与 C 语言兼容，既支持结构化的程序设计，也支持面向对象的程序设计。而且，熟悉 C 语言的程序员，能够迅速掌握 C++语言。

（3）利用 throw、catch 和 try 关键字，出错处理程序不必与正常的代码紧密结合，提高了程序的可靠性和可读性。提供了异常处理机制，简化了程序的出错处理。

（4）一般来说，用面向对象的 C++编写的程序执行速度与 C 语言程序不相上下。生成目标程序质量高，程序执行效率高。

（5）对于具体数据类型，编译器自动生成模板类或模板函数，它提供了源代码复用的一种手段。提供了模板机制。模板包括类模板和函数模板两种，它们将数据类型作为参数。

（6）缺省参数可以使得程序员能够以不同的方法调用同一个函数，并自动对某些缺省参数提供缺省值。函数可以重载及可以使用缺省参数。重载允许相同的函数名具有不同参数表，系统根据参数的个数和类型匹配相应的函数。

（7）实现了面向对象程序设计。在高级语言当中，处理运行速度是最快的，大部分的游戏软件，系统都是由 C++来编写的。

（8）语言非常灵活，功能非常强大。如果说 C 语言的优点是指针，那么 C++的优点就是性能和类层次结构的设计。

1.1.3 C++典型行业应用

C++是一门运用很广泛的计算机编程语言，适合于多种操作系统，因此也有着很广阔的运用领域。

据不完全数据统计，C++在游戏、服务器端开发、数字图像处理、网络软件、移动（手持）设备等领域中都是可以被用到的。

对于我们平常接触比较多的游戏而言，目前很多游戏客户端都是基于 C++开发的，随社会的进步和科学技术的发展，计算机技术也慢慢地走进人们的生活，编程成为了网络技术人员不可或缺的技能之一，表 1-1 是 C++在生活中的应用。

表 1-1　C++在各行业中的应用

C++在游戏开发行业中的应用	主角升级、打怪、做任务等
C++在金融电信行业中的应用	账务处理、资金管理、账务分析、销售等功能
C++在移动互联网行业中的应用	手机、电脑及移动客户端系统的软件开发
C++在物联网行业中的应用	危险区域远程控制以及智能家居等领域

1.2　走进 C++

本章将带领你步入 C++的世界，教会你用自己的双手开启 C++之门——编写第 1 个 C++应用程序，了解 C++程序的开发过程，剖析 C++程序结构，掌握 C++代码编写规范，并能熟练使用帮助系统 MSDN。

1.2.1 Visual Studio 2017 开发环境安装与运行

Visual Studio 交互式开发环境（IDE）是微软公司推出的一种创新启动版，是目前最流行的 Windows 平台应用程序开发环境，适用于 Android、iOS、Windows、Linux、Web 和云的应用。

下面将详细介绍安装 Visual Studio 2017，使读者掌握每一步的安装过程。学完本节之后，读者完全可以自行安装 Visual Studio 2017。安装 Visual Studio 2017 的具体操作步骤如下。

（1）双击打开下载好的 vs_community.exe 安装包，如图 1-1 所示，弹出如图 1-2 所示的 "Visual Studio 2017 程序安装" 界面。

图 1-1　vs_community.exe 程序安装包

图 1-2　"Visual Studio 2017 程序安装" 界面

（2）单击"继续"按钮，会弹出"Visual Studio 2017 程序安装加载页"界面，显示正在加载程序所需的组件，如图 1-3 所示。

（3）当读条完成后应用程序会自动跳转到"Visual Studio 2017 程序安装起始页"界面，如图 1-4 所示。该界面提示有三个版本可供选择，分别是 Visual Studio Community 2017、Visual Studio Enterprise 2017、Visual Studio Professional 2017，用户可以根据自己的需求自行选择。

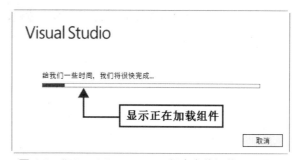

图 1-3　"Visual Studio 2017 程序安装加载页"界面

图 1-4　"Visual Studio 2017 程序安装起始页"界面

对于初学者而言，一般推荐使用"Visual Studio Community 2017"版本。

（4）在单击"安装"按钮之后，会弹出"Visual Studio 2017 程序安装选项页"界面，在该界面的菜单中选择"工作负载"对话框，然后分别勾选"通用 Windows 开发平台"和"使用 C++的桌面开发"复选框。用户也可以在"位置"处选择产品的安装路径，如图 1-5 所示。

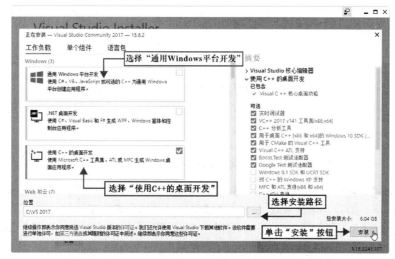

图 1-5　"Visual Studio 2017 程序安装选项页"界面

（5）选择好要安装的功能后，单击"安装"按钮，进入如图1-6所示的"Visual Studio 2017程序安装进度页"界面，显示安装进度。

图1-6 "Visual Studio 2017程序安装进度页"界面

（6）安装完成后，会弹出如图1-7所示"Visual Studio 2017程序安装完成页"界面，单击"启动"按钮。

图1-7 "Visual Studio 2017程序安装完成页"界面

（7）在Visual Studio 2017启动后会弹出"欢迎窗口"界面，如果有注册过微软的账户，可以单击"登录"按钮登录微软账户。如果不想登录，则可以直接单击"以后再说"按钮跳过登录，如图1-8所示。然后在弹出的"Visual Studio界面配置"窗口中，单击"开发设置"的下拉菜单，选择Visual C++选项。主题默认为"蓝色"（这里可以选择自己喜欢的风格），然后单击"启动Visual Studio（S）"按钮启动Visual Studio 2017，如图1-9所示。

图 1-8 "欢迎窗口"界面

图 1-9 "Visual Studio 界面配置"窗口

（8）等待 Visual Studio 2017 启动完毕后，会弹出"Visual Studio 2017 起始页"界面，所有开发调试工作都将在起始页界面中完成。至此程序开发环境安装完成，如图 1-10 所示。

图 1-10 "Visual Studio 2017 起始页"界面

1.2.2 开始 C++程序开发——"新建项目"对话框

使用 Visual Studio 2017 开发环境编写 C++程序前，首先要创建空工程，创建一个空白工程的步骤如下：

步骤 1：打开 Visual Studio 2017 开发环境主界面，选择"文件"→"新建"→"项目"命令菜单，如图 1-11 所示。

步骤 2：打开"新建项目"对话框，如图 1-12 所示。首先选择"已安装"选项卡，然后选择 Visual C++选项卡，在列表框中选择"空项目"选项，然后输入工程名称并选择工程存放的路径，单击"确定"按钮后就返回到"Visual Studio 2017 空项目"界面，如图 1-13 所示。

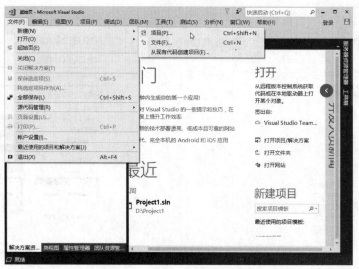

图 1-11 "新建项目"命令菜单

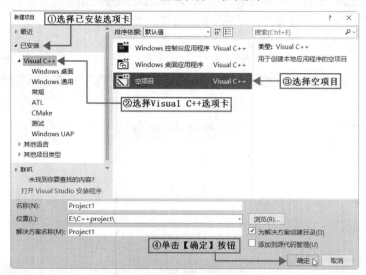

图 1-12 "新建项目"对话框

图 1-13 "Visual Studio 2017 空项目"界面

1.2.3　项目管理——工作区窗口

Visual Studio 2017 是通过工作区窗口对项目进行管理的，工作区窗口项目管理包括解决方案资源管理器和团队资源管理器。"解决方案资源管理器"界面如图 1-14 所示，其项目名称包括引用、外部依赖项、头文件、源文件和资源文件等；"团队资源管理器-连接"界面如图 1-15 所示，分为管理连接、托管服务提供商和本地 GIT 存储库。

图 1-14　"解决方案资源管理器"界面

图 1-15　"团队资源管理器-连接"界面

1.2.4　窗体及代码编辑——编辑窗口

在 Visual Studio 2017 中，对代码或资源的一切操作都是在编辑窗口中进行。

当创建 C++源程序时，编辑窗口是作为代码编辑窗口使用，可进行输入、输出、修改以及删除代码等操作，是实现功能的"作业本"，"编辑窗口"界面如图 1-16 所示。

图 1-16　"编辑窗口"界面

1.2.5　程序调试——输出窗口

Visual Studio 2017 中的输出窗口能够将程序编译以及运行过程中产生的各种信息反馈给开发人员。比如在"输出"选项卡中，开发人员能直观地查看程序所加载和操作的过程、警告信息以及错误信息等，"输出窗口"界面如图 1-17 所示。

程序出错一般出现语法错误和警告信息两种错误。

图 1-17　"输出窗口"界面

- 语法错误：常见的很多语法错误是输入的格式不对造成的，一般情况进行简单的修改就可以执行，一个语法错误可以引发多条 Error 信息，因此修改一个错误后，最好重新编译一次，以便提高工作效率。

- 警告信息：一般是违反了 C/C++的规则，因而系统给出警告信息，警告信息不会影响程序的执行。

1.3 C++应用程序开发基本过程

应用程序开发都是在编译环境中进行的，编译环境是程序运行的平台。一个程序在编译环境中，从编写代码到生成可执行文件最后到运行正确，需要经过编辑、编译、连接、调试和运行等几个阶段。

1.3.1 生成可执行文件的步骤

生成可执行文件基本上包括编辑阶段、编译阶段和连接阶段。

编辑阶段：在集成开发环境下创建程序，然后在编辑窗口中输入和编辑源程序，检查源程序无误后保存为.cpp 文件。

编译阶段：源程序经过编译后，生成一个目标文件，这个文件的扩展名为.obj。该目标文件包含源程序的目标代码，即机器语言指令。

连接阶段：将若干个目标文件和若干个库文件（lib）进行相互衔接生成一个扩展名为.exe 的文件，也就是可执行文件，该文件适应一定的操作系统环境。库文件是一组由机器指令构成的程序代码，是可连接的文件。库有标准库和用户生成的库两种。标准库由 C++提供，用户生成的库是由软件开发商或程序员提供。

1.3.2 分析并修复错误

分析并修复错误就是运行和调试的过程。

运行阶段：运行经过连接生成的扩展名为.exe 的可执行文件。

调试阶段：在编译阶段或连接阶段有可能出错，于是程序员就要重新编辑程序和编译程序。另外，程序运行的结果也有可能是错误的，也要重新进行编辑等操作。大致的开发过程如图 1-18 所示。

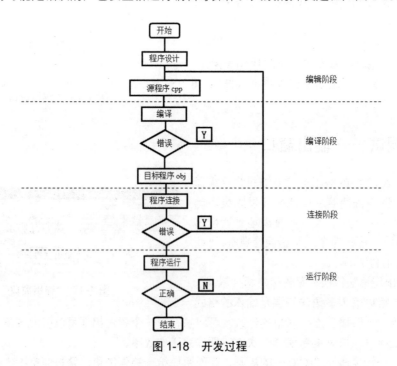

图 1-18　开发过程

1.3.3 编写第一个 C++应用程序

本节通过 Visual Studio 2017 创建一个非常简单的 Project1 程序，实现在命令行中输出"Hello C++"。以此来了解 C++的编程过程以及 Visual C++的具体操作流程。

在 Visual Studio 2017 中进入 C++文件编辑窗口界面，输入以下代码：

```cpp
#include <iostream>
using namespace std;
int main()
{
    cout << "Hello C++" << endl;
    return 0;
}
```

1.3.4 生成并执行第一个 C++应用程序

代码输入完成后，可使用快捷键 Ctrl+F5 直接运行程序，这个操作指令将编译、链接并执行应用程序。

注意：

（1）在菜单栏选择"调试">"开始调试"命令，程序会一闪而过，并显示"程序已退出，返回值为 0"。或者单击工具栏中的▶"本地 Windows 调试器"也可达到此效果。

（2）在菜单栏选择"调试">"开始执行(不调试)"命令，或者在编译环境中使用快捷键 Ctrl+F5 直接开始执行，弹出如图 1-19 所示的"代码输出"界面。

图 1-19 "代码输出"界面

1.3.5 理解编译错误

Visual Studio 2017 作为微软成熟的一种程序编译环境，受到很多朋友的青睐。对于很多程序员来说，在 Visual Studio 2017 编程时会遇到各种各样的错误信息，更好地理解错误信息可以大大节省确定并改正错误内容所花费的时间。编译器的要求非常苛刻，但是优秀的编译器会相当明确地指出错误在什么地方。

要搞清楚编译器为什么会报告某一行上存在错误，首先必须明确编译器解析 Visual C++代码的机制。本节并不打算对此进行详细论述，但是，本节将会讨论一些更易于引发错误的简单概念。

优秀的编译器会对错误进行详细的描述，它会指出包含错误的文件名称、在哪一行遗漏了分号以及没有使用大括号结束一个函数或者一个循环等错误，只要根据报错进行逐一正确修改，程序便能通过编译。

1.4 C++代码结构编写规范

C++程序语言的书写格式自由度高，灵活性强，随意性大。一行内可写一条语句，也可写几条语句；一个语句也可分写在多行内。从而使得 C++程序比其他语言更难理解。为了提高程序的可读性，使用规范的代码编写是非常重要和必要的。

1.4.1 代码写规范的优点

代码书写规范，可以使程序结构一目了然，程序代码紧凑，方便阅读程序的人和编写程序的人阅读和修改程序中的错误，增加了程序的可读性，特别是在团队中开发程序时尤为重要。因此，写代码时遵守 C++ 的规范是非常必要的。优点如下：

（1）规范的代码可以保持编码风格，注释风格一致，应用设计模式一致。

（2）规范的代码可以使新程序员，通过熟悉编码规范，更容易、更快速地掌握你们的程序基础库。

（3）规范的代码可以减少代码中 bug 出现的可能性，因为程序员在遇到各种情况时有标准可以简单地遵循，有现成的可以参考。

（4）规范的代码可以防止利用晦涩难懂的语言功能创造不良代码。例如，C++是一种语言猛兽。有些程序员也许会使用诸如模板和异常等语言功能，尽管这些不是很深奥的语言用法，但仍能产生意想不到的性能问题。

（5）规范的代码可以遵循业界广泛采用的编码规范，更容易获得辅助工具。

（6）规范的代码可以降低后期对系统和软件的维护成本。

1.4.2 如何将代码写规范

将代码书写规范，能够为代码增加可读性，便于理解，编写程序时应按以下要点书写。

（1）一般情况下每一个语句占用一行。

（2）变量的声明和初始化都应对齐。例如：

```
char      a;
float     b;
double    c;
a = 6;
b = 0.5;
c = 8;
```

（3）表示结构层次的大括弧，写在该结构化语句第 1 个字母的下方，与结构化语句对齐，并占用一行。例如：

```
void main()
{
cout<<"我爱编程!"<<endl;
}
```

（4）同一结构层次中的语句缩进同样的字数。例如：

```
{
...
if(x<10)
{
x++;                //如果 x 是小于 10 的数,x 的值为 x 自加 1
}
else
{
printf("%d",x);     //如果 x 不是小于 10 的数,则输出 x 的值
}
}
```

（5）编译的同时书写注释，代码间注释分为单行注释和多行注释。例如：

```
//<单行注释>
/*多行注释 1
多行注释 2*/
```

1.5　就业面试技巧与解析

1.5.1　面试技巧与解析（一）

面试官：简述 C++语言的优缺点。

应聘者：C++语言的优缺点如下。

- C++语言的优点：C++语言既保留了 C 语言的有效性、灵活性、便于移植等全部精华和特点，又添加了面向对象编程的支持，具有强大的编程功能，可方便地构造出模拟现实问题的实体和操作；用C++编写的程序可读性好，生成的代码质量高，编写出的程序具有结构清晰、易于扩充等优良特性，适合于各种应用软件、系统软件的程序设计。
- C++语言的缺点：首先 C++比 C 增加很多功能，也注定它比 C 更消耗内存；C++的可移植性一般；C++的动态对象必须及时销毁，否则可能会造成内存泄漏。

1.5.2　面试技巧与解析（二）

面试官：程序调试输出过程中一般会有几种错误，分别是什么？

应聘者：程序调试输出过程一般有语法错误和警告信息两种。

- 语法错误：常见的很多语法错误是输入的格式不对造成的，一般情况进行简单的修改就可以执行，一个语法错误可以引发多条 Error 信息，因此修改一个错误后，最好重新编译一次，以便提高工作效率。
- 警告信息：一般是违反了 C/C++的规则，因而系统给出警告信息，警告信息不会影响程序的执行。

第2章

C++程序结构

 学习指引

C语言是结构化和模块化的面向过程的语言，C++语言是面向对象的程序设计语言，两者的区别主要在于编程思想。因为C是基于过程的，强调的是程序的功能，以功能为中心。而C++是面向对象的，强调程序的分层、分类，以抽象为基础，进行对象的定义与展示，即程序设计。

本章将详细介绍C++程序结构，主要内容包括：C++的程序组成结构、命名空间、输入与输出等。

 重点导读

- 熟悉并掌握函数的主体以及预编译指令。
- 熟悉代码注释。
- 熟悉命名空间。
- 熟悉并掌握输入输出。

2.1　Hello C++程序的组成结构

学习编程是一个由易到难的过程，先编写一个最简单的程序，了解C++语言的基本组成结构。本节将以第1章中"Hello C++"为例。

【例2-1】编写程序，输出"Hello C++!"。

（1）在Visual Studio 2017中，新建名称为"2-1.cpp"的Project1文件。

（2）在代码编辑区域输入以下代码。

```cpp
#include <iostream>                    /*包含标准输入输出库*/
using namespace std;                   /*使用命名空间std*/
int main()                             /*定义主函数*/
{
    cout << "Hello C++!" << endl;      /*向标准输入输出设备输出字符串*/
    return 0;                          /*返回值*/
}
```

【程序分析】在运行程序时会在屏幕上输出一行信息："Hello C++!"。而组成这段程序可以分为三个部分：

（1）在程序开头用 main 代表"主函数"的名字。每一个 C++程序都必须有一个 main()函数。main 前面的 int 的作用是声明函数的类型为整型。程序第 6 行的作用是向操作系统返回一个零值。如果程序不能正常执行，则会自动向操作系统返回一个非零值，一般为-1。函数体是由大括号{}括起来的。本例中主函数内只有一个以 cout 开头的语句。

注意：C++所有语句最后都应当有一个分号。

（2）在程序的第 1 行有 "#include <iostream>"，这不是 C++的语句，而是 C++的一个预处理指令，它以 "#" 开头来与 C++语句相区别，行的末尾没有分号。

#include <iostream>是一个"包含命令"，它的作用是将文件 iostream 的内容包含到该命令所在的程序文件中，代替该命令行。文件 iostream 的作用是向程序提供输入或输出时所需要的一些信息。iostream 是 i-o-stream 三个词的组合，从它的形式就可以知道它代表"输入输出流"的意思，由于这类文件都放在程序单元的开头，所以称为"头文件"（head file）。在程序进行编译时，先对所有的预处理命令进行处理，将头文件的具体内容代替#include 命令行，然后再对该程序单元进行整体编译。

（3）程序的第 2 行 "using namespace std;" 的意思是"使用命名空间 std"。C++标准库中的类和函数是在命名空间 std 中声明的，因此程序中如果需要用到 C++标准库（通过#include 命令行来调用），就需要用 "using namespace std;"作声明，表示要用到命名空间 std 中的内容。

在 Visual Studio 2017 中的运行结果如图 2-1 所示。

在初学 C++时，对本程序中的第 1，2 行可以不必深究，只需知道：如果程序有输入或输出时，必须使用 "#include <iostream>" 命令以提供必要的信息，同时要用 "using namespace std;"，使程序能够使用这些信息，否则程序编译时将出错。

图 2-1　Hello C++的组成结构

2.2　预处理器编译指令#include

预处理编译是 C++组织程序的工具。在程序运行前，预编译器将编译好指令发送给预处理器，为了识别这条指令，会在前面加上字符 "#"。预编译处理指令不是 C++语言中的语句。在上述程序中，"#include<iostream>" 的作用是在编译之前将文件 iostream 的内容增加（包含）到程序中，以作为其中一部分。

iostream 是系统定义的一个头文件，在该文件里设置了 C++的 I/O 相关环境，定义输入输出流对象 cout 与 cin 等。采用预处理指令的目的，在于增强和扩展语言编程的环境，为编程设计人员提供更为方便的编程手段。

2.3　程序的主体——main()

预处理器编译指令的后面是程序的主体 main()函数。单词 main 代表主函数的意思，main()函数是程序执行的入口，程序从 main()函数的第一条指令开始执行，直到 main()函数结束，同时整个程序也将执行结束。注意函数的格式，在 main 后面有个小括号 "()"，小括号内是放参数的地方。

main()函数是组成程序最基本的部分，在声明 main()函数时，总是要在它前面加上返回类型，这是一种标准化约定，表示 main()函数是没有返回类型的函数。函数的类型就是它的返回值，函数处理结果的返回值由 return 语句给出。

任一函数的描述都是包括在一对"{"和"}"中的语句序列，每个语句以";"结束。C++中严格区分大小写，但不严格限制程序的书写格式，不过从可读性角度出发，程序书写应采用内缩格式，一般一个语句占一行。

注意：在很多 C++应用程序中，都使用了类似于下面的 main()函数变种。

例如：

```
int main(int argc,char* argv[])
```

这符合标准且可以接受，因为其返回类型为 int 型。括号里的内容是提供给程序的参数。该程序允许用户执行时提供命令行参数。

2.4　返回值 return

return 表示从被调函数返回到主调函数继续执行，返回时可附带一个返回值，由 return 后面的参数指定。函数可以有返回值也可以没有返回值，当没有返回值时，函数类型声明为 void 型。每个函数都有类型，如果在定义中没有给出类型则默认为 int 型。main()也是函数，并且其返回值总是一个整数。

return 通常是必要的，因为函数调用的时候计算结果通常是通过返回值带出的。如果函数执行不需要返回计算结果，也经常需要返回一个状态码来表示函数执行的顺利与否（-1 和 0 就是最常用的状态码），主调函数可以通过返回值判断被调函数的执行情况。根据约定，编程人员在程序运行成功时返回 0，并在出现错误时返回-1。然而，返回值若是整数，则编程人员可利用整个整数范围，指出众多不同的成功和失败状态。

return 的语法格式如下：

```
return 表达式;
```

函数的计算结果通过该语句传递回主调函数。函数体内可以没有 return 语句，当需要在程序指定位置退出时，可以在该处放置一个"return ;"。

2.5　命名空间

所谓命名空间，就是一个由程序设计者命名的内存区域，程序设计者可以根据需要指定一些有名字的空间域，把一些全局实体分别放在各个命名空间中，从而与其他全局实体分隔开来。

2.5.1　命名空间的意义

假设这样一种情况，当一个班上有两个名叫张三的学生时，为了明确区分他们，我们在使用名字之外，不得不使用一些额外的信息，比如他们的家庭住址，或者他们父母的名字等。

同样的情况也出现在 C++应用程序中。例如，可能会写一个名为 fun()的函数，在另一个可用的库中也存在一个相同的函数 fun()。这样，编译器就无法判断用户所使用的是哪一个 fun()函数。

因此，引入命名空间这个概念，其实是为了避免变量或函数重名的问题。因为一个项目组内多个工程师进行开发，有可能会出现全局变量或函数重名的现象，而如果每个人都定义了自己的命名空间，就可以解决这个问题，即使重名，只要分属不同的命名空间就不会出现问题。

所以，从本质上讲，命名空间就是定义了一个范围，将多个变量和函数等包含在内，使其不会与命名空间以外的任何变量和函数等发生重名的冲突。

【例 2-2】编写程序，在命名空间里定义函数。

（1）在 Visual Studio 2017 中，新建名称为"2-2.cpp"的 Project2 文件。

（2）在代码编辑区域输入以下代码。

```cpp
#include <iostream>
using namespace std;
namespace first_name        /*第一个命名空间*/
{
    void fun()
    {
        cout << "第一个命名空间所包含的内容" << endl;
    }
}
namespace second_name       /*第二个命名空间*/
{
    void fun()
    {
        cout << "第二个命名空间所包含的内容" << endl;
    }
}
int main()
{
    first_name::fun();      /*调用第一个命名空间中的函数*/
    second_name::fun();     /*调用第二个命名空间中的函数*/
    return 0;
}
```

【程序分析】第一个命名空间 first_name 所包含的函数名为 fun；第二个命名空间 second_name 所包含的函数名也为 fun。但在主函数中调用时，编译器是许可的。

在 Visual Studio 2017 中的运行结果如图 2-2 所示。

为了避免同名混淆，使用命名空间可以起到相互分隔的作用，把一些全局实体分隔开来。C++可以根据需要设置多个命名空间，每个命名空间名代表一个不同的命名空间域，但是不同的命名空间不能同名。

图 2-2　命名空间的调用

这样，可以把不同的库中的实体放到不同的命名空间中，或者说，用不同的命名空间把不同的实体隐蔽起来。过去我们用的全局变量可以理解为全局命名空间，独立于所有有名的命名空间之外，它是不需要用 namespace 声明的，实际上是由系统隐式声明的，存在于每个程序之中。

2.5.2　命名空间的用法

1. namespace 的声明

C++语言引入命名空间这一概念主要是为了避免命名冲突，其关键字为 namespace。

```cpp
namespace first_name        /* first_name 表示命名空间的名称*/
{
    void fun();             //声明函数 fun()
}
```

为了调用带有命名空间的函数或变量，需要在前面加上命名空间的名称。

例如：

```
first_name::fun();    //也可以是变量
```

注意：指定所使用的变量时需要用到 ":: " 操作符，":: " 操作符是域解析操作符。

2. std 标准命名空间

标准 C++库的所有的标识符都是在一个名为 std 的命名空间中定义的。std 是一个类（输入输出标准），它包括了 cin 成员和 cout 成员，执行 "using namespace std ;" 语句后才能使用它的成员。

而#include<iostream>包含了 std 这个类。在类的使用之前需要预处理一下，代码才可以使用 cin,cout 这两个成员函数。如果不使用预处理 "using namespace std;"，需要加上 std::cin 或者 std::cout 再去使用它的成员函数。

std 是 standard（标准）的缩写，表示这是存放标准库的有关内容的命名空间，含义清楚，不必死记。这样，在程序中用到 C++标准库时，需要使用 std 作为限定。

（1）使用 "using namespace std;"

```
#include <iostream>
using namespace std;
int main()
{
    cout<<"This is a C++ program"<<endl;
    return 0;
}
```

（2）不使用 "using namespace std;"

```
#include <iostream>
int main()
{
    std::cout<<" This is a C++ program"<<std::endl;
    return 0;
}
```

2.6   C++代码中的注释

程序的注释是解释性语句，C++代码中允许包含注释，这将提高源代码的可读性。所有的编程语言都允许某种形式的注释。C++支持单行注释和多行注释。注释中的所有字符会被 C++编译器忽略。

用 "//" 作注释时，有效范围只有一行，即本行有效，不能跨行。而用 "/*……*/" 作注释时有效范围为多行。只要在开始处有一个 "/*"，在最后一行结束处有一个 "*/" 即可。因此，一般习惯是内容较少的简单注释常用 "//"，内容较长的常用 "/*……*/"。

例如：

```
//单行注释
/*多行注释1
多行注释2*/
```

例如：

```
#include <iostream>
using namespace std;
int main()
{
```

```
    cout << "Hello C++!" << endl;   //输出 Hello C++!
    return 0;
}
```

在 "/*" 和 "*/" 注释内部，"//" 字符没有特殊的含义。在 "//" 注释内，"/*" 和 "*/" 字符也没有特殊的含义。因此，可以在一种注释内嵌套另一种注释。

例如：

```
/* 用于输出 Hello C++!的注释
cout << "Hello C++!" << endl;   //输出 Hello C++!
*/
```

2.7 C++函数

函数能够将应用程序划分成多个功能单元，并且通过选择实现调用。在函数被调用时，通常会有一个值返回给调用它的函数。

【例 2-3】编写程序，完成一个函数的调用。

（1）在 Visual Studio 2017 中，新建名称为 "2-3.cpp" 的 Project3 文件。

（2）在代码编辑区域输入以下代码。

```
#include <iostream>
using namespace std;
int fun();     //声明函数
int fun()      //定义函数

{
    cout << "这是阳光明媚的一天!" << endl;
    cout << "5+5=" << 5+5 << endl;
    return 0;
}
int main()
{
    fun();     //调用函数
    return 0;
}
```

【程序分析】本例中定义了一个函数，其函数名为 fun()，返回类型为 int，展现了声明函数，调用函数，最后输出结果的过程。这个函数简单演示了 cout 的功能，既可以显示文本，还可以显示简单算术运算的结果。

在 Visual Studio 2017 中的运行结果如图 2-3 所示。

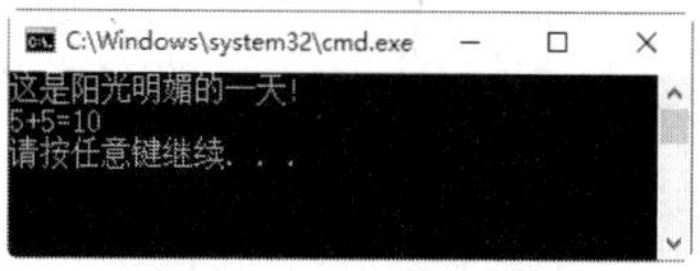

因为在定义函数 fun()的类型时是 int 整型，所以 fun()函数必须返回一个整数（这里返回的是 0）。同样，main()函数也返回 0。但是，由于 main()函数将其所有的任务都交给了函数 fun()去完成，所以更明智的做法是在 main()函数中返回该函数的返回值。

图 2-3 程序运行结果

【例 2-4】编写程序，完成一个函数的调用。

（1）在 Visual Studio 2017 中，新建名称为 "2-4.cpp" 的 Project4 文件。

（2）在代码编辑区域输入以下代码。

```
#include <iostream>
using namespace std;
int fun()
```

```
{
    cout << "这是阳光明媚的一天!" << endl;
    cout << "5+5=" << 5+5 << endl;
    return 0;
}
int main()
{
    return fun();        /*返回 fun()函数的返回值*/
}
```

【程序分析】 该代码的输出与【例 2-1】相同，但编写方式存在细微差别。首先在 main()函数前定义了函数 fun()，因此无须声明该函数。另外，main()函数中直接调用 fun()函数，并将该函数的返回值作为 main()函数的返回值，使主函数更加简短，调用过程如图 2-4 所示。

在 Visual Studio 2017 中的运行结果如图 2-5 所示。

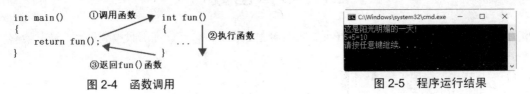

图 2-4　函数调用　　　　　　　　　　　　　　图 2-5　程序运行结果

注意：在函数无须做任何决策，也无须返回成功和失败状态时，可将其返回类型声明为 void 型，例如："void fun();"。

2.8　输入与输出

计算机与用户进行交互的过程中，数据的输入和输出是必不可少的操作过程。在 C 语言中，通常会使用函数 scanf()、printf()来对数据进行输入输出操作。而在 C++语言中，C 语言的这一套输入输出库仍然能使用，但是 C++又增加了一套新的、更容易使用的输入输出库。

由于输入和输出并不是 C++语言中的正式组成成分，并且 C 和 C++本身都没有为输入和输出提供专门的语句结构。所以 C++的输入输出发生在流中，流是字节序列。如果字节流是从设备（如键盘、磁盘驱动器、网络连接等）流向内存，这叫作输入操作。如果字节流是从内存流向设备（如显示屏、打印机、磁盘驱动器、网络连接等），这叫作输出操作。C++的输入输出流程图，如图 2-6 所示。

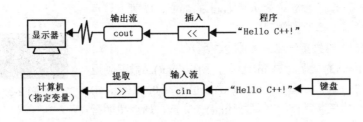

图 2-6　输入输出流程图

2.8.1　标准输出流 cout

预定义的对象 cout 是 iostream 类的一个实例。cout 对象连接到标准输出设备，通常是显示屏。cout 是与流插入运算符 "<<" 结合使用的。

【例2-5】编写程序，完成一个数据的输出。

（1）在 Visual Studio 2017 中，新建名称为"2-5.cpp"的 Project5 文件。

（2）在代码编辑区域输入以下代码。

```
#include <iostream>
using namespace std;
int main()
{
    int a=5;
    float b=3.5;
    cout << "请输出一个整数: a=" << a << endl;
    cout << "请输出一个小数: b=" << b << endl;
    system("pause");
    return 0;
}
```

【程序分析】本程序定义了一个 int 型变量 a 并赋值为 5，和一个 float 型变量 b，赋值为 3.5。

在 Visual Studio 2017 中的运行结果如图 2-7 所示。

图 2-7　标准输出流 cout

2.8.2　标准输入流 cin

预定义的对象 cin 是 iostream 类的一个实例。cin 对象附属到标准输入设备，通常是键盘。cin 是与流提取运算符">>"结合使用的，如下所示：

【例2-6】编写程序，完成一个数据的输入。

（1）在 Visual Studio 2017 中，新建名称为"2-6.cpp"的 Project6 文件。

（2）在代码编辑区域输入以下代码。

```
#include <iostream>
using namespace std;
int main()
{
    int a;
    float b;
    cout << "请输入一个整数: " << endl;
    cin >> a;
    cout << "整数 a= " << a << endl;
    cout << "请输入一个小数: " << endl;
    cin >> b;
    cout << "小数 b= " << b << endl;
    return 0;
}
```

【程序分析】本程序定义了两个变量，一个是 int 型的 a，另一个是 float 型的 b。然后通过 cin 为这两个变量赋值并输出。

在 Visual Studio 2017 中的运行结果如图 2-8 所示。

C++中的输入与输出可以看作是一连串的数据流，输入即可视为从文件或键盘中输入程序中的一串数据流，而输出则可以视为从程序中输出一连串的数据流到显示屏或文件中。

图 2-8　标准输入流 cin

在编写 C++程序时，如果需要使用输入输出时，则需要包含头文件 iostream，它包含了用于输入输出的对象，例如常见的 cin 表示标准输入、cout 表示标准输出、cerr 表示标准错误。

注意：iostream 是 Input Output Stream 的缩写，意思是"输入输出流"。

cout 和 cin 都是 C++的内置对象，而不是关键字。C++库定义了大量的类（Class），开发者可以使用它们来创建对象，cout 和 cin 就分别是 ostream 和 istream 类的对象，只不过它们是由标准库的开发者提前创建好的，可以直接拿来使用。这种在 C++中提前创建好的对象称为内置对象。

使用 cout 进行输出时需要紧跟"<<"运算符，使 cin 进行输入时需要紧跟">>"运算符，这两个运算符可以自行分析所处理的数据类型，因此无须像使用 scanf 和 printf 那样给出格式控制字符串。

注意：endl 最后一个字符是字母"l"，而非阿拉伯数字"1"，它是 end of line 的缩写。

【例 2-7】编写程序，同时输入一个整数和小数。

（1）在 Visual Studio 2017 中，新建名称为"2-7.cpp"的 Project7 文件。

（2）在代码编辑区域输入以下代码。

```cpp
#include <iostream>
using namespace std;
int main()
{
    int a;
    float b;
    cout << "请输入一个整数和小数:" << endl;
    cin >> a >> b;
    cout << "整数 a= " << a << endl;
    cout << "小数 b= " << b << endl;
    return 0;
}
```

【程序分析】在程序的第 8 行代码表示从标准输入（键盘）中读入一个 int 型的数据并存入到变量 a 中。如果此时用户输入的不是 int 型数据，则会被强制转化为 int 型数据。在第 9 行代码将输入的整型数据输出。从该语句中我们可以看出 cout 能够连续地输出。同样 cin 也是支持对多个变量连续输入的。

在 Visual Studio 2017 中的运行结果如图 2-9 所示。

图 2-9 输入整数和小数

2.9 就业面试技巧与解析

2.9.1 面试技巧与解析（一）

面试官：#include 的作用是什么？

应聘者：这是一个预处理器编译指令，总是以字符#打头。预处理器在调用编译器时，该指令使得预处理器将 include 后面的<>中的文件读入程序。就是事先把后面需要使用的文件在开头处就定义了。

2.9.2 面试技巧与解析（二）

面试官：简述 C++语言程序的组成。

应聘者：C++程序结构由编译预处理、注释和程序等组成。也有人称程序为函数，因为程序是由一个主函数和若干个函数组成的。

面试官：单行注释和多行注释之间有何不同？

应聘者：单行注释到行尾就结束；而多行注释到"*/"才结束。即使是函数的结尾也不能作为多行注释的结尾，必须要加上注释结尾标记"*/"，否则将出现编译错误。

第 3 章
常量与变量

 学习指引

计算机处理的对象就是数据，而数据是以某种特定的形式存在的。C++的数据包括常量与变量。本章将详细介绍常量与变量，主要内容包括标识符、关键字以及常量和变量的认识。

 重点导读

- 掌握标识符和关键字功能和定义。
- 熟悉并掌握常量的类型。
- 熟悉并掌握变量的定义和命名。

3.1 标识符和关键字

在学习常量与变量之前，首先了解标识符和关键字。标识符就是用来标识实体的符号，可以用来标识变量名、函数名和对象名等；关键字就是程序发明者规定的有特殊含义的单词，又叫保留字。

3.1.1 标识符

标识符是用来标识变量、函数、类、模块，或任何其他用户自定义项目的名称，用它来命名程序正文中的一些实体，如函数名、变量名、类名、对象名等。

1. 标识符的组成

标识符可以由大写字母、小写字母、下画线“_”和数字 0~9 组成，但必须是以大写字母、小写字母或下画线“_”开头。在 C++语言程序中，大写字母和小写字母不能混用，例如 Name 和 name 就代表了两个不同的标识符。

以下是正确的标识符：

```
_decision
```

```
smart
Key_board
```

2. 标识符的命名规则

（1）所有标识符必须由一个字母（a～z，A～Z）或下画线（_）开头。

（2）标识符的其他部分可以跟随任意的字母、数字或下画线。

合法的标识符：

```
apple
_Student
_123
No1
Move_name
```

不合法的标识符：

```
-abc          /*有非法字符-*/
Bomb?         /*有非法字符？*/
max.num       /*有非法字符.*/
32boy         /*不能用数字开头*/
```

（3）大小写字母表示不同意义，即代表不同的标识符，例如 cout 和 Cout 是不同的标识符。

3.1.2 关键字

关键字就是预先定义好的标识符，C++编译器对其进行特殊处理。关键字又称为保留字，这些保留字不能作为常量名、变量名或其他标识符名称。

表 3-1 列出了 C++中常用的关键字。

表 3-1 常用的关键字

asm	else	new	this
auto	enum	operator	throw
bool	explicit	private	true
break	export	protected	try
case	extern	public	typedef
catch	false	register	typeid
char	float	reinterpret_cast	typename
class	for	return	union
const	friend	short	unsigned
const_cast	goto	signed	using
continue	if	sizeof	virtual
default	inline	static	void
delete	int	static_cast	volatile
do	long	struct	wchar_t
double	mutable	switch	while
dynamic_cast	namespace	template	

3.2 认识常量

在一段程序运行过程中，始终不发生改变的量，称之为常量。在 C++语言中常量是个固定值，也就是说常量值在定义后不能进行修改。

3.2.1 什么是常量

在一些 C++程序中，会见到以下类似的语句：

```
int a=5;
char c='X';
```

这段语句中，"5"和"X"就是常量，在程序执行期间不会改变。为了解常量，下面看一个简单的例子。

【例 3-1】编写程序，输出几个常量。

（1）在 Visual Studio 2017 中，新建名称为"3-1.cpp"的 Project1 文件。

（2）在代码编辑区域输入以下代码。

```
#include <iostream>
using namespace std;
int main()
{
    cout << "How do you do?" << endl;          /*在命令行中输出"How do you do?"并按 Enter 键*/
    cout << 69 << endl;                         /*在命令行中输出"69"并按 Enter 键*/
    cout << 3.4 << endl;                        /*在命令行中输出"3.4"并按 Enter 键*/
    cout << 'Y' << endl;                        /*在命令行中输出"Y"并按 Enter 键*/
    cout << "Lets go to school" << endl;        /*在命令行中输出"Lets go to school"并按 Enter 键*/
    return 0;                                   /*函数返回 0*/
}
```

【程序分析】在本例中有 5 个常量，分别是字符串"How do you do?"、69、3.4、字符"Y"和字符串"Lets go to school"，它们在程序运行过程中就是最初输入时的数值，不会发生变化，输出时是原样输出。

在 Visual Studio 2017 中的运行结果如图 3-1 所示。

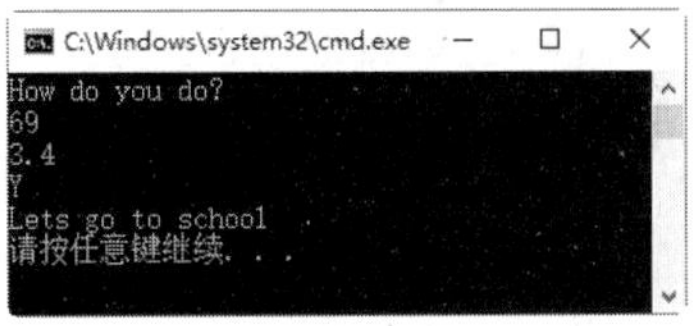

图 3-1 常量

3.2.2 数值常量

数值常量就是通常所说的常数。在 C++中，数值常量是区分类型的，从字面形式即可识别其类型。数值常量数据可以是正数，如 33、8、0.68 等，也可以是负数，如-5、-89、-98.76 等，当然也可以是 0。如果是负数，一定要带上符号"-"；如果是正数，可以不带符号"+"，当然也可以带上符号"+"。

1. 整型常量（整数）的类型

在 C++语言中，整型数据即为整数，是不包含小数部分的数值型数据，以二进制形式进行存储。整型数据可分为有符号基本整型、无符号基本整型、有符号短整型、无符号短整型、有符号长整型以及无符号长整型。

例如：

```
[signed] int              /*整型*/
unsigned [int]            /*无符号整型*/
[signed] short [int]      /*有符号短整型*/
```

```
unsigned short [int]        /*无符号短整型*/
[signed] long [int]         /*有符号长整型*/
unsigned long [int]         /*无符号长整型*/
```

注意： 方括号中的关键字可以省略，例如[signed] int 可以写成 int。

整数常量也可以带一个后缀，后缀是 U 和 L 的组合，U 表示无符号整数（unsigned），L 表示长整数（long）。后缀可以是大写，也可以是小写，U 和 L 的顺序任意。

【例 3-2】 编写程序，输出几个整型常量。

（1）在 Visual Studio 2017 中，新建名称为 "3-2.cpp" 的 Project2 文件。

（2）在代码编辑区域输入以下代码。

```cpp
#include <iostream>
using namespace std;
int main()
{
    cout << 215U << endl;     /*无符号整数*/
    cout << 30u << endl;      /*无符号整数*/
    cout << 30l << endl;      /*长整数*/
    cout << 30ul << endl;     /*无符号长整数*/
    return 0;
}
```

【程序分析】 本例输出 4 个带后缀的整数常量以及每个常量的类型。

注意： 不能重复后缀，例如：

```
032UU      /*非法的*/
```

在 Visual Studio 2017 中的运行结果如图 3-2 所示。

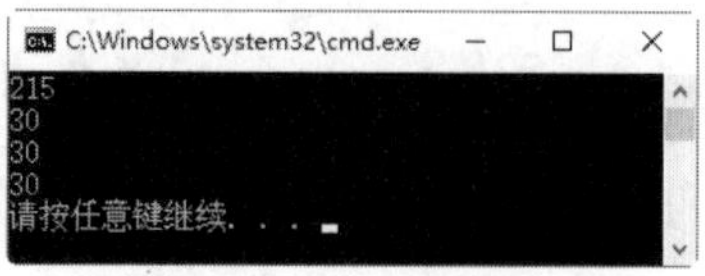

整数常量可以是十进制、八进制或十六进制的常量。前缀指定基数：0x 或 0X 表示十六进制，0 表示八进制，不带前缀则默认表示十进制。

图 3-2 整数常量

【例 3-3】 编写程序，输出几个整型常量。

（1）在 Visual Studio 2017 中，新建名称为 "3-3.cpp" 的 Project3 文件。

（2）在代码编辑区域输入以下代码。

```cpp
#include <iostream>
using namespace std;
int main()
{
    cout << 85 << endl;       /*十进制*/
    cout << 0213 << endl;     /*八进制*/
    cout << 0x4b << endl;     /*十六进制*/
    cout << 0XFeel << endl;   /*十六进制*/
    return 0;
}
```

【程序分析】 本例输出一个十进制的 85，八进制的 0213，十六进制的 0x4b 和 0XFeel。

注意： 八进制数是逢八进一，所以在数据中不能有 8，例如：

```
078        //非法的：8 不是八进制的数字
```

在 Visual Studio 2017 中的运行结果如图 3-3 所示。

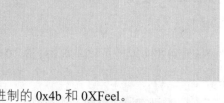

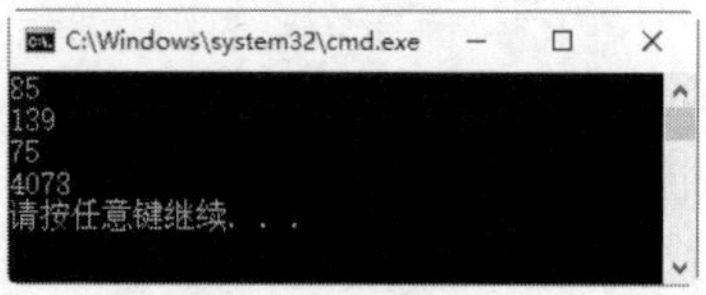

图 3-3 整数常量

2. 浮点数类型的常量

浮点常量由整数部分、小数点、小数部分和指数部分组成。可以使用小数形式或者指数形式来表示浮点常量。

（1）十进制小数形式。

当使用小数形式表示时，必须包含整数部分、小数部分，或同时包含两者。

例如：

```
21.456
-7.98
```

C++编译系统把用这种形式表示的浮点数一律按双精度常量处理，在内存中占 8 字节。如果在实数的数字之后加字母 F 或 f，表示此数为单精度浮点数，如 1234F、-43f，占 4 字节。如果加字母 L 或 l，表示此数为长双精度数（long double），在 Visual Studio 2017 中占 8 字节。

（2）指数形式。

一个浮点数可以写成指数形式，如 6.28745 可以表示为 $0.628745*10^1$、$6.28745*10^0$ 等形式。在程序中应表示为：0.628745e1、6.28745e0、62.8745e-1、628.745e-2，用字母 e 或 E 表示其后的数是以 10 为底的幂，如 e12 表示 10 的 12 次方。

【例 3-4】编写程序，输出浮点类型的常量。

（1）在 Visual Studio 2017 中，新建名称为"3-4.cpp"的 Project4 文件。

（2）在代码编辑区域输入以下代码。

```cpp
#include <iostream>
using namespace std;
int main()
{
    cout << +53.21 << endl;        /*输出 53.21*/
    cout << -98.76 << endl;        /*输出-98.76*/
    cout << 0.628745e1 << endl;    /*输出 6.28745*/
    return 0;
}
```

【程序分析】本例中输出了三个浮点型的数值常量。第 5 行表示输出正实数 53.21，第 6 行表示输出负实数-98.76，第 7 行表示输出正实数 6.28745。

在 Visual Studio 2017 中的运行结果如图 3-4 所示。

图 3-4　输出浮点型的常量

3.2.3　字符常量

字符常量就是把一个字符用单引号括起来。其中引号的作用是将字符与其他部分的分隔开来，并不是字符的一部分。

1. 普通的字符常量

用单引号括起来的一个字符就是字符型常量。如'x'、'&'、'5'、'Y'都是合法的字符常量，在内存中占 1 字节。

注意：

（1）字符常量只能包括一个字符，如'AB'是不合法的。

（2）字符常量区分大小写字母，如'X'和'x'是两个不同的字符常量。

（3）单引号"'"是定界符，而不属于字符常量的一部分。如 cout<<'a';输出的是一个字母"a"，而不是 3 个字符"'a'"。

2. 转义字符常量

对于不可显示的或无法从键盘输入的字符，如回车符、换行符、制表符、响铃、退格等；另外，还有几个具有特殊含义的字符，如反斜杠、单引号和双引号等，C++提供了一种转义字符来表示。

例如，'\n'代表一个"换行符"。"cout<<'\n';"将输出一个换行，其作用与"cout<<endl;"相同。这种"控制字符"在屏幕上是不能显示的。在程序中也无法用一个一般形式的字符表示，只能采用特殊形式来表示。常用的转义字符见表3-2。

表 3-2　常见转义字符表

字 符 形 式	含　义	字 符 形 式	含　义
\a	响铃	\\\\	反斜杠
\b	退格	\?	问号字符
\f	换页	\'	单引号字符
\n	换行	\"	双引号字符
\r	回车	\0	空字符（NULL）
\t	水平制表	\ddd	任意字符
\v	垂直制表	\xhh	任意字符

3. 字符数据在内存中的存储形式及其使用方法

将一个字符常量存放到内存单元时，实际上并不是把该字符本身放到内存单元中去，而是将该字符相应的 ASCII 代码放到存储单元中。如果字符变量 C1 的值为'a'，C2 的值为'b'，则在变量中存放的是'a'的 ASCII 码 97，'b'的 ASCII 码 98，如图 3-5（a）所示，实际上在内存中是以二进制形式存放的，如图 3-5（b）所示。

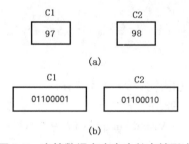

图 3-5　字符数据在内存中的存储形式

既然字符数据是以 ASCII 码存储的，它的存储形式就与整数的存储形式类似。这样，在 C++中字符型数据和整型数据之间就可以通用。一个字符数据可以赋给一个整型变量，反之，一个整型数据也可以赋给一个字符变量。也可以对字符数据进行算术运算，此时相当于对它们的 ASCII 码进行算术运算。

【例 3-5】编写程序，字符变量与整型变量之间的转换。

（1）在 Visual Studio 2017 中，新建名称为"3-5.cpp"的 Project5 文件。

（2）在代码编辑区域输入以下代码。

```cpp
#include <iostream>
using namespace std;
int main()
{
    int i,j;                    /*i 和 j 是整型变量*/
    i='X';                      /*将一个字符常量赋给整型变量 i*/
    j='Y';                      /*将一个字符常量赋给整型变量 j*/
    cout<<i<<' '<<j<<endl;      /*输出整型变量 i 和 j 的值*/
    cout<<'A'<<endl;            /*输出字符 A*/
    cout<<'\x42'<<endl;
    /*用转义形式输出 ASCII 码为十六进制表示的大小为 42 的字符,就是 B*/
    cout<<'\103'<<endl;
```

```
/*用转义形式输出 ASCII 码为八进制数表示的大小为 103 的字符,就是 C*/
    return 0;
}
```

【程序分析】本例中首先定义两个整型变量 i 和 j,然后将字符型常量 X 与 Y 赋值给 i 和 j。

第 8 行输出 88 和 89,第 9 行输出字符 A,第 10 行用转义形式输出 ASCII 码为十六进制表示的大小为 42 的字符,就是 B,第 12 行用转义形式输出 ASCII 码为八进制数表示的大小为 103 的字符,就是 C。

在 Visual Studio 2017 中的运行结果如图 3-6 所示。

图 3-6　字符变量与整型变量之间的转换

3.2.4　字符串常量

C++的字符串常量是用双引号括起来的字符序列,也就是用双撇号括起来的部分。如"abc"、"Hello!"、"a+b"、"Happy Birthday"都是字符串常量。字符串常量"abc"在内存中占 4 字节(而不是 3 字节),如图 3-7 所示。

| a | b | c | \0 |

图 3-7　字符串常量在内存中的存储大小

编译系统会在字符串最后自动加一个'\0'作为字符串结束标志。但'\0'并不是字符串的一部分,它只作为字符串的结束标志。字符串常量与字符常量除了所使用的引号不同以外,最重要的区别是存储形式不同。系统会在字符串的末尾自动添加 1 个空字符'\0',作为字符串的结束符,所以每个字符串的存储长度总是比其实际长度(字符个数)多 1。

由双引号" "括起来的字符序列中的字符个数称为字符串的长度,字符串结束符'\0'并不计算在字符串的长度里(在定义字符串常量时,这个结束符不需要给出,C++语言会自动加上,但是存储时,空字符将会额外地占用 1 字节空间)。比较容易出错的是当字符串中出现转义字符时字符串长度的确定。

转义字符从形式上看是多个字符,而实际中它只代表一个字符,因此在计算字符串的长度时容易将它看成多个字符计入长度中。在控制台 C++程序中为了使人机交互友好,一般会输出一些字符串常量起提示作用。

【例 3-6】编写程序,计算三个数相乘的结果。

(1)在 Visual Studio 2017 中,新建名称为 "3-6.cpp" 的 Project6 文件。

(2)在代码编辑区域输入以下代码。

```
#include <iostream>
using namespace std;
int main()
{
    int x,y,z,m;
    cout<<"请输入三个数: ";
    cin>>x>>y>>z;
    m=x*y*z;
    cout<<"\n 三个数相乘的结果: ";
    cout<<x<<"*"<<y<<"*"<<z;
    cout<<"="<<m<<endl;
    return 0;
}
```

【程序分析】在代码中首先定义了 4 个变量 x、y、z、m。然后使用 cin 给变量 x、y、z 赋值,通过公式 "m=x*y*z;"。到第 8 行是将 3 个数相乘的结果赋值给 m。第 9 行又是输出一个提示字符串,字符串中的第

1 个字符是一个转义字符换行，要不输出结果会与输入行紧连在一起。第 11 行输出 3 个数的乘积。

在 Visual Studio 2017 中的运行结果如图 3-8 所示。

图 3-8　三个数的乘积

3.2.5　符号常量

为了能够方便阅读代码，在 C++程序设计中，常用一个符号名代表一个常量，称为符号常量。即以标识符形式出现的常量，也就是分配一个符号给这个常量，在以后的引用中，这个符号就代表了实际的常量，即带名字的常量。

在 C++语言中允许将程序中的常量定义为一个标识符，这个标识符称为符号常量。符号常量必须在使用前先定义，定义的格式为：

```
#define 符号常量 常量
```

该语句中，符号常量定义命令一般要放在主函数 main()之前。

```
#define PRICE 30
```

上述意思是用符号 PRICE 代替 30。在编译之前，系统会自动把所有的 PRICE 替换成 30，也就是说编译运行时系统中只有 30 而没有符号。

【例 3-7】编写程序，符号常量。

（1）在 Visual Studio 2017 中，新建名称为"3-7.cpp"的 Project7 文件。

（2）在代码编辑区域输入以下代码。

```cpp
#include <iostream>
using namespace std;
#define PRICE 30    /*注意这不是语句,末尾不要加分号*/
int main ()
{
    int num,total;
    num=10;
    total=num * PRICE;
    cout<<"total="<<total<<endl;
    return 0;
}
```

【程序分析】在代码中使用预处理命令#define 指定 PRICE 在本程序单位中代表常量 30，此后凡在本程序单位中出现的 PRICE 都代表 30，可以和常量一样进行运算。请注意符号常量虽然有名字，但它不是变量。它的值在其作用域（在本例中为主函数）内是不能改变的，也不能被赋值。如用赋值语句""PRICE=40;""给 PRICE 赋值是错误的。使用符号常量的好处是含义清楚，在需要改变一个常量时能做到"一改全改"。

在 Visual Studio 2017 中的运行结果如图 3-9 所示。

图 3-9　符号常量

符号常量的特点如下：

（1）符号常量不同于变量，它的值在其作用域内不能改变，也不能被赋值。

（2）习惯上，符号常量名用大写英文标识符，而变量名用小写英文标识符，以示区别。

（3）定义符号常量的目的是为了提高程序的可读性，便于程序的调试和修改。因此在定义符号常量名时，应尽量使其表达它所代表的常量的含义。

（4）对程序中用双引号括起来的字符串，即使与符号一样，预处理时也不做替换。

3.3 认识变量

在程序运行期间其值可以改变的量称为变量。变量是在程序运行过程中可以发生变化的数据。变量概念的引入，可以简化程序员直接使用内存地址来操作数据的工作。用变量来存储程序中需要处理的数据，可在程序中根据需要随时改变变量的值，所以比常量更灵活，应用程序中变量的使用远远多于常量。

在学习数学时，为了用一个符号代表一个可以变化的量，通常是设未知数。而在 C++中，为了存放一个值可以发生改变的量，我们引入变量的概念。变量用于在程序中存储数据。

3.3.1 变量的声明

C++中的变量声明是向编译器保证变量以给定的类型和名称存在，这样编译器在不知道变量完整细节的情况下也能继续进一步的编译。变量声明只在编译时有它的意义，在程序连接时编译器需要实际的变量声明。

【例 3-8】编写程序，完成变量的运算。

（1）在 Visual Studio 2017 中，新建名称为"3-8.cpp"的 Project8 件。

（2）在代码编辑区域输入以下代码。

```cpp
#include <iostream>
using namespace std;
extern int x, y;              /*变量声明*/
extern int a;
extern float f;
int main()
{
    int x, y;                 /*变量定义*/
    int a;
    float f;
    x = 5;                    /*实际初始化*/
    y = 15;
    a = x + y;
    f = 30.0 / 11.0;
    cout << a << endl;
    cout << f << endl;
    return 0;
}
```

【程序分析】在代码中，声明了三个 int 型变量：x、y 和 a，还有一个 float 型变量 f。声明变量就是告诉编译器有这四个变量 x、y、a、f，但是并没有给它们建立存储空间。在 main()函数中将这四个变量定义之后，编译器就为它们建立存储空间。在代码第 11 行到第 14 行是给变量进行赋值，然后在代码第 15 行和第 16 行输出变量的结果。

在 Visual Studio 2017 中的运行结果如图 3-10 所示。

图 3-10 声明变量

3.3.2 变量的定义

变量的定义实际上是告诉编译器在何处创建变量的存储，以及如何创建变量的存储。变量通常指定一个数据类型，并包含了该类型的一个或多个变量的列表。

1. 定义一个变量

定义一个变量，需要做以下两件事情。

（1）定义变量的名称。按照标识符的规则，根据具体问题的需要任意设置。

（2）给出变量的数据类型。根据实际需要设定，设定的数据类型必须是系统所允许的数据类型中的一种。

在 C++语言中，定义一个变量的完整格式是：

```
存储类别名 数据类型名 变量名1=表达式1,…变量名n=表达式n;
```

其中，存储类别名有 static、extern、auto 等类别，我们在后面的学习中会学到。数据类型名必须是一个有效的 C++数据类型，可以是 char、wchar_t、int、float、double、bool 或任何用户自定义的对象，变量名可以由一个或多个标识符名称组成，多个标识符之间用逗号分隔。

下面列出几个有效的声明：

```
int a, b, c;
char x, ch;
float f, value;
double d;
```

2. 变量的声明和定义

C++语言支持分离式编译机制，该机制允许将程序分割为若干个文件，每个文件可被独立编译。为了将程序分为许多文件，则需要在文件中共享代码，例如一个文件的代码可能需要另一个文件中定义的变量。

为了支持分离式编译，C++允许将声明和定义分离开来。变量的声明规定了变量的类型和名字，即使一个名字为程序所知，一个文件如果想使用别处定义的名字则必须包含对那个名字的声明。定义则负责创建与名字关联的实体，还负责申请存储空间。

如果想声明一个变量而非定义它，就在变量名前添加 extern 关键字，而且不要显式地初始化变量：

```
extern int a;        /*声明a而非定义*/
int a;               /*声明并定义a*/
```

但用户也可以给由 extern 关键字标记的变量赋一个初始值，但这样就不是一个声明了，而是一个定义：

```
extern int j = 2;
int j = 2;           /*这两个语句效果完全一样,都是j的定义*/
```

注意：变量能且只能被定义一次，但是可以被声明多次。

3.3.3　变量的作用域

作用域是程序的一个区域，一般来说有三个地方可以定义变量。在函数或一个代码块内部声明的变量，称为局部变量。在函数参数的定义中声明的变量，称为形式参数。在所有函数外部声明的变量，称为全局变量。在后续的章节中会学习到什么是函数和参数。本章先来讲解如何声明局部变量和全局变量。

1. 局部变量

在函数或一个代码块内部声明的变量，称为局部变量。它们只能被函数内部或者代码块内部的语句使用。

【例3-9】编写程序，完成局部变量的运算。

（1）在 Visual Studio 2017 中，新建名称为"3-9.cpp"的 Project9 文件。

（2）在代码编辑区域输入以下代码。

```
#include <iostream>
using namespace std;
```

```
int main()
{
    int a, b;        /*局部变量声明*/
    int x, y;
    a = 10;          /*实际初始化*/
    b = 20;
    x = a + b;
    y = a * b;
    cout << "x=" << x << endl;
    cout << "y=" << y << endl;
    return 0;
}
```

【程序分析】本程序通过定义 4 个局部变量，并对其进行初始化运算。

在 Visual Studio 2017 中的运行结果如图 3-11 所示。

图 3-11　局部变量

2. 全局变量

在所有函数外部定义的变量（通常是在程序的头部），称为全局变量。全局变量的值在程序的整个生命周期内都是有效的。

全局变量可以被任何函数访问。也就是说，全局变量一旦声明，在整个程序中都是可用的。下面的实例使用了全局变量和局部变量。

【例 3-10】编写程序，完成全局变量的运算。

（1）在 Visual Studio 2017 中，新建名称为"3-10.cpp"的 Project10 文件。

（2）在代码编辑区域输入以下代码。

```
#include <iostream>
using namespace std;
int x;              /*全局变量声明*/
int main()
{
    int a, b;        /*局部变量声明*/
    a = 15;          /*实际初始化*/
    b = 20;
    x = a + b;
    cout << "x="<< x << endl;
    return 0;
}
```

【程序分析】本例在主函数 main()外面定义了一个 int 型的全局变量 x，在 main()函数中定义了两个局部变量 a 和 b，并初始化赋值。最后将 a 与 b 相加赋给全局变量 x 并输出。

在 Visual Studio 2017 中的运行结果如图 3-12 所示。

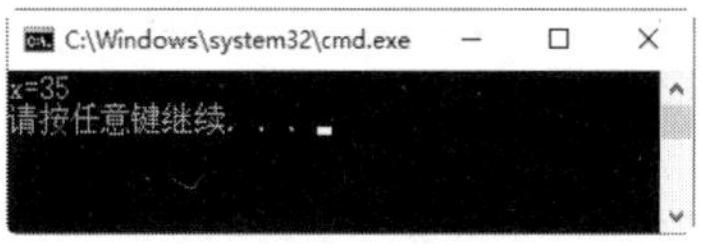

注意：在程序中，局部变量和全局变量的名称可以相同，但是在函数内，局部变量的值会覆盖全局变量的值。

图 3-12　全局变量

【例 3-11】编写程序，认识全局变量和局部变量的作用域。

（1）在 Visual Studio 2017 中，新建名称为"3-11.cpp"的 Project11 文件。

（2）在代码编辑区域输入以下代码。

```
#include <iostream>
using namespace std;
int x = 5;                /*全局变量声明*/
int y = 15;
int main()
{
```

```
    int x = 10;          /*局部变量声明*/
    cout << "x=" << x << endl;
    cout << "y=" << y << endl;
    return 0;
}
```

【程序分析】本例在主函数 main()外面定义了两个 int 型的全局变量 x 和 y，在 main()函数中定义了一个局部变量 x，局部变量和全局变量的名称可以相同。但在输出时，只输出了局部变量的值。

在 Visual Studio 2017 中的运行结果如图 3-13 所示。

3.3.4　变量的命名规则

图 3-13　局部变量覆盖全局变量

C++程序中出现的每个变量都是由用户在程序设计时命名并定义的。C++规定所有的变量必须先定义后使用。变量命名时要注意以下几点：

（1）变量名必须按照 C++语言规定的标识符命名原则命名。在 C++中标识符用来定义变量名、函数名、类型名、类名、对象名、数组名、文件名等，其只能由字母、数字和下画线组成，且第 1 个字符必须是字母或下画线。例如 sum、a、i、num、x1、area、_total 等都是合法的变量名，而 2A、a!、x　1、100 等都不是合法的变量名。

（2）由于 C++语言严格区分大小写字母，因此 Sum 和 sum 被认为是不同的变量名。为了避免混淆，应该使用不同的变量名，而不是通过大小写来区分变量。

（3）对变量名的长度（标识符的长度）没有统一的规定，随系统的不同而有不同的规定，一般来说，C++编译器肯定能识别前 31 个字符。所以标识符的长度最好不要超过 31 个字符，这样可以保证程序具有良好的可移植性，并能够避免发生某些令人费解的程序设计错误。许多系统只确认 31 个有效字符，所以在取名时，名称的长度应尽量在 31 位有效字符之内。

（4）在选择变量名和其他标识符时应做到"见名知义""常用取简""专用取繁"，例如 count、name、year、month、student_number、display、screen_format 等，使人一目了然，以增强程序的可读性。即用有含义的英文单词或英文单词缩写做标识符。

C++语句中以标识符命名程序中的对象名，如函数、变量、符号常量、数组、指针、数据类型等。标识符是由字母、数字和下画线等组成的，但第 1 个字符必须是字母或下画线。习惯上符号常量、宏名等用大写字母，变量、函数名等用小写字母，系统变量则以下画线开头。

3.3.5　变量的赋值和初始化

定义了变量的名称与数据类型后，C++语言系统在编译时就会根据这个变量的数据类型在内存中分配相应的内存空间，用于存放变量的值。C++语言系统允许在定义变量时对它赋予一个初值，这称为变量初始化。初值可以是常量，也可以是一个有确定值的表达式。

语法格式为：

```
类型说明符 变量名=初始数据;
```

其中，"="是赋值运算符，表示将初始数据存入变量名所代表的内存单元。

例如：

```
float a, b=5.78*3,c=2*sin(2.0);
```

表示定义了 a，b，c 为单精度浮点型变量，对 b 初始化为 5.78*3，对 c 初始化为 2*sin（2.0），在编译连接后，从标准函数库得到正弦函数 sin（2.0）的值，因此变量 c 有确定的初值。变量 a 未初始化。

如果对变量未赋初值，则该变量的初值是一个不可预测的值，即该存储单元中此时的内容是不确定的。初始化不是在编译阶段完成的，而是在程序运行时执行本函数时赋予初值的，相当于执行一个赋值语句。

例如：

```
int x=5;
```

相当于以下两个语句：

```
int x;      /*指定 x 为整型变量*/
x=5;        /*赋值语句,将 5 赋值给 x*/
```

对多个变量赋予同一初值，必须分别指定，不能写成：

```
float a=b=c=9;
```

而应写成：

```
float a=9, b=9, c=9;
```

在 C++语言中允许在变量声明的同时对变量赋值，称为变量的初始化，也叫变量赋初值。在程序设计中常常需要对变量赋初值。

3.4　就业面试技巧与解析

3.4.1　面试技巧与解析（一）

面试官：字符串常量"A"与字符常量'A'有什么不同？

应聘者：C++规定在每一个字符串的结尾加一个字符串结束标记，以便系统能据此判断字符串是否结束。字符串结束标记就是'\0'。所以在计算机内存中"A"其实占了两个字符存储位置，一个是字符'A'，一个是字符'\0'。

（1）书写格式不同：字符常量用''（单引号），而字符串常量用""（双引号）。

（2）表现形式不同：字符常量是单个字符，字符串常量是一个或多个字符序列。

（3）存储方式不同：字符常量占用 1 字节，字符串常量占用 1 个以上字节（比字符串的长度多一个）。

3.4.2　面试技巧与解析（二）

面试官：变量的存储类型有哪些？

应聘者：存储类别指的是数据在内存中存储的方法。存储方法分为静态存储和动态存储两大类。具体包含 4 种：自动的（auto）、静态的（static）、寄存器的（register）和外部的（extern）。根据变量的存储类别，可以知道变量的作用域和存储期。

第 4 章

数据类型与声明

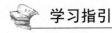 学习指引

数据类型是 C++语言的基础，要学习一门编程语言首先要掌握它的类型。合理地定义数据类型可以优化程序的运行，提高数据的运算效率和数据的存储能力。本章将详细介绍数据类型与声明，主要内容包括：数制、数据基本类型、数据派生类型、声明、类型别名等。

重点导读

- 掌握数制的定义。
- 掌握数据基本类型。
- 熟悉并掌握结构体类型。
- 熟悉并掌握类类型。
- 熟悉枚举类型。
- 熟悉共用体类型。
- 熟悉值和对象。
- 熟悉类型别名。

4.1　数制

用户在计算机指令代码和数据的书写中经常会使用到数制，数制也称计数制，是用一组固定的符号和统一的规则来表示数值的方法。任何一个数制都包含两个基本要素，基数和位权。虽然计算机能极快地进行运算，但其内部并不像人类在实际生活中使用的十进制，而是使用只包含 0 和 1 两个数值的二进制。学习编程，就必须了解二进制、八进制和十六进制。

4.1.1　二进制

二进制是计算机系统中采用的进位计数制。在二进制中，数用 0 和 1 两个符号来描述。计数规则是逢

二进一，借一当二。当前的计算机系统基本上使用的是二进制系统，数据在计算机中主要是以补码的形式存储的。计算机中的二进制是一个非常微小的开关，用 1 来表示"开"，0 来表示"关"。

1. 二进制的优点

数字装置简单可靠，所用元件少；只有两个数码 0 和 1，因此它的每一位数都可用任何具有两个不同稳定状态的元件来表示；基本运算规则简单，运算操作方便。

2. 二进制的缺点

用二进制表示一个数时，位数多。因此实际使用中多采用送入数字系统前用十进制，送入机器后再转换成二进制数，让数字系统进行运算，运算结束后再将二进制转换为十进制供用户阅读。

3. 认识二进制

在数据世界里面，十进制是最常用的。那如何用一个十进制数来表示二进制呢？首先计算一个二进制数 1111 转变成十进制数的过程。

$1*2^0+1*2^1+1*2^2+1*2^3 = 1*1 +1*2 +1*4+1*8 = 15$，如图 4-1 所示。

由于 1111 才 4 位，所以可直接记住它每一位的权值，并且是从高位往低位记 8、4、2、1。即，最高位的权值是 $2^3=8$，然后依次是 $2^2=4$，$2^1=2$，$2^0=1$。所以记住 8、4、2、1，对于任意一个 4 位的二进制数，都可以很快算出它对应的十进制值，如图 4-2 所示。

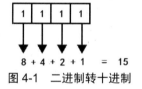

图 4-1　二进制转十进制

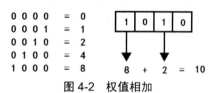

图 4-2　权值相加

二进制和十进制的互相转换是比较重要的。不过这二者的转换却不用计算，每个 C++程序员都能做到看见二进制数，直接就能转换为十进制数，反之亦然。

二进制转十进制：按权展开求和。

例：$(1011.01)_2 =(1×2^3+0×2^2+1×2^1+1×2^0+0×2^{(-1)}+1×2^{(-2)})_{10}$

$\qquad\qquad =(8+0+2+1+0+0.25)_{10}$

$\qquad\qquad =(11.25)_{10}$

注意： $(1011.01)_2$，这个下标表示 1011.01 是二进制数。同理，11.25 是十进制。

规律： 个位上的数字的次数是 0，十位上的数字的次数是 1，……，0 依次递增，而十分位的数字的次数是-1，百分位上数字的次数是-2，……，依次递减。

4.1.2　八进制

八进制是一种以 8 为基数的计数法，采用 0，1，2，3，4，5，6，7 八个数字，逢八进一。一些编程语言中常常以数字 0 开头表明该数字是八进制。八进制的数和二进制的数可以按位对应（八进制一位对应二进制三位），因此八进制（基数为 8）表示法常应用在计算机语言中，我们经常看到人们使用八进制表示法。但由于十六进制一位可以对应 4 位二进制数字，用十六进制来表示二进制较为方便。因此，八进制的应用性不如十六进制。

八进制与二进制之间的相互转换见表 4-1。

表 4-1　八进制与二进制转换

二进制	000	001	010	011	100	101	110	111
八进制	0	1	2	3	4	5	6	7

八进制转换为二进制，直接替换就可以实现。例如 17.36 转换成二进制，按照顺序，每 1 位八进制数改写成等值的 3 位二进制数，次序不变。

$$(17.36)_8=(001\ 111\ .011\ 110)_2=(1111.01111)_2$$

而将一个二进制数换算为八进制，只需将二进制串划分成每三个位一组（如果需要的话，在前面补零），然后查表 4-1，将三位一组的位串替换为相应的八进制数字即可。

4.1.3　十六进制

十六进制是计算机中数据的一种表示方法。同日常生活中的十进制表示法不一样。它由 0—9，A—F 组成，字母不区分大小写。N 进制的数可以用 $0^{(N-1)}$ 的数表示，超过 9 的用字母 A—F，计数规则是逢十六进一。

编程中，开发者常用的还是十进制，毕竟 C/C++ 是高级语言。不过，由于数据在计算机中的表示，最终以二进制的形式存在，所以有时候使用二进制，可以更直观地解决问题。但二进制数太长了，比如 int 类型占用 4 字节，32 位。面对这么长的数进行思考或操作，没有人会喜欢。因此，C++ 没有提供在代码中直接写二进制数的方法。用十六进制或八进制可以解决这个问题。因为，进制越大，数的表达长度也就越短。

不过，为什么偏偏是十六进制或八进制，而不是其他的，诸如九进制或二十进制呢？2、8、16，分别是 2 的 1 次方、3 次方、4 次方。这一点使得三种进制之间可以非常直接地互相转换。八进制或十六进制缩短了二进制数，但保持了二进制数的表达特点。在下面的关于十六进制与二进制的转换表中，可以发现这一点。

十六进制与二进制之间的相互转换见表 4-2。

表 4-2　十六进制与二进制转换

二进制	0000	0001	0010	0011	0100	0101	0110	0111
十六进制	0	1	2	3	4	5	6	7
二进制	1000	1001	1010	1011	1100	1101	1110	1111
十六进制	8	9	A	B	C	D	E	F

十六进制转换成二进制相当直接，规则也相仿八进制转换为二进制，按照顺序，每 1 位十六进制数改写成等值的 4 位二进制数，次序不变。

例：$(FCAD)_{16}=(1111\ 1100\ 1010\ 1101)_2$

而将一个二进制数换算为十六进制，只需将二进制串划分成每四个位一组（如果需要的话，在前面补零），然后查表 4-2，将四位一组的位串替换为相应的十六进制数字即可。

十六进制和二进制、八进制一样，都以 2 的幂来进位的。

4.1.4　十进制

十进制数用 0，1，2，3，4，5，6，7，8，9 这十个符号来描述。计数规则是逢十进一。十进制计数法是相对二进制计数法而言的，是日常使用最多的计数方法，它的定义是："每相邻的两个计数单位之间的进率都为十"的计数法则，就叫作"十进制计数法"。

十进制基于位进制和十进位两条原则，即所有的数字都用 10 个基本的符号表示，同时同一个符号在不同位置上所表示的数值不同，符号的位置非常重要。基本符号是 0 到 9 十个数字。要表示这十个数的 10 倍，就将这些数字左移一位，用 0 补上空位，即 10，20，30，…，90；要表示这十个数的 10 倍，就继续左移数字的位置，即 100，200，300，…。要表示一个数的 1/10，就右移这个数的位置，需要时就 0 补上空位：1/10 位 0.1，1/100 为 0.01，1/1000 为 0.001。

十进制与二进制之间的相互转换见表 4-3。

表 4-3　十进制与二进制转换

二进制	0000	0001	0010	0011	0100	0101	0110	0111	1000	1001
十进制	0	1	2	3	4	5	6	7	8	9

1. 二进制数转换成十进制数

由二进制数转换成十进制数的基本做法是，把二进制数首先写成加权系数展开式，然后按十进制加法规则求和。这种做法称为"按权相加"法。

2. 十进制数转换为二进制数

十进制数转换为二进制数时，由于整数和小数的转换方法不同，所以先将十进制数的整数部分和小数部分分别转换后，再加以合并。

（1）十进制整数转换为二进制整数。十进制整数转换为二进制整数采用"除 2 取余，逆序排列"法。具体做法是：用 2 去除十进制整数，可以得到一个商和余数；再用 2 去除商，又会得到一个商和余数，如此进行，直到商为零时为止，然后把先得到的余数作为二进制数的低位有效位，后得到的余数作为二进制数的高位有效位，依次排列起来。

例：$(89)_{10}=(1011001)_2$

89/2=44……1
44/2=22……0
22/2=11……0
11/2=5……1
5/2=2……1
2/2=1……0
1

（2）十进制小数转换成二进制小数采用"乘 2 取整，顺序排列"法。具体做法是：用 2 乘十进制小数，可以得到积，将积的整数部分取出，再用 2 乘余下的小数部分，又得到一个积，再将积的整数部分取出，如此进行，直到积中的小数部分为零，或者达到所要求的精度为止。然后把取出的整数部分按顺序排列起来，先取的整数作为二进制小数的高位有效位，后取的整数作为低位有效位。

例：$(0.625)_{10}=(0.101)_2$

0.625*2=1.25……1
0.25*2=0.50……0
0.50*2=1.00……1

二进制与十进制的区别在于数码的个数和进位规律，二进制的计数规律为逢二进一，是以 2 为基数的计数体制。10 这个数在二进制和十进制中所表示的意义完全不同，在十进制中就是我们通常所说的十，在二进制中，其中的一个意义可能是表示一个大小等价于十进制数 2 的数值。

4.2 数据基本类型

数据类型是不同形式的信息在内存中分配方式的基本约定，是构建程序的基础。在 C++语言中定义了很多的数据类型，本节将介绍常用的预定义数据类型有字符类型、整数类型、浮点数类型、布尔类型、无类型和宽字符类型等，以及这些类型的基本用法，C++的基本类型如图 4-3 所示。

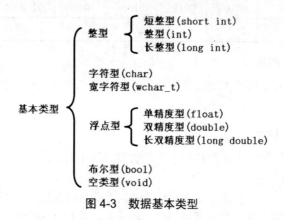

图 4-3 数据基本类型

4.2.1 整数类型（int）

在 C++中，整型数据即为整数，是不包含小数部分的数值型数据。整型数据分为长整型（long int）、一般整型（int）和短整型（short int）。在 int 前面加 long 和 short 分别表示长整型和短整型。

整型数据的存储方式为按二进制数形式存储，例如十进制整数 89 的二进制形式为 1011001，其在内存中的存储形式如图 4-4 所示。

在整型符号 int 和字符型符号 char 的前面，可以加修饰符 signed（表示"有符号"）或 unsigned（表示"无符号"）。如果指定为 signed，则数值以补码形式存放，存储单元中的最高位（bit）用来表示数值的符号。如果指定为 unsigned，则数值没有符号，全部二进制位都用来表示数值本身，如图 4-5 所示。

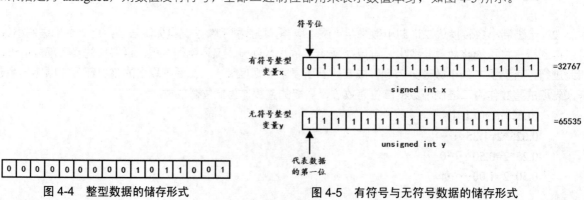

图 4-4 整型数据的储存形式

图 4-5 有符号与无符号数据的储存形式

有符号时，能存储的最大值为 $2^{15}-1$，即 32 767，最小值为 -32 768。无符号时，能存储的最大值为 $2^{16}-1$，即 65535，最小值为 0。有些数据是没有负值的，可以使用 unsigned，它存储正数的范围比用 signed 时要大一倍。整型数据的取值范围见表 4-4。

表 4-4　整型数据的类型说明以及取值范围

类　型	说　明	字　节	范　围
有符号整型	[signed] int	4	-2 147 483 648～2 147 483 647
有符号短整型	[signed] short [int]	2	-32 768～32 767
有符号长整型	[signed] long [int]	4	-2 147 483 648～2 147 483 647
无符号整型	unsigned [int]	4	0～4 294 967 295
无符号短整型	unsigned short [int]	2	0～65 535
无符号长整型	unsigned long [int]	4	0～4 294 967 295

注意： 表中类型标识符一栏中，方括号[ ]包含的部分可以省写，如 short 和 short int 等效，unsigned int 和 unsigned 等效。

4.2.2　字符类型（char）

字符类型数据是用一对单引号括起来的一个字符，单引号只是字符与其他部分的分割符，不是字符的一部分。例如：

```
char a = 'a';
char b = 'A';
char c = '#';
char d = '6';
```

并且，不能用双引号代替单引号。在单引号中的字符不能是单引号或反斜杠。

```
char x = "A";       /*不代表字符常量*/
char y = '\';       /*非法字符常量*/
char z = ',';       /*非法字符常量*/
```

另一种表示字符常量的方法是使用转义字符。C++规定，采用反斜杠后跟一个字母来代表一个控制字符，具有新的含义。

C++中常用的转义字符见表 4-5。

表 4-5　C++中常见的转义字符

转 义 字 符	含　义	ASCII 码值（十进制）
\a	响铃（BEL）	7
\b	退格（BS）	8
\n	换行（LF）	10
\r	回车（CR）	13
\t	水平制表（HT）	9
\v	垂直制表（VT）	11
\\	反斜杠	92

续表

转 义 字 符	含 义	ASCII 码值（十进制）
\'	单引号	39
\"	双引号	34
\0	空格符（NULL）	0
\ddd	任意字符	3 位八进制数
\xhh	任意字符	2 位十六进制数

【例 4-1】编写程序，输出字符型数据。

（1）在 Visual Studio 2017 中，新建名称为 "4-1.cpp" 的 Project1 文件。

（2）在代码编辑区域输入以下代码。

```cpp
#include <iostream>
using namespace std;
int main()
{
    char a = 'A';
    char b = '#';
    cout << a<<b << endl;
    cout << "\101" << endl;
    cout << "\"" << endl;
    cout << "\v" << endl;
    return 0;
}
```

【程序分析】本程序定义两个字符型变量 a、b，并初始化赋值，输出两个字符。在 cout 语句中输出三个转义字符。

在 Visual Studio 2017 中的运行结果如图 4-6 所示。

图 4-6   字符类型

4.2.3   宽字符类型（wchar_t）

char 类型的常见编码方式是 ASCII。ASCII 编码是一种基于 8 位二进制数的字符编码算法，是美国 ANSI 制定的一种单字符编码方案，能表示 256 种可能的字符，常见的字母、符号、键盘指令等，全能用 ASCII 码表示，而由于 ASCII 码是基于 8 位的编码，因此用这种算法的编译器，char 类型都占 8 位。

注意：因为用了 ASCII，所以 char 才是 8 位，而不是 char 是 8 位，所以采用 ASCII。

wchar_t 的出现，是出于程序兼容多语言的需求，因为在很多语言中，字符的数量远远大于 256，因此需要把原字符进行扩容，以便能表示更多的字符类型。wchar_t 全称是 wide character type，也就是宽字符。

标准 C++中的 wprintf()函数以及 iostream 类库中的类和对象能提供 wchar_t 宽字符类型的相关操作。

4.2.4   浮点数类型

浮点数类型变量又称为实型，它是由整数部分和小数部分组成的。实型变量用于存储实型数值的变量，根据精度可分为单精度类型、双精度类型以及长双精度类型 3 种。

浮点数类型数据的类型说明以及取值范围见表 4-6。

表 4-6 浮点型数据的类型说明以及取值范围

类 型	说 明	字 节	范 围
单精度	float	4	$-3.4*10^{-38} \sim 3.4*10^{38}$
双精度	double	8	$-1.7*10^{-308} \sim 1.7*10^{308}$
长双精度	long double	8	$-1.7*10^{-308} \sim 1.7*10^{308}$

1. 单精度类型

单精度类型使用关键字 float 表示，它占有 4 字节内存，取值范围为$-3.4*10^{-38} \sim 3.4*10^{38}$。单精度类型变量的定义语法如下：

```
float 变量名;
```

例如，定义一个单精度类型变量 a，初始化为 1.11，语法如下：

```
float a=1.11f;
```

2. 双精度类型

双精度类型使用关键字 double 表示，它占有 8 字节内存，取值范围为$-1.7*10^{-308} \sim 1.7*10^{308}$。双精度类型变量的定义语法如下：

```
double 变量名;
```

例如，定义一个双精度类型变量 b，初始化为 2.234，语法如下：

```
double b=2.234;
```

3. 长双精度类型

长双精度类型使用关键字 long double 表示，它占有 8 字节内存，取值范围为$-1.7*10^{-308} \sim 1.7*10^{308}$。长双精度类型变量的定义语法如下：

```
long double 变量名;
```

例如，定义一个长双精度类型变量 c，初始化为 3.345，语法如下：

```
long double c=3.345;
```

4.2.5 布尔类型（bool）

布尔类型只有两个值 false 和 true。布尔类型通常用来判断条件是否成立，如果变量值为 0 表示假，并且可以赋予文字值 false；变量值为非 0 表示真，可以赋予文字值 true。

【例 4-2】编写程序，定义 bool 类型的变量，并对其进行判断。

（1）在 Visual Studio 2017 中，新建名称为 "4-2.cpp" 的 Project2 文件。

（2）在代码编辑区域输入以下代码。

```
#include <iostream>
using namespace std;
int main()
{
    bool x = 2; //执行此行后,x=true(整型 2 转为 bool 型后结果为 true)
    if (x)
    {
        cout << "正确" << endl;
    }
```

```
    x = x - 1;
    //执行此行后,x=false(bool型数据true参与算术运算时会转为int值1,减1后结果为0,赋值给x时会转换为bool
值false)
    if (x)
    {
        cout << "错误" << endl;
    }
    return 0;
```

【程序分析】本例中定义了一个 bool 类型的变量 x，并赋值为 2。因为 2 是非零值，所以语句 "bool x=2;" 等效于 "bool x=true;"。因此 if 语句表示，x 非零则输出 "正确"。执行表达式 "x=x-1;" 语句时，bool 类型的数据 true 参与算术运算，其值会转为一个整数值 1，所以减 1 后结果为 0，赋给 x 时会转换为 bool 值 false。执行 if 语句时，x 的值是 0。所以不输出 "错误"。

在 Visual Studio 2017 中的运行结果如图 4-7 所示。

当表达式需要一个算数值时，布尔类型对象将被隐式地转换成 int 类型也就是整型对象，false 就是 0，true 就是 1。

图 4-7　bool 类型变量

【例 4-3】编写程序，输出 bool 类型变量的值。

（1）在 Visual Studio 2017 中，新建名称为 "4-3.cpp" 的 Project3 文件。

（2）在代码编辑区域输入以下代码。

```
#include <iostream>
using namespace std;
int main()
{
    bool x = true;
    bool y = false;
    cout << x << endl;
    cout << y << endl;
    return 0;
}
```

【程序分析】本例定义 bool 类型的变量 x 和 y，分别赋值为 true 和 false，并输出它们的值。

在 Visual Studio 2017 中的运行结果如图 4-8 所示。

图 4-8　bool 类型

4.2.6　无类型（void）

无类型就是空类型，放在函数前面，表示该函数不返回任何值，放在函数参数部分，表示函数不传入参数。

例如：

```
void main();          /*无返回值的函数*/
int main(void);       /*没有参数传入的函数*/
```

注意：void 不能代表一个真实的变量。

下面代码都企图让 void 代表一个真实的变量，因此都是错误的代码：

```
void a;               /*错误*/
main(void a);         /*错误*/
```

空类型在调用函数值时，通常应向调用者返回一个函数值。这个返回的函数值是具有一定的数据类型的，应在函数定义及函数说明中给以说明，但是，也有一类函数，调用后并不需要向调用者返回函数值，这种函数可以定义为"空类型"。其类型说明符为 void。

之所以需要空类型，是因为函数的默认返回值类型是 int，如果在函数定义时未带返回类型说明，则默认为 int；即使函数中没有 return 语句，编译器按照函数返回值的原理，会返回一个不确定的值。如果将这样的函数错用在表达式里，语法上没错，但会带来很难察觉的逻辑错误。而将空类型函数用在表达式里是一个编译错误。

4.2.7 对齐

现代计算机中内存空间都是按照字节划分的，从理论上讲似乎对任何类型的变量的访问可以从任何地址开始，但实际情况是在访问特定变量的时候经常在特定的内存地址访问，这就需要各类型数据按照一定的规则在空间上排列，而不是顺序地一个接一个地排放，这就是对齐。32 位机器上各数据类型的长度为：char 为 1 字节、short 为 2 字节、int 为 4 字节、long 为 4 字节、float 为 4 字节、double 为 8 字节。

1. 对齐的意义

在不同编译平台或处理器上，字节对齐会造成消息结构长度的变化。编译器为了使字节对齐可能会对消息结构体进行填充，不同编译平台可能填充为不同的形式，这样会大大增加处理器间数据通信的风险。所以对于本地使用的数据结构，为提高内存访问效率，采用四字节对齐方式；同时为了减少内存的开销，会合理安排结构体成员的位置，减少四字节对齐导致的成员之间的空隙，提高内存的存取效率。如果在不同平台之间传递二进制流，那么在这两个平台间必须要定义相同的对齐方式，不然莫名其妙地出了一些错，可是很难排查的。

2. 对齐的实现

通常，在写程序的时候，不需要考虑对齐问题，编译器会自动选择适合目标平台的对齐策略。当然，也可以通知给编译器传递预编译指令而改变对指定数据的对齐方法，比如写入预编译指令#pragma pack()，即告诉编译器按两字节对齐。

整个程序在给每个变量进行内存分配时都会遵循对齐机制，也都会产生内存空间的浪费。但是，这种浪费是值得的，因为它换来的是效率的提高。

4.3 结构体类型（struct）

结构体类型就是将不同类型的数据组合成一个有机的整体，以供用户方便地使用。这些组合在一个整体中的数据是互相联系的。例如，一个居民的年龄、姓名、性别、身高、家庭地址等，都是这个居民的属性，如图 4-9 所示。

age	name	sex	height	addr
20	LiHui	M	175.5	BeiJing

图 4-9 居民的信息

根据上图可知，age（年龄）、name（姓名）、sex（性别）、height（身高）和 addr（家庭地址）都是姓名为 LiHui 的相关信息。若在程序中，将 LiHui 的所有信息分别定义为互相独立的变量，就很难反映出它们之间的内在联系。例如：

```
int age;            /*定义年龄*/
char name;          /*定义姓名*/
char sex;           /*定义性别*/
float height;       /*定义身高*/
char addr;          /*定义家庭住址*/
```

如果将它们组织成一个组合项，在一个组合项中包含若干个类型不同（当然也可以相同）的数据项，就能体现出这些数据的关联性。C++允许用户自己指定这样一种数据类型，它称为结构体。

例如，可以通过下面的声明来建立如图4-9所示的数据类型：

```
struct People//声明一个结构体类型People
{
    int age;                    /*包括一个整型变量age*/
    char name[20];              /*包括一个字符数组name,可以容纳20个字符*/
    char sex;                   /*包括一个字符变量sex*/
    float height;               /*包括一个单精度型变量*/
    char addr[50];              /*包括一个字符数组addr,可以容纳30个字符*/
};  //最后有一个分号
```

这样，程序开发者就声明了一个新的结构体类型People。

注意：struct是声明结构体类型时所必须使用的关键字，不能省略，它向编译系统声明，这是一种结构体类型，它包括age、name、sex、height、addr等不同类型的数据项。

被声明后的People是一个类型名，它和系统提供的标准类型如int、char、float、double一样，都可以用来定义变量，只不过结构体类型需要事先由用户自己声明而已。

1. 结构体类型的声明

声明一个结构体类型的一般形式为：

```
struct 结构体类型名
{
    成员表列
};
```

结构体类型名是用来作结构体类型的标志。上例声明的People就是结构体类型名。大括号内是该结构体中的全部成员，由它们组成一个特定的结构体。

注意：在声明一个结构体类型时必须对各个成员都进行类型声明，即类型名 成员名；每一个成员也称为结构体中的一个域（field）。成员表列又称为域表。

在声明结构体类型的时候，一般都会将结构体的位置放在文件的开头，在所有函数之前，以便本文件中所有的函数都能利用它来定义变量。当然也可以在函数中声明结构体类型。

2. 结构体类型变量的定义方法及其初始化

结构体的声明相当于建立了一个模型，其中并无具体数据，系统也不为之分配实际的内存单元，为了能在程序中使用结构体类型的数据，应当定义结构体类型的变量，并在其中存放具体的数据。

定义结构体类型变量有以下3种方法。

（1）先声明结构体类型再定义变量名。

如上面已定义了一个结构体类型People，可以用它来定义结构体变量，如图4-10所示。

C++也保留了C语言的用法，在定义结构体变量时，要在结构体类型名前面加上关键字struct。

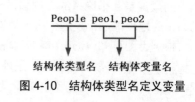

图4-10 结构体类型名定义变量

例如：

```
struct People peo1, peo2;
```

还是建议读者在编写 C++程序时，使用 C++新提出来的方法，即不必在定义结构体变量时加关键字

struct，这样使用更方便，而且与第 11 章中介绍的用类（class）名定义类对象的用法一致。

以上定义了 peo1 和 peo2 为结构体类型 People 的变量，即它们具有 People 类型的结构，如图 4-11 所示。

（2）在声明类型的同时定义变量。

| peo1 | 19 | LiHui | M | 175.5 | BeiJing |

| peo2 | 21 | ZhouXin | W | 162.5 | ShangHai |

图 4-11　结构体类型变量的定义

例如：

```
struct People //声明结构体类型 People
{
    int age;
    char name[20];
    char sex;
    float height;
    char addr[50];
}peo1,peo2; //定义两个结构体类型 People 的变量 peo1,peo2
```

这种形式的定义的一般形式为：

```
struct 结构体名
{
    成员表列
}变量名表列;
```

（3）直接定义结构体类型变量。

其一般形式为：

```
struct      //注意没有结构体类型名
{
    成员表列
}变量名表列;
```

这种方法虽然合法，但很少使用。提倡使用先定义类型后定义变量的第（1）种方法。在程序比较简单，结构体类型只在本文件中使用的情况下，也可以用第（2）种方法。

关于结构体类型，有以下几点需要说明：

（1）不要误认为凡是结构体类型都有相同的结构。实际上，每一种结构体类型都有自己的结构，可以定义出许多种具体的结构体类型。

（2）类型与变量是不同的概念，不要混淆。只能对结构体变量中的成员赋值，而不能对结构体类型赋值。在编译时，是不会为类型分配空间的，只为变量分配空间。

（3）对结构体中的成员（即"域"），可以单独使用，它的作用与地位相当于普通变量。

（4）成员也可以是一个结构体变量，这就是结构体的嵌套。

例如：

```
struct Date         //声明一个结构体类型 Date
{
    int month;      /*月*/
    int day;        /*日*/
    int year;       /*年*/
};
struct People       //声明结构体类型 People
{
    int age;
    char name[20];
    char sex;
    float height;
```

```
    Date birthday;
    char addr[50];
};
```

该例中先声明一个 Date 类型的结构体，它代表日期。该结构体包含三个成员，分别是 month（月）、day（日）、year（年）。然后再声明一个 People 类型的结构体。将成员 birthday 指定为 Date 类型。People 的结构体如图 4-12 所示。

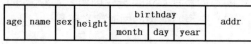

age	name	sex	height	birthday			addr
				month	day	year	

图 4-12　结构体嵌套

（5）结构体中的成员名可以与程序中的变量名相同，但二者没有关系。例如，程序中可以另定义一个整型变量 age，它与 People 中的 age 是两回事，互不影响。

结构体变量的初始化和其他类型变量一样，对结构体变量可以在定义时指定初始值。

例如：

```
struct People
{
    int age;
    char name[20];
    char sex;
    float height;
    char addr[50];
}peo = { 21, "Li Hui", 'M', 175.5, "BeiJing" };
```

上例也可以采取声明类型与定义变量分开的形式，在定义变量时进行初始化：

```
People peo = { 21, "Li Hui", 'M', 175.5, "BeiJing" };  /*People 是已经声明的结构体类型*/
```

4.4　类类型（class）

类是一种复杂的数据类型，它是将不同类型的数据和与这些数据相关的操作封装在一起的集合体。这与结构体类似，唯一不同的就是结构体没有定义所说的"数据相关的操作"，也就是用户平常经常看到的方法。

类的定义格式一般分为说明部分和实现部分。说明部分是用来说明该类中的成员，包含数据成员的说明和成员函数的说明。成员函数是用来对数据成员进行操作，又称为"方法"，实现部分是用来对成员函数的定义。概括说来，说明部分将告诉使用者"干什么"，而实现部分是告诉使用者"怎么干"。

类的一般定义格式如下：

```
class <类名>
{
    public:
<成员变量或成员函数的说明>
    private:
<成员变量或成员函数的说明>
};
    <各个成员函数的实现>
```

class 是定义类的关键字。一对大括号内是类的说明部分，说明该类的成员。类的成员包含变量和函数两部分。从访问权限上来分，类的成员又分为公有的（public）、私有的（private）和保护的（protected）三类。

而在 C++中，类定义的成员变量或成员函数默认都是 private 属性的，表示私有成员，不能随意访问。而在结构体中定义的成员变量或成员函数默认都是 public 属性，表示公有成员，能够随意访问。

【例 4-4】编写程序，输出居民 Li Hui 的个人信息。

（1）在 Visual Studio 2017 中，新建名称为"4-4.cpp"的 Project4 文件。

（2）在代码编辑区域输入以下代码。

```cpp
#include <iostream>
using namespace std;
class People        //创建一个类 People
{
    public:
    void show();
    int age;
    char name[20] = "Li Hui";
    char sex;
    float height;
    char addr[50] = "BeiJing";
};
void People::show()
{
    cout << name << " 的个人信息:" << endl;
}
int main()
{
    People peo;
    peo.age = 20;
    peo.sex = 'M';
    peo.height = 175.5;
    peo.show();
    cout <<"年龄:"<< peo.age << '\n'<<"性别:" << peo.sex << '\n'<<"身高:"
    << peo.height << '\n'<<"家庭住址:" << peo.addr << endl;
    return 0;
}
```

【程序分析】在本例中，定义了一个名为 People 的类，该类的成员变量包括 age、name、sex、height 和 addr，此外还声明了一个函数 show()，该函数在类内部声明，在类外部定义。在主函数中，首先通过类 People 创建了一个对象 peo，通过成员选择符，peo 对象在接下来的几行代码中分别调用了类中定义的变量及函数。

在 Visual Studio 2017 中的运行结果如图 4-13 所示。

图 4-13　类访问成员变量

4.5　枚举类型（enum）

如果一个变量只有几种可能的值，可以定义为枚举（enumeration）类型。所谓"枚举"是指将变量的值——列举出来，变量的值只能在列举出来的值的范围内。

1. 声明枚举类型

```
enum 类型名 { 枚举常量列表 };
```

类型名是变量名，指定枚举类型的名称。枚举常量列表也叫枚举元素列表或枚举常量，列出定义的枚举类型的所有可用值，各个值之间用"，"分开。

例如：

```
enum weekday{sun, mon, tue, wed, thu, fri, sat};
```

上面声明了一个枚举类型 weekday，大括号中 sun，mon，…，sat 等表示这个类型的变量的值只能是以上 7 个值之一，它们是用户自己定义的标识符。

2. 枚举变量的说明

枚举变量有多种声明方式：

（1）枚举类型定义与变量声明分开。

例如：

```
enum Color { Blue, Red, Green, Yellow };
enum Blue a;
enum Blue b,c;
```

变量 a,b,c 的类型都定义为枚举类型 enum Blue。

（2）枚举类型定义与变量声明同时进行。

例如：

```
enum Color { Blue, Red, Green, Yellow }a,b,c;
```

该语句还可以省略类型名，如以下的声明也是可以的：

```
enum { Blue, Red, Green, Yellow }a,b,c;
```

（3）用 typedef 先将枚举类型定义为别名，再利用别名进行变量的声明。

例如：

```
/*第一种方式*/
typedef enum Color { Blue, Red, Green, Yellow }Color;
/*第二种方式*/
typedef enum Color { Blue, Red, Green, Yellow };
/*第三种方式*/
typedef enum { Blue, Red, Green, Yellow }Color;
```

这三种声明变量的方式相同。例如：

```
enum Color a;
enum Color b,c;
```

注意：同一程序中不能定义同类型名的枚举类型；不同枚举类型的枚举元素不能同名。

3. 枚举元素说明

将会为每个枚举元素分配一个整型值，默认从 0 开始，逐个加 1。

【例 4-5】编写程序，输出枚举元素的默认值。

（1）在 Visual Studio 2017 中，新建名称为"4-5.cpp"的 Project5 文件。

（2）在代码编辑区域输入以下代码。

```
#include <iostream>
using namespace std;
int main()
{
    enum Color
    {
        Blue, Red, Green, Yellow
```

```
    }a,b,c,d;        /*定义枚举类型的变量a、b、c、d*/
    a = Blue;        /*将枚举元素赋值给变量*/
    b = Red;
    c = Green;
    d = Yellow;
    cout << a << "," << b << "," << c << "," << d << endl;
    return 0;
}
```

【程序分析】本例输出的是每个枚举元素分配一个默认值。

在 Visual Studio 2017 中的运行结果如图 4-14 所示。

也可以在定义枚举类型时对枚举元素赋值，此时，赋值的枚举值为所赋的值，而其他没有赋值的枚举值在前一个枚举值的基础上加 1。

【例 4-6】编写程序，输出枚举元素的值。

（1）在 Visual Studio 2017 中，新建名称为 "4-6.cpp" 的 Project6 文件。

（2）在代码编辑区域输入以下代码。

```
#include <iostream>
using namespace std;
int main()
{
    enum Color
    {
        Blue=1, Red, Green=8, Yellow  /*为枚举元素赋值*/
    }a,b,c,d;
    a = Blue;
    b = Red;
    c = Green;
    d = Yellow;
    cout << a << "," << b << "," << c << "," << d << endl;
    return 0;
}
```

【程序分析】本例演示了为单个枚举元素赋值后，其他枚举元素的变化。

在 Visual Studio 2017 中的运行结果如图 4-15 所示。

图 4-14　枚举类型

图 4-15　枚举元素的值

注意：枚举值是常量不是变量，不能在程序中再为枚举元素赋值。

4. 枚举型与整型的转换

枚举类型可以隐式地转换为 int 型。

【例 4-7】编写程序，将枚举型变量的值赋给整型变量。

（1）在 Visual Studio 2017 中，新建名称为 "4-7.cpp" 的 Project7 文件。

（2）在代码编辑区域输入以下代码。

```
#include <iostream>
using namespace std;
int main()
{
    enum Color
    {
```

```
      Blue, Red, Green, Yellow
   }a;
   a = Blue;
   int x = 100;
   x = a;
   cout << "a=" << a << "," << "x=" << x << endl;
   return 0;
}
```

【程序分析】本例中先定义一个枚举类型的变量 a，并为其赋值。然后定义一个 int 变量 x，并初始化赋值。最后将变量 a 赋给变量 x，并输出它们各自的值。

在 Visual Studio 2017 中的运行结果如图 4-16 所示。

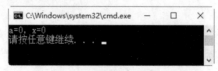

图 4-16 枚举类型转换成 int 型

int 型不能隐式地转换为枚举型。

例如：

```
enum Color
{
   Blue, Red, Green, Yellow
}a;
int x = 100;
a = x;   /*将 int 型变量的值,赋给枚举类型的变量a,不合法*/
```

4.6 共用体类型（union）

有时需要使几种不同类型的变量存放到同一段内存单元中。例如，可以定义一个整形变量，一个字符型变量，一个实型变量放在同一地址开始的内存单元中。以上 3 个变量在内存单元中占的字节数不同，但是都从同一地址开始存放。也就是使用覆盖技术，几个变量互相覆盖。共用体也是一种构造数据类型，它是将不同类型的变量存放在同一内存区域内。共用体也称为联。

共用体的类型定义、变量定义及引用方式与结构体相似，但它们有着本质的区别：结构体变量的各成员占用连续的不同存储空间，而共用体变量的各成员占用同一个存储区域。

声明共用体的一般形式：

```
union 共用体类型名
{
   成员列表
};
```

1. 定义共用体变量

定义共用体变量的一般形式：

```
共用体类型名   共用体变量名;
```

定义共用体变量的方法有以下三种：

（1）先定义共用体类型，再定义该类型数据。

例如：

```
union data
{
    char a[10];
    int b;
    double c;
};
union data x, y[10];
```

（2）在定义共用体类型的同时定义该类型变量。

例如：

```
union data
{
    char a[10];
    int b;
    double c;
}x,y[10];
```

（3）不定义共用体类型名，直接定义共用体变量。

例如：

```
union
{
    char a[10];
    int b;
    double c;
}x,y[10];
```

定义了共用体变量后，系统就给它分配内存空间。因共用体变量中的各成员占用同一存储空间，所以，系统给共用体变量所分配的内存空间为其成员中所占用内存空间最多的成员的单元数。共用体变量中各成员从第一个单元开始分配存储空间，所以各成员的内存地址是相同的。

2. 共用体变量的引用

（1）定义了共用体变量后，即可使用它。若需对共用体变量初始化，只能对它的第一个成员赋初始值。

例如：

```
union data x = { "Li Hui" };                      /*是正确的*/
union data x = { "Li Hui",'M',175.5, "BeiJing" };  /*是错误的*/
```

（2）使用共用体变量的目的是希望通过统一内存段存放几种不同类型的数据。

注意：*每一瞬间只能存放一种，而不是存放几种。并且，如果对新的成员变量进行赋值的话，原来的成员变量的值就被覆盖了。*

【**例4-8**】编写程序，输出共用体成员变量的值。

（1）在 Visual Studio 2017 中，新建名称为"4-8.cpp"的 Project8 文件。

（2）在代码编辑区域输入以下代码。

```
#include <iostream>
using namespace std;
int main()
{
    union data
    {
        char a;
        char b;
    };
    data x;
    x.a = 'M';
    cout << x.a << endl;
    x.b = 'x';
```

```
    cout << x.a << endl;
    return 0;
}
```

【程序分析】本例定义了一个共用体，该共用体有两个 char 型成员变量 a 和 b。接着定义了一个共用体变量 x，通过逗号运算符对共用体成员进行赋值。先给 a 赋值为 M，给 b 赋值为 x。结果第一次输出 a 的值是 M，第二次输出的是 x，所以证明它们是公用地址的。

在 Visual Studio 2017 中的运行结果如图 4-17 所示。

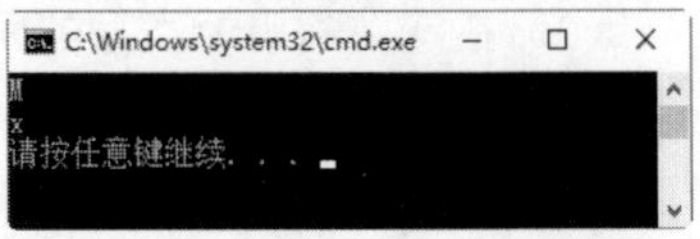

图 4-17　共用体

3．共用体类型数据的特点

（1）使用共用体变量的目的是希望用同一个内存段存放几种不同类型的数据。但请注意，在每一瞬时只能存放其中一种，而不是同时存放几种。

（2）能够访问的是共用体变量中最后一次被赋值的成员，在对一个新的成员赋值后，原有的成员就失去作用。

（3）共用体变量的地址和它的各成员的地址都是同一地址。

（4）不能对共用体变量名赋值；不能企图引用变量名来得到一个值；不能在定义共用体变量时对它初始化；不能用共用体变量名作为函数参数。

（5）共用体和结构体可以互相嵌套。

4.7　推断类型 auto 和 decltype

有时用户希望从表达式的类型推断出要定义的变量类型，但是不想用该表达式的值初始化变量（如果要初始化就用 auto 了）。为了满足这一需求，C++11 新标准引入了 decltype() 和 auto 类型说明符。

1．auto

在 C 语言中，就有了 auto 关键字，它被当作是一个变量的存储类型修饰符，表示自动变量（局部变量）。它不能被单独使用，否则编译器会给出警告。在 C++11 标准中，添加了新的类型推导特性，使用 auto 定义的变量不能使用其他类型修饰符修饰，该变量的类型由编译器根据初始化数据自动确定。

（1）auto 的作用。

一般来说，在把一个表达式或者函数的返回值赋给一个对象的时候，我们必须要知道这个表达式的返回类型，但是有的时候我们很难或者无法知道这个表达式或者函数的返回类型。此时，我们就可以使用 auto 关键字来让编译器帮助我们分析表达式或者函数所属的类型。

例如：

```
auto value = v1 + v2;
```

如果 v1 和 v2 都是 int 类型，那么 value 也是 int 类型，如果 v1 和 v2 是 double 类型，那么 value 就是 double 类型。

（2）auto 和 const。

auto 一般会忽略顶层 const（自身是 const），而底层 const 会保存下来。

例如：

```
const int i = 4;
auto a = i;          //变量 i 是顶层 const,会被忽略,所以 a 的类型是 int
auto b = &i;         //变量 i 是一个常量,对常量取地址是一种底层 const,所以 b 的类型是 const int *
```

因此，如果希望推断出的类型是顶层 const 的，那么就需要在 auto 前面加上 const。
例如：

```
const  auto  c = i;
```

（3）auto 和引用。

① 如果表达式是引用类型，那么 auto 的类型是这个引用的对象的类型。

```
int i = 3, &pi = i;
auto x = pi;              //x 是 int 类型,而不是引用类型
```

② 如果要声明一个引用，就必须要加上&，如果要声明为一个指针，既可以加上"*"也可以不加"*"。

```
int i = 9;
auto &pi = i;            //pi 是一个 int 类型的引用
auto *p1 = &i;          //此时推断出来的类型是 int,p1 是指向 int 的指针
auto p2 = &i;           //此时推断出来的类型是 int*,p2 是指向 int 的指针
```

声明为 auto 的变量在编译时期就分配了内存，而不是到了运行时期，所以使用 auto 不再引发任何速度延迟，这也意味着使用 auto 的时候，这个变量不初始化会报错，因为编译器无法知道这个变量的类型。

2. decltype

（1）decltype 的作用。

decltype 只是为了推断出表达式的类型而不用这个表达式的值来初始化对象。

```
/*sum 的类型是函数 show () 的返回值的类型,但是这时不会实际调用函数 show()*/
decltype(show()) sum = x;
int i = 0;
decltype(i) j = 3;       //i 的类型是 int,所以 j 的类型也是 int
```

（2）decltype 和 const。

不论是顶层 const 还是底层 const，decltype 都会保留。

```
const  int i = 5;
decltype(i) j = i;          //j 的类型和 i 是一样的,都是 const int
```

（3）decltype 和引用。

① 如果表达式是引用类型，那么 decltype 的类型也是引用。

```
const  int i = 3, &j = i;
decltype(j) k = 5;          //k 的类型是 const int &
```

② 如果表达式是引用类型，但是想要得到这个引用所指向的类型，需要修改表达式：

```
int i = 3, &p = i;
decltype(p + 0) t = 5;      //此时是 int 类型
```

③ 对指针的解引用操作返回的是引用类型。
例如：

```
int i = 3, j = 6, *p = &i;
decltype(*p) c = j;         //c 是 int 类型的引用,c 和 j 绑定在一起
```

④ 如果一个表达式的类型不是引用，但是我们需要推断出引用，那么可以加上一对括号，就变成引用类型了。
例如：

```
int i = 3;
decltype((i)) j = i;        //此时 j 的类型是 int 类型的引用,j 和 i 绑定在了一起
```

decltype 和 auto 都可以用来推断类型，但是二者有几处明显的差异：

（1）auto 忽略顶层 const，decltype 保留顶层 const。

（2）对引用操作，auto 推断出原有类型，decltype 推断出引用。

（3）对解引用操作，auto 推断出原有类型，decltype 推断出引用。

（4）auto 推断时会实际执行，decltype 不会执行，只做分析。

总之在使用过程中与 const、引用和指针结合时需要特别小心。

4.8 数据类型的声明

声明（declaration）用于向程序表明变量的类型和名字。声明是告诉编译器有一个变量或函数，并标明是什么类型的。简单点来说，声明是一条语句，声明是为对象起了一个名字，同时为名字确定了一个类型。

4.8.1 声明和定义的区别

在编译器中，声明就是向程序表明变量的类型和名字。而变量的定义就是为变量分配存储空间，还可为变量指定初始值。在程序中，变量有且仅有一个定义。

在声明和定义变量时需要注意以下几点：

（1）定义也是声明，关键字 extern 声明不是定义，即不分配存储空间。extern 告诉编译器变量在其他地方定义了。

例如：

```
extern int i;                    //声明,不是定义
int i;                           //声明,也是定义
```

（2）如果声明有初始化时，就被当作定义，即使前面加了 extern。只有当 extern 声明位于函数外部时，才可以被初始化。

例如：

```
extern double PI=3.1415926;      //定义变量 PI
```

（3）函数的声明和定义区别比较简单，带有{ }的就是定义，否则就是声明。

例如：

```
extern int max(int a,int b);     //函数的声明,此时 extern 可去掉
int max(int a,int b)             //函数的定义
{
    return a>b?a:b;
}
```

4.8.2 初始化

初始化是在声明一个变量的同时赋予它一个值，而赋值是已经声明过了变量，后续再对它进行赋值操作。

例如：

```
{                                //在一个块中
    int i;                       //默认初始化,不可直接使用
    int j=0;                     //值初始化
```

```
    j=1;                              //赋值
  }
```

对于在一个块作用域中的局部变量来说，该变量会默认初始化。而内置类型默认初始化的时候，对其进行操作是违法的，编译器也会进行报错。

例如，在全局中进行初始化：

```
int i;      //正确，i 会被值初始化为 0，也称为零初始化
```

静态变量在编译期间就可以确定它们的值，静态变量即使不提供初始值也会被零初始化。此外，类内静态变量同样如此，不过显式初始化是一个比较好的选择。

4.8.3　作用域

C++变量根据定义位置的不同，具有不同的作用域，作用域可分为 5 种：全局作用域、局部作用域、类作用域、命名作用域和文件作用域。

1. 从作用域区别

（1）全局变量具有全局作用域。全局变量只需在一个源文件中定义，就可以作用于所有的源文件。当然，其他不包括全局变量定义的源文件需要用 extern 关键字再次声明这个全局变量。

（2）静态局部变量具有局部作用域。它只被初始化一次，从第一次初始化直到程序结束都一直存在，它和全局变量的区别在于全局变量对于所有的函数都是可见的，而静态局部变量只对定义自己的函数始终可见。

（3）局部变量也只有局部作用域，它是自动对象，在程序运行期间不是一直存在的，而是只在函数执行期间存在，函数的第一次调用结束后，变量就被撤销，其所占用的内存也被收回。

（4）静态全局变量也具有全局作用域，它与全局变量的区别在于如果程序包含多个文件，它只作用于定义它的文件里，不能作用到其他文件里，被 static 关键字修饰的变量就具有文件作用域。这样即使两个不同的源文件都定义了相同的静态全局变量，它们也是不同的。

2. 从分配内存空间区别

全局变量、静态局部变量、静态全局变量都在静态存储区分配空间，而局部变量在栈区分配空间。

全局变量本身就是静态存储方式，静态全局变量当然也是静态存储方式，这两者在存储方式上没有什么不同。区别在于非静态全局变量的作用域是整个源程序，当一个源程序由多个源文件组成时，非静态的全局变量在各个源文件中都有效。而静态全局变量限制了其作用域，即只在定义该变量的源文件内有效，在同一源程序的其他源文件中不能使用。由于静态全局变量的作用域限于一个源文件内，只能为该源文件内的函数共用，因此可以避免在其他源文件中引起错误。

（1）静态变量会被放在程序的静态数据存储区里，这样在下一次调用的时候还可以保持原来的赋值。这一点是它与堆栈变量的区别。

（2）变量用 static 告知编译器，自己仅仅在变量的作用域范围内可见，这一点是它与全局变量的区别。

4.9　值和对象

变量和文字常量都有存储区，并且有相关的类型，区别在于变量是可寻址的，对于每个变量，都有两

个值与其相关联：其中一个是数据值，存储在某个内存地址中，也称右值，右值是被读取的值；另一个是地址值，即存储数据值的那块内存地址，也称左值。

对象是类的具体实例或实现。C++中的对象，是用类定义的变量，占用内存单元。

4.9.1　左值和右值

左值（lvalue）：指向内存位置的表达式被称为左值（lvalue）表达式。左值可以出现在赋值号的左边或右边。

右值（rvalue）：指的是存储在内存中某些地址的数值。右值是不能对其进行赋值的表达式，也就是说，右值可以出现在赋值号的右边，但不能出现在赋值号的左边。

具体可以理解为，左值更多指的是可以定位，即有地址的值，而右值没有地址。

例如：

```
int doc=8;
a[0]=100;
*(a-8)=25;
```

在以上代码中，"doc"，"a[0]"，"*(a-8)"这些值，还有函数中的返回值都是左值，因为这些值都是通过具体名字和引用来指定一个对象。"8"，"100"，"25"这些值都是右值，因为没有一个特定的名字引用到这个值。

1．依据下述规则来判断左值

（1）"通过非函数类型声明的非类型标识符"都是左值。

（2）每种运算符都规定了它的运算结果是否为左值。

2．常见规则

（1）下列运算符的操作数要求左值：sizeof运算符，取地址运算符"&"，"++"运算符，"--"运算符，赋值"="运算符的左侧，成员"."运算符的左侧。

（2）间接运算符*的运算结果是左值；取地址运算符&的运算结果是右值。

（3）下列表达式不能产生左值：数组名、函数、枚举常量、赋值表达式、强制类型转换和函数调用等。

4.9.2　对象的生命周期

静态变量的生命周期是整个程序的生命周期。析构函数析构的是动态申请的内存。而类中的成员变量是在类的对象声明时创建，在对象生存期结束后截止。

C++的new运算和C语言的malloc()函数都是为了配置内存，但前者比之后者的优点是，new不但配置对象所需的内存空间，还会引发构造函数的执行。所谓构造函数，就是对象诞生后第一个执行（并且是自动执行）的函数，它的函数名称必定要与类别名称相同。在后面的章节中会详细介绍。

相对于构造函数，自然就有个析构函数，也就是在对象行将毁灭但未毁灭的前一刻，最后执行（并且是自动执行）的函数，它的函数名称必定要与类别名称相同，再在最前面加一个～符号。

对象的生命周期有以下几种情况：

（1）对于全局对象，程序一开始，其构造式就先被执行；程序即将结束前其析构式被执行。

（2）对于局部对象，当对象诞生时，其构造式被执行；当程序流程将离开该对象的存活范围时，其析构式被执行。

【例4-9】编写程序，在类中定义构造函数和析构函数，创建完对象后再进行销毁。

（1）在 Visual Studio 2017 中，新建名称为 "4-9.cpp" 的 Project9 文件。

（2）在代码编辑区域输入以下代码。

```
#include <iostream>
using namespace std;
class A
{
public:
    A(int a = 0) : b(a)          /*构造函数,先执行对象x的构造函数,再执行对象y的构造函数*/
    {
        cout << "A(" << a << ")" << endl;
    }
    ~A()                    /*析构函数*/
    {
        cout << "~A(" << b << ")" << endl;
    }
    int b;
};
int main()
{
    A x(100);               /*创建对象x*/
    A y(200);               /*创建对象y,弹栈: 先进后出*/
    return 0;
}
```

【程序分析】本例中，定义了一个类 A，在该类里定义了构造函数和析构函数。在 main() 函数中创建了两个对象 x 和 y。执行程序时，先执行对象 x 的构造函数，再执行 y 的构造函数；接着开始销毁对象，先执行 y 的析构函数，再执行 x 的析构函数。所以，对象的销毁顺序是按照弹栈顺序 "先进后出" 执行。

在 Visual Studio 2017 中的运行结果如图 4-18 所示。

图 4-18　对象的生命周期

（3）对于静态（static）对象，当对象诞生时其构造式被执行；当程序将结束时其析构式才被执行，但比全局对象的析构式早一步执行。

（4）对于以 new 方式产生出来的区域对象，当对象诞生时其构造式被执行。析构式则在对象被删除时执行。

C++类里面的变量类型，仅仅是对外部调用的使用和继承时的使用作了规定，关于它们的生命周期，其实和 C 语言是基本相同的。静态成员变量是有整个程序的生命周期的，而且一个类中的静态成员，无论有多少个对象，使用的都是同一个静态成员。

例如：

```
class A
{
    static x;
}
```

```
class A a;
class A b;
```

实际上：

```
a.x 等价于 b.x
```

4.10 类型别名

typedef 为现有类型创建一个易于记忆的新名字以及简化一些比较复杂的类型声明。使用最多的地方是创建易于记忆的类型名，用它来归档程序员的意图。但是 typedef 并不创建新的类型，它仅仅为现有类型添加一个同义字。

1. 定义基本数据类型别名

基本数据类型出现在所声明的变量名字中，位于 typedef 关键字右边。

例如：

```
typedef int size;
size arr;
```

此声明定义了一个 int 的同义字，名字为 size。

2. 定义数组别名

例如：

```
typedef int Line[36];
Line text,secondline;
getline(text);
```

此声明定义了一个 int 型数组的同义字，名字为 Line。

3. 定义指针别名

typedef 与函数指针，形式：typedef 返回类型（*新类型）。

例如：

```
typedef char(*PFUN);
PFUN *pa;
```

此声明定义了一个函数指针的同义字，名字为 PFUN。

4. 定义结构体别名

例如：

```
typedef struct Student
{
    int a;
}Stu;
Stu stu1;
```

此声明定义了一个结构体的同义字，名字为 Stu。

4.11　就业面试技巧与解析

4.11.1　面试技巧与解析（一）

面试官：实型数据的有效位数各是多少？

应聘者：有效数字是表示精度，一般是说一个近似数四舍五入到哪一位，就说明这个数字精确到那一位，float 型的有效数字是小数点后 6 位，多于 6 位以后的数就不太可靠了。double 型的有效数字是小数点后 15 位，15 位以后的数也就不可靠了。取值范围是能表示的最小值和最大值之间的一个数域，超出这个数域的值就根本不能表示了。

4.11.2　面试技巧与解析（二）

面试官：字符变量在内存中如何存储？

应聘者：每个字符变量被分配一个字节的内存空间，因此只能存放一个字符。字符值是以 ASCII 码的形式存放在变量的内存单元之中的。取值范围为-128～127。ASCII 码是一些整型的数据，这也造成了字符型变量在一定程度上可以和整型进行换算。因为数字 1～9 的 ASCII 码是连续的，而且是整型，所以对于输入的数字字符，可以在程序内部，换算成真正的整型数据来处理（必要的时候）。字母的 ASCII 码从 A～Z 和 a～z 都是分别连续的，这也使得我们可以方便地进行大小写的转换。字符型变量可以让我们方便地处理一些输入问题。

第5章

运算符与表达式

 学习指引

    在 C++的编程世界中，运算符和表达式就像是数学运算中的公式一样，可以使用方程和公式解决数学中的问题，也可以使用表达式解决编程中的问题，为开发人员提供了很大的方便，这也是 C++语言灵活的体现。本章将详细介绍运算符与表达式，为初学者夯实基础。

重点导读

- 掌握运算符的功能和定义。
- 掌握运算符的优先级。
- 掌握使用运算符的方法。
- 掌握使用表达式的方法。

5.1　C++的运算符

    C++的运算符非常丰富，使得 C++的运算十分灵活方便。其中有很多运算符都是从 C 语言继承下来的，它新增的运算符有作用域运算符 "::" 和成员指针运算符 "->"。

    和其他高级语言一样，C++语言根据使用运算符的对象之间的关系，将运算符分为算术运算符、关系运算符、逻辑运算符、赋值运算符等。根据使用运算符的对象个数，将运算符分为单目运算符、双目运算符和三目运算符。

5.1.1　运算符的功能和定义

    运算符是一种告诉编译器执行特定的数学或逻辑操作的符号。C++内置了丰富的运算符，不同的运算符有不同的运算次序。各种运算符的优先级以及功能说明见表 5-1。

表 5-1 运算符的功能说明

优 先 级	运算符及功能说明
1	圆括号() 数组[ ] 成员选择 . ->
2	自增++ 自减-- 正+ 负- 取地址& 取内容* 按位求反~ 逻辑求反! 动态存储分配 new delete 强制类型转换() 类型长度 sizeof
3	乘 * 除 / 取余数 %
4	加 + 减 -
5	左移位 << 右移位 >>
6	小于 < 小于等于 <= 大于 > 大于等于 >=
7	等于 == 不等于 !=
8	按位与 &
9	按位异或 ^
10	按位或 |
11	逻辑与 &&
12	逻辑或 ||
13	条件表达式 ? :
14	赋值运算符 = += -= *= /= %= &= ^= |= >>= <<= &&= ||=
15	逗号表达式 ,

5.1.2 运算符的操作数

运算符也称为操作符，是对程序中的数据进行运算。参与运算的数据称为操作数。变量、常量等通过运算符组合成的表达式，也能作为操作数来构成更复杂的表达式。

对于运算符的操作数，应注意以下几个方面。

（1）运算符的功能和语义。

（2）运算符的操作数，每个运算符对其操作数的个数、类型和值都有一定限制。

（3）每个运算符都有确定的优先级。

（4）运算符的结合性。表 5-2 给出了 C++中的主要运算符的功能、优先级、结合性。表中按优先级从高到低分为 18 个级别。

5.1.3 运算符的结合性与优先级

如果表达式中有两个或两个以上不同的运算符，则按一定的次序来计算，这种次序被称作优先级。如果表达式中相同的运算符有一个以上，则可从左至右或从右至左地计算，这称作为结合性。

运算符计算时都有一定的顺序，就好像先要算乘除后再算加减一样。优先级和结合性是运算符两个重要的特性，结合性又称为计算顺序，它决定组成表达式的各个部分是否参与计算以及什么时候计算。

见表 5-2，将按运算符优先级从高到低列出各个运算符，具有较高优先级的运算符出现在表格的上面，具有较低优先级的运算符出现在表格的下面。在表达式中，较高优先级的运算符会优先被计算。

表 5-2　C++运算符优先级与结合性

类　别	运　算　符	结 合 性
后缀	() [] -> . ++ --	从左到右
一元	+ - ! ~ ++ -- (type)* & sizeof	从右到左
乘除	* / %	从左到右
加减	+ -	从左到右
移位	<< >>	从左到右
关系	< <= > >=	从左到右
相等	== !=	从左到右
位与 AND	&	从左到右
位异或 XOR	^	从左到右
位或 OR	|	从左到右
逻辑与 AND	&&	从左到右
逻辑或 OR	||	从左到右
条件	?:	从右到左
赋值	= += -= *= /= %= >>= <<= &= ^= |=	从右到左
逗号	,	从左到右

【例 5-1】编写程序，通过运算，了解运算符的结合性。

（1）在 Visual Studio 2017 中，新建名称为 "5-1.cpp" 的 Project1 文件。

（2）在代码编辑区域输入以下代码。

```cpp
#include <iostream>
using namespace std;
int main()
{
    int x = 30;
    int y = 20;
    int m = 10;
    int n = 5;
    int a;
    a = (x + y) * m / n;                 //( 50 * 10 ) / 5
    cout << "(x + y) * m / n 的值是 " << a << endl;
    a = ((x + y) * m) / n;               //(50 * 10 ) / 5
    cout << "((x + y) * m) / n 的值是 " << a << endl;
    a = (x + y) * (m / n);               //(50) * (10/5)
    cout << "(x + y) * (m / n) 的值是 " << a << endl;
    a = x + (y * m) / n;                 //30 + (200/5)
    cout << "x + (y * m) / n 的值是 " << a << endl;
    return 0;
}
```

【程序分析】本例定义了 5 个变量，x、y、m、n 和 a，并给 x、y、m、n 赋初值。通过这 4 个变量的运算，演示运算符的结合性。

在 Visual Studio 2017 中的运行结果如图 5-1 所示。

图 5-1　运算符的结合性

5.2 算术运算符与算术表达式

算术运算符与算术表达式同四则运算基本一致，只是这是在程序中表达，用编程语言来描述。

5.2.1 算术运算符

算术运算符即算术运算符号，是完成基本算术运算的符号，即用来处理四则运算的符号。基本的算术运算有加法、减法、乘法、除法和取模（求余数），见表 5-3。

表 5-3 算术运算符

运 算 符	说 明	举 例
+	加法运算符，或正值运算符	3+5, +3
−	减法运算符，或负值运算符	5−2, −3
*	乘法运算符	3*5
/	除法运算符	5/3
%	模运算符，或称求余运算符	如 7%4 的值为 3

需要说明的是，两个整数相除的结果为整数。但是，如果除数或被除数中有一个为负值，则舍入的方向是不固定的。多数编译系统采取"向零取整"的方法，即 5/3 的值等于 1，−5/3 的值等于−1，取整后向零靠拢。

如果参加+，−，*，/运算的两个数中有一个数为 float 型数据，则运算的结果是 double 型，因为 C++在运算时对所有 float 型数据都按 double 型数据处理。

【例 5-2】编写程序，完成 19 和 7 的算术运算符的操作。

（1）在 Visual Studio 2017 中，新建名称为"5-2.cpp"的 Project2 文件。

（2）在代码编辑区域输入以下代码。

```cpp
#include <iostream>
using namespace std;
int main()
{
    int x = 19;
    int y = 7;
    int z;
    z = x + y;
    cout << "z=" << z << endl;
    z = x - y;
    cout << "z=" << z << endl;
    z = x * y;
    cout << "z=" << z << endl;
    z = x / y;
    cout << "z=" << z << endl;
    z = x % y;
    cout << "z=" << z << endl;
    return 0;
}
```

【程序分析】本程序通过算术运算符对 19 和 7 进行加、减、乘、除和求余运算。

在 Visual Studio 2017 中的运行结果如图 5-2 所示。

图 5-2 算术运算

5.2.2　算术表达式和运算符的优先级与结合性

用算术运算符和括号将运算对象（也称操作数）连接起来的、符合 C++语法规则的式子，称为 C++算术表达式。运算对象包括常量、变量、函数等。例如，下面是一个合法的 C++算术表达式。

```
a*b/c-1.5+'a'
```

C++语言规定了运算符的优先级和结合性。在求解表达式时，先按运算符的优先级别高低次序执行，例如先乘除后加减。如有表达式 a–b*c，b 的左侧为减号，右侧为乘号，而乘号优先于减号，因此，相当于 a–(b*c)。如果在一个运算对象两侧的运算符的优先级别相同，如 a–b+c，则按规定的"结合方向"处理。

C++规定了各种运算符的结合方向（结合性），算术运算符的结合方向为"自左至右"，即先左后右，因此 b 先与减号结合，执行 a–b 的运算，再执行加 c 的运算。"自左至右"的结合方向又称"左结合性"，即运算对象先与左面的运算符结合。以后可以看到有些运算符的结合方向为"自右至左"，即右结合性（例如赋值运算符）。关于"结合性"的概念在其他一些高级语言中是没有的，是 C++的特点之一，希望读者能理解清楚。

5.2.3　表达式中各类数值型数据间的混合运算

在表达式中常遇到不同类型数据之间进行运算，例如：

```
10+'a'+1.5-8765.1234*'b'
```

在进行运算时，不同类型的数据要先转换成同一类型，然后进行运算。转换的规则如图 5-3 所示。

假设已指定 i 为整型变量，f 为 float 变量，d 为 double 型变量，e 为 long 型，有下面表达式：

```
10+'a'+i*f-d/e
```

运算次序为：

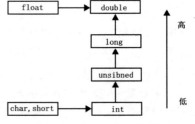

图 5-3　不同类型之间的转换

进行 10+'a'的运算，先将'a'转换成整数 97，运算结果为 107。

进行 i*f 的运算。先将 i 与 f 都转换成 double 型，运算结果为 double 型。

整数 107 与 i*f 的积相加。先将整数 107 转换成双精度数（小数点后加若干个 0，即 107.000…00），结果为 double 型。

将变量 e 转换成 double 型，d/e 结果为 double 型。

将 10+'a'+i*f 的结果与 d/e 的商相减，结果为 double 型。

上述的类型转换是由系统自动进行的。

5.2.4　自增与自减运算符

自增自减运算符存在于高级语言中，它的作用是在运算结束前或后将变量的值加（或减）一。而且自增自减运算符更加简洁，且可以控制效果作用于运算之前还是之后，具有很大的便利性。表 5-4 是自增自减运算符的说明。

表 5-4　自增自减运算符

运　算　符	说　　明	举　　例	结　合　性
++	自增运算符，整数值增加 1	A++就是 A 原来的值自加 1	从左至右
--	自减运算符，整数值减少 1	A--就是 A 原来的值自减 1	

下面通过几个例子，详细说明自加、自减算术运算符和表达式的用法。

1. 自加和自减单独运算

例如：

```
int i=4;
int j=4;
i++;              /*++后置,i 自加 1,i=5*/
--j;              /*--前置,j 自减 1,j=3*/
```

无论是前置还是后置，这两个运算符的作用都是使操作数的值增 1 或减 1，但对由操作数和运算符组成的表达式的值的影响却完全不同。

2. 自加前置运算后直接赋值

例如：

```
int i=4;
a=++i;            /*i 先加 1(增值)后再赋给 a*/
b=i;              /*i=5,a=5,b=5*/
```

该段语句是自加运算符的前置形式，按照例中对 i 进行自加前置后，变量 i、a、b 的值都等于 5。

3. 自加前置运算后再赋值

例如：

```
int i=4;
++i;              /*i 自加 1,值为 5*/
a=b=i;            /*i=5,b=5,a=5*/
```

该段语句是自加运算符的前置形式，与上例没有太大的不同，只是把上例中的 a=++i 语句，拆分成两句++i 和 a=i 单独实现了，结果与上例一样。

4. 自加后置运算后直接赋值

例如：

```
int i=4;
a=i++;            /*i 赋给 a 后再加 1*/
b=i;              /*a=4,i=5,b=5*/
```

该段语句是自加运算符的后置形式，i 是先赋值给 a，所以 a 的值为 i 的初值，a=4，赋完值后 i 再自加 1，自加 1 后的结果再赋给变量 b。最后通过运算，i 和 b 的值等于 5。

5. 自加后置运算后再赋值

例如：

```
int i=4;
i++;
a=b=i;            //i=5,b=5,a=5
```

这是自加运算符的后置形式，该题目也是把 a=i++语句拆分成了两句，分别是 i++和 a=i，但是运算结果是 i、a、b 的值都等于 5，从中大家可以体会前后置运算的异同。

比较上例结果可知，若对某变量自加（自减）而不赋值，结果都是该变量本身自加 1 或减 1；若某变量自加（自减）的同时还要参加其他的运算，则前置运算是先变化后运算，后置运算是先运算后变化。

【例 5-3】编写程序，完成自加自减运算符的操作。

（1）在 Visual Studio 2017 中，新建名称为 "5-3.cpp" 的 Project3 文件。

（2）在代码编辑区域输入以下代码。

```
#include <iostream>
using namespace std;
int main()
{
    int a;
    int i = 5;
    a = i++;
    cout << "a 的值是 " << a << endl;
    int x;
    int j = 5;
    x = j--;
    cout << "x 的值是 " << x << endl;
    return 0;
}
```

【程序分析】本程序通过定义变量并初始化赋值，再进行自加自减运算。

在 Visual Studio 2017 中的运行结果如图 5-4 所示。

图 5-4　自加自减运算

5.2.5　强制类型转换运算符

如果需要人为地将一种类型转换为另一种类型，必须使用 C++提供的强制类型转换运算符。例如：

```
(double)a          /*将 a 转换成 double 类型*/
(int)(x+y)         /*将 x+y 的值转换成整型*/
(float)(9%4)       /*将 9%4 的值转换成 float 型*/
```

强制类型转换的一般形式为：

```
(类型名)(表达式)
```

注意：如果要进行强制类型转换的对象是一个变量，该变量可以不用括号括起来。如果要进行强制类型转换的对象是一个包含多项的表达式，则表达式需要用括号括起来。

如果写成：

```
(int)x+y
```

该语句表示，只将 x 转换成整型，然后与 y 相加。

以上强制类型转换的形式是原来 C 语言使用的形式，C++把它保留了下来，以利于兼容。C++还增加了以下形式：

```
类型名(表达式)
```

例如：

```
int(x)  或  int(x+y)
```

类型名不加括号，而变量或表达式用括号括起来，这种形式类似于函数调用。但许多人仍习惯于用第一种形式，把类型名包在括号内，因为这样比较清楚。

需要说明的是在强制类型转换时，得到一个所需类型的中间变量，但原来变量的类型未发生变化。例如：

```
(int)x
```

如果 x 原指定为 float 型，值为 1.0，进行强制类型运算后得到一个 int 型的中间变量，它的值等于 1，而 x 原来的类型和值都不变。

【例 5-4】编写程序，完成强制类型转换。

（1）在 Visual Studio 2017 中，新建名称为 "5-4.cpp" 的 Project4 文件。

（2）在代码编辑区域输入以下代码。

```cpp
#include <iostream>
using namespace std;
int main()
{
    float x;
    int i;
    x = 1.0;
    i = (int)x;
    cout << "x=" << x << ",i=" << i << endl;
    return 0;
}
```

【**程序分析**】本程序中，定义了 x 为 float 型的变量，i 为 int 型的变量，给 x 赋初值为 1.0。通过数据类型转换，将变量 x 的值赋给 i。

在 Visual Studio 2017 中的运行结果如图 5-5 所示。

图 5-5　强制类型转换

5.3　关系运算符和关系表达式

关系运算也叫比较运算，用来比较两个表达式的大小关系。所以关系运算符用于各种比较运算，包括大于（>）、小于（<）、等于（=）、大于等于（>=）、小于等于（<=）和不等于（!=）6 种，关系运算符表达式的值是"真"和"假"，用"1"和"0"来表示。

5.3.1　关系运算符

表 5-5 显示了 C++支持的关系运算符。

表 5-5　关系运算符

运　算　符	描　　述	实　　例
==	检查两个操作数的值是否相等，如果相等则条件为真	(A==B)不为真
!=	检查两个操作数的值是否相等，如果不相等则条件为真	(A!=B)为真
>	检查左操作数的值是否大于右操作数的值，如果是则条件为真	(A>B)不为真
<	检查左操作数的值是否小于右操作数的值，如果是则条件为真	(A<B)为真
>=	检查左操作数的值是否大于或等于右操作数的值，如果是则条件为真	(A>=B)不为真
<=	检查左操作数的值是否小于或等于右操作数的值，如果是则条件为真	(A<=B)为真

在 6 个关系运算符中<、<=、>、>=的优先级相同，高于==和！=，==和！=的优先级相同。关系运算符的优先级低于算术运算符，高于赋值运算符。关系运算符都是双目运算符，其结合性均为左结合。

5.3.2　关系表达式

【**例 5-5**】编写程序，使用关系运算符对两个整型进行比较。

（1）在 Visual Studio 2017 中，新建名称为 "5-5.cpp" 的 Project5 文件。

（2）在代码编辑区域输入以下代码。

```cpp
#include <iostream>
using namespace std;
int main()
{
    int A = 5;
    int B = 10;
    int C;
    if (A == B)
    {
        cout << "表达式1： A 等于 B" << endl;
    }
    else
    {
        cout << "表达式1： A 不等于 B" << endl;
    }
    if (A < B)
    {
        cout << "表达式2： A 小于 B" << endl;
    }
    else
    {
        cout << "表达式2： A 不小于 B" << endl;
    }
    if (A > B)
    {
        cout << "表达式3： A 大于 B" << endl;
    }
    else
    {
        cout << "表达式3： A 不大于 B" << endl;
    }
    /* 改变 A 和 B 的值 */
    A = 10;
    B = 20;
    if (A <= B)
    {
        cout << "表达式4： A 小于或等于 B" << endl;
    }
    if (B >= A)
    {
        cout << "表达式5： B 大于或等于 A" << endl;
    }
    return 0;
}
```

【程序分析】本程序中，定义了 3 个整型变量 A、B、C，并分别给 A、B 赋初值 5、10，利用关系运算符对两个整型变量进行比较，然后改变 A 和 B 的值，再次进行比较。

在 Visual Studio 2017 中的运行结果如图 5-6 所示。

图 5-6　关系运算

5.4　位运算符和位表达式

C++语言提供了字节位运算，可以直接对操作数的二进制位进行操作。位运算符包括：～（按位取反）、<<（左移）、>>（右移）、&（按位与）、|（按位或）、^（按位异或）。其中，～（按位取反）为单目运算符，其余均为双目运算符。

位运算符作用于位，并逐位执行操作。&、|和^的真值见表 5-6。

表 5-6　真值表

p	q	p&q	p|q	p^q
0	0	0	0	0
0	1	0	1	1
1	1	1	1	0
1	0	0	1	1

5.4.1　移位运算符

C++中的移位运算符包括左移 "<<" 和右移 ">>"，见表 5-7。

表 5-7　移位运算符

运　算　符	名　　　称	描　　述
<<	左移运算符	二进制左移运算符。左操作数的值向左移动右操作数指定的位数
>>	右移运算符	二进制右移运算符。左操作数的值向右移动右操作数指定的位数

1. 左移运算符

左移运算符用来把 "<<" 左边的运算数的各二进制位全部左移若干位，移动的位数由 "<<" 右边的数指定。左移时，高位移出的部分舍弃，低位补 0。

例如：

```
int a=8,b;
b=a<<3;
```

用二进制表示运算过程如下：

a:　　0000 1000　　　　　（十进制 8 原码）
b=a<<3: 0100 0000　　　　（十进制 64 原码）

2. 右移运算符

右移运算符用来把 ">>" 左边的运算数的各二进制位全部右移若干位，移动的位数由 ">>" 右边的数字指定。右移时，低位移出的二进制数舍弃，左端移入的二进制数分两种情况：对于无符号整数和正整数，高位补 0，对于负整数，高位补 1，这是因为负数在机器内均用补码表示。

例如：

```
int a=15;
a>>2;
```

用二进制表示运算过程如下：

a:　　0000 1111　　　　　（十进制 15 原码）
a<<2:　0000 0011　　　　　（十进制 3 原码）

右移时要注意符号位，对于有符号的数，右移时符号位将一同移动。当为正数时（符号位为 0），最高位补 0；为负数时（符号位为 1），最高位是补 0 还是补 1 取决于编译系统的规定。有的系统移入 0，有的系统移入 1，移入 0 的称为 "逻辑右移"，即简单右移。移入 1 的称为 "算术右移"。

【例5-6】编写程序，使用移位运算符对两个无符号的整数进行移位。

（1）在 Visual Studio 2017 中，新建名称为 "5-6.cpp" 的 Project6 文件。

（2）在代码编辑区域输入以下代码。

```cpp
#include <iostream>
using namespace std;
int main()
{
    unsigned int x = 60;        //60 = 0011 1100
    unsigned int y = 13;        //13 = 0000 1101
    int z = 0;
    z = x << 2;                 //240 = 1111 0000
    cout << "表达式1: " << z << endl;
    z = x >> 2;                 //15 = 0000 1111
    cout << "表达式2: " << z << endl;
    z = y >> 3;                 //1 = 0000 0001
    cout << "表达式3: " << z << endl;
    z = y << 3;                 //104 = 0110 1000
    cout << "表达式4: " << z << endl;
    return 0;
}
```

【程序分析】本程序中，定义了两个无符号的整型变量 x 和 y 并赋值为 60 和 13，通过移位运算符对两个变量进行操作。

在 Visual Studio 2017 中的运行结果如图 5-7 所示。

图 5-7　移位运算符

5.4.2　位运算符和位表达式

C++所支持的位运算符见表 5-8。

表 5-8　位运算符

运　算　符	名　　称	描　　述
&	按位与运算符	如果两个操作数对象同一位都是 1，则结果对应位为 1，否则结果中对应位为 0
|	按位或运算符	如果两个操作数对象同一位都为 0，则结果对应位为 0，否则结果中对应位为 1
^	按位异或运算符	若两个操作数对象同一位不同时为 1，则结果对应位为 1，否则结果中对应位为 0
~	按位取反运算符	将操作数转换成二进制表示方式，然后将各二进制位由 1 变为 0，由 0 变为 1

在双目运算符中，位逻辑与的优先级最高，位逻辑或次之，位逻辑异或最低。

1. 按位与运算&

例如 A=31、B=22，经过位逻辑与运算后得到的结果是 22。

```
A =0001 1111
B =0001 0110

    0001 1111     （十进制 31 原码）
&   0001 0110     （十进制 22 原码）
    0001 0110     （十进制 22 原码）
```

2. 按位或运算 |

例如 A=31、B=22，经过位逻辑或运算后得到的结果是 31。

```
A =0001 1111
B =0001 0110
```

```
   0001 1111      （十进制 31 原码）
|  0001 0110      （十进制 22 原码）
   0001 1111      （十进制 31 原码）
```

3. 按位异或运算 ^

例如 A=31、B=22，经过位逻辑异或运算后得到的结果是 9。

```
A = 0001 1111
B = 0001 0110
```

```
   0001 1111      （十进制 31 原码）
^  0001 0110      （十进制 22 原码）
   0000 1001      （十进制 9 原码）
```

4. 按位取反运算 ～

例如，60 取反运算后得到的结果是-61。

```
～  0011 1100     （十进制 60 原码）
   1100 0011      （十进制-61 原码）
```

按位取反运算符为单目运算符，运算对象就置于运算符的右边，具有右结合性。其功能是把运算对象的内容按位取反，即 1 变为 0，将 0 变为 1。

注意：在一个有符号的数据中，最高位表示符号位，0 代表正数，1 代表负数。由于编译器是 32 位的，所以在取反之后最高位是 1。

【例 5-7】编写程序，使用位运算符对两个无符号的整数进行运算。

（1）在 Visual Studio 2017 中，新建名称为 "5-7.cpp" 的 Project7 文件。

（2）在代码编辑区域输入以下代码。

```cpp
#include <iostream>
using namespace std;
int main()
{
    unsigned int A = 31;
    unsigned int B = 22;
    int c = 0;
    c = A & B;
    cout << "表达式1: " << c << endl;
    c = A | B;
    cout << "表达式2: " << c << endl;
    c = A ^ B;
    cout << "表达式3: " << c << endl;
    int x = 60;
    c = ~x;
    cout << "表达式4: " << c << endl;
    return 0;
}
```

【程序分析】本程序中，定义了两个无符号的整型变量 A 和 B 并赋值为 31 和 22，通过位运算符对两个变量进行操作。

在 Visual Studio 2017 中的运行结果如图 5-8 所示。

图 5-8　位运算

5.5　逻辑运算符和逻辑表达式

在 C++中，逻辑运算符包括!（逻辑非）、&&（逻辑与）和||（逻辑或），其操作数和运算结果均为逻辑值。逻辑值与整数有一个对应关系，true 对应 1，false 对应 0。反过来，0 对应 false，非 0 整数对应 true。所以，逻辑运算的结果可作为整数参与其他运算；整型数也可参与逻辑运算。

5.5.1　逻辑运算符

C++支持的关系逻辑运算符见表 5-9。假设变量 A 的值为 1，变量 B 的值为 0。

表 5-9　逻辑运算符

运　算　符	描　　述	实　　例
&&	称为逻辑与运算符。如果两个操作数都非零，则条件为真	（A&&B）为假
||	称为逻辑或运算符。如果两个操作数中有任意一个非零，则条件为真	（A||B）为真
!	称为逻辑非运算符。用来逆转操作数的逻辑状态。如果条件为真则逻辑非运算符将使其为假	!（A&&B）为真

5.5.2　逻辑表达式

逻辑表达式就是由逻辑运算符连接的表达式，结果为逻辑值。关系表达式是一种最简单的逻辑表达式。计算时，逻辑非优先级最高，关系运算其次，逻辑与和逻辑或最低。

【例 5-8】编写程序，使用逻辑运算符对两个整数进行逻辑判断。

（1）在 Visual Studio 2017 中，新建名称为 "5-8.cpp" 的 Project8 文件。

（2）在代码编辑区域输入以下代码。

```
#include <iostream>
using namespace std;
int main()
{
    int A = 5;
    int B = 20;
    if (A && B)
    {
        cout << "表达式 1 - 条件为真" << endl;
    }
```

```
if (A || B)
{
    cout << "表达式 2 - 条件为真" << endl;
}
/* 改变 A 和 B 的值 */
A = 0;
B = 10;
if (A && B)
{
    cout << "表达式 3 - 条件为真" << endl;
}
else
{
    cout << "表达式 4 - 条件不为真" << endl;
}
if (!(A && B))
{
    cout << "表达式 5 - 条件为真" << endl;
}
return 0;
}
```

【程序分析】本程序中，定义了两个整型变量 A 和 B 并赋值为 5 和 20，通过逻辑运算符对两个变量进行操作。

在 Visual Studio 2017 中的运行结果如图 5-9 所示。

图 5-9 逻辑运算符

5.6 条件运算符与条件表达式

在某些情况下，可以使用条件运算符"？："来简化 if 语句。条件运算符要求有 3 个操作对象，称三目（元）运算符，它是 C++中唯一的一个三目运算符。

其语法格式如下：

```
<表达式1> ? <表达式2> : <表达式3>
```

条件运算符的执行顺序是：先求解表达式 1，若为非 0（真）则求解表达式 2，此时表达式 2 的值就作为整个条件表达式的值。若表达式 1 的值为 0（假），则求解表达式 3，表达式 3 的值就是整个条件表达式的值。

例如：

```
if (a>b)
{
    max=a;
}
else
{
    max=b;
}
```

可以用条件运算符"？："来处理：

```
max=(a>b)?a:b;
```

其中，"(a>b)?a:b"是一个"条件表达式"。它的执行过程：如果(a>b)条件为真，则条件表达式的值就取"？"后面的值，即条件表达式的值为 a，否则条件表达式的值为"："后面的值，即 b。

例如：

```
int x=6,y=7;
min = x<y?x:y;                /*min=6*/
```

```
min = x<y?++x:++y;          /*min=7 x=7 y=7*/
min = x<y?x++:y++;          /*min=6 x=7 y=7*/
```

【例 5-9】 编写程序，输出一个需要的值。

（1）在 Visual Studio 2017 中，新建名称为 "5-9.cpp" 的 Project9 文件。

（2）在代码编辑区域输入以下代码。

```cpp
#include <iostream>
using namespace std;
int main()
{
    int x, y = 10;
    cout <<"请输入一个整数: ";
    cin >> x;
    x = (y < x) ? x : y;
    cout << "x 的值: " << x << endl;
    return 0;
}
```

【程序分析】 本例中定义了两个变量 x 和 y。先给 y 赋值 10，然后使用 cin 语句输入 x 的值。如果输入的 x 值大于 10，就输出 x 的值，否则就输出 y 的值。

在 Visual Studio 2017 中的运行结果如图 5-10 和图 5-11 所示。

图 5-10　x 小于 y 时

图 5-11　x 大于 y 时

5.7　赋值运算符与赋值表达式

在 C++中，将数据存放在相应存储单元中称为 "赋值"。如果该单元中已有值，赋值使新值取代旧值。而从某个存储单元中取出数据使用，称为 "引用"。引用也是对数据的使用，但不影响单元中的值，即一个量可以多次引用。

5.7.1　赋值运算符

赋值符号 "=" 就是赋值运算符，它的作用是将赋值号右边的值送到左边变量所标识的单元中。左操作数称为 "左值"，而右操作数称为 "右值"。

例如：

```
左值 = 右值
```

如 "x=2" 的作用是执行一次赋值操作（或称赋值运算）。把常量 2 赋给变量 x。也可以将一个表达式的值赋给一个变量。

注意： 赋值号不是等号，它具有方向性。"左值" 必须是放在内存中可以访问且可以合法修改值的存储单元，通常只能是变量名；"右值" 则可以是常量，也可以是变量或表达式，但一定要能取得确定的值。

5.7.2　赋值过程中的类型转换

如果赋值运算符两侧的类型不一致，但都是数值型或字符型时，在赋值时会自动进行类型转换。

将浮点型数据（包括单、双精度）赋给整型变量时，舍弃其小数部分。

【例5-10】编写程序，将两个浮点型数据的和赋给一个整型变量。

（1）在 Visual Studio 2017 中，新建名称为 "5-10.cpp" 的 Project10 文件。

（2）在代码编辑区域输入以下代码。

```cpp
#include <iostream>
using namespace std;
int main()
{
    float a = 1.4;
    float b = 2.3;
    int x;
    x = a + b;
    cout << "x=" << x<< endl;
    return 0;
}
```

【程序分析】在本程序中，首先定义两个浮点型的变量 a 和 b，并附赋值 1.4 和 2.3。再定义一个整型变量 x，将变量 a 和 b 相加，并将值赋给变量 x。由于 x 是个整型数据，所以在输出时只输出一个整型数据。

在 Visual Studio 2017 中的运行结果如图 5-12 所示。

将整型数据赋给浮点型变量时，数值不变。

图 5-12　浮点型转换成整型

【例 5-11】编写程序，完成将两个整数相除后的值赋给一个 double 型的变量。

（1）在 Visual Studio 2017 中，新建名称为 "5-11.cpp" 的 Project11 文件。

（2）在代码编辑区域输入以下代码。

```cpp
#include <iostream>
using namespace std;
int main()
{
    int a = 7;
    int b = 5;
    double x;
    x = a / b;
    cout << "x=" << x << endl;
    return 0;
}
```

【程序分析】在本程序中，首先定义两个整型变量 a 和 b，并赋值 7 和 5。再定义一个浮点型变量 x，然后将 a 和 b 相除的结果赋给变量 x。因为 a 和 b 都是整数，该除法将执行整除运算，再将整数结果 1 转换为单精度类型后进行赋值。所以，结果 x=1。

在 Visual Studio 2017 中的运行结果如图 5-13 所示。

将一个 double 型数据赋给 float 变量时，要注意数值范围不能溢出。

图 5-13　double 型转换成 int 型

【例5-12】编写程序，将一个 double 型数据赋给一个 float 型的变量。

（1）在 Visual Studio 2017 中，新建名称为 "5-12.cpp" 的 Project12 文件。

（2）在代码编辑区域输入以下代码。

```cpp
#include <iostream>
using namespace std;
int main()
{
```

```
    double a = 3.1415926;
    float x= a;
    cout << "x=" << x << endl;
    return 0;
}
```

【程序分析】在本程序中，首先定义两个变量，分别为 double 类型的变量 a 和 float 类型的变量 x，然后为变量 a 赋值为 3.1415926，接着再将 a 赋给变量 x。由于 float 类型的精度低于 double 类型，所以，最后输出 x 的值会发生数据丢失。

在 Visual Studio 2017 中的运行结果如图 5-14 所示。

图 5-14　double 型转换成 float 型

5.7.3　复合赋值运算符

在赋值符"="之前加上其他运算符，可以构成复合的运算符。如果在"="前加一个"+"运算符就成了复合运算符"+="。复合赋值运算符的要求与格式和赋值运算符完全相同。

语法格式为：

<变量> <复合赋值运算符> <表达式>；

等同于：

<变量> = <变量> <运算符> （<表达式>）；

例如：

x+=3;　　//等同于 x=x+3;

见表 5-10 列出了 C++支持的复合赋值运算符。

表 5-10　复合赋值运算符

运　算　符	描　　述	实　　例
+=	加且赋值运算符，把右边操作数加上左边操作数的结果赋值给左边操作数	C+=A 相当于 C=C+A
-=	减且赋值运算符，把左边操作数减去右边操作数的结果赋值给左边操作数	C-=A 相当于 C=C-A
*=	乘且赋值运算符，把右边操作数乘以左边操作数的结果赋值给左边操作数	C*=A 相当于 C=C*A
/=	除且赋值运算符，把左边操作数除以右边操作数的结果赋值给左边操作数	C/=A 相当于 C=C/A
%=	求模且赋值运算符，求两个操作数的模赋值给左边操作数	C%=A 相当于 C=C%A
<<=	左移且赋值运算符	C<<=2 等同于 C=C<<2
>>=	右移且赋值运算符	C>>=2 等同于 C=C>>2
&=	按位与且赋值运算符	C&=2 等同于 C=C&2
^=	按位异或且赋值运算符	C^=2 等同于 C=C^2
|=	按位或且赋值运算符	C|=2 等同于 C=C|2

【例 5-13】编写程序，使用复合赋值运算符。

（1）在 Visual Studio 2017 中，新建名称为"5-13.cpp"的 Project13 文件。

（2）在代码编辑区域输入以下代码。

```
#include <iostream>
using namespace std;
int main()
```

```
{
    int x = 15;
    int y;
    y = x;
    cout << "表达式 1   = 运算符实例,y 的值 = : " << y << endl;
    y += x;
    cout << "表达式 2  += 运算符实例,y 的值 = : " << y << endl;
    y -= x;
    cout << "表达式 3  -= 运算符实例,y 的值 = : " << y << endl;
    y *= x;
    cout << "表达式 4  *= 运算符实例,y 的值 = : " << y << endl;
    y /= x;
    cout << "表达式 5  /= 运算符实例,y 的值 = : " << y << endl;
    y = 100;
    y %= x;
    cout << "表达式 6  %= 运算符实例,y 的值 = : " << y << endl;
    y <<= 2;
    cout << "表达式 7 <<= 运算符实例,y 的值 = : " << y << endl;
    y >>= 2;
    cout << "表达式 8 >>= 运算符实例,y 的值 = : " << y << endl;
    y &= 2;
    cout << "表达式 9  &= 运算符实例,y 的值 = : " << y << endl;
    y ^= 2;
    cout << "表达式 10 ^= 运算符实例,y 的值 = : " << y << endl;
    y |= 2;
    cout << "表达式 11 |= 运算符实例,y 的值 = : " << y << endl;
    return 0;
}
```

【程序分析】本例定义了两个整型变量 x、y 并赋值,通过运算演示了复合运算符在实例中的运用。

在 Visual Studio 2017 中的运行结果如图 5-15 所示。

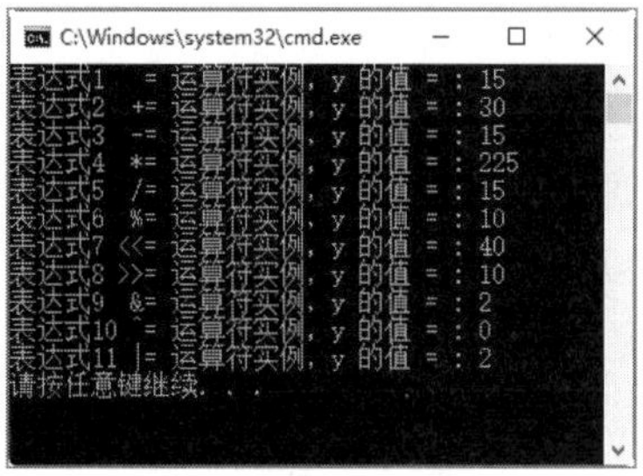

C++之所以采用这种复合运算符,一是为了简化程序,使程序精练,二是为了提高编译效率。专业的程序员在程序中常用复合运算符,初学者可能不习惯,也可以不用或少用。

图 5-15 复合运算符

5.7.4 赋值表达式

赋值表达式是由赋值运算符将一个变量和一个表达式连接起来的式子。

语法格式为:

`<变量> <赋值运算符> <表达式>`

例如:

`x=3+5;`

该语句就是赋值表达式。对赋值表达式求解的过程是:先求赋值运算符右侧的"表达式"的值,然后赋给赋值运算符左侧的变量。一个表达式应该有一个值。赋值运算符左侧的标识符称为"左值"(left value,简写为 lvalue)。

注意:并不是任何对象都可以作为左值的,变量可以作为左值,而表达式 a+b 就不能作为左值,常变量也不能作为左值,因为常变量不能被赋值。

出现在赋值运算符右侧的表达式称为"右值"(right value,简写为 rvalue)。显然左值也可以出现在赋值运算符右侧,因而左值都可以作为右值。

例如：

```
int a=1,b,c;
b=a;    //b 是左值
c=b;    //b 也是右值
```

赋值表达式中的"表达式"，又可以是一个赋值表达式。

例如：

```
x=(y=5);
```

下面是赋值表达式的例子：

```
x=y=z=3;              /*赋值表达式值为 3,x,y,z 值均为 3*/
x=5+(y=6);            /*表达式值为 11,x 值为 11,y 值为 6*/
x=(y=4)+(z=6);        /*表达式值为 10,x 值为 10,y 等于 4,z 等于 6*/
x=(y=10)/(z=2);       /*表达式值为 5,x 等于 5,y 等于 10,z 等于 2*/
```

5.8　就业面试技巧与解析

5.8.1　面试技巧与解析（一）

面试官：对于自增自减运算是如何理解的？

应聘者：自增运算符"++"使操作数的值加 1，其操作数必须为变量。对于自增运算就是变量自加 1。运算符"++"可以置于操作数前面，也可以放在后面，例如：

```
++i;
i++;
```

++i 表示，i 自增 1 后再参与其他运算；而 i++则是 i 参与运算后，i 的值再自增 1。自减运算符"--"与之类似，只不过是变加为减而已，故不重述。

面试官：C++中常见的逻辑运算符有哪些？

应聘者：C++中逻辑运算符有三个：

（1）&&：与运算，表示两个对象只要有一个为 0，结果就为 0，全为 1 则结果为 1。

（2）||：或运算，表示两个对象只要有一个为 1，结果就为 1，全为 0 则结果为 0。

（3）!：非运算，表示对运算对象取反，对象为 0，结果为 1，对象为 1，结果为 0。

5.8.2　面试技巧与解析（二）

面试官：什么是一元运算？什么是二元运算？什么是三元运算？

应聘者：一元运算就是只需要一个操作数；二元运算就是需要两个操作数才能完成运算；三元运算就是需要三个操作数才能完成运算。

例如：

```
a--;            /*一元运算符*/
a++;            /*一元运算符*/
a+b;            /*二元运算符*/
a-b;            /*二元运算符*/
a>b?a:b;        /*三元运算符*/
```

第 2 篇

核心应用

在了解 C++语言的基本概念、基本应用之后，本篇将详细介绍 C 语言的核心应用，包括基本程序流程控制、数组、指针与函数等。通过本篇的学习，读者将对使用 C++语言进行开发有更高的掌握水平。

第6章

C++程序流程控制结构——循环与转向语句

 学习指引

　　程序设计语言中的基本控制结构相当于自然语言中的基本句型，是构造程序的基础。本章将详细介绍C++程序的顺序结构、选择结构和循环结构，以及这三种结构的控制语句和实现方法。通过学习，希望读者能够熟练掌握这3种程序流程控制结构和 break、continue、goto 等转向语句的功能及使用。

 重点导读

- 熟悉基本语句以及程序流程。
- 熟悉并掌握选择结构。
- 熟悉并掌握循环结构。
- 掌握跳转语句。

6.1　程序流程概述

　　在编程世界中，要想改变程序的执行流程，就要用流程控制和流程控制语句。流程控制的基本结构无外乎于顺序结构、选择结构和循环结构三种。而语句是构造程序最基本的单位，程序运行的过程就是执行程序语句的过程。程序语句执行的次序称之为流程控制（或控制流程）。

　　顺序结构是最基本也是最简单的程序，一般由定义常量和变量语句、赋值语句、输入/输出语句、注释语句等构成。顺序结构在程序执行过程中，按照语句的书写顺序从上至下依次执行，但大量实际问题需要根据条件判断，以改变程序执行顺序或重复执行某段程序，前者称为分支结构，后者称为循环结构。

　　我们常常看到现实生活中的流程是多种多样的，比如生产线上的零件的流动过程，应该顺序地从一个工序流向下一个工序，这就是顺序结构。但当检测不合格时，就需要从这道工序中退出，或继续在这道工序中再加工直到检测通过为止，这就是选择结构和循环结构。

6.2　基本语句

在 C++中，构成程序的基本是语句，而程序应该包括数据描述（由声明语句来实现）和数据操作（由执行语句来实现）。数据描述主要包括数据类型的声明、函数和变量的定义、变量的初始化等。数据操作的任务是对已提供的数据进行加工。C++的语句基本可以分为五大类：声明语句、执行语句、复合语句、空语句以及赋值语句。

6.2.1　声明语句

在 C 语言中，只有产生实际操作的才称为语句，对变量的定义不作为语句，而且要求对变量的定义必须出现在本块中所有程序语句之前。因此 C 程序员已经养成了一个习惯，在函数或块的开头位置定义全部变量。

而在 C++中，对数据结构的定义和描述、对变量的定义统称为声明语句。声明语句不生成可执行代码，仅是向编译器提供一些说明性的信息。它可以放在函数中允许出现语句的任何位置，也可以放在函数外定义。这样更加灵活，可以很方便地实现变量的局部化（变量的作用范围从声明语句开始到本函数或本块结束）。

例如：

```
char a,b;
int x,y;
float m,n;
```

6.2.2　执行语句

通知计算机完成一定的操作。执行语句包括以下几种。

1. 函数和流对象调用语句

在一次函数的调用后加上一个分号所构成的语句，它完成一次函数的调用。

例如：

```
fun(x,y,z);          /*假设已定义了 fun 函数,它有 3 个参数*/
cout<<x<<endl;       /*流对象调用语句*/
```

2. 表达式语句

表达式语句是 C++中最常见也是最简单的语句，它是由表达式加上分号";"组成的。表达式语句的一般形式为：

```
表达式;
```

例如：

```
a=b+c                /*赋值表达式*/
a=b+c;               /*赋值语句*/
```

任何一个表达式的最后加一个分号都可以成为一个语句。一个语句必须在最后出现分号。

表达式能构成语句是 C 和 C++语言的一个重要特色。C++程序中大多数语句是表达式语句（包括函数调用语句）。

3. 控制语句

用来完成对程序的执行顺序进行一定控制的语句，如程序的选择控制、循环控制、程序的跳转等。C++

有 9 种控制语句，即：

```
if…else          /*条件语句*/
for              /*循环语句*/
while            /*循环语句*/
do…while         /*循环语句*/
continue         /*结束本次循环语句*/
break            /*中止执行 switch 或循环语句*/
switch           /*多分支选择语句*/
goto             /*转向语句*/
return           /*从函数返回语句*/
```

6.2.3　复合语句

所谓复合语句实际上就是将多条语句使用大括号"{}"括起来而组成的语句。如下面是一个复合语句。

```
{
    z=x+y;
    if(z>50)
        z=z-50;
    cout<<z<<endl;
}
```

复合语句中的每条语句都必须使用";"进行结尾，并且在"}"外不能再加分号。

注意：复合语句在程序中属于一条语句，不能将它看为多条语句。

6.2.4　空语句

空语句是只有分号";"构成的语句。空语句属于什么都不执行的语句，它的功能就是在程序中用来做一个空的循环体。

例如：

```
int a=1;
;
++a;
cout<<a<<endl;
```

其中第二句为一个空语句，当程序执行到此时什么都不会做，继续向下执行，空语句不会影响到程序的功能以及执行的顺序。

6.2.5　赋值语句

关于赋值表达式与赋值语句的概念，在 C++中，赋值表达式可以包括在其他表达式之中。

例如：

```
if((x=y)>0) cout<<"x>0"<<endl;
```

按语法规定 if 后面的括号内是一个条件，现在在条件的位置上换上一个赋值表达式 x=y，其作用是，先进行赋值运算（将 y 的值赋给 x），然后判断 x 是否大于 0，如大于 0，执行"cout<<"x>0"<<endl;"。在 if 语句中的 x=y 不是赋值语句而是赋值表达式，这样写是合法的。不能写成：

```
if((x=y;)>0) cout<<"x>0"<<endl;
```

因为在 if 的条件中不能包含赋值语句。C++把赋值语句和赋值表达式区别开来，增加了表达式的种类，能实现其他语言中难以实现的功能。

6.3　顺序结构

顺序结构是程序代码中最基本的结构，是指程序中的所有语句都是按书写顺序逐一执行的，代码从 main()函数开始运行，从上到下，一行一行地执行，不漏掉代码。

例如：

```
double z;
int x = 3;
int y = 4;
z = x + y;
```

程序中包含 4 条语句，构成一个顺序结构的程序。可以看出，顺序结构程序中，每一条语句都需要执行并且只执行一次。

【例 6-1】编写程序，计算两个整数之和。

（1）在 Visual Studio 2017 中，新建名称为 "6-1.cpp" 的 Project1 文件。

（2）在代码编辑区域输入以下代码。

```
#include <iostream>
using namespace std;
int main()
{
    int a,b;
    cout << "请输入一个整数：" << endl;
    cin >> a;
    cout << "整数 a= " << a << endl;
    cout << "请输入一个整数：" << endl;
    cin >> b;
    cout << "整数 b= " << b << endl;
    cout << "a+b=" << a + b << endl;
    return 0;
}
```

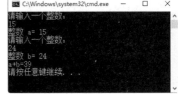

图 6-1　顺序语句

【程序分析】本例演示了执行一段程序的顺序流程。在代码中首先定义了两个整型变量 a 和 b。使用 cin 语句先给 a 赋值，再给 b 赋值，最后输出两个整数的和。

在 Visual Studio 2017 中的运行结果如图 6-1 所示。

6.4　选择结构与语句

选择结构是根据不同的条件执行结果做出不同的选择，从而执行不同的语句。在现实生活中，例如今天如果下雨体育课改为室内体育课，如果不下雨体育课在室外进行。实现选择结构的语句有 if 语句、if…else 语句和 switch 语句等。

6.4.1　选择结构

选择结构通过对给定的条件进行判断，来确定执行哪些语句。选择结构可以用分支语句来实现。分支语句包括 if 语句和 switch 语句，我们将在后面讲解这些语句的语法。现在先来看一个具有选择结构的程序例子。

【例 6-2】编写程序，输入两个数，判断两个数的大小，并输出最大数。

（1）在 Visual Studio 2017 中，新建名称为"6-2.cpp"的 Project2 文件。

（2）在代码编辑区域输入以下代码。

```cpp
# include <iostream>
using namespace std;
int main()
{
    float  x, y, z;
    cout << "请输入两个数值 : ";
    cin >> x >> y;
    if (x > y)
    {
        z = x;
    }
    if (x < y)
    {
        z = y;
    }
    cout << "最大值 z=" << z << endl;
    return 0;
}
```

【程序分析】本例演示了执行一段程序的选择流程。在代码中首先定义了三个浮点型变量 x、y、z。使用 cin 语句分别给 x 和 y 赋值，接着使用 if 语句进行选择，将最大值赋给 z，并输出。

在 Visual Studio 2017 中的运行结果如图 6-2 所示。

图 6-2　选择语句

 ## 6.4.2　if 选择语句

在 C++中，一般使用 if 关键字来组成选择语句，形式如下：

```cpp
if (表达式)
{
    语句;
}
```

"表达式"是给定的条件，一般为关系表达式，表达式的运算结果应该是真或假（true 或 false）。if 语句首先判定是否满足条件，如果满足条件，则执行"语句"，否则不执行该"语句"。图 6-3 展示了 if 语句的流程。

【例 6-3】编写程序，将两个数由小到大排序输出。

（1）在 Visual Studio 2017 中，新建名称为"6-3.cpp"的 Project3 文件。

（2）在代码编辑区域输入以下代码。

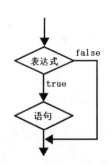

图 6-3　if 语句的流程

```cpp
# include <iostream>
using namespace std;
int main()
{
    float  x, y, z;
    cout << "请输入两个数值 : ";
    cin >> x >> y;
    if (x > y)
    {
        z = x;
        x = y;
```

```
        y = z;
    }
    cout << x<< "<" << y << endl;
    return 0;
}
```

【程序分析】本例演示了一个选择结构的程序，在执行过程中会按照键盘输入的值的大小顺序，而选择不同的语句执行。如果 x>y，则对 x 和 y 进行交换，然后输出排序后的 x、y 的值。如果 x<y，则不用排序，而直接输出 x、y 的值。假如输入 3、9，则不用交换 x、y 的值，直接输出；如果输入 9、3，则需要交换 x、y 的值，再输出。

在 Visual Studio 2017 中的运行结果如图 6-4 所示。

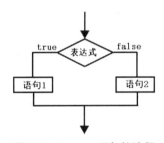

图 6-4　if 语句

6.4.3　if…else 选择分支语句

在 if 语句后面使用 else 关键字，就形成了一个选择分支结构。该结构要求指定两个语句，当给定的条件满足时，执行一个语句；当条件不满足时，执行另一个语句。这也被称为 if-else 语句，其一般形式如下：

```
if(表达式)
{
    语句1;
}
else
{
    语句2;
}
```

"表达式"是一个关系表达式，该运算结果是真或假（true 或 false），如果表达式的值为真，则执行语句 1，否则执行语句 2。即根据条件表达式是否为真分别作不同的处理。

选择分支语句相当于汉语里的"如果……那么……"，用流程图表示如图 6-5 所示。

【例 6-4】编写程序，使用 if…else 语句，修改【例 6-2】输出最大值。

（1）在 Visual Studio 2017 中，新建名称为"6-4.cpp"的 Project4 文件。

（2）在代码编辑区域输入以下代码。

图 6-5　if…else 语句的流程

```
# include <iostream>
using namespace std;
int  main()
{
    float  x, y;
    cout << "请输入两个数值 : ";
    cin >> x >> y;
    if (x > y)
    {
        cout << "max=" << x << endl;
    }
    else
    {
        cout << "max=" << y << endl;
    }
    return 0;
}
```

【程序分析】本例演示了一个选择分支结构的程序。首先定义两个变量 x 和 y，然后输入 x 的值为 7，y

为 26.5。如果 if 语句中的判断条件 x>y 为 false，那么执行 else 后面的语句，输出 y 的值；如果 if 语句中的判断条件 x>y 为 true，那么执行 if 后面的语句，输出 x 的值。

在 Visual Studio 2017 中的运行结果如图 6-6 所示。

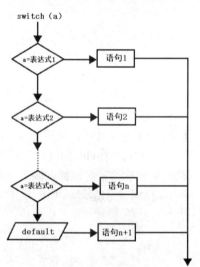

图 6-6 if…else 语句

6.4.4 switch 多重选择分支语句

C++提供了一种语句形式——switch 语句，用于多重选择分支结构。

switch 语句的一般形式如下：

```
switch (表达式)
{
    case 常量表达式 1:
        语句 1;
        break;
    case 常量表达式 2:
        语句 2;
        break;
    ...
    case 常量表达式 n:
        语句 n;
        break;
    default:
        语句 n + 1;
}
```

"表达式"是一个算术表达式，需要计算出该表达式的值。然后，其结果值依次与每一个常量表达式的值进行匹配（常量表达式的值的类型必须与"表达式"的值的类型相同）。

注意：该值必须是一个整型数据或是一个字符，如果是浮点数，可能会因为精度的不精确而产生错误。

switch 是分支的入口，如果匹配成功，则执行该常量表达式后面的语句系列。当遇到 break 时，则立即结束 switch 语句的执行，否则，顺序执行到大括号中的最后一条语句。default 情形是可选的，如果没有常量表达式的值与"表达式"的值匹配，则执行 default 后面的语句。图 6-7 展示了 switch 语句的流程。

【例 6-5】 编写程序，根据输入的字符输出相应的字符串。

（1）在 Visual Studio 2017 中，新建名称为"6-5.cpp"的 Project5 文件。

（2）在代码编辑区域输入以下代码。

图 6-7 switch 语句的流程

```cpp
# include <iostream>
using namespace std;
int main()
{
    char a;
    cout << "学生成绩" << endl;
    cin >> a;
    switch (a)
    {
    case 'A':
```

```
            cout << "优秀" << endl;
            break;
        case 'B':
            cout << "良好" << endl;
            break;
        case 'C':
            cout << "一般" << endl;
            break;
        case 'D':
            cout << "努力" << endl;
            break;
        default:
            cout << "输入错误！" << endl;
    }
    return 0;
}
```

【程序分析】本例演示了 switch 语句的用法。首先定义了一个字符型变量 a，然后通过 cin 给变量 a 赋值。当用户输入字符'A'时，屏幕输出"优秀"字符串；输入字符'B'时，屏幕输出"良好"字符串；输入字符'C'时，屏幕输出"一般"字符串；输入字符'D'时，屏幕输出"努力"字符串；若输出其他字符，屏幕则输出"输入错误!"字符串。

在 Visual Studio 2017 中的运行结果如图 6-8 所示。

图 6-8　switch 语句

1. 可以将 switch 多重分支语句改为 if 语句的形式

【例 6-6】编写程序，使用 if 语句，根据一个代表成绩的 A 到 D 之间的字符，在屏幕上输出它代表的成绩。

（1）在 Visual Studio 2017 中，新建名称为"6-6.cpp"的 Project6 文件。

（2）在代码编辑区域输入以下代码。

```
#include <iostream>
using namespace std;
int main()
{
    char a;
    cout << "学生成绩 : ";
    cin >> a;
    if (a=='A')
    {
        cout << "优秀" << endl;
        return 0;
    }
    if (a == 'B')
    {
        cout << "良好" << endl;
        return 0;
    }
    if (a == 'C')
    {
        cout << "一般" << endl;
        return 0;
    }
    if (a == 'D')
    {
        cout << "努力" << endl;
        return 0;
    }
    else
```

```
    {
        cout << "输入错误!" << endl;
    }
}
```

【程序分析】本例与【例 6-5】的功能基本相同。当输入字符 D 后，输出字符串"努力"，所不同的是，输出完字符串后，使用 return 跳出主函数，结束程序进程，不执行后面的语句。如果输入字符 A、B、C 后也会输出对应的字符串，然后跳出主函数并结束进程。

在 Visual Studio 2017 中的运行结果如图 6-9 所示。

图 6-9 if 多分支语句

2. 可以将 switch 多重分支语句改为 if…else 语句的形式

【例 6-7】编写程序，使用 if…else 语句，根据一个代表成绩的 A 到 D 之间的字符，在屏幕上输出它代表的成绩。

（1）在 Visual Studio 2017 中，新建名称为"6-7.cpp"的 Project7 文件。

（2）在代码编辑区域输入以下代码。

```cpp
#include <iostream>
using namespace std;
int main()
{
    char a;
    cout << "学生成绩 : ";
    cin >> a;
    if (a=='A')
    {
        cout << "优秀" << endl;
        return 0;
    }
    else if (a == 'B')
    {
        cout << "良好" << endl;
        return 0;
    }
    else if (a == 'C')
    {
        cout << "一般" << endl;
        return 0;
    }
    else if (a == 'D')
    {
        cout << "努力" << endl;
        return 0;
    }
    else
    {
        cout << "输入错误!" << endl;
    }
    return 0;
}
```

【程序分析】本例也是根据输入不同的字符，输出相对应的字符串。功能与【例 6-5】和【例 6-6】相同。

在 Visual Studio 2017 中的运行结果如图 6-10 所示。

图 6-10 if…else 多分支语句

6.4.5　两种分支语句的比较

对于一条路线需要分为多个分支路线时，用前面的 if 语句书写会造成代码混乱，可读性差，如果使用不当就会产生表达式上的错误。为此，建议在仅有两个分支或分支数少时使用 if 语句，在分支比较多时使用 switch 语句。

【例 6-8】编写程序，使用选择分支语句将 1 到 7 所代表的字符串，输出到屏幕上。

（1）在 Visual Studio 2017 中，新建名称为 "6-8.cpp" 的 Project8 文件。

（2）在代码编辑区域输入以下代码。

```cpp
#include <iostream>
using namespace std;
int main()
{
    int x;
    cout << "请输入代表星期的整数 : ";
    cin >> x;
    if (x == 1)
    {
        cout << "星期一" << endl;
        return 0;
    }
    else if (x == 2)
    {
        cout << "星期二" << endl;
        return 0;
    }
    else if (x == 3)
    {
        cout << "星期三" << endl;
        return 0;
    }
    else if (x == 4)
    {
        cout << "星期四" << endl;
        return 0;
    }
    else if (x == 5)
    {
        cout << "星期五" << endl;
        return 0;
    }
    else if (x == 6)
    {
        cout << "星期六" << endl;
        return 0;
    }
    else if (x == 7)
    {
        cout << "星期日" << endl;
        return 0;
    }
    else
    {
        cout << "输入错误！" << endl;
    }
}
```

【程序分析】本例演示了 if…else 语句实现 switch 语句的功能。首先定义一个整型变量 x，然后使用 cin 为其赋值，通过输入的值依次与 if 后面的条件表达式进行比较，直到符合条件并输出字符串。

在 Visual Studio 2017 中的运行结果如图 6-11 所示。

【例 6-9】 编写程序，使用 switch 语句，将一个代表星期几的 1 到 7 之间的整数，在屏幕上输出它代表的是星期几。

（1）在 Visual Studio 2017 中，新建名称为"6-9.cpp"的 Project9 文件。

图 6-11　选择分支语句

（2）在代码编辑区域输入以下代码。

```cpp
#include <iostream>
using namespace std;
int main()
{
    int x;
    cout << "请输入代表星期的整数 : ";
    cin >> x;
    switch (x)
    {
    case 1:
        cout << "星期一" << endl;
        break;
    case 2:
        cout << "星期二" << endl;
        break;
    case 3:
        cout << "星期三" << endl;
        break;
    case 4:
        cout << "星期四" << endl;
        break;
    case 5:
        cout << "星期五" << endl;
        break;
    case 6:
        cout << "星期六" << endl;
        break;
    case 7:
        cout << "星期日" << endl;
        break;
    default:cout << "输入错误！" << endl;
    }
    return 0;
}
```

【程序分析】 在本例中，首先从键盘输入一个整数赋值给变量 x，根据 x 的取值分别执行不同的 case 语句。例如当从键盘赋值 x 为 3 时，执行"case 3:"后面的语句。

在 Visual Studio 2017 中的运行结果如图 6-12 所示。

图 6-12　多重选择分支语句

通过对【例 6-8】和【例 6-9】的比较发现，switch 语句中的每一个 case 的结尾通常有一个 break 语句，它停止 switch 语句的继续执行，而转向该 switch 语句的下一个语句。但是，使用 switch 语句比用 if-else 语句简洁得多，可读性也好得多。因此遇到多分支选择的情形，则应当尽量选用 switch 语句，而避免采用嵌套较深的 if…else 语句。

6.4.6　if…else 语句的嵌套

在 C++中，if 语句的里面嵌套 if…else 语句是合法的，这意味着可以在一个 if 或 if…else 语句内使用另一个 if 或 if…else 语句。这就是构成了语句的嵌套。

1. 嵌套的基本格式

if…else 语句的嵌套有两种格式。

1）if…else 嵌套 else if 语句，格式如下：

```
if (表达式 1)
{
    语句 1;
}
else if (表达式 2)
{
    语句 2;
}
else if(表达式 3)
{
    语句 3;
}
…
else
{
    语句 n;
}
```

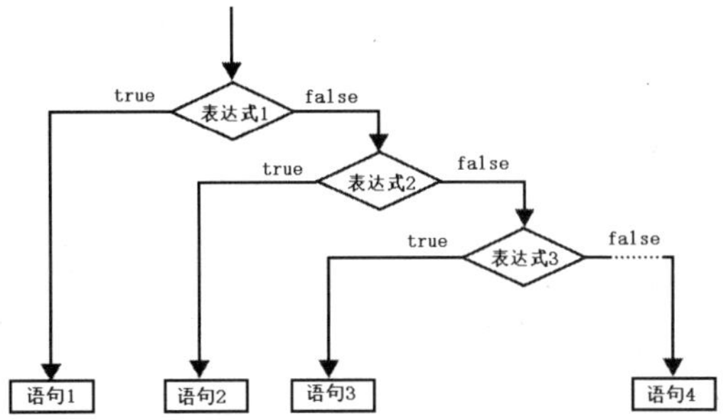

else if 语句嵌套的流程如图 6-13 所示。

首先执行表达式 1，如果返回值为 true，则执行语句块 1，再判断表达式 2；如果返回值为 true，则执行语句块 2，再判断表达式 3；如果返回值为 true，则执行语句块 3…否则执行语句块 n。

图 6-13　嵌套 else if 语句判断流程

【例 6-10】编写程序，根据录入的学生数学成绩分数，输出相应等级划分。90 分以上为优秀，80～89 分为良好，70～79 分为中等，60～69 分为及格，60 分以下为不及格。

（1）在 Visual Studio 2017 中，新建名称为 "6-10.cpp" 的 Project10 文件。

（2）在代码编辑区域输入以下代码。

```cpp
#include <iostream>
using namespace std;
int main()
{
    float x;
    cout << "请输入学生成绩" << endl;
    cin >> x;
    if (x<60)
    {
        cout << "不及格" << endl;
    }
    else if (x <= 69)
    {
        cout << "及格" << endl;
    }
    else if (x <= 79)
    {
        cout << "中等" << endl;
    }
```

```
    else if (x <= 89)
    {
        cout << "良好" << endl;
    }
    else
    {
        cout << "优秀" << endl;
    }
    return 0;
}
```

【程序分析】 本例演示了在 if⋯else 语句中嵌套 else if 语句的结构形式。首先定义变量 x，通过输入端输入 x 的值，然后进行判断。如果 x 的值小于 60，则判定不及格；若小于 69，则判定及格；若小于 79，则判定中等；若小于 89，则判定良好；否则为优秀。

在 Visual Studio 2017 中的运行结果如图 6-14 所示。

2）嵌套在 if 分支中，格式如下：

图 6-14　嵌套 else if 语句

```
if (表达式 1)
{
    if (表达式 2)
    {
        语句 1;
    }
    else
    {
        语句 2;
    }
}
else
{
    if (表达式 3)
    {
        语句 3;
    }
    else
    {
        语句 4;
    }
}
```

if⋯else 语句嵌套的流程如图 6-15 所示。

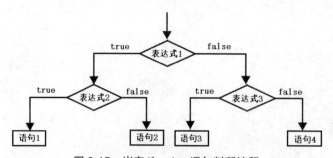

图 6-15　嵌套 if⋯else 语句判断流程

首先执行表达式 1，如果返回值为 true，再判断表达式 2；如果表达式 2 返回 true，则执行语句块 1，否则执行语句块 2；表达式 1 返回值为 false，再判断表达式 3；如果表达式 3 返回值为 true，则执行语句块 3，否则执行语句块 4。

【例 6-11】编写程序，对【例 6-10】进行修改，使用 if…else 语句嵌套对学生分数进行划分。

（1）在 Visual Studio 2017 中，新建名称为 "6-11.cpp" 的 Project11 文件。

（2）在代码编辑区域输入以下代码。

```cpp
#include <iostream>
using namespace std;
int main()
{
    float x;
    cout << "请输入学生分数" << endl;
    cin >> x;
    if (x<60)
    {
        cout << "不及格" << endl;
    }
    else
    {
        if (x <= 69)
        {
            cout << "及格" << endl;
        }
        else
        {
            if (x <= 79)
            {
                cout << "中等" << endl;
            }
            else
            {
                if (x <= 89)
                {
                    cout << "良好" << endl;
                }
                else
                {
                    cout << "优秀" << endl;
                }
            }
        }
    }
    return 0;
}
```

【程序分析】本例演示了在 if…else 语句中嵌套 if…else 语句的使用方法。首先定义一个 float 型变量 x，通过输入端输入它的值用于存放学生分数，然后进入判断流程。

在 Visual Studio 2017 中的运行结果如图 6-16 所示。

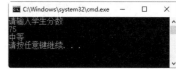

图 6-16　嵌套 if…else 语句

2. 配对原则

C++规定，在嵌套 if 语句中，if 和 else 按照 "就近配对" 的原则配对，即相距最近且还没有配对的一对 if 和 else 首先配对。

例如：

```cpp
if (x % 5 == 0)
{
    if (x % 8 == 0)
    {
        cout << x << "是 40 的倍数" << endl;
    }
    else
    {
```

```
        cout << x << "不是 40 的倍数" << endl;
    }
}
```

这段代码中的 else 与第二个 if 配对。

例如：

```
if (x % 5 == 0)
{
    if (x % 8 == 0)
    {
        cout << x << "是 40 的倍数" << endl;
    }
}
else
{
    cout << x << "不是 5 的倍数" << endl;
}
```

这段代码中的 else 是与第一个 if 配对的。这两段程序的差别虽然仅在于一对"{}"，但逻辑关系却完全不同。

关于 if 嵌套语句的几点说明：

（1）if 语句用于解决二分支的问题，嵌套 if 语句则可以解决多分支问题。

（2）两种嵌套形式各有特点，应用时注意区别，并考虑是否可以互相替换。

（3）由上述两个语句可以看出：if 中嵌套的形式较容易产生逻辑错误，而 else 中嵌套的形式配对关系则非常明确，因此从程序可读性角度出发，建议尽量使用在 else 分支中嵌套的形式。

6.5　循环结构与语句

循环控制语句是三种基本流程控制语句之一，其特点是在给定条件成立时，反复执行某程序段，直到条件不成立为止。主要用于重复执行某些操作。

6.5.1　程序循环结构

有的时候，可能需要多次执行同一块代码。一般情况下，语句是顺序执行的：函数中的第一个语句先执行，接着是第二个语句，以此类推。而 C++提供三种循环语句——while 语句、do…while 语句和 for 语句及其嵌套形式来描述循环结构。

【例 6-12】编写程序，顺序打印出 0~9 这十个数。

（1）在 Visual Studio 2017 中，新建名称为 "6-12.cpp" 的 Project12 文件。

（2）在代码编辑区域输入以下代码。

```
#include <iostream>
using namespace std;
int main()
{
    int a=0;
    while (a < 10)
    {
        cout << "a=" << a << endl;
        a++;
    }
    return 0;
}
```

【程序分析】该程序是一个循环结构的程序，在执行过程中会根据循环条件反复执行循环体里面的语句，直到条件不能满足为止。在该例子中从 a 为 0 开始，依次输出 0～9，直到 a 为 10 时，不满足 a<10 这个循环条件则终止循环。

在 Visual Studio 2017 中的运行结果如图 6-17 所示。

图 6-17　循环结构

6.5.2　for 语句

C++中的 for 语句使用最为广泛和灵活，不仅可以用于循环次数已经确定的情况，而且也可以用于循环次数不确定而只给出循环结束条件的情况。for 语句也称为 for 循环。

其语法格式为：

```
for (表达式 1;表达式 2;表达式 3)
{
    循环体语句;
}
```

表达式 1 为赋值语句，如果有多个赋值语句可以用逗号隔开，形成逗号表达式，循环四要素中的循环变量初始化；

表达式 2 返回一个布尔值，用于检测循环条件是否成立，循环四要素中的循环条件；

表达式 3 为赋值表达式，用来更新循环控制变量，以保证循环能正常终止，循环四要素中的改变循环变量的值。

for 语句执行过程如下：

（1）先求解表达式 1。

（2）求解表达式 2，若其值为真（值为非 0），则执行 for 语句中指定的内嵌语句，然后执行下面第（3）步；若为假（值为 0），则结束循环，转到第（5）步。

（3）求解表达式 3。

（4）转回上面第（2）步骤继续执行。

（5）循环结束，执行 for 语句下面的一个语句。

for 语句的执行过程如图 6-18 所示。

for 语句有以下几个特点。

① for 循环通常用于有确定次数的循环。

例如，下面的 for 循环语句用于计算整型数 1～n 的和：

```
sum = 0;
for (i = 1; i <= n; ++i)
sum =sum + i;
```

在本例中，i 通常称为循环变量，注意它并不在循环体内。C++也允许 for 语句的"表达式 1"是一个变量定义。例如，上面的循环语句可以表示为：

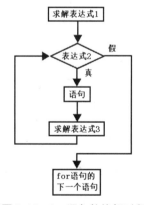

图 6-18　for 语句的执行过程

```
for (int i = 1; i <= n; ++i)
sum =sum + i;
```

② for 循环可以有多个循环变量，此时，循环变量的表达式之间用逗号隔开：

```
for (i = 0, j = 0; i + j < n; ++i, ++j)
  语句;
```

③ 循环语句能够在另一个循环语句的循环体内，即循环能够被嵌套。

例如：

```cpp
for (int i = 1; i <= 3; ++i)
{
    for (int j = 1; j <= 3; ++j)
    {
        cout << '(' << i << ',' << j << ")" << endl ;
    }
}
```

④ for 语句中的 3 个表达式中的任一个均可以省略。

例如，省略第 1 个和第 3 个表达式：

```cpp
for (; i != 0;)          /*等价于: while (i != 0)*/
  语句;
```

如果把 3 个表达式都省略，则循环条件为 1，循环无限次地进行，即死循环。

```cpp
for (;;)                 /*等价于: while (1)*/
  语句;
```

⑤ for 循环与下面的 while 循环等价：

```cpp
表达式1;
while (表达式2)
{
    语句;
    表达式3;
}
```

【例 6-13】编写程序，使用 for 语句计算从 1 加到 10 的和。

（1）在 Visual Studio 2017 中，新建名称为 "6-13.cpp" 的 Project13 文件。

（2）在代码编辑区域输入以下代码。

```cpp
#include <iostream>
using namespace std;
int main()
{
    int i, sum = 0;
    cout << "计算从 1 加到 10 的和" << endl;
    for (i = 1; i <= 10; i++)
    {
        sum = sum + i;
    }
    cout << "sum=" << sum << endl;
    return 0;
}
```

【程序分析】本例演示了 for 循环语句。在程序中的 for 语句定义了循环变量初始值 1、循环条件（小于等于 10）、循环增量（在前一个的基础上加 1）。

程序在执行的过程中，从 i 为 1 开始，累计求 10 以内整数的和，直到 i 为 11 时，不满足 i<=10 这个循环条件则终止循环。

在 Visual Studio 2017 中的运行结果如图 6-19 所示。

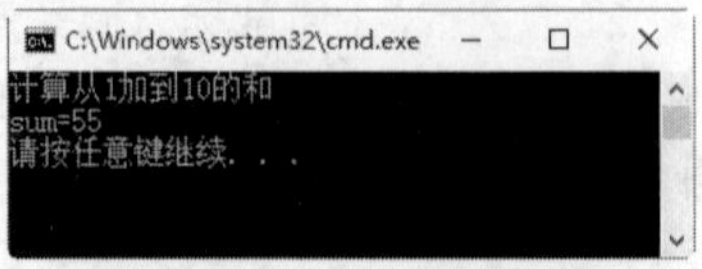

图 6-19　for 循环语句

6.5.3　while 语句

while 语句也称为 "当循环"。其语法格式为：

```
while (表达式)
{
    循环体语句;
}
```

其中，表达式是 C++中任一合法表达式，包括逗号表达式；其值是逻辑型，即 1 或 0。循环体语句可以是单一语句，也可以是复合语句。

while 语句执行过程如下：

（1）计算表达式的值，若值为真（或非 0），则执行循环体；

（2）计算表达式的值，并重复以上过程；

（3）当表达式的值为假（或为 0）时，便不再执行循环体，循环语句结束。

while 语句的执行过程如图 6-20 所示。

【例 6-14】编写程序，使用 while 语句计算从 1 加到 10 的和。

（1）在 Visual Studio 2017 中，新建名称为 "6-14.cpp" 的 Project14 文件。

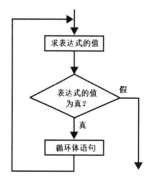

图 6-20　while 语句的执行流程

（2）在代码编辑区域输入以下代码。

```cpp
#include <iostream>
using namespace std;
int main()
{
    int i = 1, sum = 0;
    cout << "计算从 1 加到 10 的和" << endl;
    while (i <= 10)
    {
        sum = sum + i;
        i++;
    }
    cout << "sum=" << sum << endl;
    return 0;
}
```

【程序分析】本例演示了 while 循环语句。本例与【例 6-13】的功能是相同的，但不同的地方在于：【例 6-13】中使用 for 语句定义了 i 的初值、范围和循环增量，此范例中则使用 while 语句定义 i 的循环条件，并使用 "sum = sum + i;" 语句进行累加计算。

在 Visual Studio 2017 中的运行结果如图 6-21 所示。

图 6-21　while 循环语句

注意：

（1）C++表达方式灵活，循环语句多数可以被简化。

例如：

```cpp
while (i<=n)
{
    sum += i;
    i++;        /*修改循环条件*/
}
```

可简化成：

```cpp
while (i<=n)
{
    sum += i++;
}
```

或：

```
while (sum += i++, i<=n);
```

（2）循环的简化往往会降低可读性，因此，程序设计者只需理解循环简化的意义，而设计时主要追求的目标应是可读性。

（3）通常在循环开始前，要对循环条件进行初始化，如求 1 到 N 的和时，和的初值为 0 等。

（4）在循环体语句中应包含修改循环条件的语句，否则循环将不能终止而陷入死循环。

6.5.4　do…while 语句

do…while 语句也称为"直到循环"。语句格式为：

```
do
{
    循环体语句;
} while(表达式);
```

其中，表达式是 C++中任一合法表达式，包括逗号表达式；其值是逻辑型，即 1 或 0。循环体语句可以是单一语句，也可以是复合语句。

do…while 语句执行过程如下：

（1）执行一次循环体语句；

（2）计算表达式的值，若表达式的值为真（或非 0），则重复上述过程；

（3）直到表达式的值为假（或为 0）时，结束循环。

do…while 语句的执行过程如图 6-22 所示。

【例 6-15】编写程序，使用 do…while 语句，在 1～10 的范围之内输入任意数字，输入 5 后则停止输入。

（1）在 Visual Studio 2017 中，新建名称为"6-15.cpp"的 Project15 文件。

（2）在代码编辑区域输入以下代码。

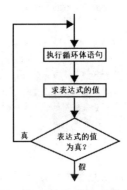

图 6-22　do…while 语句的执行流程

```
#include <iostream>
using namespace std;
int main()
{
    int i;
    cout << "请输入 1-10 范围内的数字" << endl;
    cout << "直到输入 5 后停止\n";
    do
    {
        cin >> i;
    } while (i != 5);
    cout << "已停止\n";
    return 0;
}
```

【程序分析】本例演示了 do…while 循环语句。在键盘上输入 1～10 的任意数，直到输入 5 后就会停止跳出循环体语句。

在 Visual Studio 2017 中的运行结果如图 6-23 所示。

图 6-23　do…while 循环语句

while 语句与 do…while 语句的区别是：do…while 语句无论条件表达式的值是真是假，循环体都将至少执行一次；而若条件表达式的初值为假，则 while 语句循环体一次也不会执行。

6.6　程序跳转语句

程序跳转语句是在程序顺序执行时，跳转到其他方向，用来完成特定的程序流程控制。C++中的程序跳转语句包括 3 种，即 goto 语句、break 语句和 continue 语句。

其中，控制循环的跳转需要用到 break 语句和 continue 语句，这两条跳转语句的跳转效果不同，break 语句是中断循环，continue 语句是跳出本次循环体的执行。而 goto 语句是无条件跳转语句。

6.6.1　goto 语句

goto 语句称为无条件转移语句。该语句和标号语句一起使用，控制程序从 goto 语句所在的地方转移到标号语句处。所谓"标号语句"，是用标识符标识的语句。

其语法格式如下：

```
goto 标号语句;
```

其中，标号语句是按标识符规定书写的符号，放在某一语句行的前面，标号后加冒号"："。标号语句起标识语句的作用，与 goto 语句配合使用。

【例 6-16】编写程序，使用 goto 语句。

（1）在 Visual Studio 2017 中，新建名称为"6-16.cpp"的 Project16 文件。

（2）在代码编辑区域输入以下代码。

```cpp
#include <iostream>
using namespace std;
int main()
{
    int i, j;
    for (i = 0; i < 10; i++)
    {
        cout << "外循环执行 i=" << i << endl;
        for (j = 0; j < 3; j++)
        {
            cout << "内循环执行 j=" << j << endl;
            if (i == 3)
                goto stop;
        }
        cout << endl;
    }
    cout << "退出循环 i = " << i << endl;
```

```
stop: cout << "停止循环 i =" << i << endl;
    return 0;
}
```

【程序分析】 本例使用 for 循环的嵌套，依次将变量 i 和 j
的值循环输出。stop 是 goto 的标号语句。当变量 i 等于 3 时，
就执行 goto 语句，并跳出 for 循环的嵌套。

在 Visual Studio 2017 中的运行结果如图 6-24 所示。

C++不限制程序中使用标号语句的次数，但各标号不得重
名。关于 goto 语句的使用说明如下：

（1）goto 语句的语义是改变程序流向，转去执行语句标号
所标识的语句。

（2）goto 语句通常与条件语句配合使用。可用来实现条件
转移，构成循环，跳出循环体等功能。

（3）在结构化程序设计中一般不主张使用 goto 语句，以免
造成程序流程的混乱，使理解和调试程序都产生困难。

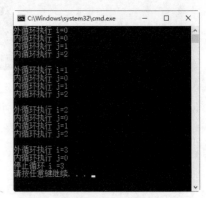
图 6-24　goto 语句

（4）在某些特定场合下，比如在多层循环嵌套中，要从深层循环跳出，若用 break 语句，不仅要使用多
次，而且可读性较差，这时 goto 语句可以发挥作用。

注意： 大多数情况下，goto 语句容易导致程序结构混乱，可读性降低。而且，它所完成的功能完全可
以用算法的三种基本结构实现，因此，一般不提倡使用 goto 语句。

6.6.2　break 语句

C++中 break 语句有以下两种用法：

（1）当 break 语句出现在一个循环内时，循环会立即终止，且程序流将继续执行紧接着循环的下一条语句。

（2）它可用于终止 switch 语句中的一个 case。

其作用为使流程从循环体内跳出循环体，即提前结束循环，接着执行循环体下面的语句。

注意： break 语句只能用于循环语句和 switch 语句内，不能单独使用或用于其他语句中。

break 语句的一般格式为：

```
break;
```

【例 6-17】 编写程序，使用 break 语句。

（1）在 Visual Studio 2017 中，新建名称为 "6-17.cpp" 的 Project17 文件。

（2）在代码编辑区域输入以下代码。

```cpp
#include <iostream>
using namespace std;
int main()
{
    int i = 0;                   /*局部变量声明*/
    do                           /*do 循环执行*/
    {
        cout << "i 的值: " << i << endl;
        i = i + 1;
        if (i == 7)
        {
            break;               /*终止循环*/
        }
```

```
    } while (i < 10);
    return 0;
}
```

【程序分析】本例演示了 break 语句的使用。在代码中首先定义一个整型变量 i，并赋值为 0。然后使用 do…while 循环语句，依次输出 0~9 十个数，但是在该循环体中对变量 i 进行判断，当 i 等于 7 时，就执行 break 语句跳出循环，不再输出 i 的值。

在 Visual Studio 2017 中的运行结果如图 6-25 所示。

图 6-25　break 语句

6.6.3　continue 语句

C++中的 continue 语句有点像 break 语句。但它不是强迫终止，continue 会跳过当前循环中的代码，强迫开始下一次循环。

continue 语句的一般格式为：

```
continue;
```

continue 语句和 break 语句的区别是：continue 语句只结束本次循环，而不是终止整个循环的执行。而 break 语句则是结束整个循环过程，不再判断执行循环的条件是否成立。

【例 6-18】使用 continue 语句编写程序。

（1）在 Visual Studio 2017 中，新建名称为 "6-18.cpp" 的 Project18 文件。

（2）在代码编辑区域输入以下代码。

```
#include <iostream>
using namespace std;
int main()
{
    int i = 0;                /* 局部变量声明*/
    do                        /* do 循环执行*/
    {
        if (i == 7)
        {
            i = i + 1;         /* 跳过迭代*/
            continue;
        }
        cout << "i 的值: " << i << endl;
        i = i + 1;
    } while (i < 10);
    return 0;
}
```

【程序分析】本例演示了 continue 语句的使用。在代码中首先定义一个整型变量进行判断，当 i 等于 7 时，就执行 continue 语句跳出本次循环，继续输出后面 i 的值。

在 Visual Studio 2017 中的运行结果如图 6-26 所示。

图 6-26　continue 语句

6.7　综合运用

【例6-19】编写程序，制作一个简易的计算器。

（1）在 Visual Studio 2017 中，新建名称为"6-19.cpp"的 Project19 文件。

（2）在代码编辑区域输入以下代码。

```cpp
#include <iostream>
using namespace std;
int main()
{
    double num1 = 0.0;          /*定义第一个操作值*/
    double num2 = 0.0;          /*定义第二个操作值*/
    char a = 0;                 /*字符a必须是'+''-''*''/'或'%' */
    cout << "请输入: \n";
    cin >> num1 >> a >> num2;
    switch (a)
    {
    case '+':
        cout << "=" << num1 + num2 << endl;
        cout << "提示: 加法运算\n";
        break;
    case '-':
        cout << "=" << num1 - num2 << endl;
        cout << "提示: 减法运算\n";
        break;
    case '*':
        cout << "=" << num1 * num2 << endl;
        cout << "提示: 乘法运算\n";
        break;
    case '/':
        if (num2 == 0)
        {
            cout << "\n除数为零错误!\n" << endl;
        }
        else
        {
            cout << "=" << num1 / num2 << endl;
            cout << "提示: 除法运算\n";
        }
        break;
    case '%':
        if ((long)num2 == 0)
        {
            cout << "\n错误,请重新输入!\n" << endl;
        }
        else
        {
            cout << "=" << (long)num1 % (long)num2 << endl;
            cout << "提示: 求余运算\n";
        }
        break;
    default:
        cout << "\n请重新输入!\n" << endl;
        break;
    }
    return 0;
}
```

【程序分析】本例实现了一个简易计算器的功能。在代码中首先定义两个 double 型操作值，num1 和

num2 并初始化赋值为 0.0。再定义一个 char 型变量 a，也初始化为 0。在 switch 语句里，依次实现加法、减法、乘法和除法等运算。

在 Visual Studio 2017 中的运行结果如图 6-27～图 6-30 所示。

图 6-27　加法运算

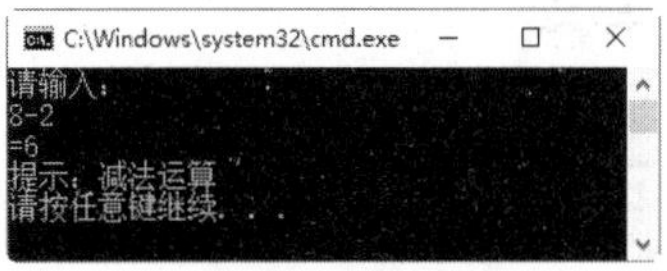

图 6-28　减法运算

图 6-29　乘法运算

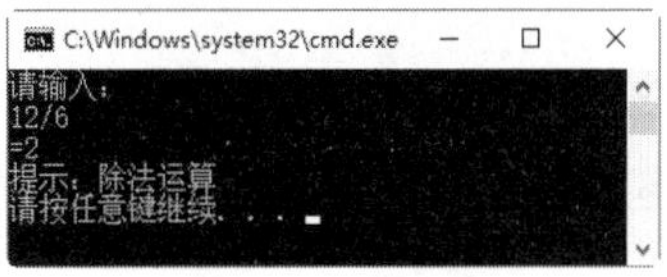

图 6-30　除法运算

6.8　就业面试技巧与解析

6.8.1　面试技巧与解析（一）

面试官：两个嵌套 for 循环的执行顺序是什么？

应聘者：被嵌套的 for 循环是外层，嵌套的 for 循环是内层。执行顺序如下：

（1）外层判断循环条件，满足进入外层循环体。

（2）内层判断循环条件。

（3）内层循环体执行。

（4）内层循环变量累加，回到（2）执行，直到不满足内层条件。

（5）外层循环变量累加，回到（1）执行，直到不满足外层循环条件，彻底退出循环。

面试官：for 循环语句的计算顺序是什么？

应聘者：for 语句的执行顺序是先从左至右执行循环条件语句，如果循环条件语句的判断语句为 true，则在循环条件语句执行之后继续执行一次循环执行语句，然后再回到循环条件语句。如果循环语句判断条件为 false，则停止循环。

6.8.2　面试技巧与解析（二）

面试官：break 语句和 continue 语句有什么不同？

应聘者：二者的共同点是只影响包含它们的最内层循环，与外层循环无关。continue 语句只结束本次循环，而不是终止整个循环的执行。break 语句则是结束整个循环过程，不再判断执行循环的条件是否成立。break 语句可以用在循环语句和 switch 语句中，在循环语句中用来结束内部循环；在 switch 语句中用来跳出 switch 语句。

第7章

数组、引用和指针

 学习指引

　　C++支持数组数据结构，数组是用来存储一系列数据的，但它往往被认为是一系列相同类型的变量。所有的数组都是由连续的内存位置组成。最低的地址对应第一个元素，最高的地址对应最后一个元素。在C++中，有个特殊的变量是用来专门存放数据地址的，这个变量就是指针。通过指针，可以简化一些 C++编程任务的执行，还有一些任务，如动态内存分配，没有指针是无法执行的。所以，想要成为一名优秀的C++程序员，学习指针是很有必要的。

重点导读

- 熟悉并掌握一维数组、二维数组的使用方法。
- 掌握访问数组的方法。
- 掌握字符数组。
- 熟悉结构体数组。
- 掌握指针的概念。
- 掌握引用的方法。
- 熟悉并掌握指针与数组的使用。
- 熟悉并掌握指针与函数的使用。
- 熟悉 const 指针的方法。
- 熟悉 void 指针的方法。

7.1　数组

　　数组是包含若干个同一类型的变量的集合，在程序中这些变量具有相同的名字，但是具有不同的下标，像 array[0]、array[1]、array[2]、array[3]、array[4]…这种形式。在实际应用中，使用数组可以大大缩短并简化程序，结合循环可以高效处理许多问题。

7.1.1 一维数组

在程序设计中，一维数组就是一个单一数据类型对象的集合。其中的单个对象并没有被命名，但是我们可以通过它在数组中的位置来访问它，该种访问形式被称作下标访问或索引访问。

例如：

```
int a[5];          /*a 是一个整型数组,它包含 a[0]、a[1]、a[2]、a[3]、a[4]共 5 个元素*/
float b[5];        /*b 是一个浮点型数组*/
char c[5];         /*字符型数组*/
```

一维数组在内存中存储时是连续的，如上面例子中的数组 a，在内存中会分配一段连续的空间来存储 a[0]、a[1]、a[2]、a[3]、a[4]这 5 个元素。

7.1.2 二维数组

一维数组只有一个下标，而具有两个下标的数组称为二维数组。在实际应用中我们常常会用到大于一维的数组，例如存储 3 个学生的 5 门课的成绩。数据需要按照行和列来排列，第 1 行是第 1 位学生的 5 门课的成绩，第 2 行是第 2 位学生的 5 门课的成绩，以此类推；显然第 1 列的数据应该是 3 位学生各自的第 1 门课的成绩，第 2 列的数据应该是 3 位学生各自的第 2 门课的成绩，以此类推。使用二维数组可以很好地处理类似的问题，见表 7-1。

表 7-1 学生成绩数据表

学生序号	课程 1	课程 2	课程 3	课程 4	课程 5
学生 1	85	78	99	96	88
学生 2	76	89	75	97	75
学生 3	64	92	90	73	56

C++中二维数组中的元素是按照行优先的顺序来存储的，存储时先存放第 1 行的所有元素，然后存放第 2 行的所有元素，以此类推。二维数组中元素的表示需要用到两个下标。

例如表 7-1 用二维数组表示：

```
int a[0][0];       /*表示第 1 个元素,为学生 1 的课程 1 分数是 85*/
int a[0][1];       /*表示第 1 行第 2 个元素,为学生 1 的课程 2 分数是 78*/
int a[0][4];       /*表示第 1 行,最后一个元素,为学生 1 的课程 5 分数是 88*/
int a[1][0];       /*表示第 2 行第一个元素,为学生 2 的课程 1 分数是 76*/
int a[2][4];       /*表示第 3 行最后一个元素,为学生 3 的课程 5 分数是 56*/
```

7.1.3 多维数组

在处理三维空间问题等其他复杂问题时要使用到三维及三维以上的数组，通常把三维及三维以上的数组称为多维数组。虽然 C 语言对维数的处理没有上限，但是处理高维数组是很麻烦的。在使用多维数组语法上与二维数组十分类似，唯一不同的是多维数组维数更多，也就是下标会更多。

例如：

```
int a[2][3][4];    //a 是一个三维数组
```

上面定义了一个名为 a 的三维数组。我们也可以把该三维数组 a 看作是一个特殊的数组，即 a 是一个含有两个元素的一维数组。

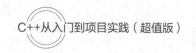

显然，随着数组维数的增加，数组中元素的个数呈几何级数增长，这会受到内存容量的限制，使用起来比较复杂，所以一般三维以上的数组就很少使用了。

7.2　数组的定义与初始化

数组的定义中包含三部分：第一，数组类型说明，即该数组中的所有的元素是何种类型；第二，数组名；第三，数组的长度，即该数组中一共包含几个元素。若要给数组中的元素赋初值，必须用大括号"{}"将值括起来。本节介绍数组的定义与初始化。

7.2.1　一维数组的定义

定义一维数组的语法格式如下：

```
数据类型名 数组名[常量表达式];
```

（1）"数据类型名"用于声明数组的基类型，即数组中元素的数据类型，如 int、float、char 等。

（2）"数组名"用于标识该数组。方括号中必须使用"常量表达式"来表示元素的个数，即数组长度。

（3）"常量表达式"的值只要是整数或整数子集就行。

例如：

```
int a[10];          /*定义了一个整型数组,数组名为a,该数组中有10个元素,都是int类型*/
float b[10];        /*定义了一个名为b的float型数组,该数组中有10个元素,都是float型*/
char c[10];         /*定义了一个名为c的char型数组,该数组中有10个元素,都是char型*/
```

关于一维数组的几点说明：

（1）数组名定名规则和变量名相同，遵循标识符定名规则。如上面的 a、b、c 都是合法的数组名称。

（2）用方括号括起来的常量表达式表示下标值，如下面的写法是合法的：

```
int a[10];
int a[2*5];
int a[n*2];         /*假设前面已定义了n为常变量*/
```

（3）常量表达式的值表示元素的个数，即数组长度。例如，在"int a[10];"中，10 表示 a 数组有 10 个元素，下标从 0 开始，这 10 个元素是：a[0]，a[1]，a[2]，a[3]，a[4]，a[5]，a[6]，a[7]，a[8]，a[9]。注意最后一个元素是 a[9]而不是 a[10]。

（4）数组定义是具有编译确定意义的操作，它分配固定大小的空间，就像变量定义一样的明确。因此元素个数必须是由编译时就能够确定的"常量表达式"来表示。例如：

```
int n=50;
int a[n];                   /*不合法：元素的个数必须是常量*/
```

又如：

```
int a["c"];                 /*合法,'c'为字符常量,等价于 int a[99]*/
```

下面的定义也是允许的：

```
const int num=20;           /*定义一个整型常量 num*/
int array[num];             /*合法,相当于 int array[20];*/
```

7.2.2 一维数组的初始化

初始化一维数组的方法有以下 4 种。

（1）在定义数组时分别对数组元素赋予初值。

例如：

```
int a[10]={0,1,2,3,4,5,6,7,8,9};
```

在上述初始化的形式中，大括号中的初始值的个数不能多于数组的长度，不能通过逗号的方式省略。

（2）可以只给一部分元素赋值。

例如：

```
int a[10]={0,2,4,6,8};
```

显然，数组中有 10 个元素，但是赋值时只有 5 个初值，这表示只对前面的 5 个元素赋初值，即 a[0]=0、a[1]=2、a[2]=4、a[3]=6、a[4]=8，后面 5 个元素的初值都为 0。

```
int a[10]={2,4,6,};        /*不合法,不能以逗号方式省略*/
int a[10]={};              /*不合法,初始值不能为空*/
int a[10]={10};            /*合法,第 1 个元素值为 10,其余 9 个元素值都为 0*/
```

（3）如果想使一个数组中全部元素值为 1，可以写成：

```
int a[10]={1,1,1,1,1,1,1,1,1,1};
```

不能写成：

```
int a[10]={1*10};
```

不能给数组整体赋初值。

（4）在对全部数组元素赋初值时，可以不指定数组长度。

例如：

```
int a[5]={1,2,3,4,5};
```

可以写成：

```
int a[]={1,2,3,4,5};
```

7.2.3 二维数组的定义

定义二维数组的语法格式如下：

```
数据类型名 数组名[常量表达式 1][常量表达式 2];
```

（1）"常量表达式 1"表示行数，即二维数组中有几行；"常量表达式 2"表示列数，即二维数组中有几列。因此二维数组中元素的个数等于数组定义时的两个常量表达式的乘积。

```
int b[5][6];        //定义了一个名为 b 的 int 型二维数组,含有 5 行 6 列共 30 个元素
double c[7][8];     //定义了一个名为 c 的 double 型二维数组,含有 7 行 8 列共 56 个元素
float a[2][3];      //定义了一个名为 a 的 double 型二维数组,含有 2 行 3 列共 6 个元素
```

定义二维数组时数组名的后面有两对"[ ]"，因此下面的定义是不合法的：

```
int arr[5,6];       //不合法,不能将行数和列数写在一对"[ ]"中
```

（2）数组的行下标和列下标都是从 0 开始，以 float a[2][3]为例，二维数组 a 中的 6 个元素分别为 a[0][0]、a[0][1]、a[0][2]、a[1][0]、a[1][1]、a[1][2]，在内存中的存储状态如图 7-1 所示。

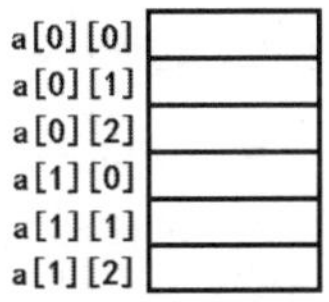

图 7-1　二维数组

7.2.4　二维数组的初始化

初始化二维数组的方法有以下 4 种。

（1）分行给二维数组赋初值。

例如：

```
int a[3][4]={{1,2,3,4},{5,6,7,8},{9,10,11,12}};
```

这种赋初值方法比较直观，把第 1 个大括号内的数据赋给第 1 行的元素，第 2 个大括号内的数据赋给第 2 行的元素……即按行赋初值。

（2）有时为了简单起见，可以将所有数据写在一个大括号内，按数组排列的顺序对各元素赋初值。

例如：

```
int a[3][4]={1,2,3,4,5,6,7,8,9,10,11,12};
```

写成一大片，容易遗漏，也不易检查。

（3）可以对部分元素赋初值。

例如：

```
int a[3][4]={{1},{5},{9}};
```

它的作用是只对各行第 1 列的元素赋初值，其余元素值自动置为 0。赋初值后数组各元素为：

```
1 0 0 0
5 0 0 0
9 0 0 0
```

也可以对各行中的某一元素赋初值：

```
int a[3][4]={{1},{0,6},{0,0,11}};
```

初始化后的数组元素如下：

```
1 0 0  0
0 6 0  0
0 0 11 0
```

这种方法对非 0 元素少时比较方便，不必将所有的 0 都写出来，只需输入少量数据。也可以只对某几行元素赋初值：

```
int a[3][4]={{1},{5,6}};
```

数组元素为：

```
1 0 0 0
5 6 0 0
0 0 0 0
```

第 3 行不赋初值。也可以对第 2 行不赋初值：

```
int a[3][4]={{1},{},{9}};
```

（4）如果对全部元素都赋初值（即提供全部初始数据），则定义数组时对第一维的长度可以不指定，但第二维的长度不能省。

例如：

```
int a[3][4]={1,2,3,4,5,6,7,8,9,10,11,12};
```

可以写成：

```
int a[][4]={1,2,3,4,5,6,7,8,9,10,11,12};
```

注意：系统会根据数据总个数分配存储空间，一共 12 个数据，每行 4 列，当然可确定为 3 行。

在定义时也可以只对部分元素赋初值而省略第一维的长度，但应分行赋初值。

例如：

```
int a[][4]={{0,0,3},{},{0,10}};
```

这样的写法，能通知编译系统：　数组共有 3 行。数组各元素为：

```
0  0  3  0
0  0  0  0
0  10 0  0
```

C++在定义数组和表示数组元素时采用 a[][]这种两个方括号的方式，对数组初始化时十分有用，它使概念清楚，使用方便，不易出错。

7.3　访问数组元素

数组必须先定义，然后使用。只能逐个引用数组元素的值而不能一次引用整个数组中的全部元素的值。一维数组元素的引用较简单，为数组名加上下标即可；二维数组元素的引用方式为数组名加上行下标和列下标。接下来学习具体的存取数组元素的方法。

7.3.1　访问一维数组元素

一维数组元素的引用方式为：

```
数组名[下标]
```

说明：

（1）数组元素的下标从 0 开始。系统不会自动检查下标是否越界，因此在编写程序时，必须认真检查数组的下标，以防止越界。例如，若定义数组 a[10]，则数组元素为 a[0]、a[1]…a[9]，显然 a[10]不属于数组 a 的元素，编程时若使用 a[10]就会导致不可预料的错误。

（2）与一维数组定义时不同，这里的下标既可以为整型常量或整型表达式，也可以是含有已赋值变量的整型表达式。

例如：

```
a[0]= a[5]+ a[7]- a[2*3]
```

（3）在 C++中，无法整体引用一个数组，只能引用数组的元素。一个数组元素其实就是一个变量名，代表内存中的一个存储单元，且一个数组占用一段连续的存储空间。

例如：

```
int array[5]={1,2,3,4,5};
cout<<array[5];                    /*不合法,无法输出 array 中的 5 个元素的值*/
```

（4）注意区分定义数组时用到的"数组名[常量表达式]"和使用数组元素时用到的"数组名[下标]"。

例如：

```
int a[10],temp;                   /*定义数组 a 长度为 10*/
temp=a[5];                        /*使用数组 a 中序号为 5 的元素的值,此时 5 不代表数组长度*/
```

【例 7-1】编写程序，定义一个一维数组，给数组元素赋值并输出。

（1）在 Visual Studio 2017 中，新建名称为"7-1.cpp"的 Project1 文件。

（2）在代码编辑区域输入以下代码。

```cpp
#include <iostream>
using namespace std;
int main()
{
    int i, a[10];
    for (i = 0; i <= 9; i++)
    {
        a[i] = i;
    }
    for (i = 0; i <= 9; i++)
    {
        cout << a[i] << " ";
    }
    cout << endl;
    return 0;
}
```

【程序分析】程序中定义了一个长度为 10 的整型数组 a，第 1 个 for 循环语句是给数组中的每个元素赋值，这里需要注意循环变量 i 的初值必须是 0，以保证和数组的下标是从 0 开始一致，循环的条件判断是 i<10 即 i<=9；第 2 个 for 循环语句是遍历并输出每个元素的值。为了使每一个元素的值输出时分隔开，输出时加了空格。

在 Visual Studio 2017 中的运行结果如图 7-2 所示。

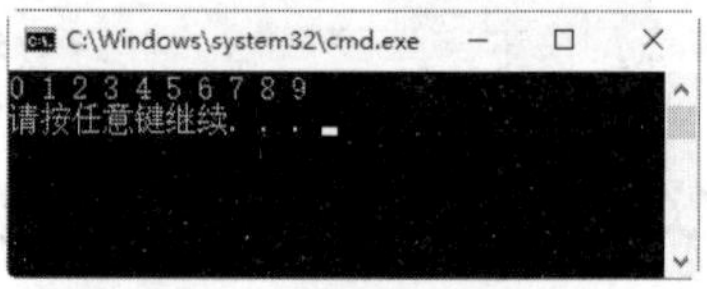

7.3.2　访问二维数组元素

图 7-2　一维数组的存取

二维数组的初始化分为两种，一种是顺序初始化，另一种是按行初始化，所以在访问二维数组元素时也是这两个方式。

1. 顺序初始化

【例 7-2】编写程序，定义一个二维数组，并输出数组元素。

（1）在 Visual Studio 2017 中，新建名称为"7-2.cpp"的 Project2 文件。

（2）在代码编辑区域输入以下代码。

```cpp
#include <iostream>
using namespace std;
int main()
{
    int a[5][2] = { { 0,1 },{ 2,3 },{ 4,5 },{ 6,7 },{ 8,9 } };/* 一个带有 5 行 2 列的数组*/
    cout << "二维数组 a 的元素" << endl;
    int i, j;
    for (i = 0; i < 5; i++)                          /*输出数组中每个元素的值*/
    {
        for (j = 0; j < 2; j++)
        {
            cout << "a[" << i << "][" << j << "]: ";
            cout << a[i][j] << endl;
        }
    }
    return 0;
}
```

【程序分析】本例定义了一个 5 行 2 列的二维数组 a，并为其初始化赋值。再定义两个下标变量 i 和 j，然后通过 for 循环打印出二维数组的元素。

在 Visual Studio 2017 中的运行结果如图 7-3 所示。

2. 按行初始化

【例 7-3】编写程序，按行输出一个二维数组。

（1）在 Visual Studio 2017 中，新建名称为"7-3.cpp"的 Project6
文件。

（2）在代码编辑区域输入以下代码。

图 7-3 访问二维数组元素

```cpp
#include <iostream>
using namespace std;
int main()
{
    int arr1[3][2] = { 2,4,6,8 };
    int arr2[3][2] = { { 2,4 },{ 6 },{ 8 } };  /*按行初始化*/
    cout << "arr1" << endl;
    for (int i = 0; i<3; i++)        /*输出数组 arr1*/
    {
        for (int j = 0; j<2; j++)
        {
            cout << "  " << arr1[i][j];
        }
    }
    cout << endl;
    cout << "arr2" << endl;
    for (int k = 0; k<3; k++)       /*输出数组 arr2*/
    {
        for (int l = 0; l<2; l++)
        {
            cout << "  " << arr2[k][l];
        }
        cout << endl;
    }
    return 0;
}
```

【程序分析】本例定义了两个 int 型的二维数组 arr1 和 arr2，这
两个数组都有 3 行 2 列个元素。通过第一个嵌套 for 循环，顺序输
出 arr1 的元素，再通过第二个嵌套 for 循环，按行输出 arr2 的元素。

在 Visual Studio 2017 中的运行结果如图 7-4 所示。

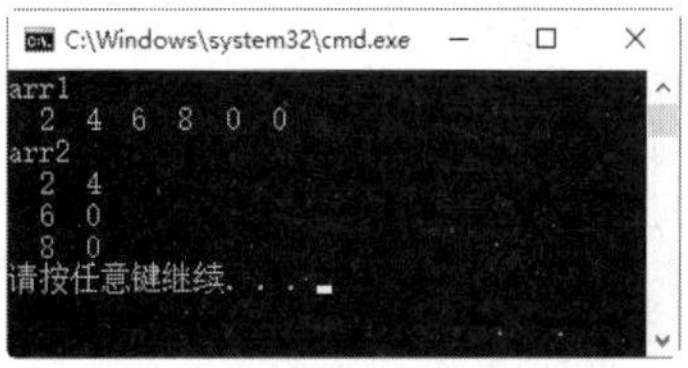

【例 7-4】编写程序，将一个二维数组行和列元素互换，存到另
一个二维数组中，如图 7-5 所示。

（1）在 Visual Studio 2017 中，新建名称为"7-4.cpp"的 Project4
文件。

（2）在代码编辑区域输入以下代码。

图 7-4 按行输出二维数组

```cpp
#include <iostream>
using namespace std;
int main()
{
    int a[2][4] = { { 1, 2, 3, 4} ,{ 5, 6, 7, 8 } };
    int b[4][2], i, j;
    cout << "数组 a: " << endl;
    for (i = 0; i <= 1; i++)
    {
        for (j = 0; j <= 3; j++)
        {
            cout << a[i][j] << " ";
```

```
            b[j][i] = a[i][j];
        }
        cout << endl;
    }
    cout << "数组 b: " << endl;
    for (i = 0; i <= 3; i++)
    {
        for (j = 0; j <= 1; j++)
        {
            cout << b[i][j] << " ";
        }
        cout << endl;
    }
    return 0;
}
```

【程序分析】 本例首先定义了一个 2 行 4 列的整型数组 a，并初始化赋值。再定义一个 4 行 2 列的整型数组 b，整型变量 i 和 j 分别表示行下标和列下标。然后通过嵌套 for 循环，遍历出数组 a 的值，并且依次赋给数组 b。最后输出数组 b 的元素。

在 Visual Studio 2017 中的运行结果如图 7-6 所示。

$$\mathbf{a} = \begin{bmatrix} 1 & 3 & 5 & 7 \\ 2 & 4 & 6 & 8 \end{bmatrix} \qquad \mathbf{b} = \begin{bmatrix} 1 & 2 \\ 3 & 4 \\ 5 & 6 \\ 7 & 8 \end{bmatrix}$$

图 7-5　二维数组行列互换

图 7-6　行列元素的互换

7.4　字符数组

字符数组，顾名思义就是用来存放字符数据的数组。字符数组中的一个元素只存放一个字符。字符数组具有数组的共同属性。由于字符串应用广泛，C 和 C++专门为它提供了许多方便的用法和函数。

1. 字符数组的定义和初始化

字符数组的定义与数组类似。例如：

```
char a[10];
a[0] = 'I'; a[1] = ' '; a[2] = 'L'; a[3] = 'o'; a[4] = 'v'; a[5] = 'e'; a[6] = ' '; a[7] = 'C';
a[8] = '+'; a[9] = '+';
```

该例定义了字符数组 a，其中包含 10 个元素。在赋值以后数组的存储状态如图 7-7 所示。

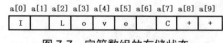

图 7-7　字符数组的存储状态

对字符数组进行初始化，最容易理解的方式是将逐个字符赋给数组中各元素。
例如：

```
char a[10] = { 'I',' ','L','o','v','e',' ','C','+','+' };
```

该例表示把 10 个字符分别赋给 c[0]~c[9]这 10 个元素。

注意：如果大括号中提供的初值个数大于数组长度，则按语法错误处理。如果初值个数小于数组长度，则只将这些字符赋给数组中前面那些元素，其余的元素自动定为空字符。如果提供的初值个数与预定的数组长度相同，在定义时可以省略数组长度，系统会自动根据初值个数确定数组长度。

例如：

```
char a[] = { 'I',' ','L','o','v','e',' ','C','+','+' };
```

字符数组也可以定义成二维数组。例如：

```
char a[3][5] = { {' ',' ','*',' ',' '},{' ','*',' ','*',' '},{'*','*','*','*','*' } };
```

2. 字符数组的赋值与引用

只能对字符数组的元素赋值，而不能用赋值语句对整个数组赋值。

例如：

```
char a[5];
a = { 'H','e','l','l','o' };                          /*错误,不能对整个数组一次赋值*/
a[0] = 'H'; a[1] = 'e'; a[2] = 'l'; a[3] = 'l'; a[4] = 'o';   /*正确,对数组元素单个赋值*/
```

如果已定义了 a 和 b 是具有相同类型和长度的数组，且 b 数组已被初始化，分析下列两种赋值方式：

```
a=b;                         /*错误,不能对整个数组整体赋值*/
a[0]=b[0];                   /*正确,引用数组元素*/
```

3. 字符串和字符串结束标志

如果想要输出一个字符串，可以将字符串中的字符依次存入字符数组中。例如：

```
char a[8]={'H','e','l','l','o'};
```

该例中字符串的实际长度是 5，与数组长度 8 不相等，在存放 5 个字符之外，系统对字符数组的最后三个元素自动填补空字符 "\0"。

为了测定字符串的实际长度，C++规定了一个 "字符串结束标志"，以字符 "\0" 代表。在数组 a 中，第 6 个字符为 "\0"，就表明字符串的有效字符为其前面的 5 个字符。也就是说，遇到字符 "\0" 就表示字符串到此结束，由它前面的字符组成字符串。

注意：

（1）对一个字符串常量，系统会自动在所有字符的后面加一个 "\0" 作为结束符。例如字符串"Hello World"共有 11 个字符，但在内存中它共占 12 字节，最后 1 字节 "\0" 是由系统自动加上的。

（2）"\0" 只是一个供辨别的标志，在程序中往往依靠检测该标志的位置来判定字符串是否结束，而不是根据数组的长度来决定字符串长度。

（3）在定义字符数组时应估计实际字符串长度，保证数组长度始终大于字符串实际长度。如果在一个字符数组中先后存放多个不同长度的字符串，则应使数组长度大于最长的字符串的长度,否则在输出字符串时会造成数据丢失。

4. 字符串常量

在代码中经常会输出一个字符串，例如：

```
cout<<"I Love C++";
```

系统在执行该语句时，会逐个地输出字符，那么它如何判断应该输出到哪个字符就停止了呢？所以，可以用字符串常量来初始化字符数组。

例如：

```
char str[]={"I Love C++"};
```

也可以省略大括号，直接写成：

```
char str[]="I Love C++";
```

该例不是用单个字符作为初值的，而是用一个字符串作为初值。

注意：字符串的两端是用双撇号而不是单撇号括起来的。

上例中 str 的初始化也可以写成：

```
char str[]= { 'I',' ','L','o','v','e',' ','C','+','+','\0'};
```

但不与下面的 str2 等价：

```
char str2[] = { 'I',' ','L','o','v','e',' ','C','+','+' };
```

因为 str 的长度是 11，而 str2 的长度是 10。如果有：

```
char str3[8]="Hello";
```

表示数组 str3 的前 5 个元素为 "H"、"e"、"l"、"l"、"o"，从第 6 个元素开始，后 3 个元素都为结束符 "\0"，如图 7-8 所示。

注意：字符数组并不要求它的最后一个字符为 "\0"，甚至可以不包含 "\0"。

H	e	l	l	o	\0	\0	\0

图 7-8　字符串常量

是否需要加 "\0"，完全根据需要决定。但是由于 C++编译系统对字符串常量自动加一个 "\0"。因此，开发者为了使处理方法一致，便于测定字符串的实际长度，以及在程序中作相应的处理，在字符数组中有效字符的后面也人为地加上一个 "\0"。

例如：

```
char str [6]={'H','e','l','l','o','\0'};
```

5. 字符数组的输入与输出

字符数组的输入输出可以有两种方法：

（1）逐个字符输入输出。

（2）将整个字符串一次输入或输出。

例如：

```
char str[8];
cin>>str;        /*用字符数组名输入字符串*/
cout<<str;       /*用字符数组名输出字符串*/
```

在运行程序时输入一个字符串，如 Hello，在内存中，该数组 str 的存储状态如图 7-9 所示，在第 5 个字符的后面自动加了一个结束符 "\0"。

H	e	l	l	o	\0

图 7-9　字符串

7.5　结构体数组

数组用于存放相同类型的一组数据，而结构体用于存放不同类型的一组。如果要对 10 位学生的学号、姓名、成绩等数据进行统一管理，显然应该用数组，这就是结构体数组。

结构体数组与以前介绍过的数值型数组的不同之处在于：每个数组元素都是一个结构体类型的数据，它们都分别包括各个成员项。

定义结构体数组和定义结构体变量的方法相仿，定义结构体数组时只需声明其为数组即可。

例如：

```
struct Student          /*声明结构体类型 Student*/
{
    int num;
    char name[20];
```

```
    char sex;
    int age;
    float score;
    char addr[50];
};
Student stu[3];            /*定义 Student 类型的数组 stu*/
```

当然也可以直接定义一个结构体数组，例如：

```
struct Student
{
    int num;
    char name[20];
    char sex;
    int age;
    float score;
    char addr[50];
}stu[3];
```

等价于：

```
struct                     /*可以省略结构体名*/
{
……
}stu[3];
```

结构体数组的初始化与其他类型的数组一样，对结构体数组可以初始化。

例如：

```
struct Student
{
    int num;
    char name[20];
    char sex[5];
    int age;
    float score;
    char addr[30];
}stu[3] =
{
    { 10010,"王平","男",18,87.5, "11 栋 331 室" },
    { 10011,"张飞","男",19,99.8, "11 栋 332 室" },
    { 10012,"李云","女",20,78.5, "14 栋 201 室" }
};
```

由上例可知，结构体数组初始化的一般形式为：

```
数组名[ ] = { 初值表列 };
```

定义数组 stu 时，也可以不指定元素个数，即写成以下形式：

```
stu[ ]={{…},{…},{…}};
```

编译时，系统会根据给出初值的结构体常量的个数来确定数组元素的个数。一个结构体常量应包括结构体中全部成员的值。

当然，数组的初始化也可以用以下形式：

```
Student stu[ ]={{…},{…},{…}};        //已事先声明了结构体类型 Student
```

【例 7-5】编写程序，统计班级里 3 位学生的基本信息。

（1）在 Visual Studio 2017 中，新建名称为 "7-5.cpp" 的 Project5 文件。

（2）在代码编辑区域输入以下代码。

```
#include <iostream>
```

```
using namespace std;
struct Student
{
    int num;
    char name[20];
    char sex[5];
    int age;
    float score;
    char addr[30];
}stu[3] =
{
    { 10010,"王平","男",18,87.5, "11 栋 331 室" },
    { 10011,"张飞","男",19,99.8, "11 栋 332 室" },
    { 10012,"李云","女",20,78.5, "14 栋 201 室" }
};
int main()
{
    int i;
    cout << "3 位学生的信息: " << endl;
    for (i = 0; i < 3; i++)
    {
        cout << "No:" << i+1 << endl;
        cout << "学号: " << stu[i].num << endl;
        cout << "姓名: " << stu[i].name << endl;
        cout << "性别: " << stu[i].sex << endl;
        cout << "年龄: " << stu[i].age << endl;
        cout << "成绩: " << stu[i].score << endl;
        cout << "宿舍: " << stu[i].addr << endl;
        cout << endl;
    }
    return 0;
}
```

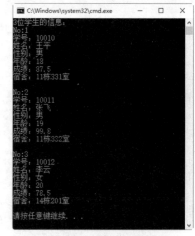

图 7-10　结构体数组

【程序分析】 本例定义了一个结构体数组，并初始化赋值。然后遍历出结构体数组中的内容。

在 Visual Studio 2017 中的运行结果如图 7-10 所示。

7.6　引用

引用变量是一个别名，也就是说，它是某个已存在变量的另一个名字。一旦把引用初始化为某个变量，就可以使用该引用名称或变量名称来指向变量。

1. C++中创建引用

变量名相当于变量附属在内存位置中的标签，可以把引用当成是变量附属在内存位置中的第二个标签。因此，可以通过原始变量名称或引用来访问变量的内容。

例如：

```
int x=15;
```

可以为 x 声明引用变量：

```
int&   r = x;  //意思就是给 x 变量起了一个新名字 r,因此 r 不可再次被重新定义
double& s = y;
```

在这些声明中，"&" 读作引用。因此，第一个声明可以读作 "r 是一个初始化为 x 的整型引用"，第二个声明可以读作 "s 是一个初始化为 y 的 double 型引用"。

注意：引用必须初始化，无空引用，并且引用不分等级。

【例 7-6】 编写程序，使用引用输出变量的值。

（1）在 Visual Studio 2017 中，新建名称为 "7-6.cpp" 的 Project6 文件。

（2）在代码编辑区域输入以下代码。

```
#include <iostream>
using namespace std;
int main()
{
    int x;                      //声明简单的变量
    double y;
    int& r = x;                 //声明引用变量 r,r 是变量 x 的别名
    double& s = y;              //s 是 y 的别名
    x = 15;
    cout << "x 的值为: " << x << endl;
    cout << "x 的引用值为: " << r << endl;
    y = 22.7;
    cout << "y 的值为: " << y << endl;
    cout << "y 的引用值为: " << s << endl;
    return 0;
}
```

【程序分析】 本例中，定义了一个 int 型的变量 x，再定义一个 int 型的引用变量 r，并初始化赋值。然后定义一个 double 型的变量 y，再定义一个同类型的引用变量 s，初始化赋值。接着，通过给变量 x 和 y 赋值，输出这两个变量的值和引用变量的值。

在 Visual Studio 2017 中的运行结果如图 7-11 所示。

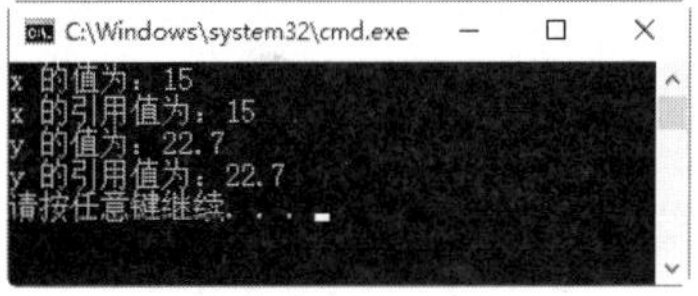

2. 把引用作为函数参数

C++之所以增加引用类型，主要是把它作为函数参数，以扩充函数传递数据的功能。

图 7-11 引用

【例 7-7】 编写程序，通过引用交换两个变量的数据。

（1）在 Visual Studio 2017 中，新建名称为 "7-7.cpp" 的 Project7 文件。

（2）在代码编辑区域输入以下代码。

```
#include <iostream>
using namespace std;
void swap(int& x, int& y)//函数定义
{
    int temp;
    temp = x;        /*保存地址 x 的值*/
    x = y;           /*把 y 赋值给 x*/
    y = temp;        /*把 x 赋值给 y*/
}
int main()
{
    int a = 100;//局部变量声明
    int b = 200;
    cout << "交换前,a 的值: " << a << endl;
```

```
cout << "交换前,b 的值: " << b << endl;
swap(a, b);/* 调用函数来交换值 */
cout << "交换后,a 的值: " << a << endl;
cout << "交换后,b 的值: " << b << endl;
return 0;
}
```

【程序分析】本例通过传递变量的引用，实现两个变量数据的互换。在代码中先定义一个交换函数 swap()，该函数的两个形参是引用变量 x 和 y。在 main()函数中，定义两个整型变量 a 和 b，并初始化赋值，在调用交换函数 swap()时，形参（引用变量）指向实参变量单元，从而改变实参的值。

在 Visual Studio 2017 中的运行结果如图 7-12 所示。

图 7-12　引用作为函数参数

3. 把引用作为返回值

通过使用引用来替代指针，会使 C++程序更容易阅读和维护。C++函数可以返回一个引用，方式与返回一个指针类似。

当函数返回一个引用时，则返回一个指向返回值的隐式指针。这样，函数就可以放在赋值语句的左边。例如，请看下面这个简单的程序：

【例 7-8】编写程序，通过引用交换两个变量的数据。

（1）在 Visual Studio 2017 中，新建名称为"7-8.cpp"的 Project8 文件。

（2）在代码编辑区域输入以下代码。

```
#include <iostream>
using namespace std;
int a[] = {2, 6, 8, 9, 10};
int& value( int i )
{
    return a[i];            //返回第 i 个元素的引用
}
int main ()                 //要调用上面定义函数的主函数
{
    int i;
    cout << "改变前的值" << endl;
    for (i = 0; i < 5; i++ )
    {
        cout << "a[" << i << "] = ";
        cout << a[i] << endl;
    }
    value (1) = 20;         //改变第 2 个元素
    value (3) = 20;         //改变第 4 个元素
    cout << "改变后的值" << endl;
    for (i = 0; i < 5; i++ )
    {
        cout << "a[" << i << "] = ";
        cout << a[i] << endl;
    }
    return 0;
}
```

【程序分析】本例先定义一个全局的数组 a，并初始化赋值。然后定义一个 int 型的引用函数 value()，并且定义了一个整型的形参 i，所以该函数的返回值也应该是引用类型的数据。在 main()函数中，使用 for 循环，先遍历数组 a。然后通过调用函数 value()，修改数组 a 中的元素，并且返回第 i 个元素的引用。最后通过 for 循环再次变量数组 a。

在 Visual Studio 2017 中的运行结果如图 7-13 所示。

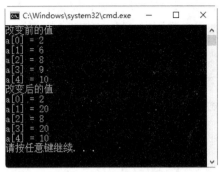

图 7-13　引用作为返回值

7.7　指针和数组

指针和数组是密切相关的。事实上，指针和数组在很多情况下是可以互换的。例如，一个指向数组开头的指针，可以通过使用指针的算术运算或数组索引来访问数组。

7.7.1　指针和一维数组

一个变量有地址，一个数组包含若干元素，每个数组元素都在内存中占用存储单元，它们都有相应的地址。指针变量既然可以指向变量，当然也可以指向数组元素（把某一元素的地址放到一个指针变量中）。所谓数组元素的指针就是数组元素的地址。

例如：

```
int a[5];            //定义一个整型数组 a，它有 5 个元素
int *ap;             //定义一个整型的指针变量 *ap
ap=&a[0];            //将元素 a[0]的地址赋给指针 ap，使 ap 指向 a[0]
```

在 C++中，数组名代表数组中第一个元素（即序号为 0 的元素）的地址。因此，下面两个语句等价：

```
ap=&a[0];
ap=a;
```

在定义指针变量时可以给它赋初值：

```
int *ap=&a[0];       //ap 的初值为 a[0]的地址
```

也可以写成：

```
int *ap=a;           //作用与前一行相同
```

可以通过指针引用数组元素。假设*ap 是已定义为整型的指针变量，并已将一个整型数组元素的地址赋给了它，使它指向某一个数组元素。

例如：

```
*ap=1;               //对 ap 当前所指向的数组元素赋予数值 1
```

如果 ap 的初值为&a[0]，则需要注意：

（1）ap+i 和 a+i 就是 a[i]的地址，或者说，它们指向 a 数组的第 i 个元素。

注意：如果指针 ap 已指向数组中的一个元素，则 ap+1 指向同一数组中的下一个元素。

（2）*(ap+i)或*(a+i)是 ap+i 或 a+i 所指向的数组元素，即 a[i]。

（3）指向数组元素的指针变量也可以带下标，如 p[i]与*(p+i)等价。

7.7.2　指针和多维数组

用指针变量不但可以指向一维数组中的元素，还可以指向多维数组中的元素。首先定义二维数组 a，并赋初值。

例如：

```
int a[3][4]={{1,2,3,4},{5,6,7,8},{9,10,11,12}};
```

a 是一个数组名。a 数组包含 3 行，即 3 个元素：a[0]，a[1]，a[2]。而每一元素又是一个一维数组，如图 7-14 所示。

（1）从一维数组的角度来看，a[0]所代表的一维数组又包含 4 个元素：a[0][0]、a[0][1]、a[0][2]、a[0][3]。由此可见二维数组是"数组的数组"，即数组 a 是由 3 个一维数组所组成的。

（2）从二维数组的角度来看，a 代表二维数组首元素的地址，现在的首元素不是一个整型变量，而是由 4 个整型元素所组成的一维数组，因此 a 代表的是首行的起始地址（即第 0 行的起始地址，&a[0]），a+1 代表 a[1]行的首地址，即&a[1]，如图 7-15 所示。

C++规定了数组名代表数组首元素地址，所以 a[0]、a[1]、a[2]就是一维数组名，因此 a[0]代表一维数组 a[0]中 0 列元素的地址，即&a[0][0]；a[1]的值是&a[1][0]；a[2]的值是&a[2][0]。

因为 0 行 1 列元素的地址可以直接写为&a[0][1]，所以也可以用指针法表示。a[0]为一维数组名，该一维数组中序号为 1 的元素显然可以用 a[0]+1 来表示，如图 7-16 所示。

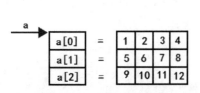

图 7-14　二维数组首地址

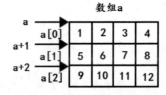

图 7-15　二维数组地址

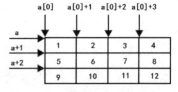

图 7-16　指针法表示数组地址

欲得到 a[0][1]的值，用地址法怎么表示呢？既然 a[0]+1 是 a[0][1]元素的地址，那么，*(a[0]+1)就是 a[0][1]元素的值。而 a[0]又是和*(a+0)无条件等价的，因此也可以用*(*(a+0)+1)表示 a[0][1]元素的值。以此类推，*(a[i]+j)或*(*(a+i)+j)是 a[i][j]的值。

7.7.3　字符指针和字符数组

前面已介绍了指针和数值型元素组成的数组，而字符串也是一个一维数组，使用指针同样也可以遍历字符串。遍历字符串的指针称为字符指针，字符指针就是指向字符型内存空间的指针变量，现在掌握了指针的原理和使用方法，就可以不再定义字符数组，而使用字符指针来实现。

例如：

```
char *str="I LOVE C++?";
```

注意：该语句定义了一个字符型指针 str，指向一个字符串。需要注意的是，该数组的最后一个元素应该是字符串结束标记"\0"，而不是"I LOVE C++?"中的最后一个字符"?"。

1. 用字符数组存放一个字符串

【例 7-9】编写程序，定义一个字符数组并初始化，然后输出其中的字符串。

（1）在 Visual Studio 2017 中，新建名称为 "7-9.cpp" 的 Project9 文件。

（2）在代码编辑区域输入以下代码。

```
#include <iostream>
using namespace std;
int main()
{
    char str[] = "I love C++";   //定义一个字符数组 str
    cout << str << endl;
    return 0;
}
```

【**程序分析**】本例定义了一个字符数组，然后输出该数组中的字符串。

在 Visual Studio 2017 中的运行结果如图 7-17 所示。

2. 用字符指针指向一个字符串

【例 7-10】编写程序，定义一个字符指针变量并初始化，然后输出它指向的字符串。

（1）在 Visual Studio 2017 中，新建名称为 "7-10.cpp" 的 Project10 文件。

（2）在代码编辑区域输入以下代码。

```
#include <iostream>
using namespace std;
int main()
{
    const char *str = "I love C++";
    cout << str << endl;
    return 0;
}
```

【**程序分析**】本例定义了一个字符指针，然后通过字符串的首地址，输出该字符串。

在 Visual Studio 2017 中的运行结果如图 7-18 所示。

图 7-17　字符数组输出字符串

图 7-18　字符数组输出字符串

3. 字符数组与字符指针的区别

例如：

```
char str1[] = "abc";
char str2[] = "abc";
```

该例中，"char str1[] = "abc";" 的含义是定义一个 char 型数组 str1，初始化为 abc。"abc" 是一个常量，应该保存在常量存储区。所以 str1 并不是数组 "abc" 的首地址，它只是一个变量，保存在栈中，这句话的意思是在栈中申请大小为 4 字节的空间，保存 "abc"（包括\0）。

同理，"char str2[] = "abc";" 也是在栈中申请了额外的空间保存 "abc"，也就是说，现在有 3 个 "abc" 字符串，分别保存在栈中和常量存储区。那么我们应该清楚了，str1 不等于 str2。

```
const char str3[] = "abc";
const char str4[] = "abc";
```

对于"const char str3[] = "abc";"，使用 const 定义的变量一般是不分配内存的，而是保存在符号表中。但是对于 const 数组来讲，系统不确定符号表是否有足够的空间来存放 const 数组，所以还是为 const 数组分配内存的。所以 str3 指向的是栈上的"abc"。同理"const char str4[] = "abc";"也是一样。所以 str3 和 str4 不相同。

```
const char* str5 = "abc"; //指向 "abc" 首地址
const char* str6 = "abc"; //指向 "abc" 首地址
```

对于"const char* str5 = "abc";"，str5 是一个指针，保存在符号表上，指向的是常量存储区中的"abc"。"const char* str5 = "abc";"中 str6 也是指向常量存储区中的"abc"，所以 str5 等于 str6。

掌握了字符指针的使用方法，那么字符数组和字符指针变量到底有何区别？简单来说，有以下两个显著的不同点。

（1）赋值方式不同。

对字符数组只能对各个元素赋值，不能用以下办法对字符数组赋值。

```
char str[15];
str ="I Love C++";    //不合法
```

而对字符指针变量，则可采用下面的方法赋值：

```
const char * array;
array = "I Love C++"; //合法
```

字符指针变量赋初值：

```
const char * array = "how are you?";
```

等价于

```
const char * array;
array = "how are you ?";
```

对数组声明时，初始化只能按照下面的方式进行。

```
char str[20] = { "how are you ?" };
```

（2）指针变量的值是可以改变的，但是字符数组名是不可以改变的。

【例 7-11】编写程序，定义一个字符指针，输出改变字符指针位置后的字符串。

（1）在 Visual Studio 2017 中，新建名称为"7-11.cpp"的 Project11 文件。

（2）在代码编辑区域输入以下代码。

```
#include <iostream>
using namespace std;
int main()
{
    const char *array = "how are you ?";    //这是正确的赋值,指针变量
    cout << "array= " << array << endl;
    array = array + 1;
    cout << "array= " << array << endl;
    return 0;
}
```

【程序分析】本例中的字符指针可以改变位置，可以指向字符串中的任意一个字符，而字符数组不可以。

在 Visual Studio 2017 中的运行结果如图 7-19 所示。

注意：字符数组是一个一维数组，使用指针同样也可以引用字符数组。引用字符数组的指针称为字符指针，字符指针就是指向字符型内存空间的指针变量。

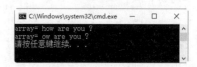

图 7-19　字符指针

7.7.4 指针数组和数组指针

指针数组：首先它是一个数组，数组的元素都是指针，数组占多少字节由数组本身决定。它是"储存指针的数组"的简称。

数组指针：首先它是一个指针，它指向一个数组。在 32 位系统下永远是占 4 字节，至于它指向的数组占多少字节，不知道。它是"指向数组的指针"的简称。

那该如何区分数组指针和指针数组呢？例如：

```
int *p1[10];
int (*p2)[10];
```

通过上例进行分析。首先，"[]"的优先级比"*"要高。所以 p1 先与"[]"结合，构成一个数组的定义，数组名为 p1。其次，"int *"修饰的是数组的内容，即数组的每个元素。那现在我们就清楚，如果一个数组，其元素均为指针类型数据，该数组称为指针数组，也就是说，指针数组中的每一个元素相当于一个指针变量，它的值都是地址。

至于 p2 就更好理解了，在这里"()"的优先级比"[]"高，"*"号和 p2 构成一个指针的定义，指针变量名为 p2，int 修饰的是数组的内容，即数组的每个元素。数组在这里并没有名字，是个匿名数组。那现在我们清楚 p2 是一个指针，它指向一个包含 10 个 int 类型数据的数组，即数组指针，如图 7-20 所示。

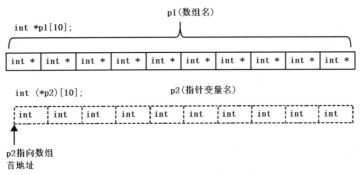

图 7-20　指针数组和数组指针

1. 指针数组

指针数组是数组元素为指针的数组（例如 int *p[3],定义了 p[0],p[1],p[2]三个指针），其本质为数组，其语法格式为：

```
类型名 *数组名[数组长度];
```

【例 7-12】编写程序，定义一个整型的指针数组，用于存放另一个整型数组的元素。

（1）在 Visual Studio 2017 中，新建名称为"7-12.cpp"的 Project12 文件。

（2）在代码编辑区域输入以下代码。

```
#include <iostream>
using namespace std;
int main()
{
    int  var[3] = { 20, 30, 40 };
    int *p[3];
    for (int i = 0; i < 3; i++)
    {
        p[i] = &var[i];   //赋值为整数的地址
    }
```

```
    for (int i = 0; i < 3; i++)
    {
        cout << "var[" << i << "] = ";
        cout << *p[i] << endl;
    }
    return 0;
}
```

【程序分析】本例中定义一个整型数组 var 并初始化赋值，然后定义一个整型指针数组 p，然后通过 for 循环，使用取地址运算符 "&"，取出数组 var 中每个元素的地址，存入 p 中。最后打印输出指针数组中元素的值。

在 Visual Studio 2017 中的运行结果如图 7-21 所示。

【例 7-13】编写程序，使用指向字符的指针数组来存储一个字符串列表。

（1）在 Visual Studio 2017 中，新建名称为 "7-13.cpp" 的 Project13 文件。

图 7-21　指针数组

（2）在代码编辑区域输入以下代码。

```
#include <iostream>
using namespace std;
const int MAX = 4;
int main()
{
    const char *city[MAX] =
    {
        "Beijing",
        "Shanghai",
        "Guangzhou",
        "Fujian",
    };
    for (int i = 0; i < MAX; i++)
    {
        cout << "city[" << i << "] = ";
        cout << city[i] << endl;
    }
    return 0;
}
```

【程序分析】在本例的开头定义了一个全局常量 MAX 的值为 4。main()函数中，定义了一个字符指针数组 city，并初始化。最后通过 for 循环打印出来。

在 Visual Studio 2017 中的运行结果如图 7-22 所示。

图 7-22　字符指针数组

2. 数组指针

数组指针是指向数组地址的指针，其本质为指针，语法格式为：

```
*指针变量名
```

例如：

```
int a[5], *p;
p = a;
```

该例中，p 一般指向一维数组的首地址，即 "p=a;"，或者 "p=&a[0];"。p，a，&a[0]均指向同一单元，它们是数组 a 的首地址，也是 0 号元素 a[0]的首地址。p+1，a+1，&a[1]均指向 1 号元素 a[1]。类推可知 p+i，a+i，&a[i]。

【例 7-14】编写程序，定义一个数组，通过数组指针遍历出来。

（1）在 Visual Studio 2017 中，新建名称为 "7-14.cpp" 的 Project14 文件。

（2）在代码编辑区域输入以下代码。

```cpp
#include <iostream>
using namespace std;
int main()
{
    int a[5] = { 2,5,8,9,6 };
    int i;
    int(*p)[5];
    p = &a;
    for (i = 0; i < 5; i++)
    {
        cout << "a[" << i << "]=";
        cout << (*p)[i] << endl;
    }
    return 0;
}
```

【程序分析】本例演示了数组指针。在 main()函数中，定义一 int 型数组 a，并初始化赋值。再定义一个数组指针，并将数组的首地址赋给指针，通过 for 循环，输出该数组的元素。

在 Visual Studio 2017 中的运行结果如图 7-23 所示。

图 7-23 数组指针

7.7.5 指向指针的指针

指针可以指向一份普通类型的数据，例如 int、double、char 等，也可以指向一份指针类型的数据，例如 int *、double *、char *等。如果一个指针指向的是另外一个指针，就称它为二级指针，或者指向指针的指针。

例如：一个 int 类型的变量 a，p1 是指向 a 的指针变量，p2 又是指向 p1 的指针变量：

```cpp
int a =10;
int *p1 = &a;
int **p2 = &p1;
```

它们的关系如图 7-24 所示。

指针变量也是一种变量,也会占用存储空间,也可以使用"&"

图 7-24 指向指针的指针

获取它的地址。C/C++不限制指针的级数，每增加一级指针，在定义指针变量时就得增加一个星号*。p1 是一级指针，指向普通类型的数据，定义时有一个*；p2 是二级指针，指向一级指针 p1，定义时有两个*。

以此类推，如果希望再定义一个三级指针 p3，让它指向 p2，那么可以这样写：

```cpp
int ***p3 = &p2;
```

四级指针也是如此：

```cpp
int ****p4 = &p3;
```

一般在实际开发中会经常使用一级指针和二级指针，几乎用不到高级指针。

【例 7-15】编写程序，使用多级指针。

（1）在 Visual Studio 2017 中，新建名称为 "7-15.cpp" 的 Project15 文件。

（2）在代码编辑区域输入以下代码。

```cpp
#include <iostream>
using namespace std;
```

```
int main()
{
    int a = 10;
    int *p1 = &a;
    int **p2 = &p1;
    int ***p3 = &p2;
    cout << "  a=" << a << "\t\t*p1=" << *p1 << "\t\t**p2=" << **p2 << "\t\t***p3=" << ***p3 << endl;
    cout << "&p2=" << &p2 << "\tp3=" << p3 << endl;
    cout << "&p1=" << &p1 << "\tp2=" << p2 << "\t*p3=" << *p3 << endl;
    cout << "  &a=" << &a << "\tp1=" << p1 << "\t*p2=" << *p2 << "\t**p3=" << **p3 << endl;
    return 0;
}
```

【程序分析】本例演示了三级指针的使用。代码中***p3 等价于*(*(*p3))。*p3 得到的是 p2 的值，也即 p1 的地址；*(*p3)得到的是 p1 的值，也即 a 的地址；经过三次"取值"操作后，*(*(*p3))得到的才是 a 的值，如图 7-25 所示。

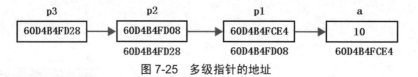

图 7-25　多级指针的地址

在 Visual Studio 2017 中的运行结果如图 7-26 所示。

图 7-26　多级指针

7.8　const 指针

C++中，const 关键字指定了一个不可修改的变量，但并不是常量。它可以使编译器帮助用户定义的某些变量不被意外修改。指针也是变量，因此也可以将关键字 const 用于指针。然而指针是一个特殊变量，包含内存地址，还可以修改内存中的数据。因此，const 指针有以下三种。

（1）指针包含的地址是常量，不能被修改，但可以修改指针指向的数据。

例如：

```
int x = 30;
int* const p = &x;
*p = 33;                    //指向的数据可以更改
int y = 28;
p = &y;                     //不能更改地址
```

（2）指针指向的数据为常量，不能修改，但可以修改指针包含的地址，即指针可以指向其他地方。

例如：

```
int x = 50;
const int* p = &x;
int y = 25;
p = &y;                     //可以更改指针的地址
```

```
*p = 20;                    //不能更改指针指向的数据
int* new_p = p;             //不能将常量指针赋值为非常量指针
```

注意：通过对以上两个例子的对比可以看出，当 const 在*前时，其修饰的是指针指向的内容，但指针本身是可变的。当 const 在*后时，其修饰的是指针本身，但其指向的内容是可变的。

（3）指针包含的地址以及它指向的值都是常量，不能修改。

例如：

```
int x = 12;
const int* const p = &x;
*p = 15;                    //不能修改指针指向的数据
int y = 24;
p = &y;                     //不能修改指针的地址
```

有时需要禁止通过引用修改它指向的变量的值，为此可在声明引用时使用 const。

例如：

```
int x = 30;
const int& p = x;
p = 15;                     //不能修改 p 的值
int& y = p;                //变量 y 没有被 const 修饰,不允许赋值
const int& p2 = p;         //类型相同,可以赋值
```

将指针或引用传递给函数时，加上 const 可保证我们的源数据不被破坏。

7.9 综合应用

【**例 7-16**】编写程序，定义一个存有字符串的字符数组，并对该数组中的字符串进行操作。

（1）在 Visual Studio 2017 中，新建名称为"7-16.cpp"的 Project16 文件。

（2）在代码编辑区域输入以下代码。

```
#include <iostream>
using namespace std;
void Int_arr();
void Char_arr();
int main(void)
{
    Int_arr();
    cout << "======================" << endl;
    Char_arr();
    return 0;
}
void Int_arr(void)
{
    int arr[3] = { 5,10,20 };
    int *p[3];
    for (int i = 0; i < 3; i++)
    {
        p[i] = &arr[i];//赋值为整数的地址
    }
    for (int i = 0; i < 3; i++)
    {
```

```
        cout << "arr[" << i << "] = ";
        cout << *p[i] << endl;
    }
}
void Char_arr(void)
{
    const char *Country[3] =
    {
        "America","France ","Australia"
    };
    for (int i = 0; i < 3; i++)
    {
        cout << "字符串[" << i << "] = ";        //输出字符串的值
        cout << Country[i] << endl;
        cout << "字符串首字母: " ;              //输出指针所指向字符串首地址的值
        cout << *Country[i] << endl;
        cout << "ASCII 值=";                     //输出 ascii 码值
        cout << *Country[i] + 1 - 1 << endl;
        cout << "字符串第二个字母: ";            //输出指针所指向字符串首地址上一位的值
        cout << *(Country[i] + 1) << endl;
        cout << "=====================" << endl;
    }
}
```

【**程序分析**】本例由 3 部分构成，第 1 部分是 main()函数，第 2
部分是 Int_arr()函数，第 3 部分是 Char_arr()函数。main()函数的作用
是调用另两个函数。在 Int_arr()函数中，定义了一个 int 型的数组 arr，
并初始化赋值，通过指针数组获取数组中的地址，然后遍历出数组
元素。在 Char_arr()函数中，定义了一个存有字符串的字符数组，通
过指针数组，输出每个字符串的首字母以及首字母的 ASCII 码值，
并且通过指针，输出每个字符串的第二个字母。最后在 main()函数
中调用这两个函数，实现其功能。

在 Visual Studio 2017 中的运行结果如图 7-27 所示。

图 7-27　输出字符串中的字符

7.10　就业面试技巧与解析

7.10.1　面试技巧与解析（一）

面试官：C++中定义字符型数组时 "\0" 是不是也占一位？是不是定义 char a[5]，只能有 4 个字符？那
计算字符长度时又能否忽略 "\0"？

应聘者：字符数组中的 "\0" 也占一位。在计算字符长度时结束符 "\0" 可以被忽略。定义 char a[5]，
则说明，a 是个字符数组，在内存中占 5 字节空间，如果用 a 来存储字符串，则最多只能有 4 个有效字符，
必须给 "\0" 留个空间。计算 a 的长度与 a 的大小是不同的概念，a 按字符串来算长度是从 a 这个地址开始，
计数到 "\0" 字符，这之间的字符个数是字符串 a 的长度。一般常用 strlen()函数来获取字符串长度。计算
a 的大小用 sizeof 命令，sizeof(a)得到的是 a 在内存中占的字节数！字符串与字符数组不要混为一谈。它们
在形式上相同，区别在于，字符串一定有 "\0" 结束符，而数组不需要！

7.10.2　面试技巧与解析（二）

面试官：在使用数组元素的指针运算时，需要注意哪些方面？

应聘者：指向数组元素的指针的运算比较灵活，使用时务必小心谨慎。如下面的例子。

如果先使 p 指向数组 a 的首元素（即 p=a），则：

（1）p++（或 p+=1）。使 p 指向下一元素，即 a[1]。如果用*p，得到下一个元素 a[1]的值。

（2）*p++。由于++和*同优先级，结合方向为自右而左，因此它等价于*(p++)。

该语句的作用是，先得到 p 指向的变量的值（即*p），然后再使 p 的值加 1。

例如：

```
for(p=a;p<a+10;p++)
cout<<*p;
```

可以改写为：

```
for(p=a;p<a+10;)
cout<<*p++;
```

（3）*(p++)与*(++p)作用不同。前者是先取*p 值，然后使 p 加 1。后者是先使 p 加 1，再取*p。若 p 的初值为 a（即&a[0]），输出*(p++)得到 a[0]的值，而输出*(++p)则得到 a[1]的值。

（4）(*p)++表示 p 所指向的元素值加 1，即(a[0])++，如果 a[0]=3，则(a[0])++的值为 4。

注意：是元素值加 1，而不是指针值加 1。

（5）如果 p 当前指向 a[i]，则

(p--)表示：先对 p 进行“”运算，得到 a[i]，再使 p 减 1，p 指向 a[i-1]。

*(++p)表示：先使 p 自加 1，再作*运算，得到 a[i+1]。

*(--p)表示：先使 p 自减 1，再作*运算，得到 a[i-1]。

将++和--运算符用于指向数组元素的指针变量十分有效，可以使指针变量自动向前或向后移动，指向下一个或上一个数组元素。

例如，想输出 a 数组 100 个元素，可以用以下语句：

```
p=a;
while(p<a+100)
cout<<*p++;
```

或者：

```
p=a;
while(p<a+100)
{
    cout<<*p;
    p++;
}
```

第8章

函数

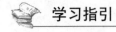 学习指引

　　程序是由函数组成的。在 C++中，可以将一段经常需要使用的代码封装起来，在需要时直接调用，这就是函数。而在 C++标准库中也提供了大量程序可以调用的系统函数，通过相互调用来实现程序的功能。本章介绍函数的定义与声明、参数传递及调用等基本操作，希望读者理解并能运用递归、内联、重载和默认参数函数。

　　 重点导读

- 掌握函数定义与调用的方法。
- 掌握参数传递的方法。
- 熟悉并掌握函数调用的机制。
- 熟悉变量的作用域。
- 熟悉变量的存储类别。
- 掌握函数重载的方法。
- 熟悉内联函数。
- 熟悉编译预处理的方法。

8.1　函数概述

　　"函数"这个名词是从英文 function 翻译过来的，其实 function 的原意是"功能"。顾名思义，一个函数就是一个功能。

　　在实际应用的程序中，每个 C++程序都至少有一个函数，即主函数 main()，它的作用就是调用各个函数，程序各部分的功能全部都是由各函数实现的。主函数相当于总调度，调动各函数依次实现各项功能。

　　开发商和软件开发人员将一些常用的功能模块编写成函数，放在函数库中供公共选用。程序开发人员要善于利用库函数，以减少重复编写程序段的工作量。

【例8-1】编写程序，在主函数中调用其他函数。

（1）在 Visual Studio 2017 中，新建名称为"8-1.cpp"的 Project1 文件。

（2）在代码编辑区域输入以下代码。

```cpp
#include <iostream>
using namespace std;
void fun1()                              /*定义 fun1()函数*/
{
    cout << "********************" << endl;   //输出 20 个"*"
}
void fun2()                              /*定义 fun2()函数*/
{
    cout << "I LOVE C++!" << endl;       /*输出一行文字*/
}
int main()
{
    fun1();                              /*调用 fun1()函数*/
    fun2();                              /*调用 fun2()函数*/
    fun1();                              /*调用 fun1()函数*/
    return 0;
}
```

【程序分析】在代码中，定义函数 fun1()，该函数的功能是输出符号"*"；再定义函数 fun2()，该函数的功能是输出字符串"I LOVE C++!"。然后在主函数 main()中按顺序调用函数，最后输出。

在 Visual Studio 2017 中的运行结果如图 8-1 所示。

从用户使用的角度来说，C++中的函数主要有以下两种。

（1）系统函数：即库函数。这是编译系统提供的，用户不需要定义这些函数就可以直接使用。

（2）用户自定义函数：用户根据程序功能的需要自己编写的函数。

图 8-1　调用函数

8.2　函数的定义与调用

有时候 C++提供的大量的系统函数不能解决用户的特殊需求，因此在程序中经常要编写用户自定义函数。

8.2.1　函数的定义

在 C++中，函数由一个函数头和一个函数主体组成。下面列出一个函数的所有组成部分：

```
<函数类型> <函数名> (<形式参数表>)      /*函数头*/
{                                      /*函数主体*/
    若干语句，
    …
}
```

函数类型：一个函数可以返回一个值。函数类型就是函数返回的值的数据类型。有些函数执行所需的操作而不返回值，在这种情况下，类型的关键字是 void。

函数名：这是函数的实际名称。函数名和参数列表一起构成了函数签名。

形式参数表：即函数中可以有多个形式参数，也可以没有形式参数。形式参数简称形参，根据形参的有无，函数分为两类：有参函数和无参函数。

函数主体：函数主体包含一组定义函数执行任务的语句。

1. 有参数且有返回值

```
int  max(int a, int b)        /*函数头,函数值为整型,有两个整型参数,求出两个数的大数*/
{
    int c;                    /*函数体中的声明部分*/
    c = a>b ? a : b;          /*将a和b中的大者赋值给变量c*/
    return(c);                /*将c的值作为返回值返回调用点*/
}
```

2. 有参数但无返回值

```
void fun(int a, int b)        /*函数头,函数值为空,有两个整型参数,实现a和b的交换*/
{
    int t;                    /*函数体中的声明部分*/
    t = a;                    /*将a赋值给t*/
    a = b;                    /*将b赋值给a*/
    b = t;                    /*将t赋值给b,没有return语句*/
}
```

3. 无参数但有返回值

```
char getc( )                  /*函数头,函数值为字符型,无参数,从键盘上输入一个字符*/
{
    char c;                   /*函数体中的声明部分*/
    cin>>c;                   /*从键盘上输入一个字符*/
    return c;                 /*将c的值作为返回值返回调用点*/
}
```

4. 无参数且无返回值

```
void fun( )                   /*函数头,函数值为空,没有参数,输出一个字符串*/
{
    cout<<"I LOVE C++! ";
}
```

又如，求某一范围整数和的 sum 函数。

```
int sum(int a, int b)         /*函数头,函数值为整型,有两个整型参数,求出总和*/
{
    int s = 0;                /*函数体中的声明部分,并赋初值0*/
    for (int i = a; i <= b; i++)        /*循环范围[a,b] */
    {
        s = s + i;            /*计算求和*/
    }
    return s;                 /*将s的值作为返回值返回调用点*/
}
```

注意：C++要求在定义函数时必须指定函数的类型。

8.2.2 函数的声明

函数声明会告诉编译器函数名称及如何调用函数。为了增加程序的可读性，函数的声明放在 main()函数体内的前面。函数的实际主体可以单独定义。

函数声明的格式如下：

```
<函数类型> <函数名> (<形式参数表>);
```

函数的声明要和函数定义时的函数类型、函数名和参数类型一致，但形参名可以省略，而且还可以不相同。例如对 max() 函数的声明如下：

```
int max(int a, int b);
```

在函数声明中，参数的名称并不重要，只有参数的类型是必需的，因此下面也是有效的声明：

```
int max(int, int);
```

注意：如果声明的函数在该函数定义之后，而调用该函数在前，就会产生错误。为了解决这个问题，必须将函数定义在主调函数的前面或在调用前进行函数的声明。

函数的声明消除了函数定义的位置的影响，也就是说，不管函数是在何处定义的，只要在调用前进行声明，就可以保证函数调用的合法性。

8.2.3 函数的调用

在创建 C++ 函数时，会定义函数做什么，然后通过调用函数来完成已定义的任务。当程序调用函数时，程序控制权会转移给被调用的函数。被调用的函数执行已定义的任务，当函数的返回语句被执行时，或到达函数的结束括号时，会把程序控制权交还给主程序。

1. 无参函数的调用

语法格式如下：

```
<函数类型> <函数名>()
```

【例 8-2】编写程序，在主函数中调用无参函数。

（1）在 Visual Studio 2017 中，新建名称为 "8-2.cpp" 的 Project2 文件。

（2）在代码编辑区域输入以下代码。

```cpp
#include <iostream>
using namespace std;
void mess();        /*声明 mess()函数*/
void sum();         /*声明 sum()函数*/
int main()
{
    mess();         /*调用 mess()函数*/
    sum();          /*调用 sum()函数*/
    return 0;
}
void mess()
{
    cout << "你好,欢迎学习 C++!" << endl;
}
void sum()
{
    int a, b;
    cout << "输入两个整数: ";
    cin >> a;
    cin >> b;
    int s = a + b;
    cout << "s=" << s << endl;
}
```

【程序分析】在代码中，先声明了两个函数 mess()和 sum()。然后在主函数 main()的后面定义了 mess()函数，该函数的功能是输出一个字符串"你好，欢迎学习 C++!"；接着又定义了一个函数 sum()，该函数的功能是计算两个整数的和。最后在主函数 main()中调用这两个函数。

在 Visual Studio 2017 中的运行结果如图 8-2 所示。

图 8-2　无参函数的调用

2. 有参函数的调用

语法格式如下：

```
<函数类型>  <函数名>(<形式参数表>)
```

【例 8-3】编写程序，输入两个实数，输出较大的数。其中求两个实数中较大数用函数调用完成。

（1）在 Visual Studio 2017 中，新建名称为"8-3.cpp"的 Project3 文件。

（2）在代码编辑区域输入以下代码。

```cpp
#include <iostream>
using namespace std;
float max(float a, float b)
{
    return(a >= b ? a : b);
}
int main()
{
    float a, b;
    cout << "输入两个实数：" << endl;
    cin >> a >> b;
    cout << a << "和" << b << "中较大数为" << max(a, b) << endl;
    return 0;
}
```

【程序分析】在代码中，先定义一个函数 max()，用来判断两个实数的大小。然后在主函数 main()中调用并输出。

在 Visual Studio 2017 中的运行结果如图 8-3 所示。

图 8-3　有参函数的调用

3. 调用函数时，传递所需参数，如果函数返回一个值，则可以存储返回值

【例 8-4】编写程序，定义一个最大值函数，用于判断两个整数的大小。要求在主函数中接收到该判断函数的返回值，并输出。

（1）在 Visual Studio 2017 中，新建名称为"8-4.cpp"的 Project4 文件。

（2）在代码编辑区域输入以下代码。

```cpp
#include <iostream>
using namespace std;
int max(int x, int y);          /*函数声明*/
int main()
{
    int a, b;
    cout << "请输入两个整数：" << endl;
    cin >> a;
    cin >> b;
    int ret;
    ret = max(a, b);            /*调用函数来获取最大值*/
    cout << "最大值：" << ret << endl;
    return 0;
}
```

```
int max(int x, int y)          /*函数返回两个数中较大的那个数*/
{
    int result;                /*局部变量声明*/
    if (x > y)
    {
        result = x;
    }
    else
    {
        result = y;
    }
    return result;
}
```

【程序分析】在代码中先声明函数 max()。在主函数后面定义 max()函数，用于判断两个整数的大小，并返回一个值。然后在主函数中定义变量 ret，再将 max()函数的返回值赋给变量 ret，最后输出。

在 Visual Studio 2017 中的运行结果如图 8-4 所示。

图 8-4　调用函数返回值

8.3　参数传递、返回值

函数调用发生时，首先要将实参的值按位置传递给对应的形参变量。一般情况下，实参和形参的数量和排列顺序应该一一对应，并且对应参数的类型必须匹配，而对应参数的参数名则不要求相同。使用函数的目的之一就是为了在函数调用时传递数据，最终得到一个处理后的结果值，即函数的返回值。数据传递可通过实参和形参来实现。

8.3.1　函数参数

在定义函数时函数名后面括号中的变量名称为形式参数（formal parameter，简称形参），在主调函数中调用一个函数时，函数名后面括号中的参数（可以是一个表达式）称为实际参数（actual parameter，简称实参）。

【例 8-5】编写程序，调用函数时传递数据。

（1）在 Visual Studio 2017 中，新建名称为 "8-5.cpp" 的 Project5 文件。

（2）在代码编辑区域输入以下代码。

```
#include <iostream>
using namespace std;
int fun(int x, int y)          /*定义有参函数 fun(),该函数的功能是实现两个数相乘*/
{
    int z;
    z = x * y;
    return(z);
}
int main()
{
    int a, b, c;
```

```
    cout << "请输入两个整数: " << endl;
    cin >> a;
    cin >> b;
    c = fun(a, b);              /*调用 fun 函数,给定实参为 a,b.函数值赋给 c*/
    cout << "乘积函数 fun=" << c << endl;
    return 0;
}
```

【程序分析】 在代码中定义一个函数 fun()，该函数的参数列表定义了两个形式参数 x、y，用来接收数据，函数 fun() 的功能是接收两个整型数据然后相乘，然后返回这两个整数的乘积。

在 main() 函数中定义三个变量 a、b 和 c，使用 cin 语句给变量 a、b 赋值。接着在调用函数 fun() 时，a、b 的值作为实际参数传递给该函数，最后将变量 a、b 的乘积，作为 fun() 函数的返回值赋给变量 c。

在 Visual Studio 2017 中的运行结果如图 8-5 所示。

有关形参与实参的说明：

（1）实参可以是常量、变量或表达式。

例如：

图 8-5　传递数据

```
max(3,a+b);
```

但要求 a 和 b 有确定的值，以便在调用函数时将实参的值赋给形参。

（2）在定义函数时，必须在函数首部指定形参的类型，如【例 8-5】的第三行代码中，x 和 y 都是 int 型。

（3）实参与形参的类型应相同或赋值兼容。

【例 8-5】中实参和形参都是整型，这是合法的、正确的。如果实参为整型而形参为实型，或者相反，则按不同类型数值的赋值规则进行转换。

（4）在定义函数时指定的形参，在未出现函数调用时，它们并不占内存中的存储单元，因此称它们是形式参数或虚拟参数，表示它们并不是实际存在的数据，只有在发生函数调用时，函数 fun() 中的形参才被分配内存单元，以便接收从实参传来的数据。在调用结束后，形参所占的内存单元也被释放。

（5）实参变量对形参变量的数据传递是"值传递"，即单向传递，只能由实参传给形参，而不能由形参传回来给实参。在调用函数时，编译系统临时给形参分配存储单元。

8.3.2　函数返回值

函数的返回值就是函数执行完毕后得到的结果。函数可以有返回值，也可以没有返回值。对于没有返回值的函数，功能只是完成一个操作，应将返回值类型定义为 void，函数体内可以没有 return 语句，当需要在程序指定位置退出时，也可以在该处放置一个 return 语句。

1. 对函数返回值的说明

（1）函数的返回值是指由被调函数计算处理后向主调函数返回的一个计算结果，最多只能有一个，用 return 语句实现。

（2）函数值的类型。既然函数有返回值，这个值当然应属于某一个确定的类型，应当在定义函数时指定函数值的类型。

（3）如果函数值的类型和 return 语句中表达式的值不一致，则以函数类型为准，即函数类型决定返回值的类型。对数值型数据，可以自动进行类型转换。

（4）执行被调函数时，可能有多个 return 语句，但遇到第 1 个 return 语句就结束函数的执行，返回到主调函数。若函数中无 return 语句，则会执行到函数体最后的 "}" 为止，返回到主调函数。

（5）return 后面的表达式可以有括号，也可以没有括号。例如【例 8-5】fun()函数中的 "return(z);"
也可以用 "return z;"。

（6）无返回值的函数其返回值类型应说明为 void 类型，否则将返回一个不确定的值。

2. return 语句有以下两种形式

（1）用于带有返回值的函数，形式为：

```
return <表达式>;
```

该语句的意思是，先计算<表达式>的值。若<表达式>的值的类型与调用函数的类型不同，则将<表达
式>的类型强制转换为调用函数的类型，再将<表达式>的值返回给调用函数，并将程序的流程由被调用函数
转给调用函数。

（2）用于无返回值的函数，形式为：

```
return;
```

该语句的作用是将程序的流程由被调用函数转给调用函数。

函数是独立完成某个功能的模块，函数与函数之间主要是通过参数和返回值联系。函数的参数和返回
值是该函数对内、对外联系的窗口，称为接口。

8.4　函数调用机制

用户在声明完函数之后，就需要在源代码中调用该函数。函数被调用的整个过程就称为函数调用。在
调用之前，必须把函数名、需要的数据个数、类型、顺序和返回的数据类型等告知编译器。

函数调用的语法格式如下：

```
<函数名>(<实参列表>);
```

如果是调用无参函数，则 "实参表列" 可以没有，但括号不能省略。如果实参表列包含多个实参，则
各参数间用逗号隔开。实参与形参的个数应相等，类型应匹配（相同或赋值兼容）。实参与形参按顺序对应，
一对一地传递数据。但应说明，如果实参表列包括多个实参，对实参求值的顺序并不是确定的。

函数调用的一些说明：

（1）首次被调用的函数必须是已经存在的函数。

（2）使用库函数时，需要将库函数对应的头文件引入。这需要使用预编译指令 "#include"。

（3）如果使用用户自己定义的函数，而该函数与调用它的函数（即主调函数）在同一个程序单位中，
且位置在主调函数之后，则必须在调用此函数之前对被调用的函数作声明。

8.4.1　函数调用的方式

调用一个函数，按照该函数在语句中的作用来分，可以有以下 3 种调用方式：

1. 函数语句

把函数调用单独作为一个语句，并不要求函数带回一个值，只是要求函数完成一定的操作。

例如：

```
Max(45,96);
```

2. 函数表达式

函数出现在一个表达式中，这时要求函数带回一个确定的值以参加表达式的运算。

例如：

```
int c;
c = 2 * max(45,96);
```

3. 函数参数

函数调用作为一个函数的实参。

例如：

```
int c;
c = max(45,max(45,96));    /*max(45,96)是函数调用,其值作为外层max()函数调用的一个实参*/
```

【例8-6】编写程序，求两个数或三个数的和。

（1）在 Visual Studio 2017 中，新建名称为"8-6.cpp"的 Project6 文件。

（2）在代码编辑区域输入以下代码。

```
#include <iostream>
using namespace std;
int sum(int m, int n)                    /*定义sum()函数*/
{
    return m + n;                        /*返回两个整数的和*/
}
int main()                               /*主函数*/
{
    int a, b, c, z;                      /*声明变量*/
    cout << "输入两个整数: " << endl;
    cin >> a >> b;                       /*输入两个变量的值*/
    sum(a, b);                           /*调用函数语句*/
    z = sum(a, b);                       /*函数表达式*/
    cout << "两个数的和: " << z << '\n';  /*输出结果*/
    cout << "请输入第三个数:" << endl;
    cin >> c;                            /*输入变量的值*/
    z = sum(sum(a, b), c);               /*函数参数*/
    cout << "三个数的和: " << z << '\n'; /*输出结果*/
    return 0;
}
```

【程序分析】程序中"sum(a,b);""z=sum(a,b);"和"z=sum(sum(a,b),c);"是函数调用的3种方式。语句
"sum(a,b);"表示返回 a 和 b 的和，但没有使用该数。语句"z=sum(a,b);"
中的"sum(a,b)"表示将该函数的返回值赋值给变量 z。语句
"z=sum(sum(a,b),c);"中的"sum(a,b)"返回的和作为外层 sum 函数
的第 1 个实参。

在 Visual Studio 2017 中的运行结果如图 8-6 所示。

图 8-6　函数调用

4. 被调用函数的声明

函数声明的位置可以在调用函数所在的函数中，也可以在函数之外。如果函数声明放在函数的外部，
在所有函数定义之前，则在各个主调函数中不必对所调用的函数再作声明。

【例8-7】编写程序，在键盘上输入两个字符，求出 ASCII 码小的那个字符。

（1）在 Visual Studio 2017 中，新建名称为"8-7.cpp"的 Project7 文件。

（2）在代码编辑区域输入以下代码。

```cpp
#include <iostream>
using namespace std;
int main()
{
    char min(char x, char y);              //对函数 min()进行声明
    char a, b, c;                          //声明变量
    cout << "输入两个字符: " << endl;
    cin >> a >> b;                         //输入两个字符
    c = min(a, b);                         //返回的结果赋值给 z
    cout << "两字符中小的字符: " << c << endl; //输出 c 的值
    return 0;                              //主函数结束
}
char min(char x, char y)                   //定义 min()函数
{
    char z;                                //声明变量
    if (x < y)                             //判断 ASCII 小的字符
    {
        z = x;
    }
    else
    {
        z = y;
    }
    return z;                              /*返回较小值 z*/
}
```

【程序分析】 min()函数可以在主函数的外面进行声明，也可以在程序里面进行声明。本程序是在 main() 函数的里面进行声明的。

字符型数据的排列是按照它们的 ASCII 码排列的，字符在字母表中越靠前值越小，如 A 是 65，k 是 107。该段代码的功能是判断两个字符 ASCII 码的大小，最后输出较小的字符。

在 Visual Studio 2017 中的运行结果如图 8-7 所示。

图 8-7　在主函数内部声明

8.4.2　函数参数传递方式调用

在调用函数时，实参会向形参进行数据传递，传递的方式分为 3 种：按值传递、按指针传递和按引用传递。

1. 按值传递

该方法把参数的实际值复制给函数的形式参数。在这种情况下，修改函数内的形式参数对实际参数没有影响。

【例 8-8】 编写程序，定义交换变量值的函数 swap()，使用传值调用方法来传递参数。思考实际参数会不会在调用函数 swap()之后发生改变。

（1）在 Visual Studio 2017 中，新建名称为 "8-8.cpp" 的 Project8 文件。

（2）在代码编辑区域输入以下代码。

```cpp
#include <iostream>
using namespace std;
void swap(int x, int y);
int main()
```

```
{
    int x = 40;                          /*局部变量声明*/
    int y = 80;
    cout << "交换前,x 的值: " << x << endl;
    cout << "交换前,y 的值: " << y << endl;
    cout << "调用 swap()函数,形式参数交换: " << endl;
    swap(x, y);                          /*调用函数来交换值*/
    cout << "实际参数不变: " << endl;
    cout << "交换后,x 的值: " << x << endl;
    cout << "交换后,y 的值: " << y << endl;
    return 0;
}
void swap(int a, int b)                  /*通过加减法实现 x 与 y 值的交换*/
{
    a = a + b;                           /*a = 120*/
    b = a - b;                           /*b = 40*/
    a = a - b;                           /*a = 80*/
    cout << "a=" << a << endl;
    cout << "b=" << b << endl;
}
```

【程序分析】在程序开始之前声明函数 swap()，该函数定义在 main()函数的后面。在 main()函数中定义两个变量 x 和 y，初始化赋值之后，输出两个变量的值。然后调用交换函数 swap()，再次输出变量 x 和 y 的值，发现 x 和 y 的数据并没有发生交换。

该例说明虽然在函数 swap()内改变了形参 a 和 b 的值，但是实际上实参 x 和 y 的值并没有发生变化。

在 Visual Studio 2017 中的运行结果如图 8-8 所示。

图 8-8　按值传递参数

2. 按指针传递

向函数传递参数的指针调用方法，把参数的地址复制给形式参数。在函数内，该地址用于访问调用中要用到的实际参数。这意味着，修改形式参数会影响实际参数。

【例 8-9】编写程序，定义交换变量值的函数 swap()，使用指针调用方法来传递参数。思考实际参数会不会在调用函数 swap()之后发生改变。

（1）在 Visual Studio 2017 中，新建名称为"8-9.cpp"的 Project9 文件。

（2）在代码编辑区域输入以下代码。

```
#include <iostream>
using namespace std;
void swap(int *a, int *b);              /*函数声明*/
int main()
{
    int x = 40;                          /*局部变量声明*/
    int y = 80;
    cout << "交换前,x 的值: " << x << endl;
    cout << "交换前,y 的值: " << y << endl;
    cout << "调用 swap()函数" << endl;
    swap(&x, &y);        //&x 表示取 x 的地址,&y 表示取 y 的地址
    cout << "实际参数发生变化: " << endl;
    cout << "交换后,x 的值: " << x << endl;
    cout << "交换后,y 的值: " << y << endl;
    return 0;
}
```

```
void swap(int *a, int *b)          //函数定义
{
    int temp;
    temp = *a;                     /* 保存地址 a 的值 */
    *a = *b;                       /* 把 b 赋值给 a */
    *b = temp;                     /* 把 a 赋值给 b */
    cout << "a=" << *a << endl;
    cout << "b=" << *b << endl;
}
```

【程序分析】本例演示了按指针传递参数。在代码中 swap()函数里的形参是指针类型的，所以接收的值是地址，而在该函数中是交换指针变量的值，并输出。在 main()函数中定义了两个变量 x、y。在调用 swap()函数时，取实参 x 和 y 的地址。

在 Visual Studio 2017 中的运行结果如图 8-9 所示。

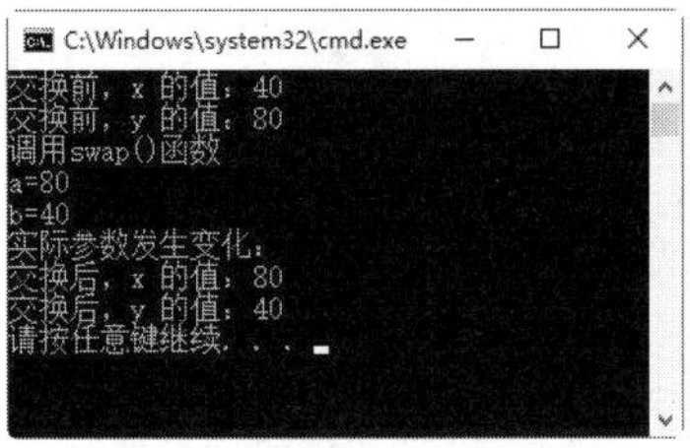

图 8-9　按指针传递参数

3. 按引用传递

该方法是引用变量的别名，对别名的访问就是对别名所关联变量的访问，反之亦然。这意味着，修改形式参数会影响实际参数。"&" 称为引用符。

例如：

```
int a;
int &b=a;       /*定义 int 型引用 b 是变量 a 的别名*/
b=5;            /*此时 a 的值也为 5*/
a=20;           /*此时 b 的值也为 20*/
```

使用引用应注意以下几点：
（1）引用主要用作函数的形参和返回值。
（2）一个引用与某变量关联，就不能再与其他变量关联。
（3）定义引用时，应同时对它初始化，使它与一个类型相同的已有变量关联。

8.4.3　函数的嵌套调用

函数的嵌套调用是指在一个函数体中又调用了其他函数。在程序中实现函数嵌套调用时，需要注意的是在调用函数之前，需要对每一个被调用的函数作声明（除非定义在前，调用在后）。

【例 8-10】编写程序，使用函数的嵌套关系，判断出最大值。
（1）在 Visual Studio 2017 中，新建名称为 "8-10.cpp" 的 Project10 文件。
（2）在代码编辑区域输入以下代码。

```
#include <iostream>    //预处理命令
using namespace std;
int max1(int a, int b)
{
    int max;
    if (a > b)
    {
        max = a;
    }
    else
    {
        max = b;
    }
```

```
    return (max);
}
int max2(int a,int b,int c)
{
    int max;
    if (a > b)
    {
        max = a;
    }
    else
    {
        max = b;
    }
    max = max1(max, c);        /*调用max1()函数*/
    return (max);
}
int main()
{
    int a, b, c, max;
    cout << "请输入三个整数：";
    cin >> a;
    cin >> b;
    cin >> c;
    max=max2(a, b, c);         /*调用max2()函数*/
    cout << "最大值：";
    cout << max << endl;
    return 0;
}
```

【程序分析】在主函数中调用 max2()函数，在 max2()函数中又
调用 max1()函数。

在 Visual Studio 2017 中的运行结果如图 8-10 所示。

8.4.4 递归

图 8-10　函数的嵌套调用

函数在定义自身的同时又出现了对自身的调用称之为递归。递归是一种描述问题的方法，或称算法。
递归的思想可以简单地描述为"自己调用自己"。

递归调用有直接递归调用和间接递归调用两种形式。

1. 直接递归

如果一个函数在其定义体内直接调用自己，则称直接递归函数。

例如：

```
int fun(int a)
{
    int b,c;
    c=fun(b);    /*在调用fun()函数的过程中,又要调用fun()函数*/
    return 0;
}
```

2. 间接递归

如果一个函数经过一系列的中间调用语句，通过其他函数间接调用自己，则称间接递归函数。

【例 8-11】编写程序，使用递归调用，求 4!。

（1）在 Visual Studio 2017 中，新建名称为"8-11.cpp"的 Project11 文件。

（2）在代码编辑区域输入以下代码。

```cpp
#include <iostream>
using namespace std;
int fun(int n)                      /*定义函数 fun()*/
{
    int x;
    if (n > 1)
    {
        x = fun(n - 1)*n;           /*直接调用本身,由 fun(n)转换为 fun(n-1)*/
        cout << x << '\t';
    }
    else
    {
        x = 1;
    }
    return x;
}
int main()
{
    int i = 4, a = 1;               /*声明变量*/
    cout << "1 * 2 * 3 * 4" << endl;
    a = fun(4);                     /*调用 fun()函数,并把结果赋值给 a*/
    cout << endl;
    cout << "4!=" << a << endl;     /*输出 a 的值*/
    return 0;
}
```

【程序分析】在 main()函数中调用 fun()函数，这是函数的嵌套调用。在 fun()函数中，当 n>1 时又调用本身，这是函数的递归调用，当 n=1 时退出函数的调用。

在 Visual Studio 2017 中的运行结果如图 8-11 所示。

图 8-11　求 4!

8.4.5　带默认值的函数调用

在 C++中，形参值是由实参值决定的，因此形参和实参的个数和类型都要相同。而定义函数时可以给形参指定一个默认的值，这样调用函数时如果没有给这个形参赋值（没有对应的实参），那么就使用这个默认的值。

也就是说，调用函数时可以省略有默认值的参数。如果用户指定了参数的值，那么就使用用户指定的值，否则使用参数的默认值。

所谓默认参数，指的是当函数调用中省略了实参时自动使用的一个值，这个值就是给形参指定的默认值。

【例 8-12】编写程序，调用没有实参的函数。

（1）在 Visual Studio 2017 中，新建名称为"8-12.cpp"的 Project12 文件。

（2）在代码编辑区域输入以下代码。

```cpp
#include <iostream>
using namespace std;
void fun(int x, float y = 1.5, char z = '$')    /*带默认参数的函数*/
{
    cout << x << ", " << y << ", " << z << endl;
```

```
}
int main()
{
    fun(20, 6.5, '#');              /*为所有参数传值*/
    fun(40, 9.5);                   /*为 x、y 传值,相当于调用 fun(40, 9.5, '$')*/
    fun(60);                        /*只为 x 传值,相当于调用 fun(60, 1.5, '$')*/
    return 0;
}
```

【程序分析】本例定义了一个带有默认参数的函数 fun()，并在 main()函数中进行了不同形式的调用。为参数指定默认值非常简单，直接在形参列表中赋值即可，与定义普通变量的形式类似。

在 Visual Studio 2017 中的运行结果如图 8-12 所示。

图 8-12　带默认值的函数调用

8.5　变量作用域

变量的作用域是程序的一个区域。一般来说有三个地方可以定义变量：在函数或一个代码块内部声明的变量，称为局部变量。在函数参数的定义中声明的变量，称为形式参数。在所有函数外部声明的变量，称为全局变量。

8.5.1　局部变量作用域

在一个函数内部定义的变量称为局部变量，它的作用域只在本函数范围内有效，也就是说只有在本函数内才能使用，在此函数以外是不能使用这些变量的。

同样，在复合语句中定义的变量只在本复合语句范围内有效。

例如：

```
int fun1(int a)              /*变量 a 在函数 fun1()的范围内有效*/
{
    int b, c;                /*变量 b、c 在其之后的语句中有效*/
    ...
}
int fun2(int x, int y)       /*变量 x、y 在函数 fun2()的范围内有效*/
{
    int r, t;                /*变量 r、t 在其之后的语句中有效*/
    ...
}
int main()
{
    int i, j;                /*变量 i、j 在 main()函数内有效*/
    {
        int w, m;            /*变量 w、m 在该复合语句内有效*/
        ...
    }
}
```

对局部变量的一些说明：

（1）主函数 main()中定义的变量（i 和 j）也只在主函数中有效，因为函数间的关系是相互独立和并行的，所以主函数也不能使用其他函数中定义的变量。

（2）不同函数中可以使用同名的变量，它们代表不同的对象，互不干扰。例如，在 fun1()函数中定义了变量 b 和 c，倘若在 fun2()函数中也定义变量 b 和 c，它们在内存中占不同的单元，不会混淆。

（3）可以在一个函数内的复合语句中定义变量，这些变量只在本复合语句中有效，这种复合语句也称为分程序或程序块。

（4）形式参数也是局部变量。例如 fun1()函数中的形参 a 也只在 fun1()函数中有效。其他函数不能调用。

（5）在函数声明中出现的参数名，其作用范围只在本行的括号内。实际上，编译系统对函数声明中的变量名是忽略的，即使在调用函数时也没有为它们分配存储单元。

例如：

```
int fun(int m, int n);          /*函数声明中出现m、n*/
int fun(int x, int y)           /*函数定义,形参是x、y*/
{
    cout<<x<<y<<endl;           /*合法,x、y在函数体中有效*/
    cout<<m<<n<<endl;           /*非法,m、n在函数体中无效*/
}
```

编译时会认为 fun()函数体中的 m 和 n 未经定义。

8.5.2　全局变量作用域

在函数内部定义的变量称为局部变量，那么在函数外部定义的变量就称为全局变量。全局变量的有效范围为从定义变量的位置开始到本源文件结束。如果代码中没有对全局变量进行赋初值，系统就会自动进行初始化，数值型变量值为 0，char 类型为空，bool 类型为 0。

例如：

```
int x = 5,y = 15;        /*全局变量x、y的作用范围包括函数fun1()、函数fun2()和main()函数*/
int fun1()
{
    int a, b;
    ...
}
float m, n;              /*全局变量m、n的作用范围包括函数fun2()和main()函数*/
float fun2()
{
    int i, j;
    ...
}
int main()
{
    int w, t;
    ...
}
```

x、y、m、n 都是全局变量，但它们的作用范围不同，在 main()函数和 fun2()函数中可以使用全局变量 x、y、m、n，但在函数 fun1()中只能使用全局变量 x、y，而不能使用 m 和 n。

对全局变量的一些说明：

（1）全局变量的作用是增加函数间数据联系的渠道。

（2）建议不在必要时不要使用全局变量，原因有以下几点。

① 全局变量在程序的全部执行过程中都占用存储单元，而不是仅在需要时才开辟单元。

② 它使函数的通用性降低了，因为在任何函数中都可以修改该变量。

③ 一般要求把程序中的函数做成一个封闭体，除了可以通过"实参——形参"的渠道与外界发生联系外，没有其他渠道。这样的程序移植性好，可读性强。

④ 使用全局变量过多，会降低程序的清晰性。在各个函数执行时都可能改变全局变量的值，程序容易出错。因此，要限制使用全局变量。

（3）如果在同一个源文件中，全局变量与局部变量同名，则在局部变量的作用范围内，全局变量被屏蔽。但是可以使用作用域运算符"::"访问同名的全局变量。

【例 8-13】编写程序，引用同名的全局变量与局部变量。

（1）在 Visual Studio 2017 中，新建名称为"8-13.cpp"的 Project13 文件。

（2）在代码编辑区域输入以下代码。

```cpp
#include <iostream>
using namespace std;
float x = 3.3;                                      /*全局变量x*/
int main()
{
    float x = 7.3, y = 15;
    ::x = ::x + 2;                                  /*全局变量x*/
    y = ::x + x;                                    /*全局变量x、局部变量x和y*/
    cout << "::x=" << ::x << endl;                  /*全局变量x*/
    cout << "  x=" << x << "\ty=" << y << '\n';     /*局部变量x和y*/
    return 0;
}
```

【程序分析】本例中定义了一个全局变量 x。在 main()函数中定义了两个局部变量 x 和 y，此时 x 与全局变量 x 同名，而在 main()函数中引用全局变量 x 时，在 x 前面加上作用域运算符"::"就可以使用。

在 Visual Studio 2017 中的运行结果如图 8-13 所示。

图 8-13　同名的全局变量与局部变量

8.5.3　函数作用域

函数也是有作用域的，在本质上函数的作用域是全局的。但是，因为一个函数要被另外的函数调用，所以根据该函数作用范围的不同，决定函数除了能被本文件中的函数调用之外，还能被其他文件中的函数调用。根据函数能否被其他源文件调用，将函数区分为内部函数和外部函数。

1. 内部函数

当一个函数只能被本文件中的其他函数所调用时，称它为内部函数，在定义内部函数时，在函数名和函数类型的前面加 static，所以内部函数又称静态函数。

注意：因为内部函数，只局限于所在文件，所以在不同的文件中可以使用同名的内部函数，它们之间互不干扰。

语法格式为：

```
static 类型标识符 函数名(形参列表);
```

例如：

```
static int fun(int x,int y);
```

通常把只能由同一文件使用的函数和外部变量放在一个文件中，在它们前面都冠以 static 使之局部化，这样其他文件就不能引用。

2. 外部函数

没有用 static 修饰的函数均为外部函数，因为外部函数是函数的默认类型。外部函数也可以用关键字 extern 进行说明。

外部函数除了可以被本文件中的函数调用，还可以被其他源文件中的函数调用，但在需要调用外部函数的其他文件中，先用 extern 对该函数进行说明。

语法格式为：

```
extern 类型标识符 函数名(形参列表);
```

例如：

```
extern int fun (int x, int y);
```

这样，函数 fun()就可以为其他文件调用。如果在定义函数时省略 extern，则默认为外部函数。

【例 8-14】编写程序，使用外部函数，计算两个整数的乘积。

（1）在 Visual Studio 2017 中，新建名称为 "8-14-a.cpp" 的 Project14 文件。

（2）在代码编辑区域输入以下代码。

```
#include <iostream>
using namespace std;
int main()
{
    extern int add(int x, int y);    /*声明在本函数中将要调用在其他文件中定义的乘积函数 add()*/
    int a, b;
    cout << "请输入两个整数: " << endl;
    cin >> a >> b;
    cout << add(a, b) << endl;       /*调用乘积函数*/
    return 0;
}
```

（3）该项目有多个源文件，创建方法在 "解决方案资源管理器" 的选项卡中右击 "源文件"，选择 "添加"→"新建项" 命令菜单，会弹出 "添加新项" 对话框。选择 "Visual C++" 选项卡，在列表框中选择 "C++ 文件(.cpp)" 选项，然后添加第二个文件 "8-14-b.cpp"。

（4）在代码编辑区域输入以下代码。

```
#include <iostream>
using namespace std;
int add(int x, int y)                /*定义乘积函数*/
{
    int z;
    z = x * y;
    cout << "乘积为: ";
    return z;
}
```

【程序分析】在本例中，文件 "8-14-a.cpp" 要使用 "8-14-b.cpp" 的函数，所以要将 add()函数在 main() 函数中声明为外部函数。

在 Visual Studio 2017 中的运行结果如图 8-14 所示。

图 8-14　调用外部函数

8.5.4　文件作用域

文件作用域也称"全局作用域"。

（1）定义在所有函数之外的标识符，具有文件作用域，作用域为从定义处到整个源文件结束。

（2）文件中定义的全局变量和函数都具有文件作用域。

（3）如果某个文件中说明了具有文件作用域的标识符，该文件又被另一个文件包含，则该标识符的作用域延伸到新的文件中。如 cin 和 cout 是在头文件 iostream 中说明的具有文件作用域的标识符，它们的作用域也延伸到嵌入 iostream 的文件中。

8.6　函数重载

C++允许用同一函数名定义多个函数，这些函数的参数个数和参数类型不同。这就是函数的重载。即对一个函数名重新赋予它新的含义，使一个函数名可以多用。

8.6.1　参数类型不同的函数重载

在编程时，有时需要实现一些相类似的功能，只是有些细节不同。例如希望从 3 个数中找出其中的最大者，而每次求最大数时数据的类型不同，可能是 3 个整数、3 个双精度数或 3 个长整数。用户往往会分别设计出 3 个不同名的函数。

例如：

```
int  max1(int x, int y, int z);              /*求 3 个整数中的最大者*/
long  max2(long x, long y, long z);          /*求 3 个长整数中的最大者*/
double  max3(double x, double y, double z);  /*求 3 个双精度数中最大者*/
```

这几个函数都是求最大值的，但必须用不同的函数名，确实很麻烦。但是，对于不同类型的函数时，可以使用相同的函数名。

【例 8-15】编写程序，调用参数类型不同函数名相同的函数。

（1）在 Visual Studio 2017 中，新建名称为"8-15.cpp"的 Project15 文件。

（2）在代码编辑区域输入以下代码。

```
#include <iostream>
using namespace std;
int sum(int a, int b)
{
    return a - b;
}
double sum(double a, double b)
{
    return a * b;
```

```
}
float sum(float a, float b)
{
    return a + b;
}
int main()
{
    cout << "15-3=" << sum(15, 3) << endl;          /*调用 int 型的 sum()函数*/
    cout << "2.2*5.6=" << sum(2.2, 5.6) << endl;     /*调用 double 型的 sum()函数*/
    cout << "3.5+16.4=" << sum(3.5, 16.4) << endl;   /*调用 float 型的 sum()函数*/
    return 0;
}
```

【程序分析】本程序定义了三个 sum()函数，但是这三个函数的类型不同，所以系统会根据函数的类型不同调用不同的函数。函数重载时，两个或两个以上的函数同名，但形参的类型或形参的个数有所不同。如果仅返回值不同，则不能定义为重载函数。

在 Visual Studio 2017 中的运行结果如图 8-15 所示。

图 8-15　函数类型不同的重载

8.6.2　参数个数上不同的函数重载

函数的重载不仅允许参数类型不同，还允许参数个数的不同。

【例 8-16】编写程序，调用参数个数不同函数名相同的函数。

（1）在 Visual Studio 2017 中，新建名称为 "8-16.cpp" 的 Project16 文件。

（2）在代码编辑区域输入以下代码。

```
#include <iostream>
using namespace std;
int max(int x, int y, int z);                    /*函数声明*/
int max(int x, int y);                           /*函数声明*/
int main()
{
    int x = 18, y = 13, z = 56;
    cout << "max(x,y,z)=" << max(x, y, z) << endl;   /*输出 3 个整数中的最大者*/
    cout << "max(x,y)=" << max(x, y) << endl;        /*输出两个整数中的较大者*/
}
int max(int x, int y, int z)                     /*此 max()函数的作用是求 3 个整数中的较大者*/
{
    if (y > x)
    {
        x = y;
    }
    if (z > x)
    {
        x = z;
    }
    return x;
}
int max(int x, int y)                            /*此 max()函数的作用是求两个整数中的较大者*/
{
```

```
    if (x > y)
    {
        return x;
    }
    else
    {
        return y;
    }
}
```

【程序分析】 本例中，两次调用 max() 函数，因为该函数的参数个数不同，所以系统就根据参数的个数找到与之匹配的函数并调用它。

在 Visual Studio 2017 中的运行结果如图 8-16 所示。

图 8-16 函数参数个数不同的重载

8.7 内联函数

当程序执行函数调用时，系统要建立栈空间、保护现场、传递参数以及控制程序执行的转移等，这些工作需要一定的时间和空间。

为了提高效率，有一个解决办法就是不使用函数，直接将函数的代码嵌入到程序中。但这个办法也有缺点，一是相同代码重复书写，二是程序可读性往往没有使用函数的效果好。

为了协调好效率和可读性之间的矛盾，C++ 提供了另一种方法，即定义内联函数，方法是在定义函数时用修饰词 inline。

内联函数的语法格式如下：

```
inline <类型标识符><函数名> (形参表)
{
    函数体
}
```

【例 8-17】 编写程序，定义一个内联函数，并对其进行调用。

（1）在 Visual Studio 2017 中，新建名称为 "8-17.cpp" 的 Project17 文件。

（2）在代码编辑区域输入以下代码。

```cpp
#include <iostream>
using namespace std;
inline int add(int x, int y)
{
    int z;
    z = x * y;
    return z;
}
int main()
{
    cout << "add (20,10): " << add(20, 10) << endl;
    cout << "add (15,36): " << add(15, 36) << endl;
    cout << "add (41,20): " << add(41, 20) << endl;
    return 0;
}
```

【**程序分析**】在本例中，定义了一个内联函数 add()，该内联函数在 main()函数中调用了三次，每次实参的值都不同，最后运算的结果也不同。

在 Visual Studio 2017 中的运行结果如图 8-17 所示。

图 8-17　内联函数

8.8　编译预处理

在 C++源程序中加入一些编译预处理指令，可以改进程序的设计环节，提高编程效率。现在使用的 C++编译系统都包括了预处理、编译和连接等部分。但是预处理命令是 C++统一规定的，它不是 C++语言本身的组成部分，不能直接对它们进行编译（因为编译程序不能识别它们）。

不少用户误认为预处理命令是 C++语言的一部分，甚至以为它们是 C++语句，这是不对的。必须正确区别预处理命令和 C++语句，区别预处理和编译，才能正确使用预处理命令。

C++与其他高级语言的一个重要区别是可以使用预处理命令和具有预处理的功能。预处理功能主要有以下 3 种：宏定义、文件包含、条件编译。

为了与一般 C++语句相区别，这些命令在程序中都是以 "#" 开头的，每一条预处理命令必须单独占一行；由于不是 C++的语句，因此一般在结尾没有分号 "；"。

1. 宏定义指令

可以用#define 命令将一个指定的标识符（即宏名）来代表一个字符串。定义宏的作用一般是用一个短的名字代表一个长的字符串。

（1）不带参数的宏定义：用来产生与一个字符串（即宏名）对应的常量字符串。

语法格式为：

```
#define 宏名 常量字符串
```

【**例 8-18**】编写程序，用宏定义一个常量。

（1）在 Visual Studio 2017 中，新建名称为 "8-18.cpp" 的 Project18 文件。

（2）在代码编辑区域输入以下代码。

```
#include <iostream>
using namespace std;
#define PI 3.14159
int main()
{
    cout << "PI 的值为 :" << PI << endl;
    return 0;
}
```

【**程序分析**】在程序中可以使用标识符 PI，编译预处理后产生一个中间文件，文件中所有 PI 被替换为3.1415926。

在 Visual Studio 2017 中的运行结果如图 8-18 所示。

图 8-18　不带参数的宏定义

（2）带参数的宏定义：带参宏定义的形式很像定义一个函数。

语法格式为：

```
#define 宏名(形参列表) 表达式
```

使用说明如下。

① 对带参数的宏的展开只是将语句中的宏名后面括号内的实参字符串代替#define 命令行中的形参。

② 在宏定义时，在宏名与带参数的括号之间不能加空格。

2. 文件包含指令

所谓 "文件包含" 是指将另一个源程序的内容合并到源程序中，如图 8-19 所示。

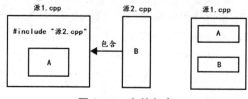

图 8-19　文件包含

C++程序提供了#include 命令用于实现文件包含的操作，它有下列两种格式。

（1）#include <文件名>

使用 "<>" 将文件名括起来。这些头文件一般存在于 C++系统目录中的 include 子目录中。C++预处理程序遇到这条命令后，就到 include 子目录中搜索给出的文件，并把它嵌入到当前文件中。这种形式也是标准方式。

（2）#include "文件名"

使用双引号将文件名括起来。预处理程序遇到这种格式的包含命令后，首先在当前文件所在目录中进行搜索，如果找不到，再按标准方式进行搜索。这种方式适合于用户编写的头文件。

对于系统提供的头文件，既可以用尖括号形式，也可以用双撇号形式，都能找到被包含的文件，但显然用尖括号形式更直截了当，效率更高。

注意：为了使 C++程序能够在不同的 C++平台上工作，便于互相移植，新的 C++标准库中的头文件一般不再包括后缀.h。

例如：

```
#include <iostream>
#include <string>
```

3. 条件编译指令

在 C++中，源程序的所有语句一般都是要参与编译的，但是有几个指令可以用来有选择地对部分程序源代码进行编译。这个过程被称为条件编译。

有时，希望当满足某条件时对一组语句进行编译，而当条件不满足时则编译另一组语句。所以，条件编译的结构与 if 选择结构很像。其指令包括：#if、#else、#ifdef、#ifndef、#endif、#undef 等。

条件编译指令常用的有以下 3 种形式：

第一种语法格式如下：

```
#ifdef 标识符
    程序段 1
#else
    程序段 2
#endif
```

作用：当所指定的标识符已经被#define 命令定义过，则在程序编译阶段只编译程序段 1，否则编译程序段 2。#endif 用来限定#ifdef 命令的范围。其中#else 部分也可以没有。

（1）#ifndef 与#ifdef 作用一样，只是选择的条件相反。

（2）#undef 指令用来取消#define 指令所定义的符号，这样可以根据需要打开和关闭符号。

【例 8-19】编写程序，使用条件编译指令，判断标识符是否被宏定义。

（1）在 Visual Studio 2017 中，新建名称为 "8-19.cpp" 的 Project19 文件。

（2）在代码编辑区域输入以下代码。

```
#include <iostream>
using namespace std;
int main()
{
#ifdef S1                       /*标识符 S1 没有被#define 定义过,所以不执行 cout 语句*/
    cout << "S1=" << S1 << endl;
#else
    cout << "没有使用#define 指令" << endl;
#endif                          /*#endif 语句限定#ifdef 命令的范围*/
#define S2 4                    /*宏定义 S2=4*/
#ifndef S2                      /*标识符 S 被#define 定义过,所以不执行 cout 语句*/
    cout << "使用#define 指令" << endl;
#else
    cout << "S2=" << S2 << endl;
#endif                          /*#endif 语句限定#ifndef 命令的范围*/
#undef PI                       /*用于撤销 S2 的宏定义*/
    return 0;
}
```

【程序分析】代码中，#ifdef 与第一个#endif 相匹配，这段代码表示如果标识符 S1 被#define 指令定义过，就执行#ifdef 语句，否则执行#else 语句。#ifndef 与第二个#endif 相匹配，这段代码表示，如果标识符被#define 指令定义过就执行#else 语句，否则执行#ifndef 语句。最后#undef 语句表示撤销 S2 的宏定义。

在 Visual Studio 2017 中的运行结果如图 8-20 所示。

图 8-20　条件编译指令

第二种语法格式如下：

```
#if 表达式
    程序段 1
#else
    程序段 2
#endif
```

作用：当指定的表达式值为真（非零）时就编译程序段 1，否则编译程序段 2。可以事先给定一定条件，使程序在不同的条件下执行不同的功能。

例如：

```
#if 0
    不进行编译的代码
#endif
```

实际中，在调试程序时常常要输出调试信息，而调试完后不需要输出这些信息，则可以把输出调试信息的语句用条件编译指令括起来，通过在该指令前面安排宏定义来控制编译不同的程序段。

第三种语法格式如下：

```
#ifdef DEBUG
cout<<"a="<<a<<'\t'<<"x="<<x<<endl;
#endif
```

在程序调试期间，在该条件编译指令前增加宏定义：

```
#define DEBUG
```

调试好后，删除 DEBUG 宏定义，将源程序重新编译一次。

【例 8-20】编写程序，在调试代码时，输出一些所需的信息，在调试完成后关闭这些信息。

（1）在 Visual Studio 2017 中，新建名称为"8-20.cpp"的 Project20 文件。

（2）在代码编辑区域输入以下代码。

```
#include <iostream>
using namespace std;
#define DEBUG          /*在调试程序时使之成为注释行*/
int main()
{
    int x = 2, y = 10, z = 15;
#ifndef DEBUG          /*本行为条件编译命令*/
    cout << "x=" << x << ", y=" << y << ", z=" << z << "\n";  /*在调试程序时需要输出这些信息*/
#endif                 /*本行为条件编译命令*/
    cout << "x+y+z=" << x + y + z << endl;
    return 0;
}
```

【程序分析】在代码中，第 3 行用#define 命令的目的不在于用 DEBUG 代表一个字符串，而只是表示已定义过 DEBUG，因此 DEBUG 后面写什么字符串都无所谓，甚至可以不写字符串。

在调试程序时去掉第 3 行（或在行首加//，使之成为注释行），由于无此行，所以未对 DEBUG 定义。在第 6 行定义了三个整型变量 x、y 和 z 并赋值，运行到第 8 行时输出这三个变量的值，以便用户分析有关变量当前的值。

在 Visual Studio 2017 中的运行结果如图 8-21 所示。

在调试完成后，在运行之前，加上第 3 行，重新编译，由于此时 DEBUG 已被定义过，则该 cout 语句不被编译，因此在运行时不再输出 x、y、z 的值。

在 Visual Studio 2017 中的运行结果如图 8-22 所示。

图 8-21　关闭 DEBUG

图 8-22　打开 DEBUG

8.9 综合应用

【例 8-21】编写程序，通过调用函数，返回最大值和最小值。

（1）在 Visual Studio 2017 中，新建名称为 "8-21.cpp" 的 Project21 文件。

（2）在代码编辑区域输入以下代码。

```cpp
#include <iostream>
using namespace std;
int max(int a,int b,int c);//求三个整数的最大者
int min(int a,int b,int c);//求三个整数的最小者
int a=10,b=4,c=2;
int main()
{
    int x,n;
    x= max(a,b,c);
    n=min(a,b,c);
    cout<<"最大值 x="<<x<<endl;
    cout<<"最小值 n="<<n<<endl;
    return 0;
}
int max(int a,int b,int c)//不在同一个函数中,参数名重复没关系
{
    if (a>=b && a>=c) return a;
    if (b>=a && b>=c) return b;
    return c;//一旦执行了前面的return,这句就不会被执行到
}
int min(int a,int b,int c)
{
    if (a<=b && a<=c) return a;
    if (b<=a && b<=c) return b;
    return c;
}
```

【程序分析】本例定义了三个全局变量 a、b、c，并初始化赋值，然后定义两个函数 max()和 min()函数。因为全局变量也作用于 main()函数，所以调用 max()函数是返回一个最大值 c，赋给变量 x；调用 min()函数是返回一个最小值 c，赋给变量 n。

在 Visual Studio 2017 中的运行结果如图 8-23 所示。

图 8-23 函数调用

8.10 就业面试技巧与解析

8.10.1 面试技巧与解析（一）

面试官： C++函数声明，定义与调用有什么区别？

应聘者： 函数在编译时是有实际的地址的，函数定义中的语法将会存入该地址空间中，而函数的声明

就说明了这个函数的地址在哪里，让编译器知道。如果函数的定义在 main()之后，则要在 main()函数前声明，否则编译器就会报错。而函数的调用就是指使用这个函数。

面试官：变量如何分类？

应聘者：变量具体可以分为全局变量、静态全局变量、静态局部变量和局部变量。

按存储区域分：全局变量、静态全局变量和静态局部变量都存放在内存的全局数据区，局部变量存放在内存的栈区。

按作用域分：全局变量在整个工程文件内都有效；静态全局变量只在定义它的文件内有效；静态局部变量只在定义它的函数内有效，程序仅分配一次内存，函数返回后，该变量不会消失；局部变量在定义它的函数内有效，但是函数返回后失效。

全局变量和静态变量如果没有手动初始化，则由编译器初始化为 0。局部变量的值不可知。

8.10.2　面试技巧与解析（二）

面试官：什么是函数的重载？

应聘者：函数的重载就是允许使用同一个函数名来定义多个函数，但是这些函数的参数个数和类型不同。

面试官：如何引用一个已经定义过的全局变量？

应聘者：可以用引用头文件的方式，也可以用 extern 关键字，如果用引用头文件方式来引用某个在头文件中声明的全局变量，假定你将那个变量写错了，那么在编译期间会报错，如果用 extern 方式引用，假定犯了同样的错误，那么在编译期间不会报错，而在连接期间报错。

面试官：简述递归算法的特点。

应聘者：在实际编程中，有许多定义或者问题本身具有递归性质，所以顺其自然就用递归来解决，这样不仅代码少，而且结构清晰。

递归算法的特点：所谓递归就是把一个大型的复杂问题层层地转化为一个与原问题相似的较小规模的问题，再逐步求解小问题，再返回得到较大问题的解，由于递归只需要少量的步骤就可以描述解题过程中所需要的多次重复计划，所以大大减少了代码量，递归算法的关键在于找出递归方程和递归终止条件。

第 3 篇

核心技术

C++是面向对象语言，理解类和对象是非常关键的步骤。读者同时要深入理解面向对象的特征，包括继承、派生、多态、重载等知识，最后读者还要理解开发中最为常用的输入和输出的方法和技巧，这些都是 C++语言中的核心技术。

第9章

类和对象

 学习指引

C++在 C 语言的基础上增加了面向对象编程，而在前面的章节中，所编写的程序都是由一个个函数组成的，可以说是结构化的程序。从本章开始，将要学习用 C++语言进行面向对象的程序设计。对象和类都是面向对象的基本元素，而类则是构成 C++实现面向对象程序设计的核心和基础，通常被称为用户定义的类型。

重点导读

- 熟悉并掌握类和对象的概念以及使用方法。
- 掌握对象的创建和调用。
- 熟悉并掌握 public 与 private 的使用。
- 熟悉并掌握构造函数与析构函数的用法。
- 掌握动态内存的方法。
- 掌握常量成员的方法。
- 掌握对象数组。
- 掌握友元的用法。

9.1　C++类的定义和创建

类用于指定对象的形式，它包含了数据表示法和用于处理数据的方法。类中的数据和方法称为类的成员。函数在一个类中被称为类的成员。

我们知道，工业上使用的铸件（电饭锅内胆、汽车地盘、发动机机身等）都是由模子铸造出来的，一个模子可以铸造出很多相同的铸件，不同的模子可以铸造出不同的铸件。这里的模子就是我们所说的"类"，铸件就是我们所说的"对象"。

类，是创建对象的模板，一个类可以创建多个相同的对象；对象，是类的实例，是按照类的规则创建的。

9.1.1 类的定义

定义一个类，本质上是定义一个数据类型的蓝图。这实际上并没有定义任何数据。类定义是以关键字 class 开头，后跟类的名称。

例如，超市里的商品可以用"商品类"来描述。

```
class Goods              /*对商品进行描述*/
{
public:
    char Name[30];       /*商品名称*/
    int Amount;          /*商品数量*/
    float Price;         /*商品单价*/
    float MFG;           /*生产日期*/
};
```

注意：类的主体是包含在一对大括号中。类定义后必须跟着一个分号或一个声明列表。

关键字 public 是一种访问限定符，表示其后所列为公共成员，就是说可以在外部对这些成员进行访问。也可以指定类的成员为 private 或 protected，这个会在后面小节进行讲解。

9.1.2 类的对象及创建

类提供了对象的蓝图，所以基本上，对象是根据类来创建的。实际上，类是一种广义的数据类型。声明类的对象，就像声明基本类型的变量一样。类这种数据类型中的数据既包含数据，也包含操作数据的函数。

下面的语句声明了类 Goods 的两个对象：

```
Goods Good1;             /*声明 Good1,类型为 Goods*/
Goods Good2;             /*声明 Good2,类型为 Goods*/
```

所以对象 Good1 和 Good2 都有它们各自的数据成员。

9.1.3 类成员的访问

类的对象的公共数据成员可以使用直接成员访问运算符"."来访问。

【例 9-1】编写程序，定义一个关于商品的类，并在 main()函数中进行访问。

（1）在 Visual Studio 2017 中，新建名称为"9-1.cpp"的 Project1 文件。

（2）在代码编辑区域输入以下代码。

```
#include <iostream>
using namespace std;
class Goods              /*对商品进行描述*/
{
public:
    int Amount;          /*商品数量*/
    float Price;         /*商品单价*/
    float MFG;           /*生产日期*/
};
int main()
{
    Goods Good1;         /*声明 Good1,类型为 Goods*/
    Goods Good2;         /*声明 Good2,类型为 Goods*/
```

```
    double Total_Price = 0;        /*商品总价*/
    /*商品Good1的单价和数量*/
    Good1.Amount = 6;
    Good1.Price = 12;
    /*商品Good2的单价和数量*/
    Good2.Amount = 6;
    Good2.Price = 15;
    /*商品Good1的总价*/
    Total_Price = Good1.Price*Good1.Amount;
    cout << "Good1的总价: " << Total_Price << "元" << endl;
    /*商品Good2的总价*/
    Total_Price = Good2.Price*Good2.Amount;
    cout << "Good2的总价: " << Total_Price << "元" << endl;
    return 0;
}
```

【程序分析】 在程序中定义了一个关于商品的类，这个类包括商品的 **Amount**（数量）、**Price**（单价）以及 **MFG**（生产日期）。在 main()函数中声明两件商品 Good1 和 Good2，并定义一个变量 Total_Price 表示总价。然后引用这两件商品的单价以及数量并赋值，最后通过公式"总价=单价*数量"计算出这两件商品的总价。

在 Visual Studio 2017 中的运行结果如图 9-1 所示。

9.1.4　类的数据成员

数据成员的一个变量可以是结构体，也可以是一个类，用来表示一个对象的特征，如颜色、大小、重量等。

例如：

```
class Box
{
public:
    char colour[20];           /*颜色*/
    double length;             /*长度*/
    double breadth;            /*宽度*/
    double height;             /*高度*/
    double getVolume(void);    /*返回体积*/
};
```

说明：关键字 **class** 是数据类型说明符，指出下面说明的是类。标识符 **Box** 是商品这个类的类型名。大括号中是构成类体的一系列的成员，此处为数据成员。

9.1.5　类的成员函数

类的成员函数是指那些把定义和原型写在类定义内部的函数，就像类定义中的其他变量一样。类成员函数是类的一个成员，它可以操作类的任意对象，可以访问对象中的所有成员。

例如之前定义的商品类 **Goods**，现在需要使用成员函数来访问类的成员，而不是直接访问这些类的成员：

```
class Goods                    /*对商品进行描述*/
{
public:
    int Amount;                /*商品数量*/
    float Price;               /*商品单价*/
```

```
    double Total_Price();        /*返回商品总价*/
};
```

成员函数的定义有两种方法：

（1）成员函数可以定义在类定义内部。

```
class Goods
{
public:
    int Amount;                  /*商品数量*/
    float Price;                 /*商品单价*/
    double Total_Price();        /*返回商品总价*/
    {
        return Amount * Price;
    }
};
```

注意：在类定义中定义的成员函数是把函数声明为内联的，即便没有使用 inline 标识符。

（2）单独使用范围解析运算符::来定义。

```
class Goods
{
public:
    int Amount;                  /*商品数量*/
    float Price;                 /*商品单价*/
    double Total_Price();        /*返回商品总价*/
};
double Goods::Total_Price()      /*使用范围解析运算符::定义总价函数*/
{
    return Amount * Price;
}
```

注意：在使用::运算符之前必须使用类名。调用成员函数是在对象上使用点运算符"."，这样它就能操作与该对象相关的数据。

9.2 C++对象的定义和创建

定义一个类就相当于创建了一个新的 class 类型。要使用类，还必须用已经定义的类去说明它的实例变量（即对象）。在 C++中，class 类型一旦被定义，它的实例变量（对象）就能被创建，并初始化，且能定义指针变量指向它。实例化的类就是对象。

9.2.1 对象的定义

在有了 Goods 类后，就可以通过它来创建对象了，例如：

```
Goods myPen;  /*创建对象*/
```

该语句表示 Goods 是类名，myPen 是对象名。这和使用基本类型定义变量的形式类似：

```
int a;  //定义整型变量
```

从这个角度考虑，可以把 Goods 看作一种新的数据类型，把 myPen 看作一个变量。所以创建对象的语法格式为：

```
<类名> <对象名表>
```

在创建对象时，class 关键字可要可不要，但是出于习惯通常会省略掉 class 关键字。
例如：

```
class Goods myPen;        /*合法*/
Goods myPen;              /*同样合法*/
```

除了创建单个对象，还可以创建对象数组：

```
Goods myPen[100];
```

该语句创建了一个 myPen 数组，它拥有 100 个元素，每个元素都是 Goods 类型的对象。

9.2.2 对象的成员

创建对象以后，有两种方式来访问成员变量和成员函数。

1. 使用 "." 运算符访问成员

这种方法与访问结构体成员类似。

【例 9-2】编写程序，定义一个关于商品的类，类里面有该类的成员函数，然后调用该对象的成员函数
进行计算。

（1）在 Visual Studio 2017 中，新建名称为 "9-2.cpp" 的 Project2 文件。

（2）在代码编辑区域输入以下代码。

```cpp
#include <iostream>
using namespace std;
class Goods
{
public:
    int Amount;                 /*商品数量*/
    float Price;                /*商品单价*/
    double Total_Price();       /*声明总价的成员函数*/
    void G_Amount(int value1);  /*声明商品数量的成员函数*/
    void G_Price(double value2);/*声明商品单价的成员函数*/
};
/*定义成员函数*/
double Goods::Total_Price()
{
    return Amount * Price;
}
void Goods::G_Amount(int value1)
{
    Amount = value1;
}
void Goods::G_Price(double value2)
{
    Price = value2;
}
/*程序的主函数*/
int main()
{
    Goods myPen;                /*创建对象 myPen*/
    Goods myPencil;             /*创建对象 myPencil*/
    double t = 0;
    myPen.G_Amount(3);
    myPen.G_Price(1.5);
    myPencil.G_Amount(4);
    myPencil.G_Price(0.5);
```

```
    t = myPen.Total_Price();
    cout << "myPen 的总价: " << t << "元" << endl;
    t = myPencil.Total_Price();
    cout << "myPencil 的总价: " << t << "元" << endl;
    return 0;
}
```

【程序分析】本例定义了一个关于商品的类 Goods，该类有 5 个数据成员，两个成员变量 Amount 和 Price；三个成员函数 G_Amount()、G_Price()与 Total_Price()。然后在 main()函数中调用该类的成员函数计算出 myPen 和 myPencil 的值。

在 Visual Studio 2017 中的运行结果如图 9-2 所示。

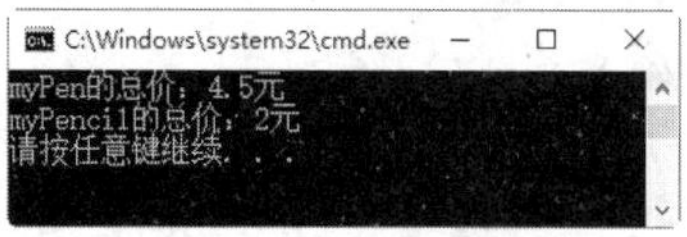

图 9-2　"."运算符访问成员

2. 使用对象指针"->"访问成员

程序中创建完对象之后就会在栈上分配内存，此时需要使用运算符"&"才能获取它的地址。

例如，一个关于学生的类：

```
Student stu;
Student *pStu = &stu;
```

这段语句表示，pStu 是一个指针，它指向 Student 类型的数据，也就是通过 Student 创建出来的对象。

【例 9-3】编写程序，定义一个关于学生的类，包含学生的学号、年龄和成绩的信息。使用"->"运算符对成员进行访问。

（1）在 Visual Studio 2017 中，新建名称为"9-3.cpp"的 Project3 文件。

（2）在代码编辑区域输入以下代码。

```
#include <iostream>
using namespace std;
class Student
{
public:
    int ID;
    int age;
    float score;
    void say()
    {
        cout << "学号: " << ID << "\n 的年龄是" << age << "\n 成绩是" << score << endl;
    }
};
int main()
{
    Student stu;
    Student *pStu = &stu;
    pStu->ID = 10011;
    pStu->age = 17;
    pStu->score = 95.5f;
    pStu->say();
    return 0;
}
```

【程序分析】本例定义了一个 Student 的类，该类里有 4 个公共成员。在主函数中创建一个对象 stu，并使用"->"对该对象的成员进行访问。

在 Visual Studio 2017 中的运行结果如图 9-3 所示。

图 9-3　"->"访问成员

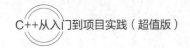

9.3　类访问修饰符

类成员的访问限制是通过在类主体内部对各个区域标记 public、private、protected 来指定的。关键字 public、private、protected 称为访问修饰符。

一个类可以有多个 public、protected 或 private 标记区域。每个标记区域在下一个标记区域开始之前或者在遇到类主体结束右括号之前都是有效的。成员和类的默认访问修饰符是 private。

protected 表示保护成员，该成员只能被该类的成员函数或派生类（有关基类和派生类的概念，将在后面介绍）的成员函数访问。

9.3.1　公有（public）成员

公有成员在程序中类的外部是可访问的。可以不使用任何成员函数来设置和获取公有变量的值。

【例 9-4】编写程序，定义一个圆 Circle 的类，在类里声明公有的面积函数和计算面积的成员变量。

（1）在 Visual Studio 2017 中，新建名称为 "9-4.cpp" 的 Project4 文件。

（2）在代码编辑区域输入以下代码。

```cpp
#include <iostream>
using namespace std;
class Circle
{
public:                         /*设置公有成员*/
    double PI;
    double Radius;
    void set_r(double r);
    double get_area();
};
void Circle::set_r(double r)        /*设置圆的半径*/
{
    Radius = r;
}
double Circle::get_area()
{
    return PI * Radius * Radius;
}
int main()
{
    Circle c;
    double s;
    c.PI = 3.14;
    cout << "使用成员函数设置半径" << endl;
    c.set_r(2);
    s = c.get_area();
    cout <<"圆面积: "<< s << endl;
    cout << "使用成员变量设置半径" << endl;
    c.Radius = 10;                  /*因为 Radius 是公有成员*/
    s = c.get_area();
    cout << "圆面积: " << s << endl;
    return 0;
}
```

【程序分析】本例定义了一个关于圆的类 Circle，该类的成员都是公有的。该类包括两个成员变量 PI 与 Radius；两个成员函数 set_r()与 get_area()。在 main()函数中，先给成员函数传入半径的值，然后调用面

积成员函数，输出结果。接着给公有的半径变量直接赋值，再调用
面积成员函数，输出结果。

在 Visual Studio 2017 中的运行结果如图 9-4 所示。

图 9-4　类的 public 成员

9.3.2　私有（private）成员

私有成员变量或函数在类的外部是不可访问的，甚至是不可查看的。只有类和友元函数可以访问私有
成员。

注意：在默认情况下，类的所有成员都是私有的。

例如：

```
class Box
{
    int width;
public:
    int length;
    int heigth;
};
```

在 Box 类中，width 是一个私有成员，这意味着，如果没有使用任何访问修饰符，类的成员将被假定为
私有成员。

【例 9-5】编写程序，定义一个 Box 的类，该类有三个 public 成员：length、set_Width()、get_Width()；
一个 private 成员 width。在 main()函数中调用 width 与 length，观察有什么不同。

（1）在 Visual Studio 2017 中，新建名称为"9-5.cpp"的 Project5 文件。

（2）在代码编辑区域输入以下代码。

```
#include <iostream>
using namespace std;
class Box
{
public:
    int length;                 /*盒子的长*/
    void set_Width(int wid);
    int get_Width();
private:
    int width;                  /*width 是私有变量*/
};
int Box::get_Width()
{
    return width;
}
void Box::set_Width(int wid)
{
    width = wid;
}
int main()
{
    Box box;
    cout << "不使用成员函数设置长度\n";
    box.length = 15;           /*length 是公有的*/
    cout << "盒子的长：" << box.length << endl;
    cout << "使用成员函数设置宽度\n";
    box.set_Width(10.0);       //使用成员函数设置宽度
    cout << "盒子的宽：" << box.get_Width() << endl;
```

```
    return 0;
}
```

图 9-5　类的 private 成员

【程序分析】本例中定义了一个 private 成员变量 width，而访问该变量时，只能通过 set_Width() 成员函数进行访问。

在 Visual Studio 2017 中的运行结果如图 9-5 所示。

9.4　构造函数与析构函数

由类得到对象需要构造函数，系统会自动调用相应的构造函数；对象使用完后需要释放占有的资源，系统就会自动调用相应的析构函数。

9.4.1　构造函数的定义

创建一个对象时，通常需要做些初始化的工作，例如对数据成员赋初值。在 C++中定义了一种特殊的初始化函数，称之为构造函数。当对象被创建时，构造函数自动被调用。

如果一个类中所有的成员都是公有的，则可以在定义对象时对数据成员进行初始化。

注意：类的数据成员是不能在声明类时初始化的。

例如：

```
class Date
{
public:                    /*声明为公有成员*/
    year;
    month;
    day;
};
Date d = { 2018,5,30 };    /*将 d 初始化为 2018/5/30*/
```

这种情况和结构体变量的初始化是差不多的，在一个大括号内顺序列出各公有数据成员的值，两个值之间用逗号分隔。但是，如果数据成员是私有的，或者类中有 private 或 protected 的成员，就不能用这种方法初始化。

为了解决这个问题，C++提供了构造函数（constructor）来处理对象的初始化。构造函数的名字必须与类名同名，而不能由用户任意命名，以便编译系统能识别它并把它作为构造函数处理。它不具有任何类型，不返回任何值。构造函数的功能是由用户定义的，用户根据初始化的要求设计函数体和函数参数。

【例 9-6】编写程序，在类中定义一个构造函数，演示构造函数的调用。

（1）在 Visual Studio 2017 中，新建名称为 "9-6.cpp" 的 Project6 文件。

（2）在代码编辑区域输入以下代码。

```
#include <iostream>
using namespace std;
class Date
{
public:                    /*公有的*/
    Date()                 /*构造函数*/
    {
        year = 0;
        month = 0;
        day = 0;
    }
```

```
        void set_date();
        void show_date();
    private:                    /*私有的*/
        int year;
        int month;
        int day;
    };
    void Date::set_date()
    {
        cin >> year;
        cin >> month;
        cin >> day;
    }
    void Date::show_date()
    {
        cout << year << "/" << month << "/" << day << endl;
    }
    int main()
    {
        Date t1;
        t1.set_date();
        t1.show_date();
        Date t2;
        t2.show_date();
        return 0;
    }
```

【程序分析】本例演示了如何定义一个构造函数。在类中定义了构造函数 Date，它和所在的类同名。在建立对象时自动执行构造函数，它的作用是对该对象中的数据成员赋初值 0。

注意：不要误认为是在声明类时直接对程序数据成员赋初值（那是不允许的），赋值语句是在构造函数中的，只有在调用构造函数时才执行这些赋值语句，对当前的对象中的数据成员赋值。

在 Visual Studio 2017 中的运行结果如图 9-6 所示。

【例 9-6】在类内定义构造函数（其实也可以只在类内对构造函数进行声明，而在类外定义构造函数）。

图 9-6　构造函数

例如，在 Date 类内对构造进行声明：

```
Date();
```

在 Date 类外定义构造函数：

```
Date::Date()        /*在类外定义构造成员函数,要加上类名 Date 和域限定符"::"*/
{
    year = 0;
    mouth = 0;
    day = 0;
}
```

有关构造函数的使用，有以下说明：

（1）函数名与类名相同。

（2）构造函数不需用户调用，也不能被用户调用。

（3）构造函数可以在类中定义，也可以在类外定义。

（4）构造函数无函数返回类型说明。注意是没有而不是 void，即什么也不写，也不可写 void！实际上构造函数有返回值，返回的就是构造函数所创建的对象。

（5）在构造函数的函数体中不仅可以对数据成员赋初值，也可以包含其他语句。但是一般不提倡在构造函数中加入与初始化无关的内容，以保持程序的清晰。

（6）如果类说明中没有给出构造函数，则 C++编译器自动给出一个缺省的构造函数，只是这个构造函数的函数体是空的，也没有参数，不执行初始化操作，如：类名"(void) { };"。

9.4.2　带参的构造函数

构造函数可以带参数也可以不带。不带参数的构造函数可以使该类的每一个对象都得到相同的初始值。如果希望对不同的对象赋予不同的初始值，则需要使用带参数的构造函数，在调用不同对象的构造函数时，将不同的数据传给构造函数，以实现不同的初始化。

构造函数首部的语法格式为：

构造函数名(类型 1 形参 1, 类型 2 形参 2, …)

注意：由于用户不能调用构造函数，所以无法采用常规的调用函数的方法给出实参。实参是在创建对象时给出的。

创建对象的语法格式为：

类名 对象名(实参 1, 实参 2, …);

【**例 9-7**】有两种商品分别是大米和面粉，已知重量和单价，求它们的总价。编写一个基于对象的程序，在类中用带参数的构造函数。

（1）在 Visual Studio 2017 中，新建名称为"9-7.cpp"的 Project7 文件。

（2）在代码编辑区域输入以下代码。

```cpp
#include <iostream>
using namespace std;
class Goods                         /*商品*/
{
public:
    Goods(double, double);          /*声明类的构造函数*/
    double Total_Price();           /*声明计算总价的成员函数*/
private:
    double Weighe;                  /*重量*/
    double Price;                   /*单价*/
};
Goods::Goods(double w, double p)    /*在类外定义带参数的构造函数*/
{
    Weighe = w;
    Price = p;
}
double Goods::Total_Price()         /*定义计算总价的成员函数*/
{
    return Weighe * Price;
}
int main()
{
    Goods rice(70.7, 5.3);          //建立对象 rice,并指定 rice 重量、单价的值
    cout << "大米共计: " << rice.Total_Price() << "元" << endl;
    Goods wheat(60.5, 7.6);         //建立对象 wheat,并指定 wheat 重量、单价的值
    cout << "面粉共计: " << wheat.Total_Price() << "元" << endl;
    return 0;
}
```

【**程序分析**】本例中带参数的构造函数中的形参，其对应的实参在定义对象时给定。用这种方法可以方便地实现对不同的对象进行不同的初始化。

在 Visual Studio 2017 中的运行结果如图 9-7 所示。

9.4.3　C++构造函数的参数初始化表

图 9-7　带参构造函数

构造函数的一项重要功能是对成员变量进行初始化，为了达到这个目的，可以在构造函数的函数体中对成员变量一一赋值，还可以采用参数初始化表。

【**例 9-8**】编写程序，定义一个 Student 类，在定义构造函数时采用参数初始化表。

（1）在 Visual Studio 2017 中，新建名称为"9-8.cpp"的 Project8 文件。

（2）在代码编辑区域输入以下代码。

```cpp
#include <iostream>
using namespace std;
class Student
{
private:
    int s_ID;
    int s_age;
    int s_height;
public:
    Student(int ID, int age, int height);
    void show();
};
/*采用参数初始化表*/
Student::Student(int ID, int age, int height) :s_ID(ID), s_age(age), s_height(height) { }
void Student::show()
{
    cout << "学号: " << s_ID << "\n年龄: " << s_age << "\n身高: " << s_height << endl;
}
int main()
{
    Student stu(10010, 17, 173);
    stu.show();
    Student *pstu = new Student(10011, 16, 169);
    pstu->show();
    return 0;
}
```

【**程序分析**】如本例所示，定义构造函数时并没有在函数体中对成员变量一一赋值，其函数体为空（当然也可以有其他语句），而是在函数首部与函数体之间添加了一个冒号":"，后面紧跟"s_ID(ID), s_age(age), s_height(height)"语句，这个语句的意思相当于函数体内部的"s_ID=ID; s_age = age, s_height = height;"语句，也是赋值的意思。

图 9-8　构造函数的参数初始化表

在 Visual Studio 2017 中的运行结果如图 9-8 所示。

参数初始化表不但可以用于全部成员变量，也可以只用于部分成员变量。

例如，对 s_ID 使用参数初始化表，其他成员变量还是一一赋值：

```cpp
Student::Student(int ID, int age, int height) :s_ID(ID)
{
    s_age = age;
    s_height = height;
}
```

注意，参数初始化顺序与初始化表列出的变量的顺序无关，它只与成员变量在类中声明的顺序有关。

【例9-9】编写程序，在参数初始化表中调换参数的位置，分析输出的值。

（1）在 Visual Studio 2017 中，新建名称为"9-9.cpp"的 Project9 文件。

（2）在代码编辑区域输入以下代码。

```cpp
#include <iostream>
using namespace std;
class Data
{
private:                              /*私有成员变量*/
    int D_a;
    int D_b;
public:                              /*公有成员*/
    Data(int b);                     /*声明构造函数*/
    void show();                     /*声明成员函数*/
};
Data::Data(int b) :D_b(b), D_a(D_b) { }   /*构造函数的参数初始化表*/
void Data::show()                    /*定义成员函数*/
{
    cout << D_a << "," << D_b << endl;
}
int main()
{
    Data d(150);
    d.show();
    return 0;
}
```

【程序分析】在参数初始化表中，将 D_b 放在了 D_a 的前面，看起来是先给 D_b 赋值，再给 D_a 赋值，其实不然！成员变量的赋值顺序由它们在类中的声明顺序决定。因为在 Data 类中，先声明 D_a，再声明 D_b，在参数列表中，D_b 放在了 D_a 的前面。所以，在给 D_a 赋值时，D_b 还未被初始化，它的值是不确定的，所以输出的 D_b 的值是一个奇怪的数字。

在 Visual Studio 2017 中的运行结果如图 9-9 所示。

若给 D_a 赋值完成后才给 D_b 赋值，此时 D_b 的值才是 150。

```cpp
Data::Data(int b) : D_b(b), D_a(D_b)
{
    D_a = D_b;
    D_b = b;
}
```

在 Visual Studio 2017 中的运行结果如图 9-10 所示。

图 9-9　参数初始化表与声明顺序不一致

图 9-10　赋值顺序一致

9.4.4　构造函数的重载

构造函数可以在类中被多次重载为同样名字的函数，以便提供不同的初始化的方法，供用户选用。这些构造函数的参数个数或参数的类型不相同。编译器会调用与在调用时刻要求的参数类型和个数一样的那个函数。在这里则是调用与类对象被声明时一样的那个构造函数。

【例9-10】编写程序，在 Circle 类中声明一个带参的构造函数和一个不带参的构造函数，演示构造函数的重载。

（1）在 Visual Studio 2017 中，新建名称为"9-10.cpp"的 Project10 文件。

（2）在代码编辑区域输入以下代码。

```cpp
#include <iostream>
using namespace std;
class  Circle
{
public:
    Circle();                   /*声明一个无参数的构造函数*/
    /*声明一个有参的构造函数,用参数的初始化表对数据成员初始化*/
    Circle(float pi, float r) :PI(pi), Radius(r) { }      /*构造函数重载*/
    float area();
private:
    float PI;
    float Radius;
};
Circle:: Circle()              /*定义一个无参的构造函数*/
{
    PI = 3.14;
    Radius = 3.5;
}
float Circle::area()
{
    return PI * Radius*Radius;
}
int main()
{
    Circle c1;                  /*建立对象c1,不指定实参*/
    cout << "圆 c1 的面积是: " << c1.area() << endl;
    Circle c2(3.14, 10);    //建立对象c2,指定2个实参*/
    cout << "圆 c2 的面积是: " << c2.area() << endl;
return 0;
}
```

【程序分析】本例演示了构造函数的重载。在代码中，首先创建一个 Circle 类，该类包含了成员函数 area、两个私有成员变量 PI 和 Radius 以及带参数的构造函数和不带参数的构造函数。其中，带参数的构造函数通过初始化表对数据成员进行了初始化。而在类的外面，分别对无参数的构造函数和成员函数 area 进行了定义。接着，在 main()函数中创建了两个对象 c1 和 c2，通过 c1 在不指定实参的情况下，调用 area()函数，求出圆 c1 的面积。最后通过 c2 在指定两个实际参数的情况下，调用 area()函数，求出圆 c2 的面积。

图 9-11 构造函数的重载

在 Visual Studio 2017 中的运行结果如图 9-11 所示。

关于构造函数的重载的说明：

（1）尽管在一个类中可以包含多个构造函数，但是对于每一个对象来说，建立对象时只执行其中一个构造函数，并非每个构造函数都被执行。

（2）调用构造函数时不必给出实参的构造函数，称为默认构造函数（default constructor）。显然，无参的构造函数属于默认构造函数。一个类只能有一个默认构造函数。

9.4.5 构造函数的默认参数

构造函数中参数的值既可以通过实参传递，也可以指定为某些默认值，即如果用户不指定实参值，编译系统就使形参取默认值，这一点和普通函数一样。

【例 9-11】编写程序，定义一个 Box 类，在类中声明构造函数时指定默认的参数。通过访问数据，分析默认参数是如何变化的。

（1）在 Visual Studio 2017 中，新建名称为"9-11.cpp"的 Project11 文件。

（2）在代码编辑区域输入以下代码。

```cpp
#include <iostream>
using namespace std;
class Box
{
public:
    Box(int h = 10, int w = 10, int len = 10);    //在声明构造函数时指定默认参数
    int volume();
private:
    int height;
    int width;
    int length;
};
Box::Box(int h, int w, int len)                   //在定义函数时可以不指定默认参数
{
    height = h;
    width = w;
    length = len;
}
int Box::volume()
{
    return (height*width*length);
}
int main()
{
    cout << "没有给实参" << endl;
    Box box1;
    cout << "盒子box1的体积: " << box1.volume() << endl;
    cout << "只给定1个实参" << endl;
    Box box2(5);
    cout << "盒子box2的体积: " << box2.volume() << endl;
    cout << "只给定2个实参" << endl;
    Box box3(10, 15);
    cout << "盒子box3的体积: " << box3.volume() << endl;
    cout << "只给定3个实参" << endl;
    Box box4(5, 10, 15);
    cout << "盒子box4的体积: " << box4.volume() << endl;
    return 0;
}
```

【程序分析】本例声明了一个构造函数 Box()，该函数定义了三个变量 h、w 和 len，并赋值为 10。如此一来，这三个形参就被设置成为默认参数。在 main()函数中，创建对象时，没有传递实参给形参 h、w、len，则该参数会被默认设置为 10。

在 Visual Studio 2017 中的运行结果如图 9-12 所示。

通过【例 9-11】发现，在构造函数中使用默认参数是方便而有效的，它提供了建立对象时的多种选择，它的作用相当于好几个重载的构造函数。

图 9-12　构造函数的默认参数

9.4.6　复制构造函数

复制构造函数，顾名思义，就是用一个已有的对象快速地复制出多个完全相同的对象。

其一般形式为：

```
类名 对象2(对象1);        /*用对象1复制出对象2*/
```

注意：该语句与定义对象的方式类似，但是括号中给出的参数不是一般的变量，而是对象。

从本质上讲，对象也是一份数据，因为它会占用内存。严格来说，对象的创建包括两个阶段，首先要分配内存空间，然后再进行初始化。

（1）分配内存很好理解，就是在堆区、栈区或者全局数据区留出足够多的字节。这个时候的内存还比较"原始"，没有被"教化"，它所包含的数据一般是零值或者随机值，没有实际的意义。

（2）初始化就是首次对内存赋值，让它的数据有意义。注意是首次赋值，再次赋值不叫初始化。初始化的时候还可以为对象分配其他的资源，或者提前进行一些计算等。说白了，初始化就是调用构造函数。

当以复制的方式初始化一个对象时，会调用一个特殊的构造函数，就是复制构造函数（copy constructor）。

复制构造函数（copy constructor）的形式：

```
class 类名
{
public:
    类名 (形参参数);         /*构造函数的声明/原型*/
    类名 (类名&对象名);      /*复制构造函数的声明/原型*/
    ...
};
//复制构造函数的实现:
类名::类名 (类名&对象名)     /*复制构造函数的实现/定义*/
{
    函数体
}
```

例如：

```
Box(const Box &b);
```

复制构造函数同样也能有其他参数，但是其他参数必须给出默认值。

例如：

```
Box (const Box &b, p = 10);
```

复制构造函数也是构造函数，在对象的引用形式上一般要加 const 声明，使参数值不能改变，以免在调用此函数时因不慎而使对象值被修改。复制构造函数的作用就是将实参对象的各成员值一一赋给新的对象中对应的成员。

【例 9-12】 编写程序，对【例 9-11】进行修改，在代码中定义一个复制构造函数。

（1）在 Visual Studio 2017 中，新建名称为 "9-12.cpp" 的 Project12 文件。

（2）在代码编辑区域输入以下代码。

```
#include <iostream>
using namespace std;
class Box
{
public:
    Box(int h = 10, int w = 10, int len = 10);
    Box(const Box& b);        /*声明复制构造函数*/
    int volume();
private:
    int height;
    int width;
    int length;
};
Box::Box(int h, int w, int len)
{
    height = h;
    width = w;
```

```
        length = len;
    }
int Box::volume()
{
    cout << "height=" << height << endl;
    cout << "width=" << width << endl;
    cout << "length=" << length << endl;
    return height*width*length;
}
Box::Box(const Box& b)        /*定义构造函数*/
{
    height = b.height;        /*对对象的成员——赋值*/
    width = b.width;
    length = b.length;
}
int main()
{
    cout << "盒子 box1 的数据： " << endl;
    Box box1(12, 13, 14);
    cout << box1.volume() << endl;
    cout << "盒子 box2 的数据： " << endl;
    Box box2 = box1;
    cout << box2.volume() << endl;
    cout << "盒子 box3 的数据： " << endl;
    Box box3 = box2;
    cout << box3.volume() << endl;
    return 0;
}
```

图 9-13　复制构造函数

【程序分析】本例中定义一个复制构造函数。在主函数中创建对象之后，便可直接打印输出。

在 Visual Studio 2017 中的运行结果如图 9-13 所示。

9.4.7　析构函数

创建对象时系统会自动调用构造函数进行初始化工作，同样，销毁对象时系统也会自动调用一个函数来进行清理工作，例如释放分配的内存、关闭打开的文件等，这个函数就是析构函数。

析构函数（Destructor）也是一种特殊的成员函数，没有返回值。当对象的生命期结束时，会自动执行析构函数。构造函数的名字和类名相同，而析构函数的名字是在类名前面加一个"～"符号。

例如：

```
~Box();
```

【例 9-13】编写程序，定义一个 Box 类，该类包含构造函数和析构函数。

（1）在 Visual Studio 2017 中，新建名称为"9-13.cpp"的 Project13 文件。

（2）在代码编辑区域输入以下代码。

```
#include <string>
#include <iostream>
using namespace std;
class Box                                /*声明 Box 类*/
{
public:
    Box(int len, int w, int h, string c)    /*定义构造函数*/
    {
        length = len;
        wight = w;
        height = h;
```

```
        colour = c;
        cout << "调用构造函数:" << endl;      /*输出有关信息*/
    }
    ~Box()                                    /*定义析构函数*/
    {
        cout << "调用析构函数: " << colour << endl;
    }                                         /*输出有关信息*/
    void show()                               /*定义成员函数*/
    {
        cout << "箱子颜色colour:" << colour << endl;
        cout << "length= " << length << endl;
        cout << "wight= " << wight << endl;
        cout << "height= " << height << endl << endl;
    }
private:
    int length;
    int wight;
    int height;
    string colour;
};
int main()
{
    Box b1(15, 20, 16,"蓝色");                /*建立对象b1*/
    b1.show();                                /*输出箱子1的数据*/
    Box b2(16, 25, 6,"红色");                 /*建立对象b2*/
    b2.show();                                /*输出箱子2的数据*/
    return 0;
}
```

【程序分析】本例定义了一个关于 Box 的类，该类分别定义了构造函数、析构函数和成员函数 show()。在主函数中，建立对象调用成员函数之后，开始自己执行析构函数，最后输出信息。

在 Visual Studio 2017 中的运行结果如图 9-14 所示。

图 9-14　析构函数

9.4.8　构造函数和析构函数的顺序

在【例 9-13】中，读者是否发现程序是先执行 b2 的析构函数，再执行 b1 的析构函数。这是因为调用析构函数的次序正好与调用构造函数的次序相反，最先被调用的构造函数，其对应的（同一对象中的）析构函数最后被调用，而最后被调用的构造函数，其对应的析构函数最先被调用。可以简记为，先构造的后析构，后构造的先析构，它相当于一个栈，先进后出。

但是，并不是在任何情况下都是按这一原则处理的。在前面章节中已经介绍过作用域和存储类别的概念，这些概念对于对象也是适用的。对象可以在不同的作用域中定义，可以有不同的存储类别。这些会影响调用构造函数和析构函数的时机。

例如，在一个函数中定义了两个对象：

```
void fun()
{
    Box box1;               /*定义自动局部对象*/
    static Box box2;        /*定义静态局部对象*/
}
```

在调用 fun()函数时，先调用 box1 的构造函数，再调用 box2 的构造函数，在 fun()函数调用结束时，box1 是要释放的（因为它是自动局部对象），因此调用 box1 的析构函数。而 box2 是静态局部对象，在 fun()函数调用结束时并不释放，因此不调用 box2 的析构函数。直到程序结束释放 box2 时，才调用 box2 的析构函数。可以看到 box2 是后调用构造函数的，但并不先调用其析构函数。原因是两个对象的存储类别不同、生命周期不同。

9.5　动态内存

通常定义变量（或对象）后，编译器在编译时都可以根据该变量（或对象）的类型知道所需内存空间的大小，从而系统在适当的时候为它们分配确定的存储空间。这种内存分配称为静态存储分配。

有些操作对象只在程序运行时才能确定，这样编译时就无法为它们预定存储空间，只能在程序运行时，系统根据运行时的要求进行内存分配，这种方法称为动态存储分配。所有动态存储分配都在堆区中进行。

C++程序中的内存分为两个部分：

（1）栈：在函数内部声明的所有变量都将占用栈内存。

（2）堆：这是程序中未使用的内存，在程序运行时可用于动态分配内存。

很多时候，用户无法提前预知需要多少内存来存储某个定义变量中的特定信息，所需内存的大小需要在运行时才能确定。因此在 C++中，可以使用特殊的运算符为给定类型的变量在运行时分配堆内的内存，这会返回所分配的空间地址。这种运算符即 new 运算符。如果不再需要动态分配的内存空间，可以使用 delete 运算符，删除之前由 new 运算符分配的内存。

1. new 和 delete 运算符

在 C++中，申请和释放堆中分配的存贮空间，分别使用 new 和 delete 两个运算符来完成。

使用 new 运算符来为任意的数据类型动态分配内存的通用语法：

```
new 数据类型;
```

在这里，数据类型没有限制，可以是包括数组在内的任意内置的数据类型，也可以是包括类或结构在内的用户自定义的任何数据类型。

例如：

```
double* p = NULL;       //初始化为 null 的指针
p = new double;         //为变量请求内存
```

定义一个指向 double 类型的指针，然后请求内存，该内存在执行时被分配。

注意：如果自由存储区已被用完，可能无法成功分配内存。所以建议检查 new 运算符是否返回 NULL 指针。

例如：

```
double* p = NULL;
if (!(p = new double))          /*非零即为真*/
```

```
{
    cout << "动态内存分配失败！" << endl;
    exit(1);
}
```

malloc()函数在 C 语言中就出现了，在 C++中仍然存在，但建议尽量不要使用malloc()函数。new 与 malloc()函数相比，其主要的优点是：new 不只是分配了内存，它还创建了对象。在任何时候，当您觉得某个已经动态分配内存的变量不再需要使用时，可以使用 delete 操作符释放它所占用的内存。

例如：

```
delete p;                    /*释放指针 p 所指向的内存*/
```

2. 在堆中建立一维数组

（1）申请数组空间：

```
指针变量名=new 类型名[下标表达式];
```

注意："下标表达式"不是常量表达式，即它的值不必在编译时确定，可以在运行时确定。

例如：

```
int* p = NULL;          //初始化为 null 的指针
p = new char[20];       //为变量请求内存
```

（2）释放数组空间：

```
delete [ ]指向该数组的指针变量名;
```

注意：方括号非常重要，如果 delete 语句中少了方括号，因编译器认为该指针是指向数组第一个元素的，会产生回收不彻底的问题（只回收了第一个元素所占空间），加了方括号后就转化为指向数组的指针，回收整个数组。delete [ ]的方括号中不需要填数组元素数，系统自知。即使写了，编译器也忽略。

例如：

```
delete [] p;            //删除 p 所指向的数组
```

3. 在堆中建立二维数组

如果二维数组的行为 m，列为 n，则为二维数组动态分配空间，例如：

```
int **p;
int m,n,i;              //定义二维数组的行为m,列为n
```

首先申请行的内存空间：

```
p=new int*[m];
```

其次申请列的内存空间：

```
p [m]=new int[n];
```

最后对二维数组进行释放：

```
for (int i = 0; i<m; i++)
{
    delete[] p[i];
}
delete[] p;
```

注意：释放的次序，先列后行，与设置相反。

例如：

```
int **p
int m,n,i;
```

```
//动态分配空间
p = new int *[m];        //设置行
for (int i = 0; i<m; i++)
{
    p[i] = new int[n]; //设置列
}
//释放
for (int i = 0; i<m; i++)
{
    delete[] p[i];
}
delete[] p;
```

4. 在堆中建立三维数组

例如，为一个三维数组分配动态空间，可以将三维数组看成 z 个 x 行 y 列的二维数组：

```
int ***p;
//动态分配空间
int x,y,z;                //数组的第一维为 x,第二维为 y,第三维为 z
int i,j;
p = new int **[x];
for (int i = 0; i<m; i++)
{
    p[i] = new int *[y];
    for (int j = 0; j<n; j++)
    {
        p[i][j] = new int[z];
    }
}
//释放
for (int i = 0; i<m; i++)
{
    for (int j = 0; j<n; j++)
    {
        delete p[i][j];
    }
    delete p[i];
}
delete[] p;
```

5. 对象的动态内存分配

【例 9-14】编写程序，为对象分配动态内存。

（1）在 Visual Studio 2017 中，新建名称为 "9-14.cpp" 的 Project14 文件。

（2）在代码编辑区域输入以下代码。

```
#include <iostream>
using namespace std;
class Base
{
    int x;
public:
    Base(int x) { this->x = x; }
    int fun() { return x; }
};
int main()
{
    Base *p = new Base(100);    //调用构造函数
    if (!p)
    {
        cout << "动态内存分配失败！" << endl;
```

```
        return 1;
    }
    cout << "x = " << p->fun() << endl;
    delete p;     //调用析构函数
    return 0;
}
```

【程序分析】本例定义了一个类 Base，该类有构造函数、成员函数 fun()和一个私有成员变量 x。在 main()函数中，创建一个指向类的指针 p，并为其分配内存，大小为 100。最后，使用 delete 调用析构函数，释放掉该对象所申请的空间。

在 Visual Studio 2017 中的运行结果如图 9-15 所示。

图 9-15　为对象分配动态空间

9.6　this 指针

在 C++中，每一个成员函数中都包含一个特殊的指针，这个指针的名字是固定的，称为 this 指针。它是指向本类对象的指针，它的值是当前被调用的成员函数所在的对象的起始地址。

例如，在【例 9-11】中，调用成员函数 box1.volume()时，编译系统就把对象 box1 的起始地址赋给 this 指针，于是在成员函数引用数据成员时，就按照 this 的指向找到对象 box1 的数据成员。

例如，volume()函数要计算 height*width*length 的值，实际上是执行：

```
(this->height)*(this->width)*(this->length)
```

由于当前 this 指向 box1，因此相当于执行：

```
(box1.height)*(box1.width)*(box1.length)
```

【例 9-15】编写程序，定义一个 Box 类，判断两个箱子体积的大小。

（1）在 Visual Studio 2017 中，新建名称为 "9-15.cpp" 的 Project15 文件。

（2）在代码编辑区域输入以下代码。

```
#include <iostream>
using namespace std;
class Box
{
public:
    Box(int len,int w,int h);        /*声明构造函数*/
    int Volume();                    /*声明成员函数*/
    int compare(Box box)
    {
        return this->Volume() > box.Volume();
    }
private:
    int length;                      //长
    int width;                       //宽
    int height;                      //高
};
Box::Box(int len, int w, int h)
{
    cout << "调用构造函数" << endl;
```

```
        length = len;
        width = w;
        height = h;
    }
    int Box::Volume()
    {
        return (this->length * this->width * this->height);
    }
    int main()
    {
        Box box1(3, 10, 5);              //创建对象box1
        cout << "box1 的体积: " << box1.Volume() << endl;
        Box box2(8, 6, 2);              //创建对象box2
        cout << "box2 的体积: " << box2.Volume() << endl;
        if (box1.compare(box2))
        {
            cout << "box2 < box1" << endl;
        }
        else
        {
            cout << "box2 > box1" << endl;
        }
        return 0;
    }
```

【程序分析】本例定义了一个关于 Box 的类。在类里声明了构造函数和成员函数 Volume()，还定义了一个比较函数 compare()。

this 指针是所有成员函数的隐含参数，它是作为参数被传递给成员函数的。所以，在 Box 类的 Volume() 函数中，下面两种表示方法都是合法的、相互等价的。

```
return (length * width * height);               //隐含使用 this 指针
return (this->length * this->width * this->height); //显式使用 this 指针
```

可以用*this 表示被调用的成员函数所在的对象，*this 就是 this 所指向的对象，即当前的对象。

例如，在成员函数 box1.volume()的函数体中，如果出现*this，它就是本对象 box1。上面的 return 语句也可写成：

```
return ((*this).length*(*this).width*(*this).height);
```

注意：*this 两侧的括号不能省略，不能写成*this.height。因为成员运算符 "." 的优先级别高于指针运算符 "*"，因此，*this.height 就相当于*(this.height)，而 this.height 是不合法的，编译出错。

在 Visual Studio 2017 中的运行结果如图 9-16 所示。

图 9-16　this 指针

9.7　静态成员

在 C++中，使用 static 关键字来把类成员定义为静态的。声明类的成员为静态之后，这意味着无论创建多少个类的对象，静态成员都只有一个副本。

9.7.1 静态数据成员

静态成员在类的所有对象中是共享的。如果不存在其他的初始化语句，在创建第一个对象时，所有的静态数据都会被初始化为零。因此，不能把静态成员的初始化放置在类的定义中，但是可以在类的外部通过使用范围解析运算符::来重新声明静态变量从而对它进行初始化，如下面的实例所示。

静态数据成员是一种特殊的数据成员，它以关键字 static 开头。

例如：

```
class Box
{
public:
    int volume();
private:
    static int length;      /*把 length 定义为静态的数据成员*/
    int width;
    int height;
};
```

如果希望每个对象中的 length 的值都是一样的，就可以使用 static 把它定义为静态数据成员。这样它就为各对象所共有，而不只属于某个对象的成员，所有对象都可以引用它。

静态的数据成员在内存中只占一份空间。每个对象都可以引用这个静态数据成员。静态数据成员的值对所有对象都是一样的。如果改变它的值，则在各对象中这个数据成员的值都同时改变了。这样可以节约空间，提高效率。

关于静态数据成员的几点说明：

（1）如果只声明了类而未定义对象，则类的一般数据成员是不占内存空间的，只有在定义对象时，才为对象的数据成员分配空间。但是静态数据成员不属于某一个对象，在为对象所分配的空间中不包括静态数据成员所占的空间。

静态数据成员是在所有对象之外单独开辟空间。只要在类中定义了静态数据成员，即使不定义对象，也为静态数据成员分配空间，它可以被引用。在一个类中可以有一个或多个静态数据成员，所有的对象共享这些静态数据成员，都可以引用它。

（2）对于静态变量，如果在一个函数中定义了静态变量，在函数结束时该静态变量并不释放，仍然存在并保留其值。静态数据成员也类似，它不随对象的建立而分配空间，也不随对象的撤销而释放（一般数据成员是在对象建立时分配空间，在对象撤销时释放）。静态数据成员是在程序编译时被分配空间的，到程序结束时才释放空间。

（3）静态数据成员可以初始化，但只能在类体外进行初始化。

例如：

```
int Box::length=5;  //表示对 Box 类中的数据成员初始化
```

其一般形式为：

```
数据类型类名::静态数据成员名=初值;
```

不必在初始化语句中加 static。

注意，不能用参数对静态数据成员初始化。

如在定义 Box 类中这样定义构造函数是错误的：

```
Box(int h,int w,int len):length (len){ }    /*错误*/
```

由于 length 是静态数据成员，如果未对静态数据成员赋初值，则编译系统会自动赋予初值 0。

（4）静态数据成员既可以通过对象名引用，也可以通过类名来引用。

（5）有了静态数据成员，各对象之间的数据有了沟通的渠道，实现数据共享，因此可以不使用全局变量。全局变量破坏了封装的原则，不符合面向对象程序的要求。但是也要注意公有静态数据成员与全局变量的不同，静态数据成员的作用域只限于定义该类的作用域内（如果是在一个函数中定义类，那么其中静态数据成员的作用域就是此函数内）。在此作用域内，可以通过类名和域运算符 "::" 引用静态数据成员，而不论类对象是否存在。

【例 9-16】编写程序，定义一个关于箱子的类 Box，将类的成员 length 设置成静态成员，width、height 不变，然后在 main()函数中引用。

（1）在 Visual Studio 2017 中，新建名称为 "9-16.cpp" 的 Project16 文件。

（2）在代码编辑区域输入以下代码。

```cpp
#include <iostream>
using namespace std;
class Box
{
public:
    Box(int, int);
    int volume();
    static int length;  /*把 length 定义为公有的静态的数据成员*/
    int width;
    int height;
};
Box::Box(int w, int h) /*通过构造函数对 width 和 height 赋初值*/
{
    width = w;
    height = h;
}
int Box::volume()
{
    return(height * width * length);
}
int Box::length = 5; /*对静态数据成员 length 初始化*/
int main()
{
    Box box1(19,20);
    Box box2(15,10);
    cout << box1.length << endl;      /*通过对象名 box1 引用静态数据成员*/
    cout << box2.length << endl;      /*通过对象名 box2 引用静态数据成员*/
    cout << Box::length << endl;      /*通过类名引用静态数据成员*/
    cout << box1.volume() << endl;    /*调用 volume()函数,计算体积,输出结果*/
}
```

【程序分析】本例在程序中将 length 定义为公有的静态数据成员，所以在类外可以直接引用。可以看到在类外可以通过对象名引用公有的静态数据成员，也可以通过类名引用静态数据成员。即使没有定义类对象，也可以通过类名引用静态数据成员。这说明静态数据成员并不是属于对象的，而是属于类的，但类的对象可以引用它。如果静态数据成员被定义为私有的，则不能在类外直接引用，而必须通过公有的成员函数引用。

在 Visual Studio 2017 中的运行结果如图 9-17 所示。

图 9-17　静态数据成员

9.7.2　静态成员函数

如果把成员函数声明为静态的，就可以把函数与类的任何特定对象独立开来。静态成员函数即使在类对象不存在的情况下也能被调用，静态函数只要使用类名加范围解析运算符 "::" 就可以访问。

注意：静态成员函数只能访问静态成员数据、其他静态成员函数和类外部的其他函数。

静态成员函数有一个类范围，它们不能访问类的 this 指针。可以使用静态成员函数来判断类的某些对象是否已被创建。

静态成员函数与普通成员函数的区别：

（1）静态成员函数没有 this 指针，只能访问静态成员（包括静态成员变量和静态成员函数）。

（2）普通成员函数有 this 指针，可以访问类中的任意成员；而静态成员函数没有 this 指针。

【例 9-17】编写程序，在 Box 类中，将成员变量长、宽、高和体积都设置成静态成员。最后在 main() 函数中调用。

（1）在 Visual Studio 2017 中，新建名称为 "9-17.cpp" 的 Project17 文件。

（2）在代码编辑区域输入以下代码。

```cpp
#include <iostream>
using namespace std;
class Box
{
public:
    static int length ;        /*定义静态成员变量,长度*/
    static int width;          /*定义静态成员变量,宽度*/
    static int height;         /*定义静态成员变量,高度*/
    static int Volume();
};
/*初始化类 Box 的静态成员*/
int Box::length = 5;
int Box::width = 5;
int Box::height = 5;
int Box::Volume()
{
    return length * width*height;
}
int main(void)
{
    cout <<"静态成员函数 Volume="<< Box::Volume() << endl;
    return 0;
}
```

【程序分析】本例中将 length、width、height 和函数 Volume()都设置成 Box 类的静态成员。然后初始化长、宽、高，最后在 main()函数中输出 Volume()的值。

在 Visual Studio 2017 中的运行结果如图 9-18 所示。

图 9-18　静态成员函数

9.8　常量成员

C++通常会采用一些措施来保护数据的安全性，但是有些数据却往往是共享的，程序员可以在不同的场合通过不同的途径访问同一个数据对象。有时在无意之中的误操作会改变有关数据的状况，而这是人们所不希望出现的。

既要使数据能在一定范围内共享，又要保证它不被任意修改，这时可以使用 const 关键字加以限定。const 可以用来修饰成员变量、成员函数以及对象。

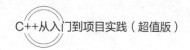

9.8.1 常量数据成员

使用关键字 const 来声明类的成员变量，称为常量数据成员。常量数据成员的值是不能改变的。其作用和用法与一般常变量相似。

注意： 初始化 const 成员变量的唯一方法就是使用参数初始化表。

例如：

```
class Time
{
public:
    Time(int h, int m, int s);
private:
    const int hour;
    const int minute;
    const int sec;
};
/*必须使用参数初始化表来初始化 hour、minute 和 sec*/
Time::Time(int h, int m, int s):hour(h),minute(m),sec(s){ }
```

Time 类包含了三个成员变量，hour、minute 和 sec，而这三个变量都加了 const 修饰，只能使用参数初始化表的方式赋值，如果写作下面的形式是错误的：

```
Time::Time(int h, int m, int s)
{
    hour = h;        /*不合法*/
    minute = m;      /*不合法*/
    sec = s;         /*不合法*/
}
```

【例 9-18】 编写程序，初始化类的常量数据成员。

（1）在 Visual Studio 2017 中，新建名称为"9-18.cpp"的 Project18 文件。

（2）在代码编辑区域输入以下代码。

```
#include <iostream>
using namespace std;
class Time
{
public:
    Time(int h, int m, int s);
    const int hour;
    const int minute;
    const int sec;
};
Time::Time(int h, int m, int s) :hour(h), minute(m), sec(s){ }
int main()
{
    Time const t1(10, 13, 56);
    cout << t1.hour << "时/" << t1.minute << "分/" << t1.sec << "秒" << endl;
    Time const t2(18,36,25);
    cout << t2.hour << "时/" << t2.minute << "分/" << t2.sec << "秒" << endl;
    return 0;
}
```

【程序分析】 本例定义了一个类 Time，该类里有三个常量数据成员，分别为 hour、minute 和 sec，以上数据成员都是 int 型的变量，在前面都被 const 修饰。所以在创建对象时，也需要用 const 进行修饰。

在 Visual Studio 2017 中的运行结果如图 9-19 所示。

图 9-19　常量数据成员

9.8.2 常量成员函数

const 成员函数可以使用类中的所有成员变量，但是不能修改它们的值，这种措施主要还是为了保护数据而设置的。const 成员函数也称为常量成员函数。

常量成员函数需要在声明和定义的时候在函数头部的结尾加上 const 关键字，例如：

```
class Student
{
public:
    Student(char *name, int age, float score);
    void show();
    //声明常量成员函数
    char *getname() const;
    int getage() const;
    float getscore() const;
private:
    char *m_name;
    int m_age;
    float m_score;
};
```

可以看到，在 getname()、getage() 和 getscore() 三个成员函数的参数列表后面出现了一个 const。这个 const 指明了这个函数不会修改该类的任何成员数据的值，称为常量成员函数。

对于 const 函数的外部定义，也不能忘记书写 const 限定符，例如三个成员函数的定义：

```
char * Student::getname() const
{
    return m_name;
}
int Student::getage() const
{
    return m_age;
}
float Student::getscore() const
{
    return m_score;
}
```

注意：如果在 const 成员函数的定义中出现了任何修改对象成员数据的现象，都会在编译时被检查出来。例如：

```
int Student::getage() const
{
    return m_age++;
}
```

9.8.3 常量对象

使用关键字 const 修饰的对象，称为常量对象。如果一个对象被声明为常量对象，就只能调用类的 const 成员。

定义常量对象的一般形式为：

```
类名 const 对象名[(实参表列)];
```

也可以把 const 写在最左面：

```
const 类名 对象名[(实参表列)];
```

例如：

```
Time const t(18,23,56);  //t 为常量对象
```

注意：如果一个对象被声明为常量对象，则不能调用该对象的非 const 型的成员函数，除了由系统自动调用的隐式的构造函数和析构函数。

9.9 友元

友元可以是一个函数，该函数被称为友元函数；友元也可以是一个类，该类被称为友元类。

9.9.1 友元函数

友元函数是可以直接访问类的私有成员的非成员函数。它是定义在类外的普通函数，它不属于任何类，但需要在类的定义中加以声明，声明时只需在友元的名称前加上关键字 friend。

其语法格式如下：

```
friend 类型 函数名(形式参数);
```

友元函数的特点：

（1）友元函数的声明可以放在类的私有部分，也可以放在公有部分，它们是没有区别的，都说明是该类的一个友元函数。

（2）一个函数可以是多个类的友元函数，只需要在各个类中分别声明。

（3）友元函数的调用与一般函数的调用方式和原理一致。

【例 9-19】编写程序，使用友元函数。

（1）在 Visual Studio 2017 中，新建名称为"9-19.cpp"的 Project19 文件。

（2）在代码编辑区域输入以下代码。

```
#include <iostream>
using namespace std;
class A
{
public:
    friend void show(int x, A &a);        //该函数是友元函数的声明
private:
    int data;
};
void show(int x, A &a)                     //友元函数定义，为了访问类 A 中的成员
{
    a.data = x;
    cout << a.data << endl;
}
int main(void)
{
    A a;
    show(25, a);
    return 0;
}
```

【程序分析】在本例中 show()函数不仅是全局函数，而且还是 A 类的友元，因此能够访问类 A 的私有数据成员。

在 Visual Studio 2017 中的运行结果如图 9-20 所示。

图 9-20 友元函数

9.9.2 友元类

友元类的所有成员函数都是另一个类的友元函数，都可以访问另一个类中的隐藏信息（包括私有成员和保护成员）。

定义友元类的语法格式如下：

```
friend class 类名;
```

其中，friend 和 class 是关键字，类名必须是程序中的一个已定义过的类。

例如，以下语句说明类 B 是类 A 的友元类：

```
class A
{
...
public:
    friend class B;
...
};
```

经过以上说明后，类 B 的所有成员函数都是类 A 的友元函数，能存取类 A 的私有成员和保护成员。

使用友元类时注意：

（1）友元关系不能被继承。

（2）友元关系是单向的，不具有交换性。若类 B 是类 A 的友元，类 A 不一定是类 B 的友元，要看在类中是否有相应的声明。

（3）友元关系不具有传递性。若类 B 是类 A 的友元，类 C 是类 B 的友元，类 C 不一定是类 A 的友元，同样要看类中是否有相应的申明。

【例 9-20】编写程序，使用友元类。

（1）在 Visual Studio 2017 中，新建名称为 "9-20.cpp" 的 Project20 文件。

（2）在代码编辑区域输入以下代码。

```
#include <iostream>
using namespace std;
class B
{
private:
    int num;
    friend class A;                  /*友元类*/
    friend void Show( A& , B& );     /*友元函数*/
public:
    B( int temp = 33):num ( temp ){}  /*初始化构造函数*/
};
class A
{
private:
    int value;
    friend void Show( A& , B& );
public:
    A(int temp = 55 ):value ( temp ){}
    void Show( B &b )
    {
        cout << value << endl;
        cout << b.num << endl;
    }
};
void Show( A& a, B& b )
{
    cout << a.value << endl;
```

```
         cout << b .num << endl;
     }
int main()
{
     A a;
     B b;
     a.Show( b );
     Show( a, b );
     return 0;
}
```

【程序分析】本例定义了 A 和 B 两个类，在类 B 中声明类 A 为类 B 的友元类，类 A 中定义了一个友元函数 show()，类 B 中也定义了一个同名的友元函数。此时类 A 的成员可以访问类 B 的任意成员函数，所以在类 A 中 show() 函数可以调用类 B 的私有成员变量 num，在 main() 函数中同样如此。

在 Visual Studio 2017 中的运行结果如图 9-21 所示。

图 9-21　友元类

9.9.3　友元成员

所谓友元成员就是一个类的成员函数是另一个类的友元函数。友元成员函数的作用，不仅可以访问自己所在类对象中的私有和公有成员，还可以访问由关键字 friend 声明语句所在的类对象中的私有和公有成员，可以使两个类相互访问，从而共同完成某个任务。

例如，设类 B 中的成员函数 set_show() 成为类 A 的友元函数，那么友元成员函数的语法格式如下：

```
class   A
{
    friend  void  B::set_show(A&);    //友元函数是另一个类B的成员函数
public:
...
}
```

这样类 B 的该成员函数 set_show() 就可以访问类 A 的所有成员了。

当用到友元成员函数时，需注意友元声明和友元定义之间的相互依赖，在该例子中，类 B 必须先定义，否则类 A 就不能将一个类 B 的函数指定为友元。然而，只有在定义了类 A 之后，才能定义类 B 的该成员函数。一般来说，必须先定义包含成员函数的类，才能将成员函数设为友元。另外，不必预先声明类和非成员函数来将它们设为友元。

例如：

```
class A;        //当用到友元成员函数时,需注意友元声明与友元定义之间的互相依赖.这是类A的声明
class B         //先定义类B,才能将类A指定为友元成员
{
public:
    void set_show(int x, A &a);              //该函数是类A的友元函数
};
class A
{
public:
    friend void B::set_show(int x, A &a);    //该函数是友元成员函数的声明
private:
    int data;
    void show() { cout << data << endl; }
};
```

只有在定义类 A 后才能定义 set_show()函数：

```
void B::set_show(int x, A &a)
{
    a.data = x;
    cout << a.data << endl;
}
int main(void)
{
    class A a;
    class B b;
    b.set_show(1, a);
    return 0;
}
```

9.10 就业面试技巧与解析

9.10.1 面试技巧与解析（一）

面试官："."运算符和"->"运算符都能访问成员，但是哪种方法好？

应聘者：如果有一个指向对象的指针，则使用"->"运算符最合适；如果是实例化一个对象，并将其储存到一个局部变量中，则使用"."运算符最为合适。

9.10.2 面试技巧与解析（二）

面试官：友元的作用和优缺点？

应聘者：友元提供了不同类的成员函数之间、类的成员函数与一般函数之间进行数据共享的机制。通过友元，一个不同函数或另一个类中的成员函数可以访问类中的私有成员和保护成员。

优点：

（1）可以灵活地实现需要访问若干类的私有或受保护的成员才能完成的任务。

（2）便于与其他不支持类概念的语言进行混合编程。

（3）通过使用友元函数重载可以更自然地使用 C++语言的 I/O 流库。

缺点：一个类将对其非公有成员的访问权限授予其他函数或者类，会破坏该类的封装性，降低该类的可靠性和可维护性。

第10章
C++的命名空间与作用域

 学习指引

我们知道，在电脑桌面上新建一个文件夹时，如果之前有同名的文件夹，系统就会在同名文件夹后面自动生成一个序号或者要求重新命名，这样管理和查找时就方便很多。如果不想改名又想同时保存这两个文件，只有将它们放在不同的文件夹中。

在代码中，命名空间和类的关系，就好比文件夹和文件的关系。命名空间就像文件夹，它包含了若干个文件（类），这样可以将你定义的很多类整齐地摆放起来，不仅可以避免命名冲突，还可以简化对类成员的访问。

 重点导读

- 熟悉命名空间的概念。
- 掌握如何引用命名空间的成员。
- 熟悉类与命名空间的关系。
- 熟悉类的作用域。

10.1　命名空间

namespace 即"命名空间"，也称"名称空间""名字空间"，是指标识符的各种可见范围。命名空间是C++的一种机制，用来把单个标识符下的大量有逻辑联系的程序实体组合到一起。此标识符作为此组群的名字。

10.1.1　命名空间的概念

命名空间是用来组织和重用代码的编译单元。如同名字一样的意思，NameSpace（名字空间），之所以出来这样一个东西，是因为人类可用的单词数太少，并且不同的人写的程序不可能出现所有变量都没有重名的现象，对于库来说，这个问题尤其严重，如果两个人写的库文件中出现同名的变量或函数，使用起来就有问题了，为了解决这个问题，引入了名字空间这个概念，通过使用 "namespace xxx;"，用户所使用的库函数或变量就是在该名字空间中定义的，这样就不会引起不必要的冲突了。

10.1.2　命名空间的定义

使用命名空间定义可以用来区分不同库中相同名称的函数、类、变量等。本质上，命名空间就是定义了一个范围。

例如：

```
namespace namespace_name
{
    //代码声明
}
```

C++标准程序库中的所有标识符都被定义于一个名为 std 的 namespace 中。

（1）在查阅资料时，用户会发现有些代码中有<iostream>和<iostream.h>两种格式，前者没有后缀，实际上，在编译器 include 文件夹里面可以看到，二者是两个文件，打开文件就会发现，里面的代码是不一样的。

后缀为.h 的头文件 C++标准已经明确提出不支持了，早些的实现将标准库功能定义在全局空间里，声明在带.h 后缀的头文件里，C++标准为了和 C 语言区别开，也为了正确使用命名空间，规定头文件不使用后缀.h。因此，当使用<iostream.h>时，相当于在 C 中调用库函数，使用的是全局命名空间，也就是早期的 C++实现；当使用<iostream>的时候，该头文件没有定义全局命名空间，必须使用 "namespace std;" 这样才能正确使用 cout。

（2）由于 namespace 的概念，使用 C++标准程序库的任何标识符时，可以有以下选择：

① 直接指定标识符。例如 std::ostream 而不是 ostream。完整语句如下：

```
std::cout << std::z << 30 << std::endl;
```

② 最方便的就是使用 "using namespace std;"。这样命名空间 std 内定义的所有标识符都有效。就好像它们被声明为全局变量一样。

那么以上语句可以如下写：

```
cout << z << 30 << endl;
```

因为标准库非常庞大，所以程序员在选择类的名称或函数名时就很有可能和标准库中的某个名字相同。所以为了避免这种情况所造成的名字冲突，就把标准库中的一切都放在名字空间 std 中。

但这又会带来一个新问题。无数原有的 C++代码都依赖于使用了多年的伪标准库中的功能，它们都是在全局空间下的。所以就有了<iostream.h>和<iostream>等这样的头文件，一个是为了兼容以前的 C++代码，一个是为了支持新的标准。命名空间 std 封装的是标准程序库的名称，标准程序库为了和以前的头文件区别，一般不加 ".h"。

【例 10-1】编写程序，未使用命名空间，在主函数中定义变量。

（1）在 Visual Studio 2017 中，新建名称为 "10-1.cpp" 的 Project1 文件。

（2）在代码编辑区域输入以下代码。

```
#include <iostream>
int main()
{
    int x, y, z;
    std::cout << "x=";
    std::cin >> x;
```

```
    std::cout << "y=";
    std::cin >> y;
    z = x + y;
    std::cout << "z=" << z << std::endl;
    return 0;
}
```

【程序分析】本例中未使用命名空间。在 main()函数中定义变量 x、y、z，但是在使用语句 cout、cin 和 endl 时必须在名字空间 std 中调用。

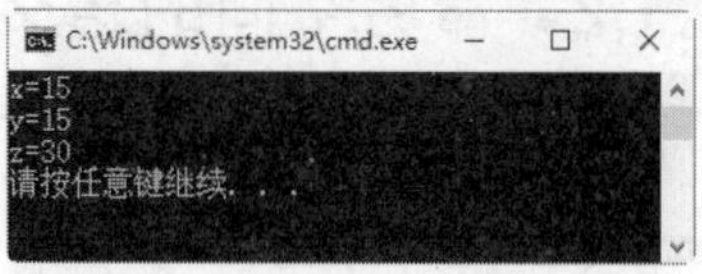

在 Visual Studio 2017 中的运行结果如图 10-1 所示。

图 10-1　没有使用 namespace

【例 10-2】编写程序，使用命名空间，在主函数中定义变量。

（1）在 Visual Studio 2017 中，新建名称为"10-2.cpp"的 Project2 文件。

（2）在代码编辑区域输入以下代码。

```
#include <iostream>
using namespace std;
int main()
{
    int x, y, z;
    cout << "x=";
    cin >> x;
    cout << "y=";
    cin >> y;
    z = x + y;
    cout << "z=" << z << endl;
    return 0;
}
```

【程序分析】本例在程序开头使用命名空间。

在 Visual Studio 2017 中的运行结果如图 10-2 所示。

图 10-2　使用命名空间

1. 命名空间中定义函数

【例 10-3】编写程序，定义两个命名空间 S1 和 S2，并且定义同名的函数 fun()，在 main()中调用。

（1）在 Visual Studio 2017 中，新建名称为"10-3.cpp"的 Project3 文件。

（2）在代码编辑区域输入以下代码。

```
#include <iostream>
using namespace std;              /*使用命名空间*/
namespace  S1                     /*第一个命名空间*/
{
    void fun()                    /*定义函数 fun()*/
    {
        int x = 50;
        cout << "第一个命名空间 S1：x=" << x << endl;
    }
}
namespace  S2                     /*第二个命名空间*/
{
    void fun()                    /*定义函数 fun()*/
    {
        int x = 100;
        cout << "第二个命名空间 S2：x=" << x << endl;
    }
}
```

```
int main()
{
    S1::fun();      /*调用第一个命名空间中的函数*/
    S2::fun();      /*调用第二个命名空间中的函数*/
    return 0;
}
```

【程序分析】本例通过命名空间，定义了两个空间 S1 与 S2，相当于在桌面上新建了两个文件夹。因此，在 S1 的函数 fun()中定义了一个变量 x 并赋值；在 S2 的 fun()函数中同样定义了一个变量 x 也进行赋值。所以在 main()中调用这两函数时，变量 x 都能使用。

在 Visual Studio 2017 中的运行结果如图 10-3 所示。

图 10-3　使用命名空间定义函数

2. 命名空间的嵌套

【例 10-4】编写程序，命名空间 S1 中嵌套命名空间 S2。

（1）在 Visual Studio 2017 中，新建名称为 "10-4.cpp" 的 Project4 文件。

（2）在代码编辑区域输入以下代码。

```
#include <iostream>
using namespace std;
namespace S1
{
    void fun()
    {
        int x = 50;
        cout << "第一个命名空间 S1：x=" << x << endl;
    }
    namespace S2
    {
        void fun()
        {
            int x = 100;
            cout << "第二个命名空间 S2：x=" << x << endl;
        }
    }
}
int main()
{
    S1::fun();
    S1::S2::fun();        /*访问函数 fun()时,需要使用上层命名空间的名字来指定*/
    return 0;
}
```

【程序分析】本例修改【例 10-3】，在 S1 的空间里嵌套定义 S2。

在 Visual Studio 2017 中的运行结果如图 10-4 所示。

图 10-4　命名空间嵌套定义

10.1.3　命名空间的别名

标准 C++引入命名空间这个概念，主要是为了避免成员的名称冲突。若用户都给自己的命名空间取简短的名称，那么这些命名空间也可能发生名称冲突。但如果为了避免冲突，而为命名空间取很长的名称则使用起来会很不方便。

因此，标准 C++提供了一种解决方案，命名空间别名。语法格式如下：

```
namespace 别名 = 命名空间名;
```

例如，China_Electronics_Technology_Group_Corporation（中国电子科技集团）取一个别名：

```
namespace China_Electronics_Technology_Group_Corporation = namespace CETC
```

【例 10-5】编写程序，使用命名空间的别名。

（1）在 Visual Studio 2017 中，新建名称为"10-5.cpp"的 Project5 文件。

（2）在代码编辑区域输入以下代码。

```
#include <iostream>
#include <string>
using namespace std;
namespace China_Electronics_Technology_Group_Corporation   /*定义命名空间*/
{
    string Name;    /*成员变量*/
    void show()     /*成员函数*/
    {
        cout << Name << endl;
    }
}
int main()
{
    China_Electronics_Technology_Group_Corporation::Name = "小张";   /*没有使用别名,不方便*/
    China_Electronics_Technology_Group_Corporation::show();
    /*定义命名空间的别名为CETC*/
    namespace CETC = China_Electronics_Technology_Group_Corporation;
    CETC::Name = "小李";
    CETC::show();
    return 0;
}
```

【程序分析】本例中，China_Electronics_Technology_Group_Corporation 是中国电子科技集团的英文名称，使用该名称定义了一个命名空间。在该空间里定义了一个 string 类型的变量 Name 和一个函数 show()。主函数中，先对 Name 赋值为"小张"，接着输出到控制台。由于命名空间的名字很长，因此代码书写很不方便，于是为命名空间 China_Electronics_Technology_Group_Corporation 定义了一个别名 CETC，然后再对 Name 赋值为"小李"并输出。从代码中可以看出，使用了别名，写代码的时候明显方便多了。

在 Visual Studio 2017 中的运行结果如图 10-5 所示。

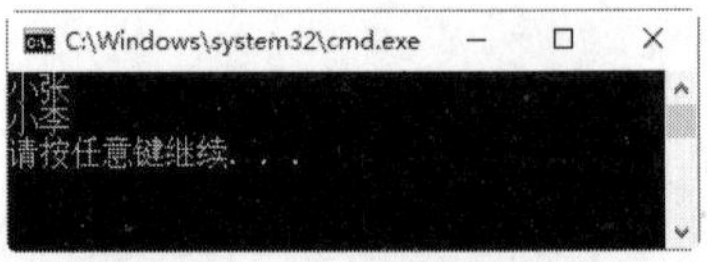

标准 C++引入命名空间，除了可以避免成员的名称发生冲突之外，还可以使代码保持局限性，从而保护代码不被他人非法使用。如果目的是后者，C++允许定义一个无名命名空间。这样在当前编译单元中可以直接使用无名命名空间中的成员，但是在当前编译单元之外，它又是不可见的。

图 10-5   命名空间的别名

无名命名空间的语法格式为：

```
namespace
{
    //代码声明序列
}
```

【例 10-6】编写程序，在一个无名的命名空间中定义一个变量 x 和函数 fun()，并在 main()中调用。

（1）在 Visual Studio 2017 中，新建名称为"10-6.cpp"的 Project6 文件。

（2）在代码编辑区域输入以下代码。

```
#include <iostream>
using namespace std;
namespace       /*定义一个无名的命名空间*/
```

```
{
    int x;                      /*成员变量x*/
    void fun()                  /*成员函数fun()*/
    {
        cout << "Hello C++!" << endl;
    }
}
int main()
{
    x = 30;                     /*可直接使用无名命名空间中的变量x*/
    cout << "x=" << x << endl;
    fun();                      /*可直接使用无名命名空间中的函数fun()*/
    return 0;
}
```

【程序分析】在本例的 main()函数中可以直接使用无名命名空间中的变量和函数。

在 Visual Studio 2017 中的运行结果如图 10-6 所示。

和其他命名空间一样，无名命名空间也可以嵌套在另一个命名空间内部。访问时需使用外围的命名空间的名字来限定，例如：

图 10-6　无名命名空间

```
namespace S1         /*定义一个命名空间S1*/
{
    namespace        /*嵌套定义一个无名命名空间*/
    {
        int x;       /*定义一个变量x*/
    }
}
int main()
{
    S1::x = 30;      /*对无名命名空间的变量x需要使用上层命名空间的名字来指定*/
    return 0;
}
```

10.2　引用命名空间的成员

在 C++的程序中，不同命名空间内的成员可以同名。通常使用 "::" 操作符来引用指定命名空间中的成员。显然，这种符号引用的方式比较麻烦。因此，C++提供了 using 指令，使引用命名空间的成员更简洁。

10.2.1　作用域限定符

在不同作用域内声明的变量可以同名，但如果局部变量和全局变量同名，在局部变量作用域内如何访问全局变量？

在 C++中，可以通过使用作用域限定符 "::"（Scope Resolution Operator）来区别同名的全局变量。在本质上，命名空间就是定义了一个范围。

【例 10-7】编写程序，使用作用域限定符引用全局变量。

（1）在 Visual Studio 2017 中，新建名称为 "10-7.cpp" 的 Project7 文件。

（2）在代码编辑区域输入以下代码。

```
#include <iostream>
using namespace std;
```

```
int x = 11;                              /*定义一个全局变量*/
int main()
{
    int x = 22;
    cout << "全局变量  x=" << ::x << endl;     /*输出全局变量*/
    cout << "局部变量  x=" << x << endl;       /*输出局部变量*/
    ::x = 33;
    cout << "全局变量  x=" << ::x << endl;     /*输出全局变量*/
    cout << "局部变量  x=" << x << endl;       /*输出局部变量*/
    return 0;
}
```

【程序分析】在本例中定义一个全局变量 x，并赋值 11。在 main()
函数里面定义一个局部变量 x 并赋值 22。接着使用作用域限定符改变
全局变量 x 的值，最后打印出全局变量 x 和局部变量 x 的值。

在 Visual Studio 2017 中的运行结果如图 10-7 所示。

注意：作用域限定符"::"只能用来访问全局变量，不能用于访问
一个在语句块外声明的同名局部变量。

图 10-7 作用域限定符

例如，错误的使用方式：

```
void main()
{
    int x=11;           /*变量 x 是局部变量*/
    {
        int x=22;
        ::x=33;
    }
}
```

10.2.2 使用 using 指令

using 指令使整个名字空间中的成员在名字空间外都可见，就像去掉名字空间一样。这样在使用命名空间时
就可以不用在前面加上命名空间的名称。这个指令会告诉编译器，后续的代码将使用指定的命名空间中的名称。

【例 10-8】编写程序，使用 using 指令。

（1）在 Visual Studio 2017 中，新建名称为"10-8.cpp"的 Project8 文件。

（2）在代码编辑区域输入以下代码。

```
#include <iostream>
using namespace std;
namespace S1                /*第一个命名空间*/
{
    void fun()
    {
        cout << "Hello C!" << endl;
    }
}
namespace S2                /*第二个命名空间*/
{
    void fun()
    {
        cout << "Hello C++!" << endl;
    }
}
using namespace S2;         /*指定使用第二个命名空间*/
int main()
{
```

```
    fun();                        /*调用第二个命名空间中的函数*/
    return 0;
}
```

【程序分析】本例定义了两个命名空间。如果不使用"using namespace S2;"语句，则在主函数中，必须加上名字空间才能使用该空间里的成员，例如"S2::fun();"。

在 Visual Studio 2017 中的运行结果如图 10-8 所示。

在嵌套的命名空间里，通过使用"::"运算符来访问命名空间中的成员。

图 10-8　使用 using 指令

例如：

```
namespace S1
{     /*代码声明序列*/
    namespace S2
    {  /*代码证明序列*/
    }
}
using namespace S1::S2;     /*访问 S2 中的成员*/
using namespace S1;         /*访问 S1 中的成员*/
```

10.2.3　using 声明

using 声明可以用来指定命名空间中的特定项目，同其他声明的行为一样有一个作用域，它引入的名字从该声明开始直到其所在的域结束都是可见的。例如，如果用户只打算使用 std 命名空间中的 cout 部分，就可以使用如下的语句：

```
using std::cout;
```

随后的代码中，在使用 cout 时就可以不用加上命名空间名称作为前缀，但是 std 命名空间中的其他项目仍然需要加上命名空间名称作为前缀。

【例 10-9】编写程序，使用 using 声明。

（1）在 Visual Studio 2017 中，新建名称为"10-9.cpp"的 Project9 文件。

（2）在代码编辑区域输入以下代码。

```
#include <iostream>
using std::cin;                /*using 声明,表明要引用标准库 std 的成员 cin*/
using std::endl;              /*using 声明,表明要引用标准库 std 的成员 endl*/
int main()
{
    int x, y;
    cin >> x;
    cin >> y;
    std::cout << "x+y=" << x + y << endl;    /*cout 未声明,所以通过命名空间名引用*/
    return 0;
}
```

【程序分析】本例使用了 using 声明，所以可以直接引用命名空间中的成员，而不需要再引用该成员的命名空间。std 是最常用的命名空间，标准 C++库中所有的组件都在该命名空间中声明和定义。比如在标准头文件"<iostream>"中声明的函数对象和类模板都被声明在命名空间 std 中。

在 Visual Studio 2017 中的运行结果如图 10-9 所示。

using 声明的名称遵循正常的范围规则。名称从使用 using 指令开始是可见的，直到该范围结束。此时，在范围以外定义的同名实体是隐藏的。

图 10-9　using 声明

注意：

（1）没有 using 声明，而直接引用命名空间中的名字是错误的。

（2）一个 using 声明一次只能作用于一个命名空间成员，如果希望使用命名空间中的几个名字，则必须为要用到的每个名字都提供一个 using 声明。

（3）using 声明可以出现在全局域和任意命名空间中，也可以出现在局部域中。

10.3 类和命名空间的关系

一般程序的开发都是由多个人共同开发的，为了防止不同模块的类和函数重名，所以采用命名空间来区分，这样就不怕同名的混乱了。类就是面向对象所特有的，通过类来把自然界的事物封装起来使用。

在命名空间里，也允许两个不同的类拥有相同的类名称，只要它们分属于不同的命名空间。把类放在命名空间内最明显的一个好处是能方便调用甚至是其他应用程序的调用。比如用户写了一个类，在其他地方还要使用，就可以把它放在一个命名空间里，这样在其他程序需要的时候，就可以通过"命名空间加类名"的方式方便地调用它，而不用再重复写这样一个类。

【例 10-10】 编写程序，在命名空间里定义类。

（1）在 Visual Studio 2017 中，新建名称为"10-10.cpp"的 Project10 文件。

（2）在代码编辑区域输入以下代码。

```cpp
#include <iostream>
using namespace std;        //using 指令，表明使用了标准库 std
namespace S1                //定义一个命名空间 S1
{
    class S_Class           //命名空间 nsA 中的成员类 S_Class
    {
    public:                 //定义一个公有函数
        void show()
        {
            cout << "调用命名空间 S1 中类 S_Class 的函数 show()." << endl;
        }
    };
}
namespace S2                //定义一个命名空间 S2
{
    class S_Class           //命名空间 S2 中的成员类 S_Class
    {
    public:                 //定义一个公有函数
        void show()
        {
            cout << "调用命名空间 S2 中类 S_Class 的函数 show()." << endl;
        }
    };
}
int main()
{
    S1::S_Class x;          //声明一个 S1 中类 S_Class 的实例 x
    x.show();               //调用类实例 x 中的 show()，输出结果
    S2::S_Class y;          //声明一个 S2 中类 S_Class 的实例 y
    y.show();               //调用类实例 y 中的 show()，输出结果
    return 0;
}
```

【程序分析】在本例中，定义了两个命名空间 S1 和 S2，并分别在其中定义了同名的类 S_Class，类中又有同名函数 show()。

通过命名空间的限制，可以方便地区分是使用的哪个类的实例，以及调用哪个类中的函数。语句"S1::S_Class x;"说明 x 是命名空间 S1 中的类 S_Class 的一个实例，语句"S2::S_Class y;"说明 y 是命名空间 S2 中的类 S_Class 的一个实例。

在 Visual Studio 2017 中的运行结果如图 10-10 所示。

注意：语句 using namespace 只在其被声明的语句块内有效（一个语句块指在一对大括号{}内的一组指令）。如果 using namespace 是在全局范围内被声明的，则在所有的代码中都有效。

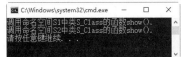

图 10-10 命名空间中的类

10.4 类的作用域

通常来说，一段程序代码中所用到的名字并不总是有效/可用的，而限定这个名字的可用性的代码范围就是这个名字的作用域。作用域的使用提高了程序逻辑的局部性，增强了程序的可靠性，减少名字冲突。

类的作用域简称类域，它是指在类的定义中由一对大括号所括起来的部分。每一个类都具有该类的类域，该类的成员局部于该类所属的类域中。

例如：

```
class A    //类的作用域
{
public:
    A();
    void fun();
};//类的作用域
```

在类的定义中可知，类域中可以定义变量，也可以定义函数。从这一点上看类域与文件域很相似。但是，类域又不同于文件域，在类域中定义的变量不能使用 auto，register 和 extern 等修饰符，只能用 static 修饰符，而定义的函数也不能用 extern 修饰符。另外，在类域中的静态成员和成员函数还具有外部的连接属性。

文件域中可以包含类域，显然，类域小于文件域。一般地，类域中可包含成员函数的作用域。

由于类中成员的特殊访问规则，使得类中成员的作用域变得比较复杂。具体地讲，某个类 A 中某个成员 M 在以下情况具有类 A 的作用域：

（1）该成员（M）出现在该类的某个成员函数中，并且该成员函数没有定义同名标识符。

（2）在该类（A）的某个对象的该成员（M）的表达式中。例如，a 是 A 的对象，即在表达式 a.M 中。

（3）在该类（A）的某个指向对象指针的该成员（M）的表达式中。例如，Pa 是一个指向 A 类对象的指针，即在表达式 Pa->M 中。

（4）在使用作用域运算符所限定的该成员中。例如，在表达式 A::M 中。

一般来说，类域介于文件域和函数域之间，由于类域问题比较复杂，在前面和后面的程序中都会遇到，只能根据具体问题具体分析。

10.5 综合应用

【例 10-11】编写程序，将两个同名类放在不同的命名空间中。

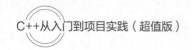

（1）在 Visual Studio 2017 中，新建名称为"10-11.cpp"的 Project11 文件。

（2）在代码编辑区域输入以下代码。

```cpp
#include <iostream>
using namespace std;                          //using 指令
namespace Windows_Source_Code_ch10_Project1   //定义命名空间 Project1
{
    int x = 9;                                //成员变量 x
    class MyClass                             //成员类 MyClass
    {
    public:                                   //公有说明
        void show()                           //类的成员函数 show()
        {
            cout << "Windows_Source_Code_ch10_Project1" << endl;
        }
        int y;                                //类的成员变量 y
    };
}
namespace Windows_Source_Code_ch10_Project2   //定义命名空间 Project2
{
    int x = 2;                                //成员变量 x
    namespace                                 //嵌套无名命名空间
    {
        int y = 5;                            //成员变量 y
    }
    class MyClass                             //成员类 MyClass
    {
    public:                                   //公有说明
        int y=10;                             //类的成员变量 y
        void show()                           //类的成员函数 show()
        {
            cout << "Windows_Source_Code_ch10_Project2" << endl;
        }
    };
    namespace P3                              //定义命名空间 Project3
    {
        int x = 20;
        void show()
        {
            cout << "Windows_Source_Code_ch10_Project3" << endl;
        }
    }
}
int main()
{
    /*为 Windows_Source_Code_ch10_Project1 定义命名空间的别名 P1*/
    namespace P1 = Windows_Source_Code_ch10_Project1;
    //使用作用域限定符,限定了访问的是哪个命名空间中的 x
    cout << "命名空间 P1 x=" << P1::x << endl;
    cout << "命名空间 P1 show():";
    P1::MyClass a;
    a.show();
    P1::MyClass b;
    b.y = 15;
    cout << "命名空间 P1 y="<<b.y << endl;
    cout << endl;
    /*为 Windows_Source_Code_ch10_Project2 定义命名空间的别名 P2*/
    namespace P2 = Windows_Source_Code_ch10_Project2;
```

```
    cout << "命名空间 P2 x=" << P2::x << endl;
    cout << "无名空间　y=" << P2::y << endl;
    cout << endl;
    {
        using namespace P2;　//using 指令,后面的代码无须再加 P2 来限定
        cout << "using指令 命名空间 P2 x=" << x << endl;
        cout << "using指令 无名空间　y=" << y << endl;
    }
    cout << endl;
    cout << "命名空间 P2 show():";
    P2::MyClass m;
    m.show();
    P2::MyClass n;
    cout << "命名空间 P2 y=" << n.y << endl;
    cout << endl;
    cout << "命名空间 P3 show():";
    P2::P3::show();
    cout << "命名空间 P3 x=" << P2::P3::x << endl;
    return 0;
}
```

【程序分析】本例中，两个长名字的命名空间分别定义为别名 P1 和 P2，并在 P2 中嵌套定义了一个无名空间和一个 P3。P1 和 P2 都有同名的变量 x 和类 MyClass，类中又有同名的变量 y 和函数 show()。在 main() 函数中还使用的空间的命名别名和 using 指令，方便地区分了是使用的哪个命名空间中的成员，以及调用哪个类中的函数。

在 Visual Studio 2017 中的运行结果如图 10-11 所示。

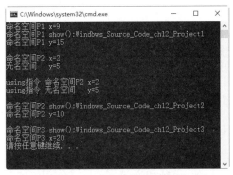

图 10-11　命名空间的运用

10.6　就业面试技巧与解析

10.6.1　面试技巧与解析（一）

面试官：访问命名空间成员有哪几种方法？

应聘者：通过本章的学习，可以知道在引用命名空间成员时，要用命名空间名和作用域限定符对命名空间成员进行限定，以区别不同的命名空间中的同名标识符。即：

```
命名空间名::命名空间成员名;
```

这种方法是有效的，能保证所引用的实体有唯一的名字。但是如果命名空间名字比较长，尤其在有命

名空间嵌套的情况下为引用一个实体，需要写很长的名字。在一个程序中可能要多次引用命名空间成员，就会感到很不方便。

1. 使用命名空间别名引用成员

为命名空间起一个别名，用来代替较长的命名空间名。

例如：

```
namespace Television        //定义命名空间,名为 Television
{...}
```

可以用一个较短而易记的别名代替它。例如：

```
namespace TV= Television;  //别名与原名 Television 等价
```

2. 使用 using 命名空间成员名

using 后面的命名空间成员名必须是由命名空间限定的名字。

例如：

```
using std::cout;
```

该语句表示，在 using 语句所在的作用域中会用到命名空间 std 中的成员 cout，在本作用域中如果使用该命名空间成员时，不必再用命名空间限定。例如在用 using 声明后，在其后程序中出现 cout 就是隐含的值 std::cout。

10.6.2　面试技巧与解析（二）

面试官：作用域运算符 "::" 都有哪些用法？

应聘者：C++作用域运算符主要有两种应用方式。

1. 类与类的成员之间

声明一个类 A，类 A 里声明了一个成员函数 "void fun();"，但是没有在类的声明里给出函数 fun()的定义，那么在类外定义函数 fun()时，就要写成 "void A::fun()"，表示这个 fun()函数是类 A 的成员函数。

2. 作用域

作用域一般分为全局作用域、局部作用域和语句作用域。作用域的范围越小优先级越高。

如果希望在局部变量的作用域内使用同名的全局变量，就可以在该变量前面加上 "::"。

3. 命名空间

C++标准程序库中的所有标识符都被定义于一个名为 std 的 namespace 中。在没有写 "using namespace std;" 这句代码时，程序里都是使用 std::cout 而不是 cout。

第11章
继承与派生

 学习指引

层次是计算机的重要概念。继承是面向对象程序设计的一个重要特征。继承允许用户依据另一个类来定义一个类,这使得创建和维护一个应用程序变得更容易。这样做,一方面可以充分利用系统中已定义的程序资源,避免了重复开发;另一方面,它也能提高执行效率。

 重点导读

- 熟悉并掌握基类与派生类的关系。
- 熟悉基类与派生类的转换。
- 掌握多重继承。

11.1 继承概述

继承是类与类之间的关系,是一个很简单很直观的概念,与现实世界中的继承类似,例如儿子继承父亲的财产。

继承可以理解为一个类从另一个类获取成员变量和成员函数的过程。例如类 B 继承于类 A,那么 B 就拥有 A 的成员变量和成员函数。被继承的类称为父类或基类,继承的类称为子类或派生类。

11.1.1 什么是继承

继承机制体现了现实世界的层次结构,如图 11-1 所示,交通工具与小汽车之间的属性就属于继承关系。

根据对上图的理解,继承反映了事物之间的联系,事物的共性与个性之间的关系。简单地说,继承就是指某类事物具有比其父辈事物更一般性的某些特征

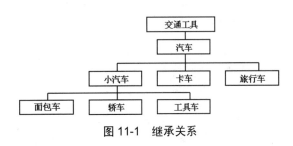

图 11-1 继承关系

（或称为属性），用对象和类的术语，可以这样表达：对象和类"继承"了另一个类的一组属性。

以下是两种典型的使用继承的场景：

（1）当用户创建的新类与现有的类相似，只是多出若干成员变量或成员函数时，可以使用继承，这样不但会减少代码量，而且新类会拥有基类的所有功能。

（2）当用户需要创建多个类，它们拥有很多相似的成员变量或成员函数时，也可以使用继承。可以将这些类的共同成员提取出来，定义为基类，然后从基类继承，既可以节省代码，也方便后续修改成员。

11.1.2　基类与派生类

在第 9 章中介绍了类，一个类中包含了若干数据成员和成员函数。在不同的类中，数据成员和成员函数是不相同的。但有时两个类的内容基本相同或有一部分相同。

例如，声明一个汽车基本数据的类 Car：

```
class Car
{
public:
    void show() /*对成员函数 show()的定义*/
    {
        cout << "name: " << name << endl;
        cout << "sell: " << sell << endl;
        cout << "sex: " << color << endl;
    }
private:
    string name;          /*汽车名称*/
    int sell;             /*汽车售价*/
    string color;         /*汽车颜色*/
};
```

如果汽车销售中心除了需要用到汽车的名称、售价、颜色以外，还需要用到生产厂家、耗油量等信息，就可以重新声明另一个类 Car1。

例如：

```
class Car1
{
public:
    void show()
    {
        cout << "name: " << name << endl;
        cout << "sell: " << sell << endl;
        cout << "sex: " << color << endl;
        cout << "volume" << volume << endl;
        cout << "addr" << addr << endl;
    }
private:
    string name;
    int sell;
    string color;
    float volume;         /*汽车耗油量*/
    char addr[50];        /*汽车地址*/
};
```

可以看到有相当一部分是原来已经有的，可以利用原来声明的类 Car 作为基础，再加上新的内容即可，以减少重复的工作量。C++提供的继承机制就是为了解决这个问题。

在 C++中，所谓"继承"就是在一个已存在的类的基础上建立一个新的类。已存在的类称为"基类（base class）"或"父类（father class）"，新建的类称为"派生类（derived class）"或"子类（son class）"。

11.1.3　C++派生语法

C++派生语法一般为：

```
class 派生类名：［继承方式］ 基类名
{
    派生类新增加的成员
};
```

继承方式包括 public（公有的）、private（私有的）和 protected（受保护的），此项是可选的，如果不写，那么默认为 private。在后面小节会详细介绍。

【例 11-1】编写程序，实现类的继承。

（1）在 Visual Studio 2017 中，新建名称为"11-1.cpp"的 Project1 文件。

（2）在代码编辑区域输入以下代码。

```cpp
#include <iostream>
#include <string>
using namespace std;
/*基类Car*/
class Car
{
public:
    void show() /*对成员函数show()的定义*/
    {
        cout << "name:\t" << name << endl;
        cout << "sell:\t" << sell << endl;
        cout << "sex:\t" << color << endl;
    }
private:
    string name="大众";          /*汽车名称*/
    int sell=110000;           /*汽车售价*/
    string color="黑色";         /*汽车颜色*/
};
/*派生类Car_1*/
class Car_1 :public Car
{
public:
    void show_1()              /*新增成员函数show_1()*/
    {
        cout << "volume:\t" << volume << "L" << endl;
        cout << "addr:\t" << addr << endl;
    }
private:
    float volume=1.5;          /*新增成员数据,汽车耗油量*/
    char addr[50]="中国-上海";   /*新增成员数据,汽车地址*/
};
int main()
{
    Car_1 C;
    C.show();
    C.show_1();
    return 0;
}
```

【程序分析】仔细观察本例，"class Car_1:public Car"语句中，在 class 后面的 Car_1 是新建的类名，冒号后面的 Car 表示是已声明过的基类。在 Car 之前有一个关键字 public，用于表明基类 Car 中的成员在派生类 Car_1 中的继承方式。基类名前面有 public 的称为"公有继承（public inheritance）"。

在 Visual Studio 2017 中的运行结果如图 11-2 所示。

图 11-2　派生语法

11.1.4　C++继承方式与访问属性

通过对继承的学习，可以了解到 public、protected、private 三个关键字除了可以修饰类的成员，还可以指定继承方式。

1. 公有继承 public

在定义一个派生类时将基类的继承方式指定为 public 的，称为公有继承，用公有继承方式建立的派生类称为公有派生类（public derived class），其基类称为公有基类（public base class）。

采用公有继承方式时，基类的 public 成员和 protected 成员在派生类中仍然保持其公有和保护的属性，而基类的 private 成员在派生类中并没有成为派生类的私有成员，它仍然是基类的私有成员，只有基类的成员函数可以引用它，而不能被派生类的成员函数引用，因此就成为派生类中不可访问的成员。公有基类的成员在派生类中的访问属性见表 11-1。

表 11-1　公有基类在派生类中的访问属性

公有基类的成员	private 成员	public 成员	protected 成员
在公有派生类中的访问属性	不可访问	公有	私有

【例 11-2】编写程序，实现 public 继承的方式。

（1）在 Visual Studio 2017 中，新建名称为"11-2.cpp"的 Project2 文件。

（2）在代码编辑区域输入以下代码。

```cpp
#include <iostream>
#include <string>
using namespace std;
/*基类 People*/
class People
{
public:
    void data()
    {
        cout << "请输入: " << endl;
        cin >> name >> age >> sex;
    }
    void show()
    {
        cout << "姓名:\t" << name << endl;
        cout << "年龄:\t" << age << "岁" << endl;
        cout << "性别:\t" << sex << endl;
    }
private:
    string name;
    int age;
    string sex;
};
```

```
/*派生类 Student*/
class Student:public People
{
public:
    void show_1()
    {
        /*不允许访问的数据成员*/
        //cout << "姓名:\t" << name << endl;            /*企图引用基类的私有成员,错误*/
        //cout << "年龄:\t" << age << "岁" << endl;      /*企图引用基类的私有成员,错误*/
        //cout << "性别:\t" << sex << endl;             /*企图引用基类的私有成员,错误*/
        /*允许访问的数据成员*/
        cout << "身高:\t" << height << endl;            /*引用派生类的私有成员,正确*/
        cout << "成绩:\t" << score << endl;             /*引用派生类的私有成员,正确*/
    }
private:
    float height = 170.5;
    float score = 88.9;
};
int main()
{
    Student stu;           /*定义派生类 Student 的对象 stu*/
    stu.data();            /*调用基类的公有成员函数 data(),输入基类中的 3 个成员变量的值*/
    stu.show();            /*调用基类的公有成员函数 show(),输出基类中的 3 个成员变量的值*/
    stu.show_1();          /*调用派生类公有成员函数 show_(),输出派生类中两个成员变量的值*/
    return 0;
}
```

【程序分析】本例演示了 public 的继承方式与访问权限。由于基类的私有成员对派生类来说是不可访问的,因此在派生类中的 show_1()函数中直接引用基类的私有数据成员 name、age 和 sex 是不允许的。只能访问派生类的私有成员 height 与 score。

在 Visual Studio 2017 中的运行结果如图 11-3 所示。

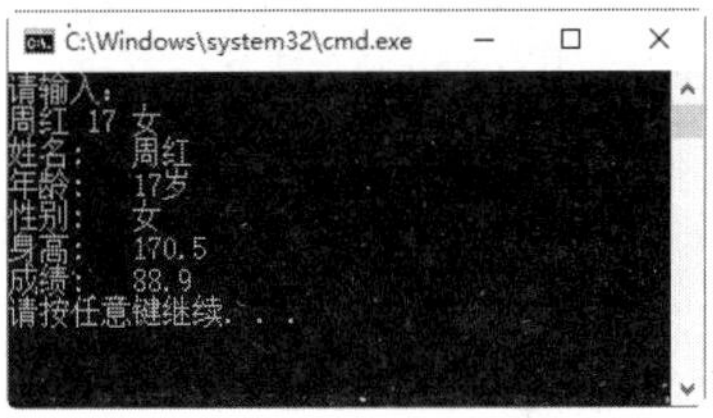

图 11-3   public 继承

2. 私有继承 private

在声明一个派生类时将基类的继承方式指定为 private 的,称为私有继承,用私有继承方式建立的派生类称为私有派生类（private derived class）,其基类称为私有基类（private base class）。

私有基类的 public 成员和 protected 成员在派生类中的访问权限相当于派生类中的私有成员,即派生类的成员函数能访问它们,而在派生类外不能访问它们。私有基类的 private 成员在派生类中成为不可访问的成员,只有基类的成员函数可以引用它们。一个基类成员在基类中的访问属性和在派生类中的访问属性可能是不同的。私有基类的成员在私有派生类中的访问属性见表 11-2。

表 11-2   私有基类在派生类中的访问属性

私有基类的成员	private 成员	public 成员	protected 成员
在私有派生类中的访问属性	不可访问	公有	私有

注意：既然声明为私有继承,就表示将原来能被外界引用的成员隐藏起来,不让外界引用,因此私有基类的公有成员和保护成员理所当然地成为派生类中的私有成员。

对【例 11-2】中的公有继承方式改为用私有继承方式（基类 People 不变）。

例如：

```
class Student:private People              /*用私有继承方式声明派生类Student*/
{
public:
    void show_1()
    {
        cout << "身高:\t" << height << endl;   /*引用派生类的私有成员,正确*/
        cout << "成绩:\t" << score << endl;    /*引用派生类的私有成员,正确*/
    }
private:
    float height = 170.5;
    float score = 88.9;
};
int main()
{
    Student stu;    /*创建派生类Student的对象stu*/
    stu.data();     /*错误,私有基类的公有成员函数data()在派生类中是私有函数*/
    stu.show();     /*错误,私有基类的公有成员函数show()在派生类中是私有函数*/
    stu.show_1();   /*正确,show_1()函数是Student类的公有成员*/
    return 0;
}
```

通过该例说明：

（1）不能通过派生类对象（如 stu）引用从私有基类继承过来的任何成员。

（2）派生类的成员函数不能访问私有基类的私有成员，但可以访问私有基类的公有成员。

私有基类的私有成员按规定只能被基类的成员函数引用，在基类外不能访问它们，因此它们在派生类中是隐蔽的，不可访问的。

对于不需要再往下继承的类的功能可以用私有继承方式把它隐蔽起来，这样，下一层的派生类无法访问它的任何成员。可以知道，一个成员在不同的派生层次中的访问属性可能是不同的，它与继承方式有关。

3. 保护成员和保护继承 protected

由 protected 声明的成员称为"受保护的成员"，或简称"保护成员"。从类的用户角度来看，保护成员等价于私有成员。但有一点与私有成员不同，保护成员可以被派生类的成员函数引用，但是不能访问私有成员。

如果基类声明了私有成员，那么任何派生类都是不能访问它们的，若希望在派生类中能访问它们，应当把它们声明为保护成员。如果在一个类中声明了保护成员，就意味着该类可能要用作基类，在它的派生类中会访问这些成员。

在定义一个派生类时将基类的继承方式指定为 protected 的，称为保护继承，用保护继承方式建立的派生类称为保护派生类（protected derived class），其基类称为受保护的基类（protected base class），简称保护基类。

保护继承的特点是：保护基类的公有成员和保护成员在派生类中都成了保护成员，其私有成员仍为基类私有。也就是把基类原有的公有成员也保护起来，不让类外任意访问，见表 11-3。

表 11-3　基类成员在派生类中的访问属性

基类中的成员	在公有派生类中的访问属性	在私有派生类中的访问属性	在保护派生类中的访问属性
私有成员	不可访问	不可访问	不可访问
公有成员	公有	私有	保护
保护成员	保护	私有	保护

注意：保护基类的所有成员在派生类中都被保护起来，类外不能访问，其公有成员和保护成员可以被其派生类的成员函数访问。

【例 11-3】编写程序，在派生类中引用保护成员。

（1）在 Visual Studio 2017 中，新建名称为"11-3.cpp"的 Project3 文件。

（2）在代码编辑区域输入以下代码。

```cpp
#include <iostream>
#include <string>
using namespace std;
class People                              /*声明基类*/
{
public:
    void show();                          /*基类公有成员*/
protected:
    /*基类保护成员*/
    int num=10100;
    string name="小李";
    string sex="女";
};
/*定义基类成员函数*/
void People::show()
{
    cout << "num:\t" << num << endl;
    cout << "name:\t" << name << endl;
    cout << "sex:\t" << sex << endl;
}
class Student : protected People          /*用 protected 方式声明派生类 Student*/
{
public:
    void show_1();                        /*派生类公有成员函数*/
private:
    int age = 17;                         /*派生类私有数据成员*/
    string addr = "北京实验中学";          /*派生类私有数据成员*/
};
void Student::show_1()                    /*定义派生类公有成员函数*/
{
    cout << "num:\t" << num << endl;      /*引用基类的保护成员,合法*/
    cout << "name:\t" << name << endl;    /*引用基类的保护成员,合法*/
    cout << "sex:\t" << sex << endl;      /*引用基类的保护成员,合法*/
    cout << "age:\t" << age << endl;      /*引用派生类的私有成员,合法*
    cout << "address:" << addr << endl;   /*引用派生类的私有成员,合法*/
}
int main()
{
    Student stu;                          /*stu是派生类 Student 类的对象*/
    stu.show_1();                         /*合法,show_1()是派生类中的公有成员函数*/
    return 0;
}
```

【程序分析】本例演示了保护继承的方式。在派生类的成员函数中引用基类的保护成员是合法的。基类的保护成员对派生类的外界来说是不可访问的。

例如，在 main() 函数中：

```cpp
stu.num=10100;  /*错误,外界不能访问保护成员*/
```

该语句中，num 是基类 Student 中的保护成员，由于派生类是保护继承，因此它在派生类中仍然是受保护的，外界不能用 stu.num 来引用它。

基类的保护成员在派生类内，它相当于私有成员，可以通过派生类的成员函数访问。可以看到，保护成员和私有成员不同之处，在于把保护成员的访问范围扩展到派生类中。

注意：在程序中是通过派生类 Student 的对象 stu 的公有成员函数 show_1()去访问基类的保护成员 num、name 和 sex，不要误认为可以通过派生类对象名去访问基类的保护成员(如 stu.num 是错误的)。私有继承和保护继承方式在使用时需要十分小心，很容易搞错，一般不常用。

在 Visual Studio 2017 中的运行结果如图 11-4 所示。

注意：基类的私有成员被派生类继承（不管是私有继承、公有继承还是保护继承）后变为不可访问的成员，派生类中的一切成员均无法访问它们。如果需要在派生类中引用基类的某些成员，应当将基类的这些成员声明为 protected，而不要声明为 private。

图 11-4　protected 继承

11.1.5　继承中的构造顺序

如果用户想要对类中的成员数据进行初始化，就需要自己在类中定义一个构造函数。在声明一个类后，用户其实可以不定义构造函数的，因为系统会自动设置一个默认的构造函数，在定义类对象时会自动调用这个默认的构造函数。这个构造函数实际上是一个空函数，不执行任何操作。

注意：构造函数的主要作用是对数据成员初始化。

基类的构造函数是不能继承的，在声明派生类时，派生类并没有把基类的构造函数继承过来，因此，对继承过来的基类成员初始化的工作也要由派生类的构造函数承担。所以在设计派生类的构造函数时，不仅要考虑派生类所增加的数据成员的初始化，还应当考虑基类的数据成员初始化。也就是说，希望在执行派生类的构造函数时，使派生类的数据成员和基类的数据成员同时都被初始化。解决这个问题的思路是，在执行派生类的构造函数时，调用基类的构造函数。

【例 11-4】 编写程序，派生类中的构造函数。

（1）在 Visual Studio 2017 中，新建名称为"11-4.cpp"的 Project4 文件。

（2）在代码编辑区域输入以下代码。

```cpp
#include <iostream>
#include <string>
using namespace std;
class People                            /*声明基类 Student*/
{
public:
    People(string n, string s, float h)    /*基类构造函数*/
    {
        name = n;
        sex = s;
        height = h;
    }
protected:                              /*保护部分*/
    string name;
    string sex;
    float height;
};
class Student : public People           /*声明派生类 Student*/
{
public:                                 /*派生类的公有部分*/
```

```
        Student(string n, string s, float h, int a, string id) :People(n, s, h)/*派生类构造函数*/
        {
            age = a;                    /*在函数体中只对派生类新增的数据成员初始化*/
            addr = id;
        }
        void show()
        {
            cout << "姓名: " << name << endl;
            cout << "性别: " << sex << endl;
            cout << "身高: " << height << endl;
            cout << "年龄: " << age << endl;
            cout << "学校地址: " << addr << endl << endl;
        }
private: /*派生类的私有部分*/
    int age;
    string addr;
};
int main()
{
    Student stu1("张三", "男", 175, 19, "北京实验中学");
    Student stu2("李四", "男", 170, 17, "上海实验中学");
    stu1.show();                /*输出第一个学生的数据*/
    stu2.show();                /*输出第二个学生的数据*/
    return 0;
}
```

【程序分析】本例演示了派生类中如何使用构造函数。请注意派生类构造函数首行的写法：

```
Student(string n, string s, float h, int a, string id) :People(n, s, h)
{
    age = a;
    addr = id;
}
```

其一般形式为：

```
派生类构造函数名(总参数表列)：基类构造函数名(参数表列)
{
    派生类中新增数据成员初始化语句,
}
```

冒号前面的部分是派生类构造函数的主干，它和以前介绍过的构造函数的形式相同，但它的总参数表列中包括基类构造函数所需的参数和对派生类新增的数据成员初始化所需的参数；冒号后面的部分是要调用的基类构造函数及其参数。

从本例的派生类 Student 构造函数首行中可以看到，派生类构造函数名（Student）后面括号内的参数表列中包括参数的类型和参数名（如 string n），而基类构造函数名后面括号内的参数表列只有参数名而不包括参数类型（如 n、s、h），因为在这里不是定义基类构造函数，而是调用基类构造函数，因此这些参数是实参而不是形参。它们可以是常量、全局变量和派生类构造函数总参数表中的参数。

在调用基类构造函数 Student 时给出的 3 个参数（n、nam、s），是和定义基类构造函数时指定的参数相匹配的。派生类构造函数 Student 有 5 个参数，其中前 3 个是用来传递给基类构造函数的，后面两个（a 和 id）是用来对派生类所增加的数据成员初始化的。

在 main()函数中，建立对象 stu1 时指定了 5 个实参。它们按顺序传递给派生类构造函数 Student 的形参。然后，派生类构造函数将前面 3 个传递给基类构造函数的形参。

在 Visual Studio 2017 中的运行结果如图 11-5 所示。

实际上，在派生类构造函数中对基类成员初始化，就是普通类构造函数初始化表。也就是说，不仅可以利用初始化表对构造函数的数据成员初始化，而且可以利用初始化表调用派生类的基类构造函数，实现对基类数据成员的初始化。

例如，对 age 和 addr 的初始化也用初始化表处理，将构造函数改写为以下形式：

```
Student(string n, string s, float h, int a, string id) :People(n, s, h),age(a),addr(id){}
```

这样函数体为空，更显得简单和方便。

图 11-5　派生类中的构造函数

注意：在建立一个对象时，执行构造函数的顺序是：派生类构造函数先调用基类构造函数；再执行派生类构造函数本身(即派生类构造函数的函数体)。对上例来说，先初始化 name、sex、height，然后再初始化 age 和 addr。

11.1.6　继承中的析构顺序

析构函数的作用是在对象撤销之前，进行必要的清理工作。当对象被删除时，系统会自动调用析构函数。析构函数比构造函数简单，没有类型，也没有参数。

【例 11-5】编写程序，派生类中的析构函数。

（1）在 Visual Studio 2017 中，新建名称为"11-5.cpp"的 Project5 文件。

（2）在代码编辑区域输入以下代码。

```
#include <iostream>
#include <string>
using namespace std;
class Box                      /*声明基类 Box*/
{
public:
    Box(int len, int w, int h)  /*基类构造函数*/
    {
        Length = len;
        Width = w;
        Height = h;
    }
    ~Box() { }                  /*基类析构函数*/
protected:
    int Length;
    int Width;
    int Height;
};
class Box_1 : public Box        /*声明派生类 Box_1
{
public:                         /*派生类的公有部分*/
    Box_1(int len,int w,int h,string c) :Box(len, w, h)/*派生类构造函数*/
    {
        Color = c;
    }
    void show()
    {
        cout << "长:\t" << Length << endl;
        cout << "宽:\t" << Width << endl;
        cout << "高:\t" << Height << endl;
```

```
            cout << "颜色:\t" << Color << endl;
    }
    ~Box_1() { }                    /*派生类析构函数*/
private:
    string Color;
    int Volume;
};
int main()
{
    Box_1 b1(15, 13, 12, "蓝色");
    Box_1 b2(7, 8, 4, "红色");
    b1.show();
    b2.show();
    return 0;
}
```

【程序分析】对派生类中的析构函数说明如下:

(1) 在派生时,派生类是不能继承基类的析构函数的,也需要通过派生类的析构函数去调用基类的析构函数。

(2) 在派生类中可以根据需要定义自己的析构函数,用来对派生类中所增加的成员进行清理工作。

(3) 基类的清理工作仍然由基类的析构函数负责。

(4) 在执行派生类的析构函数时,系统会自动调用基类的析构函数和子对象的析构函数,对基类和子对象进行清理。

在 Visual Studio 2017 中的运行结果如图 11-6 所示。

调用的顺序与构造函数正好相反:先执行派生类自己的析构函数,对派生类新增加的成员进行清理;然后调用子对象的析构函数,对子对象进行清理;最后调用基类的析构函数,对基类进行清理。

图 11-6　派生类中的析构函数

11.2　基类与派生类的转换

在公有继承、私有继承和保护继承中,只有公有继承能较好地保留基类的特征。首先,它保留了除构造函数和析构函数以外的基类所有成员。同时,基类的公有或保护成员的访问权限在派生类中也全部都按原样保留下来了。而且,在派生类外还可以通过调用基类的公有成员函数访问基类的私有成员。因此,只有公有派生类才是基类真正的子类型,它完整地继承了基类的功能。

不同的数据类型在一定的条件下是可以转换的,例如 int 型数据与 float 型数据之间的类型转换。这种不同类型数据之间的自动转换和赋值,称为赋值兼容。那么,基类与派生类对象之间是否也有赋值兼容的关系,可否进行类型间的转换?

答案是可以的。基类与派生类对象之间有赋值兼容关系,由于派生类中包含从基类继承的成员,因此可以将派生类的值赋给基类对象,在用到基类对象的时候可以用其子类对象代替。

基类对象和派生类对象间的转换具体表现在以下几个方面:

派生类(公有)对象可以向基类对象赋值。

例如:

```
A a1;           /*定义基类 A 对象 a1*/
B b1;           /*定义类 A 的公有派生类 B 的对象 b1*/
a1=b1;          /*用派生类 B 对象 b1 对基类对象 a1 赋值*/
```

在赋值时舍弃派生类自己的成员，如图 11-7 所示。

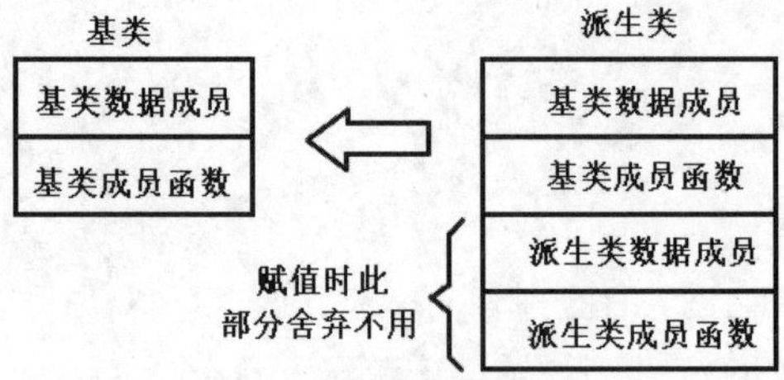

【例 11-6】 编写程序，基类的初始化。

（1）在 Visual Studio 2017 中，新建名称为 "11-6.cpp" 的 Project6 文件。

（2）在代码编辑区域输入以下代码。

图 11-7　基类的赋值

```cpp
#include <iostream>
#include <string>
using namespace std;
class People                 /*定义基类 People*/
{
public:
    void show()
    {
        cout << "姓名:\t" << name << endl;
        cout << "年龄:\t" << age << endl;
        cout << "性别:\t" << sex << endl;
    }
private:
    string name = "张三";
    int age = 17;
    string sex = "男";
};
class Student :public People        /*定义派生类 Student*/
{
public:
    void show_1()
    {
        cout << "身高:\t" << height << endl;
        cout << "成绩:\t" << score << endl;
    }
private:
    float height = 170.5;
    float score = 88.9;
};
int main()
{
    People p;                       /*定义基类 People 对象 p*/
    cout << "初始化前: " << endl;
    p.show();
    Student s;                      /*定义公有派生类 Student 的对象 s*/
    cout << "初始化后: " << endl;
    p = s;                          /*用派生类 Student 对象 s 对基类对象 p 赋值*/
    p.show();
    return 0;
}
```

【程序分析】 本例演示了对基类的赋值。通过赋值前与赋值后的结果发现，派生类中的两个数据成员 height 与 score 直接舍去。

在 Visual Studio 2017 中的运行结果如图 11-8 所示。

实际上，对基类的赋值只是对数据成员赋值，对成员函数不存在赋值问题。还需要注意的是，赋值后不能企图通过对象 p 去访问派生类对象 s 的成员，因为 s 的成员与 p 的成员是不同的。

例如：

图 11-8　基类的初始化

```
    p.show_1();          /*错误,p 中不包含派生类中增加的成员*/
    s.show_1();          /*正确,s 中包含派生类中增加的成员*/
```

注意：子类型关系是单向的、不可逆的。Student 是 People 的子类型，不能说 People 是 Student 的子类型。只能用子类对象对其基类对象赋值，而不能用基类对象对其子类对象赋值，理由是显然的，因为基类对象不包含派生类的成员，无法对派生类的成员赋值。同理，同一基类的不同派生类对象之间也不能赋值。

派生类对象可以替代基类对象向基类对象的引用进行赋值或者初始化。

例如，已定义了基类 A 对象 a1，可以定义 a1 的引用变量：

```
    A  a1;               /*定义基类 A 对象 a1*/
    B  b1;               /*定义公有派生类 B 对象 b1*/
    A  &r = a1;          /*定义基类 A 对象的引用变量 r,并用 a1 对其初始化*/
```

这时，引用变量 r 是 a1 的别名，r 和 a1 共享同一段存储单元。

```
    r = b1;              /*将 b1 的基类部分复制给 r,即 a1*/
```

注意：此时 r 并不是 b1 的别名，也不与 b1 共享同一段存储单元。它只是 b1 中基类部分的别名，r 与 b1 中基类部分共享同一段存储单元，r 与 b1 具有相同的起始地址。

【例 11-7】编写程序，派生类对象向基类对象的引用进行赋值。

（1）在 Visual Studio 2017 中，新建名称为"11-7.cpp"的 Project7 文件。

（2）在代码编辑区域输入以下代码。

```cpp
#include <iostream>
using namespace std;
class A                        /*基类 A*/
{
public:                        /*公有成员*/
    int a2;                    /*数据成员*/
    void show_A(int a1);       /*声明成员函数*/
private:
    int a1;
};
void A::show_A(int a1)         /*定义基类成员函数*/
{
    this->a1 = a1;
    cout << "a1=" << this->a1 << endl;
}
class B :public A              /*定义 A 的派生类 B*/
{
public:                        /*公有成员*/
    B(int a2,int a3, int a4);  /*派生类 B 的构造函数*/
    void show_B();             /*派生类 B 的成员函数*/
private:                       /*私有成员*/
    int a3;
    int a4;
};
B::B(int a2,int a3, int a4)    /*初始化派生类 B 的构造函数*/
{
    this->a2 = a2;
    this->a3 = a3;
    this->a4 = a4;
}
void B::show_B()               /*定义派生类的成员函数*/
{
```

```
        cout << "a2=" << this->a2 << endl;
        cout << "a3=" << this->a3 << endl;
        cout << "a4=" << this->a4 << endl;
}
int main()
{
        B b(1, 2, 3);                    /*通过构造函数为成员变量a2,a3,a4赋值*/
        A a;                             /*创建类A的对象a*/
        a.show_A(10);                    /*通过成员函数为成员变量a1赋值,并访问*/
        b.show_B();                      /*访问类B的成员*/
        cout << "使用引用变量r,覆盖基类A的数据成员: " << endl;
        A &r = a;                        /*定义基类A对象的引用变量r,并用a1对其初始化*/
        r.show_A(20);
        return 0;
}
```

【程序分析】本例通过引用变量对基类的数据成员进行赋值。在代码中首先定义一个类 A，该类有公有数据成员 a2 和成员函数 show_A()，还有一个私有数据成员 a1，在类 A 外面定义该类的成员函数。然后再定义一个派生类 B，通过派生类 B 的构造函数对 a2、a3、a4 进行赋值，并在该类的成员函数 show_B()中打印出来。

本例中，"A &r = a;"语句表示定义基类 A 的引用变量 r，并且将对象 a 赋值给它。此时，引用变量 r 就是对象 a 的别名，r 和 a 共享同一段存储单元。也可以将派生类对象赋值给引用变量 r，将上面最后一行改为："A &r = b;"。因此，可以使用派生类 B 的对象 b 对基类 A 的对象 a 进行赋值。

图 11-9　访问成员

在 Visual Studio 2017 中的运行结果如图 11-9 所示。

如果函数的参数是基类或者是基类对象的引用，则相应的实参可以是派生类对象。

例如：

```
show: void show(A& r)  /*形参是类A的对象的引用变量*/
{
    cout<<r.num<<endl;
}    //输出该引用变量的数据成员num
```

函数的形参是类 A 的对象的引用变量，本来实参应该为 A 类的对象，但由于子类对象与派生类对象赋值兼容，派生类对象能自动转换类型，在调用 show()函数时可以用派生类 B 的对象 b 作实参：

```
show(b);
```

输出类 B 的对象 b 的基类数据成员 num 的值。

派生类对象的地址可以赋给指向基类对象的指针变量，也就是说，指向基类对象的指针变量也可以指向派生类对象。

【例 11-8】编写程序，定义一个基类 Student（学生），再定义 Student 类的公有派生类 Sportsman（运动员），用指向基类对象的指针输出数据。

本例主要是说明用指向基类对象的指针指向派生类对象，为了减少程序长度，在每个类中只设很少成员。学生类只设 num（编号）、vocation（职业）和 score（年龄）3 个数据成员，Sportsman 类只增加一个数据成员 score（成绩）。

（1）在 Visual Studio 2017 中，新建名称为"11-8.cpp"的 Project8 文件。

（2）在代码编辑区域输入以下代码。

```
#include <iostream>
#include <string>
```

```
using namespace std;
class Student                               /*声明 Student 类*/
{
public:
    Student(int, string, int);              /*声明构造函数*/
    void show();                            /*声明输出函数*/
private:
    int num;
    string vocation;
    int age;
};
Student::Student(int n, string nam, int a)  /*定义构造函数*/
{
    num = n;
    vocation = nam;
    age = a;
}
void Student::show()                        /*定义输出函数*/
{
    cout << "编号: " << num << endl;
    cout << "职业: " << vocation << endl;
    cout << "年龄: " << age << endl;
}
class Sportsman :public Student             /*声明公有派生类 Sportsman*/
{
public:
    Sportsman(int, string, int, float);     /*声明构造函数*/
    void show();                            /*声明输出函数*/
private:
    float score;                            /*成绩*/
};
/*定义构造函数*/
Sportsman::Sportsman(int n, string nam, int a, float s) :Student(n, nam, a), score(s) { }
void Sportsman::show()                      /*定义输出函数*/
{
    Student::show(); /*调用 Student 类的 show()函数*/
    cout << "成绩: " << score << endl;
}
int main()
{
    Student stu(10010, "学生", 19);          /*定义 Student 类对象 stu*/
    Sportsman sport(20010, "运动员", 21, 386.5); /*定义 Sportsman 类对象 sport*/
    Student *pt = &stu;                     /*定义指向 Student 类对象的指针并指向 stu*/
    pt->show();                             /*调用 stu.show()函数*/
    cout << endl;
    pt = &sport;                            /*指针指向 sport*/
    pt->show();                             /*调用 sport.show()函数*/
    return 0;
}
```

【程序分析】通过本例的运行结果发现，并没有输出 score 的值。这是因为指向基类对象的指针，只能访问派生类中的基类成员，而不能访问派生类增加的成员。所以 pt->show()调用的不是派生类 Sportsman 对象所增加的 show()函数。即使让它指向了 sport，但实际上 pt 指向的是 sport 中从基类继承的部分，也就是 num、vocation、age 这三个数据。

在 Visual Studio 2017 中的运行结果如图 11-10 所示。

图 11-10 通过指针访问类的成员

11.3 切片问题

切片就是用户分配好一个派生类的对象的基类的一个实例，从而失去的一部分是被"切"掉的。
例如：

```
class A
{
    int foo;
};
class B : public A
{
    int bar;
};
```

所以，B 类的对象有两个：foo 和 bar。然后，如果这样写：

```
B b;
A a = b;
```

在这种情况下，编译器将只赋值对象 b 的 foo，而不是整个对象。换句话说，派生类 B 的数据成员包含的信息将会丢失。

【例 11-9】编写程序，演示切片问题。

（1）在 Visual Studio 2017 中，新建名称为"11-9.cpp"的 Project9 文件。

（2）在代码编辑区域输入以下代码。

```cpp
#include <iostream>
using namespace std;
class A
{
public:
    A() : x(5){}
    virtual void foo()
    {
        cout << "x = " << x << endl;
    }
    int x;
};
class B : public A
{
public:
    B() : y(10){}
    virtual void foo()
    {
        cout << "x = " << x << endl;
        cout << "y = " << y << endl;
    }
    int y;
};
int main()
{
    A a;
    B b;
    b.x = 1;
    b.y = 2;
    a = b;
    a.foo();
    b.foo();
    return 0;
}
```

【程序分析】本例中对象 b 的数据是不完整的，因为在执行语句"a=b；"时，将多出的数据给切除了。

图 11-11 切片问题

在 Visual Studio 2017 中的运行结果如图 11-11 所示。

在编译完成后，对象 a 和 b 都被分配了一块内存空间，当然，这块内存空间是存在于栈空间中的，如图 11-12 所示。

因此，在编译阶段，编译器就已经固定好对象 a 和 b 的内存空间大小了。显然，由类 A 继承而来的对象 b 获得类 A 的所有公有成员函数和成员变量，而对于更为专门的对象 b，在执行 a=b 时，因为 b 实际的栈内存空间比 a 大，a 的栈空间便无法再容纳 b 中多出的一块栈空间（这里是存放 y 的空间），而对象 b 的公有成员变量 x 仍然能够传递给 a，正是因为对象 a 中并没有名为 y 的成员变量，因此也没有多余的栈空间去存放由对象 b 传递而来的 y，这正是著名的切片问题，如图 11-13 所示。

图 11-12 对象的内存分配

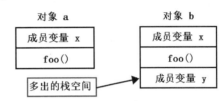

图 11-13 切除部分

11.4 多重继承

一个派生类只从一个基类派生，这称为单继承。实际上也有这种情况：一个派生类不仅可以从一个基类派生，也可以从多个基类派生。也就是说，一个派生类可以有一个或者多个基类。C++为了适应这种情况，允许一个派生类同时继承多个基类，这种行为称为多重继承或多继承。

11.4.1 多重继承的引用

多重继承是从实际需要中产生的。其语法也很简单，将多个基类用逗号隔开即可。

1. 声明多继承

例如，已声明了类 A、类 B 和类 C，那么可以这样来声明派生类 D：

```
class D: public A, private B, protected C
{
    //类 D 新增加的成员
}
```

D 是多继承形式的派生类，它以公有的方式继承 A 类，以私有的方式继承 B 类，以保护的方式继承 C 类。D 根据不同的继承方式获取 A、B、C 中的成员，确定它们在派生类中的访问权限。

2. 多继承下的构造函数

多继承形式下的构造函数和单继承形式基本相同，只是要在派生类的构造函数中调用多个基类的构造函数。

例如，以 A、B、C、D 类为例，D 类构造函数的写法为：

```
D(形参列表) : A(实参列表), B(实参列表), C(实参列表)
{
    //成员数据
}
```

注意：基类构造函数的调用顺序和它们在派生类构造函数中出现的顺序无关，而是和声明派生类时基类出现的顺序相同。

例如：

```
D(形参列表) : B(实参列表), C(实参列表), A(实参列表)
{
    //成员数据
}
```

该例也是先调用 A 类的构造函数，再调用 B 类构造函数，最后调用 C 类构造函数。

【例 11-10】编写程序，实现多继承。

（1）在 Visual Studio 2017 中，新建名称为"11-10.cpp"的 Project10 文件。

（2）在代码编辑区域输入以下代码。

```cpp
#include <iostream>
using namespace std;
//基类
class MyClass_A
{
public:
    MyClass_A(int a, int b);
    ~MyClass_A();
protected:
    int m_a;
    int m_b;
};
MyClass_A::MyClass_A(int a, int b) : m_a(a), m_b(b)    /*定义基类 MyClass_A()的构造函数*/
{
    cout << "MyClass_A 构造函数" << endl;
}
MyClass_A::~MyClass_A()     /*定义基类 MyClass_A()的析构函数*/
{
    cout << "MyClass_A 析构函数" << endl;
}
//基类
class MyClass_B
{
public:
    MyClass_B(int c, int d);
    ~MyClass_B();
protected:
    int m_c;
    int m_d;
};
MyClass_B::MyClass_B(int c, int d) : m_c(c), m_d(d)    /*定义基类 MyClass_B()的构造函数*/
{
    cout << "MyClass_B 构造函数" << endl;
}
MyClass_B::~MyClass_B()    /*定义基类 MyClass_B()的析构函数*/
{
    cout << "MyClass_B 析构函数" << endl;
}
//派生类
```

```
class MyClass_D : public MyClass_A, public MyClass_B  /*定义多重继承派生类 MyClass_D */
{
public:
    MyClass_D(int a, int b, int c, int d, int e);
    ~MyClass_D();
public:
    void show();
private:
    int m_e;
};
MyClass_D::MyClass_D(int a, int b, int c, int d, int e) : MyClass_A(a, b), MyClass_B(c, d), m_e(e)
{
    cout << "导出构造函数" << endl;
}
MyClass_D::~MyClass_D()
{
    cout << "导出析构函数" << endl;
}
void MyClass_D::show()
{
    cout << m_a << ", " << m_b << ", " << m_c << ", " << m_d << ", " << m_e << endl;
}
int main()
{
    MyClass_D c(1, 2, 3, 4, 5);
    c.show();
    return 0;
}
```

【程序分析】派生类构造函数的执行顺序同样为：先调用基类的构造函数，再执行派生类构造函数的函数体。调用基类构造函数的顺序是按照声明派生类时基类出现的顺序。因此，在执行本程序后，先调用 MyClass_A 的构造函数，再调用 MyClass_B 的构造函数。然后调用派生类 MyClass_B 的构造函数、函数体和析构函数。最后先调用 MyClass_B 的析构函数，再调用 MyClass_A 的析构函数。

在 Visual Studio 2017 中的运行结果如图 11-14 所示。

图 11-14　多重继承

11.4.2　二义性

使用多重继承编写代码具有灵活性，不但可以反映现实生活中的情况，而且能够有效地处理一些较复杂的问题。但是多重继承也引起了一些新的问题，它增加了程序的复杂度，使程序的编写和维护变得相对困难，容易出错。其中最常见的问题就是继承的成员同名而产生的二义性（ambiguous）问题。

例如，类 A 和类 B 中都有成员函数 show() 和数据成员 x，类 C 是类 A 和类 B 的直接派生类，这样会出现下列三种情况。

（1）两个基类有同名成员。

```
class A
{
public:
    int x;
    void show();
};
class B
{
public:
    int x;
```

```
    void show();
};
class C : public A, public B
{
public:
    int y;
    void get();
};
```

例如，在 main()函数中，创建 C 类的对象为 c1，并调用数据成员 x 和成员函数 show()：

```
C c1;
c1.x=5;
c1.show();
```

由于基类 A 和基类 B 都有数据成员 x 和成员函数 show()，编译系统无法判别要访问的是哪一个基类的成员，因此程序编译出错。那么，应该怎样解决这个问题呢？可以用基类名来限定。例如：

```
c1.A::x=3;          //引用 c1 对象中的基类 A 的数据成员 x
c1.A::show();       //调用 c1 对象中的基类 A 的成员函数 show()
```

如果是在派生类 C 中通过派生类成员函数 get()访问基类 A 的 show()和 x，可以不必写对象名而直接写。例如：

```
A::x = 5;           //指当前对象
A::show();
```

（2）两个基类和派生类三者都有同名成员。

将上面的派生类 C 改为：

```
class C:public A,public B
{
    int x;
    void show();
}
```

在 main()函数中创建派生类 C 的对象 c1 后，调用数据成员 x 和成员函数 show()：

```
C c1;
c1.x = 5;
c1.show();
```

该例在程序中能通过编译，也可以正常运行。那么，在执行时访问的是哪一个类中的成员？答案是：访问的是派生类 C 中的成员。原因是：基类的同名成员在派生类中被屏蔽，成为"不可见"的，或者说，派生类新增加的同名成员覆盖了基类中的同名成员。

注意：不同的成员函数，只有在函数名和参数个数相同、类型相匹配的情况下才发生同名覆盖，如果只有函数名相同而参数不同，不会发生同名覆盖，而属于函数重载。

同样，要在派生类外访问基类 A 中的成员，应指明作用域 A，写成以下形式：

```
c1.A::x=5;          //表示是派生类对象 c1 中的基类 A 中的数据成员 x
c1.A::show();       //表示是派生类对象 c1 中的基类 A 中的成员函数 show()
```

（3）类 A 和类 B 是从同一个基类派生。

```
class X
{
public:
    int n=0;
    void show()
    {
        cout << "A::n=" << n << endl;
    }
```

```
};
class A : public X
{
public:
    int n1=1;
};
class B : public X
{
public:
    int n2=2;
};
class C : public A, public B
{
public:
    int n3=3;
    void show()
    {
        cout << "n3=" << n3 << endl;
    }
};
```

本例中的类 A 和类 B 虽然没有定义数据成员 n 和成员函数 show()，但是它们分别继承了类 X 的数据成员 n 和成员函数 show()。此时，在类 A 和类 B 中同时存在着两个同名的数据成员 n 和成员函数 show()。它们是类 X 成员的拷贝。类 A 和类 B 中的数据成员 n 代表两个不同的存储单元，可以分别存放不同的数据。

在程序中可以通过类 A 和类 B 的构造函数去调用基类 X 的构造函数，分别对类 A 和类 B 的数据成员 n 初始化。

如何才能正确访问类 A 中从基类 X 继承下来的成员呢？显然不能用：

```
cl.n = 2;
cl.show();
```

或者：

```
cl.X::n = 2;
cl.X::show();
```

以上这两种方式依然无法区别是类 A 中从基类 X 继承下来的成员，还是类 B 中从基类 X 继承下来的成员。应当通过类 X 的直接派生类名来指出要访问的是类 X 的哪一个派生类中的基类成员。

例如：

```
int main()
{
    C cl;
    cl.A::n = 2;
    cl.A::show();   //访问的是类 X 的派生类 A 中的基类成员
    return 0;
}
```

【例 11-11】编写程序，可以将学校里的老师和学生分为教师类与学生类。其中，教师类中包括数据成员 name（姓名）、age（年龄）、title（职称）。学生类中包括数据成员 name1（姓名）、age（性别）、score（成绩）。再用多重继承的方式声明一个研究生派生类，而研究生兼有学生和教师的特点，最后输出这些数据。

（1）在 Visual Studio 2017 中，新建名称为"11-11.cpp"的 Project11 文件。

（2）在代码编辑区域输入以下代码。

```
#include <iostream>
#include <string>
using namespace std;
class Teacher //声明类 Teacher(教师)
{
```

```
    public:                 //公用部分
        Teacher(string n, int a, string t)  //构造函数
        {
            name = n;
            age = a;
            title = t;
        }
        void show_T()        //输出教师有关数据
        {
            cout << "姓名:" << name << endl;
            cout << "年龄:" << age << endl;
            cout << "职称:" << title << endl;
        }
    protected:              //保护部分
        string name;
        int age;
        string title;
    };
    class Student          //定义类 Student(学生)
    {
    public:
        Student(string n, char s, float sco)    //构造函数
        {
            name1 = n;
            sex = s;
            score = sco;
        }
        void show_S()        //输出学生有关数据
        {
            cout << "姓名:" << name1 << endl;
            cout << "性别:" << sex << endl;
            cout << "成绩:" << score << endl;
        }
    protected:              //保护部分
        string name1;
        char sex;
        float score;         //成绩
    };
    class Graduate :public Teacher, public Student //声明多重继承的派生类 Graduate
    {
    public:
        Graduate(string n, int a, char s, string t, float sco, float w):Teacher(n, a, t),Student(n,
    s, sco),wage(w){ }
        void show_G()        //输出研究生的有关数据
        {
            cout << "姓名:" << name << endl;
            cout << "年龄:" << age << endl;
            cout << "性别:" << sex << endl;
            cout << "成绩:" << score << endl;
            cout << "职称:" << title << endl;
            cout << "工资:" << wage << endl;
        }
    private:
        float wage;          //工资
    };
    int main()
    {
        Graduate g("张三", 28, 'M', "助教", 95, 3000.5);
```

```
        g.show_G();
        return 0;
}
```

【程序分析】本例中在两个基类中分别用 name 和 name1 来代表姓名，其实这是同一个人的名字，从 Graduate 类的构造函数中可以看到总参数表中的参数 name 分别传递给两个基类的构造函数，作为基类构造函数的实参。现在两个基类都需要有姓名这一项，能否用同一个名字来代表？大家可以亲自测试一下。实际上，在本程序中只作这样的修改是不行的，因为在同一个派生类中存在着两个同名的数据成员，在派生类的成员函数 show()中引用 name 时就会出现二义性，编译系统无法判定应该选择哪一个基类中的 name。

在 Visual Studio 2017 中的运行结果如图 11-15 所示。

通过这个程序还可以发现一个问题：在多重继承时，从不同的基类中会继承一些重复的数据。如果有多个基类，问题会更突出，所以在设计派生类时要细致考虑其数据成员，尽量减少数据冗余。

图 11-15　多重继承的二义性

11.5　综合应用

【例 11-12】编写程序，由圆和高多重继承派生出圆锥体。

（1）在 Visual Studio 2017 中，新建名称为"11-12.cpp"的 Project12 文件。

（2）在代码编辑区域输入以下代码。

```cpp
#include <iostream>
#include <cmath>
using namespace std;
class Circle
{
protected:
    float x, y, r;                  //(x,y)为圆心,r为半径
public:
    Circle(float a = 0, float b = 0, float R = 0)    /*构造函数*/
    {
        x = a;
        y = b;
        r = R;
    }
    void Set_coordinate(float a, float b)            /*圆锥底圆坐标*/
    {
        x = a;
        y = b;
    }
    void Get_coordinate(float &a, float &b)
    {
        a = x;
        b = y;
    }
    void Set_R(float R)                              /*圆锥底半径*/
    {
        r = R;
    }
    float Get_R()
    {
        return r;
    }
```

```
        float Get_Area_Circle()                    /*圆锥底面积*/
        {
            return float(r*r*3.14);
        }
        float Get_Circumference()                   /*圆锥底周长*/
        {
            return float(2 * r*3.14);
        }
};
class Line
{
protected:
    float High;
public:
    Line(float a = 0)
    {
        High = a;
    }
    void Set_High(float a)                          /*圆锥高*/
    {
        High = a;
    }
    float Get_High()
    {
        return High;
    }
};
class Cone :public Circle, public Line          /*圆锥*/
{
public:
    Cone(float a, float b, float R, float d) :Circle(a, b, R), Line(d) {}
    float Get_CV()                                  /*体积*/
    {
        return float(Get_Area_Circle()*High / 3);
    }
    float Get_CA()                                  /*表面积*/
    {
        return float(Get_Area_Circle() + r * 3.14*sqrt(r*r + High * High));
    }//公有派生类中能直接访问直接基类的保护成员
};
int main()
{
    Cone c1(5, 8, 5, 4);
    float a, b;
    cout << "圆锥体积:" << c1.Get_CV() << endl;
    cout << "圆锥表面积:" << c1.Get_CA() << endl;
    cout << "圆锥底面积:" << c1.Get_Area_Circle() << endl;
    cout << "圆锥底周长:" << c1.Get_Circumference() << endl;
    cout << "圆锥底半径:" << c1.Get_R() << endl;
    c1.Get_coordinate(a, b);
    cout << "圆锥底圆圆心坐标:(" << a << ',' << b << ")\n";
    cout << "圆锥高:" << c1.Get_High() << endl;
}
```

【程序分析】本例中，先定义一个圆的类 Circle，该类的私有部分定义三个数据成员 x、y、r。x 和 y 表示圆心坐标，r 表示圆的半径，通过该类的构造函数为这三个变量赋值，然后定义成员函数，计算出圆锥底圆的圆心坐标、圆锥半径、圆锥底面积以及圆的周长。再定义一个类 Line，该类的成员函数 set_High()是设置圆锥的高。接着再定义一个派生类 Cone，该类继承了 Circle 和 Line 的特点，派生出圆锥体，派生类 Cone 中设置了圆锥的体积和表面积。最后，在 main()函数中通过创建派生类 Cone 的对象 c1，调用各个成员函数，最终输出圆锥体的属性。

在 Visual Studio 2017 中的运行结果如图 11-16 所示。

图 11-16　圆锥体

11.6　就业面试技巧与解析

11.6.1　面试技巧与解析（一）

面试官：C++有哪几种继承方式，各自有什么特点？

应聘者：继承方式主要有三种：public、private 和 protected。在缺省条件下是 private 继承，三种方式中，public 继承用得最多，不同的继承方式决定了子类中从基类继承过来的成员的访问属性。

（1）public 继承：基类的 public、protected 成员在子类中访问属性不变，子类新增的成员函数可以直接访问，对于基类的 private 成员依然是基类的私有，子类无法直接进行访问。

（2）private 继承：基类的 public、protected 成员转变为子类的 private 成员，子类新增的成员函数可以进行访问，对于基类的 private 成员依然是基类的私有，子类无法直接进行访问。

（3）protected 继承：基类的 public、protected 成员转变为子类的 protected 成员，子类新增的成员函数可以进行访问，对于基类的 private 成员依然是基类的私有，子类无法直接进行访问。

private 继承和 protected 继承的区别是 private 继承的子类如果继续被继承，那么这些从其分类继承得到的数据将不会被其子类继承，而 protected 则是可以的。

11.6.2　面试技巧与解析（二）

面试官：在使用继承时需要注意哪些问题？请详细说明：

应聘者：在使用继承时需要注意以下内容。

（1）父类的构造函数和析构函数是不会被继承的，需要重写派生类的构造函数和析构函数。

（2）派生类的成员数据中有来自父类的成员数据，因此在写派生类的构造函数的时候需要调用其父类的构造函数。

（3）如果派生类的成员中有成员对象，那么也需要用成员对象名来进行初始化。

（4）派生类构造函数、析构函数的调用顺序如下：

① 构造函数中首先调用各个直接基类的构造函数，之后再调用成员对象的构造函数，最后才是新增成员的初始化。

② 对于多继承有多个基类，那么其构造函数的调用顺序是按被继承时的声明顺序，从左到右一次调用，与初始化表的顺序无关。

③ 对于成员对象的初始化也是一样，与它们的声明顺序有关，和构造函数中的初始化表的顺序无关。

④ 如果没有进行显示的调用，那么会调用其默认的构造函数。

⑤ 子类的复制构造函数也要为各个直接基类的复制构造函数传递参数。

⑥ 在派生类的析构函数中不会显示调用基类的析构函数，系统会自动隐式调用，调用顺序和构造函数的调用顺序正好相反，先构造的后析构。

第12章

多态与重载

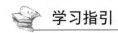 学习指引

C++是一门面向对象的语言。而多态性是面向对象程序设计的一个重要特征。如果一种语言只支持类而不支持多态，是不能被称为面向对象语言的，只能说是基于对象。正是因为 C++在程序设计中能够实现多态性，因而能够解决多态问题。这样能极大地提高程序的开发效率，也降低程序员的开发负担。

重点导读

- 掌握如何实现多态性。
- 掌握虚函数的定义以及用法。
- 熟悉虚析构函数。
- 熟悉抽象基类。
- 熟悉并掌握运算符重载。

12.1　多态概述

顾名思义，一个事物的多种形态称之为多态。在 C++程序设计中，多态性就相当于具有不同功能的函数可以共用同一个函数名，这样就可以用一个函数名调用具有不同功能的函数。

 ### 12.1.1　认识多态行为

在面向对象方法中一般是这样表述多态性的：向不同的对象发送同一个消息，不同的对象在接收时会产生不同的行为（即方法）。也就是说，每个对象可以用自己的方式去响应共同的消息。所谓消息，就是调用函数，不同的行为就是指不同的实现，即执行不同的函数。其实，在前面章节已经接触过多态性的现象，例如函数的重载。只是那时没有用到多态性这一专门术语而已。

从系统实现的角度看，多态性分为两类：静态多态性和动态多态性。在本章后面小节中讲到的函数重

载和运算符重载实现的多态性就属于静态多态性，在程序编译时系统就能决定调用的是哪个函数，因此静态多态性又称编译时的多态性。静态多态性是通过函数的重载实现的。动态多态性是在程序运行过程中才动态地确定操作所针对的对象，它又称运行时的多态性。动态多态性是通过虚函数实现的。

12.1.2　实现多态性

C++的多态性用一句话概括就是：在基类的函数前加上 **virtual** 关键字，在派生类中重写该函数，运行时将会根据对象的实际类型来调用相应的函数。如果对象类型是派生类，就调用派生类的函数；如果对象类型是基类，就调用基类的函数。

【例 12-1】编写程序，定义一个 Mother 类，然后派生一个 Son 类。

（1）在 Visual Studio 2017 中，新建名称为"12-1.cpp"的 Project1 文件。

（2）在代码编辑区域输入以下代码。

```
#include <iostream>
using namespace std;
class Mother
{
public:
    void face()
    {
        cout << "Mother's face" << endl;
    }
    void Say()
    {
        cout << "Mother say hello" << endl;
    }
};
class Son :public Mother
{
public:
    void Say()
    {
        cout << "Son say hello" << endl;
    }
};
int main()
{
    Son son;
    Mother *pMother = &son; //隐式类型转换
    pMother->Say();
    return 0;
}
```

【程序分析】在 main()函数中首先定义了一个 Son 类的对象 son，接着定义了一个指向 Mother 类的指针变量 pMother，然后利用该变量调用 pMother->Say()。通常这种情况都会与 C++的多态性搞混淆，认为 son 实际上是 Son 类的对象，应该是调用 Son 类的 Say()，输出 Son say hello，然而结果却不是。

在 Visual Studio 2017 中的运行结果如图 12-1 所示。

对上例这种情况可以从两方面进行说明。

（1）从编译的角度来说明。

图 12-1　对象调用函数

C++编译器在编译的时候，要确定每个对象调用的函数（非虚函数）的地址，这称为早期绑定，当用户将 Son 类的对象 son 的地址赋给 pMother 时，C++编译器进行了类型转换，此时 C++编译器认为变量 pMother 保存的就是 Mother 对象的地址，当在 main()函数中执行语句"pMother->Say();"时，调用的当然就是 Mother 对象的 Say()函数。

（2）从内存角度来说明。

Son 类对象的内存模型如图 12-2 所示。

用户在构造 Son 类的对象时，首先要调用 Mother 类的构造函数去构造 Mother 类的对象，然后才调用 Son 类的构造函数完成自身部分的构造，从而拼接出一个完整的 Son 类对象。当用户将 Son 类对象转换为 Mother 类型时，该对象就被认为是原对象整个内存的上半部

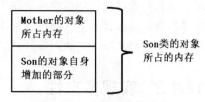

图 12-2　对象的内存模型

分，也就是图 12-2 中"Mother 的对象所占内存"，那么当用户利用类型转换后的对象指针去调用它的方法时，当然也就是调用它所在的内存中的方法，因此，输出 Mother Say hello，也就顺理成章了。

【例 12-1】输出那样的结果是因为编译器在编译的时候，就已经确定了对象调用的函数的地址，要解决这个问题就要使用晚期绑定，当编译器使用晚期绑定时，就会在运行时再去确定对象的类型以及正确的调用函数，而要让编译器采用晚期绑定，就要在基类中声明函数时使用 virtual 关键字，这样的函数称之为虚函数。

注意：一旦某个函数在基类中声明为 virtual，那么在所有的派生类中该函数都是 virtual，而不需要再显式地声明为 virtual。

现在对程序稍作修改，在 Mother 类中，Say()的声明前放置关键字 virtual，例如：

```
class Mother
{
public:
    void face()
    {
        cout << "Mother's face" << endl;
    }
    virtual void Say()
    {
        cout << "Mother say hello" << endl;
    }
};
```

此时，编译器看的是指针的内容，而不是它的类型。因此，由于 Son 类的对象的地址存储在*pMother中，所以会调用各自的 Say()函数。

正因如此，每个子类都有一个函数 Say()的独立实现。这就是多态的一般使用方式。有了多态，就可以有多个不同的类，都带有同一个名称但具有不同实现的函数，函数的参数甚至可以是相同的。

在 Visual Studio 2017 中的运行结果如图 12-3 所示。

图 12-3　实现多态

12.2　虚函数

虚函数是在基类中使用关键字 virtual 声明的函数。在派生类中重新定义基类中定义的虚函数时，会告诉编译器不要静态链接到该函数。用户想要的是在程序中任意点可以根据所调用的对象类型来选择调用的函数，这种操作被称为动态联编，或晚期绑定。

12.2.1　虚函数的定义

在 C++中，基类必须将它的两种成员函数区分开来：一种是基类希望其派生类进行覆盖的函数；另一

种是基类希望派生类直接继承而不要改变的函数。对于前者，可通过在基类函数之前加上 virtual 关键字将其定义为虚函数来实现。

例如：

```
class Base                    /*基类*/
{
public:
    virtual int fun(int n);
};
class Derive : public Base
{
public:
    int fun(int n);           /*默认也为虚函数*/
};
```

当用户在派生类中覆盖某个函数时，可以在函数前加 virtual 关键字。然而这不是必须的，因为一旦某个函数被声明成虚函数，则所有派生类中它都是虚函数。任何构造函数之外的非静态函数都可以是虚函数。派生类经常覆盖它继承的虚函数，如果派生类没有覆盖其基类中某个虚函数，则该虚函数的行为类似于其他的普通成员，派生类会直接继承其在基类中的版本。

12.2.2　认识虚函数表

编译器在编译的时候，发现 Base 类中有虚函数，此时编译器会为每个包含虚函数的类创建一个虚表（即 vtable），该表是一个一维数组，在这个数组中存放每个虚函数的地址，如图 12-4 所示。

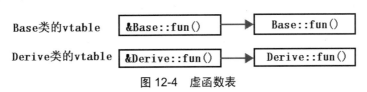

图 12-4　虚函数表

那么如何定位虚表呢？编译器另外还为每个对象提供了一个虚表指针（即 vptr），这个指针指向了对象所属类的虚表，在程序运行时，根据对象的类型去初始化 vptr，从而让 vptr 正确地指向了所属类的虚表，从而在调用虚函数的时候，能够找到正确的函数。

【例 12-2】编写程序，使用指针，指向虚函数表。

（1）在 Visual Studio 2017 中，新建名称为 "12-2.cpp" 的 Project2 文件。

（2）在代码编辑区域输入以下代码。

```
#include <iostream>
using namespace std;
class Base /*基类*/
{public:
    virtual void fun()
    {
        cout << "你今年多大了？" << endl;
    }
};
class Derive : public Base
{
public:
    void fun() /*默认也为虚函数*/
    {
```

```
          cout << "我今年19岁了！" << endl;
      }
};
int main()
{
      Derive d;
      Base *p = &d;
      p->fun();
      return 0;
}
```

【程序分析】本例中，指针 p 实际指向的对象类型是类 Derive，因此 vptr 指向 Derive 类的 vtable，当调用 p->fun()时，根据虚表中的函数地址找到的就是 Derive 类的 fun()函数。

在 Visual Studio 2017 中的运行结果如图 12-5 所示。

正是由于每个对象调用的虚函数都是通过虚表指针来索引的，也就决定了虚表指针的正确初始化是非常重要的，换句话说，在虚表指针没有正确初始化之前，用户不能够去调用虚函数，那么虚表指针是在什么时候，或者什么地方初始化呢？

图 12-5　指向虚函数表

答案是在构造函数中进行虚表的创建和虚表指针的初始化，在构造子类对象时，要先调用父类的构造函数，此时编译器只"看到了"父类，并不知道后面是否还有继承者，它初始化父类对象的虚表指针，该虚表指针指向父类的虚表，当执行子类的构造函数时，子类对象的虚表指针被初始化，指向自身的虚表。

虚函数表有以下特点：

（1）每一个类都有虚表。

（2）虚表可以继承，如果子类没有重写虚函数，那么子类虚表中仍然会有该函数的地址，只不过这个地址指向的是基类的虚函数实现，如果基类有 3 个虚函数，那么基类的虚表中就有三项（虚函数地址），派生类也会创建虚表，至少有三项，如果重写了相应的虚函数，那么虚表中的地址就会改变，指向自身的虚函数实现，如果派生类有自己的虚函数，那么虚表中就会添加该项。

（3）派生类的虚表中虚地址的排列顺序和基类的虚表中虚函数地址排列顺序相同。

12.2.3　虚函数的用法

虚函数的作用是允许在派生类中重新定义与基类同名的函数，并且可以通过基类指针或引用来访问基类和派生类中的同名函数。

【例 12-3】编写程序，基类与派生类中有同名函数。在下面的程序中 Student 是基类，Graduate 是派生类，它们都有 show()这个同名的函数。

（1）在 Visual Studio 2017 中，新建名称为"12-3.cpp"的 Project3 文件。

（2）在代码编辑区域输入以下代码。

```
#include <iostream>
#include <string>
using namespace std;
class Student/*声明基类 Student*/
{
public:
    Student(int, string, int);        /*声明构造函数*/
    virtual void show();              /*声明输出函数*/
protected:                           /*受保护成员,派生类可以访问*/
    int num;
    string name;
```

```
    int age;
};
/*Student 类成员函数的实现*/
Student::Student(int n, string nam, int a)    /*定义构造函数*/
{
    num = n;
    name = nam;
    age= a;
}
void Student::show()                          /*定义输出函数*/
{
    cout << "num:" << num << "\nname:" << name << "\nage:" << age << "\n\n";
}
/*声明公有派生类 Graduate*/
class Graduate :public Student
{
public:
    Graduate(int, string, int, float);        /*声明构造函数*/
    void show();                              /*声明输出函数*/
private:
    float score;
};
/*Graduate 类成员函数的实现*/
void Graduate::show()                          /*定义输出函数*/
{
    cout << "num:" << num << "\nname:" << name << "\nage:" << age << "\nscore=" << score << endl;
}
Graduate::Graduate(int n, string nam, int a, float s) :Student(n, nam, a), score(s) {}
int main()
{
    Student stud1(1001, "李云", 24);          /*定义 Student 类对象 stud1*/
    Graduate grad1(2001, "王强", 24, 87.5);   /*定义 Graduate 类对象 grad1*/
    Student *pt = &stud1;                      /*定义指向基类对象的指针变量 pt*/
    pt->show();
    pt = &grad1;
    pt->show();
    return 0;
}
```

【程序分析】本例在 main()函数中定义了一个 Student*类型的指针 pt，将对象 stud1 的地址赋给指针 pt 后，在调用 show()函数时，输出了 Student 类的三个成员数据。Graduate 是 Student 的派生类，它继承了基类的所有成员数据，将 grad1 的地址赋给指针 pt 后，Graduate 类的成员变量 score 却没打印出来。如果想输出 grad1 的全部数据成员，需要将 Student 类的成员函数 show()定义成虚函数，就是在它的前面加上 virtual。

在 Visual Studio 2017 中的运行结果如图 12-6 和图 12-7 所示。

图 12-6　未定义虚函数

图 12-7　定义虚函数

在面向对象的程序设计中，经常会用到类的继承，目的是保留基类的特性，以减少新类开发的时间。但是，从基类继承来的某些成员函数不完全满足派生类的需要，例如在【例 12-3】中，基类的 show()函数只输出基类的数据，而派生类的 show()函数需要输出派生类的数据。

在过去，派生类的输出函数与基类的输出函数不同名（如 show 和 show_1），但如果派生的层次多，就要起许多不同的函数名，很不方便。如果采用同名函数，又会发生同名覆盖。利用虚函数就很好地解决了这个问题。可以看到，当把基类的某个成员函数声明为虚函数后，允许在其派生类中对该函数重新定义，赋予它新的功能，并且可以通过指向基类的指针指向同一类族中不同类的对象，从而调用其中的同名函数。

由虚函数实现的动态多态性就是：同一类族中不同类的对象，对同一函数调用作出不同的响应。

虚函数的使用方法是：

（1）在基类用 virtual 声明成员函数为虚函数。这样就可以在派生类中重新定义此函数，为它赋予新的功能，并能方便地被调用。在类外定义虚函数时，不必再加 virtual。

（2）在派生类中重新定义此函数，要求函数名、函数类型、函数参数个数和类型全部与基类的虚函数相同，并根据派生类的需要重新定义函数体。

C++规定，当一个成员函数被声明为虚函数后，其派生类中的同名函数都自动成为虚函数。因此在派生类重新声明该虚函数时，可以加 virtual，也可以不加，但习惯上一般在每一层声明该函数时都加 virtual，使程序更加清晰。如果在派生类中没有对基类的虚函数重新定义，则派生类简单地继承其直接基类的虚函数。

（3）定义一个指向基类对象的指针变量，并使它指向同一类族中需要调用该函数的对象。

（4）通过该指针变量调用此虚函数，此时调用的就是指针变量指向的对象的同名函数。

12.2.4　动态关联与静态关联

编译系统要根据已有的信息，对同名函数的调用做出判断。例如函数的重载，系统是根据参数的个数和类型的不同去找与之匹配的函数的。对于调用同一类族中的虚函数，应当在调用时用一定的方式告诉编译系统，你要调用的是哪个类对象中的函数。例如可以直接提供对象名，如 studl.display()或 grad1.display()。这样编译系统在对程序进行编译时，立即能确定调用的是哪个类对象中的函数。

确定调用的具体对象的过程称为关联（binding）。binding 原意是捆绑或连接，即把两样东西捆绑（或连接）在一起。在这里是指把一个函数名与一个类对象捆绑在一起，建立关联。一般地说，关联指把一个标识符和一个存储地址联系起来。

多态性是指为一个函数名关联多种含义的能力，即同一种调用方式可以映像到不同的函数。这种把函数的调用与适当的函数体对应的活动又称为绑定。根据绑定所进行阶段的不同，可分为早期绑定（early binding）、晚期绑定（late binding），早期绑定发生在程序的编译阶段，称为静态关联（static binding），晚期绑定发生在程序的运行阶段，称为动态关联（dynamic binding）。

（1）早期绑定：也称为编译期多态，指绑定是发生在编译阶段。

例如：

```
class Rect        /*矩形类*/
{
public:
    int fun(int width);
    int fun (int width,int height);
};
```

如上面的代码，它们函数名相同，参数个数不同，一看就是互为重载的两个函数。因此，程序在编译阶段应根据参数个数确定调用哪个函数。这种情况叫作静态多态（早绑定）。

例如：

```
int main()
{
    Rect.rect;
```

```
    rect. fun (10);
    rect. fun (10,20);
    return 0;
}
```

（2）晚期绑定：也称为动态联编，指在运行时实现多态。

例如：

```
class Base
{
public :
    virtual void show()
    {
        cout<<"Base"<<endl;
    }
};
class Derived : public Base
{
    void show()
    {
        cout<<"Derived"<<endl;
    }
};
```

在本例中定义了一个虚函数 show()，如果调用虚函数时并没有指定对象名，那么系统是怎样确定关联的呢？从以下两方面来说明。

（1）可以是通过基类指针与虚函数的结合来实现多态性的。在 main()函数中先定义了一个指向基类的指针变量 p，并使它指向相应的类对象，然后通过这个基类指针去调用虚函数。

例如：

```
Base *p;
p->show();
```

显然，对这样的调用方式，编译系统在编译该行时是无法确定调用哪一个类对象的虚函数的。因为编译只作静态的语法检查，光从语句形式是无法确定调用对象的。

（2）如果编译系统把它放到运行阶段处理，在运行阶段确定关联关系。在运行阶段，基类指针变量先指向了某一个类对象，然后通过此指针变量调用该对象中的函数。此时调用哪一个对象的函数无疑是确定的。

例如：

```
Base x1;
Derived x2;
Base *p;
p=&x1;          /*先指向对象*/
p->show();      /*再调用函数*/
p=&x2;
p->show();
```

由于是在运行阶段把虚函数和类对象"绑定"在一起的，因此，此过程称为动态关联（dynamic binding）。这种多态性是动态的多态性，即运行阶段的多态性。

在运行阶段，指针可以先后指向不同的类对象，从而调用同一类族中不同类的虚函数。由于动态关联是在编译以后的运行阶段进行的，因此也称为滞后关联（late binding）。

12.2.5 纯虚函数

虚函数是在基类中用 virtual 进行声明定义，然后在子类中重写这个函数后，基类的指针指向子类的对象，可以调用这个函数，这个函数同时保留子类重写的功能。

纯虚函数可以不用在基类定义，只需要声明就可以了。因为是纯虚函数，是不能产生基类的对象的，但是可以产生基类的指针。

纯虚函数和虚函数最主要的区别在于，纯虚函数所在的基类是不能产生对象的，而虚函数的基类是可以产生对象的。

例如：

```
class Shape
{
protected:
    int width, height;
public:
    Shape(int a = 0, int b = 0)
    {
        width = a;
        height = b;
    }
    virtual int area(){return 0;}    /*纯虚函数*/
};
```

其实，在基类中并不使用这个函数，其返回值也是没有意义的。为简化，可以不写出这种无意义的函数体，只给出函数的原型，并在后面加上"=0"，例如：

```
virtual int area( )const =0;        /*纯虚函数*/
```

纯虚函数是在声明虚函数时被"初始化"为 0 的函数。声明纯虚函数的一般形式为：

```
virtual 函数类型 函数名 (参数表列) = 0;
```

【例 12-4】编写程序，定义使用纯虚函数。

（1）在 Visual Studio 2017 中，新建名称为"12-4.cpp"的 Project4 文件。

（2）在代码编辑区域输入以下代码。

```
#include <iostream>
using namespace std;
class Shape
{
protected:
    int width, height;
public:
    void values(int a, int b)
    {
        width = a; height = b;
    }
    virtual int area()=0;                /*纯虚函数*/
};
class Rectangle : public Shape
{
public:
    int area()
    {
        cout << "长方形面积: ";
        return width * height;
    }
};
class Triangle : public Shape
{
public:
    int area()
    {
        cout << "三角形面积: ";
```

```
            return width * height / 2;
        }
};
int main()
{
    Shape *p1, *p2;
    Rectangle rec;
    Triangle tri;
    p1 = &rec;
    p2 = &tri;
    p1->values(5, 9);
    p2->values(2, 4);
    cout << rec.area() << endl;
    cout << tri.area() << endl;
    cout << p1->area() << endl;
    cout << p2->area() << endl;
    return 0;
}
```

【程序分析】本例先定义了一个 Shape 基类，该类中有两个成员变量 width 和 height，和成员函数 values()和纯虚函数 area()。再定义两个派生类 Rectangle 和 Triangle，这两个类一个是用于计算长方形面积，另一个是计算三角形面积。最后在 main()函数中，将参数传给 values()函数后，再调用两个派生类中的 area()函数，并输出长方形和三角形的面积。

在 Visual Studio 2017 中的运行结果如图 12-8 所示。

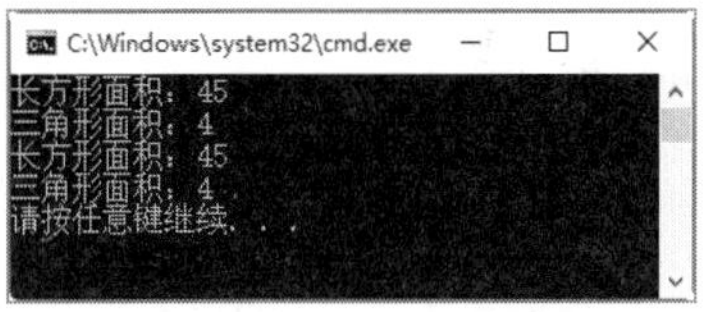

关于纯虚函数需要注意以下几点：

（1）纯虚函数没有函数体。

（2）最后面的 "=0" 并不表示函数返回值为 0，它只起形式上的作用，告诉编译系统 "这是纯虚函数"。

图 12-8 纯虚函数

（3）这是一个声明语句，最后应有分号。

（4）纯虚函数只有函数的名字而不具备函数的功能，不能被调用。它只是通知编译系统："在这里声明一个虚函数，留待派生类中定义"。在派生类中对此函数提供定义后，它才能具备函数的功能，可被调用。

（5）纯虚函数的作用是在基类中为其派生类保留一个函数的名字，以便派生类根据需要对它进行定义。

（6）如果在基类中没有保留函数名字，则无法实现多态性。如果在一个类中声明了纯虚函数，而在其派生类中没有对该函数定义，则该虚函数在派生类中仍然为纯虚函数。

12.3 虚析构函数

在第 11 章中已经详细讲解了析构函数，它的作用是在对象撤销之前做必要的 "清理现场" 的工作。

当派生类的对象从内存中撤销时一般先调用派生类的析构函数，然后再调用基类的析构函数。但是，如果用 new 运算符建立了临时对象，若基类中有析构函数，并且定义了一个指向该基类的指针变量，在程序中用带指针参数的 delete 运算符撤销对象时，会发生一个情况：系统会只执行基类的析构函数，而不执行派生类的析构函数。

【例 12-5】编写程序，定义析构函数和虚析构函数。

（1）在 Visual Studio 2017 中，新建名称为 "12-5.cpp" 的 Project5 文件。

（2）在代码编辑区域输入以下代码。

```
#include <iostream>
using namespace std;
```

```
class Point                                          /*定义基类 Point 类*/
{
public:
    Point() {}                                       /*Point 类构造函数*/
    ~Point()
    {
        cout << "析构函数执行点" << endl;            /*Point 类析构函数*/
    }
};
class Circle :public Point                           /*定义派生类 Circle 类*/
{
public:
    Circle() {}                                      /*Circle 类构造函数
    ~Circle() { cout << "析构函数执行圈" << endl; }   /*Circle 类析构函数*/
private:
    int r;
};
int main()
{
    Point *pc = new Circle;                          /*用 new 开辟动态存储空间*/
    delete pc;                                       /*用 delete 释放动态存储空间*/
    return 0;
}
```

【程序分析】在本例中，pc 是指向基类的指针变量，指向 new 开辟的动态存储空间，并用 delete 释放 pc 所指向的空间。运行的结果是输出基类的字符串“析构函数执行点”。因此，没有定义虚析构函数时，在 mian()函数中通过父类指针操作子类对象的成员函数的时候是没有问题的，可是在销毁对象内存的时候则只是执行了父类的析构函数，子类的析构函数却没有执行，这会导致内存泄漏。

如果 delete 后边跟父类的指针则只会执行父类的析构函数，如果 delete 后面跟的是子类的指针，那么它既会执行子类的析构函数，也会执行父类的析构函数。面对这种情况则需要引入虚析构函数。

如果希望能执行派生类 Circle 的析构函数，可以将基类的析构函数声明为虚析构函数，例如：

```
virtual ~Point()
{
    cout << "析构函数执行点" << endl;
}
```

在 Visual Studio 2017 中的运行结果如图 12-9 和图 12-10 所示。

图 12-9　析构函数

图 12-10　虚析构函数

virtual 在函数中的使用限制：

（1）普通函数不能是虚函数，也就是说这个函数必须是某一个类的成员函数，不可以是一个全局函数，否则会导致编译错误。

例如：

```
void fun() = 0;          /*顶层函数不能被声明为纯虚函数*/
class base
{
public :
    void display() = 0;     /*普通成员函数不能被声明为纯虚函数*/
};
```

（2）静态成员函数不能是虚函数，static 成员函数是和类同生共处的，它不属于任何对象，使用 virtual 也将导致错误。

（3）内联函数不能是虚函数，如果内联函数被 virtual 修饰，计算机会忽略 inline 而使它变成纯粹的虚函数。

（4）构造函数不能是虚函数，否则会出现编译错误。

12.4　抽象基类

包含纯虚成员函数的类即为抽象基类，之所以说它抽象，是因为它无法实例化，也即无法用于创建对象。

例如：

```cpp
#include <iostream>
using namespace std;
class Base
{
public :
    virtual void show() = 0;
    ...
};
int main()
{
    Base b;     /*编译错误*/
    return 0;
}
```

本例中只定义了一个 Base 类，该类中声明了一个纯虚成员函数 show()，包含纯虚成员函数的类即为抽象基类，因此 Base 类为抽象基类。抽象基类是无法用于创建对象的，而主函数中我们尝试创建 Base 类的对象，这是不允许的，编译提示语法错误。

纯虚成员函数可以被派生类继承，如果派生类不重新定义抽象基类中的所有纯虚成员函数，则派生类同样会成为抽象基类，因而也不能用于创建对象。

【例 12-6】编写程序，定义抽象基类。

（1）在 Visual Studio 2017 中，新建名称为 "12-6.cpp" 的 Project6 文件。

（2）在代码编辑区域输入以下代码。

```cpp
#include <iostream>
using namespace std;
class Base
{
public :
    Base(){x = 0;}            /*构造函数*/
    Base(int a){x = a;}       /*构造函数*/
    virtual void show() = 0;  /*纯虚函数*/
    int getx()                /*成员函数*/
    {
        return x;
    }
private:
    int x;
};
class Derived_1 : public Base  /*派生类 Derived_1*/
{
```

```
public:
    Derived_1(int a)
    {
        y = a;
    }
private:
    int y;
};
class Derived_2 : public Base          /*派生类 Derived_2*/
{
public:
    Derived_2(int a, int b):Base(a){ z = b;}
    void show()
    {
        cout<<getx()<<" "<<z<<endl;
    }
private:
    int z;
};
int main()
{
    //Base b;                          /*编译错误*/
    //Derived_1 d1(5);                 /*编译错误*/
    Derived_2 d2(5,6);
    d2.show();
    return 0;
}
```

【程序分析】 在本例中定义了三个类，一个 Base 类，Base 类中有一个整型成员变量 x，成员函数有两个构造函数、一个 get_x 普通成员函数和一个纯虚成员函数 show()。之后定义了一个 Derived_1 类，该类继承 Base 类，在该类中新增一个整型的成员变量 y，并且定义了一个构造函数。之后又定义了一个 Derived_2 类，这个类同样也新增了一个整型的成员变量 z，定义了一个带参的构造函数，并显式调用了基类中的构造函数。除此之外，Derived_2 类还重新定义了基类中的纯虚成员函数 show()，派生类中的 show()函数与基类中的纯虚成员函数构成函数覆盖。

在主函数中首先尝试创建 Base 类的对象，因为 Base 类包含一个纯虚成员函数，因此是抽象基类，不能创建对象。之后又尝试创建 Derived_1 的对象，Derived_1 类继承了基类 Base 中的纯虚成员函数，并且没有重新定义该函数，因此 Derived_1 类虽然是 Base 类的派生类，但它仍然是抽象基类，因此同样不能创建对象。之后尝试创建 Derived_2 类的对象，该类同样是 Base 类的派生类，同样从 Base 类中继承了纯虚成员函数 show()，但是该类中同时也重新定义了该函数，因此覆盖了基类的纯虚成员函数，该类不是抽象基类，因此可以创建对象。创建 Derived_2 类的对象时调用了类中的带参构造函数，之后通过对象调用 show()函数，打印出成员变量 x 和 y 的值。

在 Visual Studio 2017 中的运行结果如图 12-11 所示。

图 12-11　抽象基类

抽象基类可以用于实现公共接口，在抽象基类中声明的纯虚成员函数，派生类如果想要能够创建对象，则必须全部重新定义这些纯虚成员函数。

12.5　运算符的重载

所谓重载，就是重新赋予新的含义。C++允许对在同一作用域中的某个函数和运算符指定多个定义，分别称为函数重载和运算符重载。在调用一个重载函数或重载运算符时，编译器通过使用的参数类型与定义中的参数类型进行比较，决定选用最合适的定义。选择最合适的重载函数或重载运算符的过程，称为重载决策。

12.5.1　什么是运算符的重载

函数的重载就是对一个已有的函数赋予新的含义，使之实现新功能，因此，一个函数名就可以用来代表不同功能的函数，从而实现"一名多用"。

运算符重载也是对一个已有的运算符赋予新的含义，使同一个运算符作用于不同类型的数据导致不同行为的发生。

例如：

```
int z;
int x = 10, y = 10;
z = x + y;
cout << "x+y=" << z << endl;

double c;
double a = 20, b = 20;
c = a + b;
cout << "a+b=" << c << endl;
```

该例中的"+"既完成两个整型数的加法运算，又完成了双精度型的加法运算。为什么同一个运算符"+"可以用于完成不同类型的数据的加法运算？这是因为 C++针对预定义基本数据类型已经对"+"运算符做了适当的重载。在编译程序编译不同类型数据的加法表达式时，会自动调用相应类型的加法运算符重载函数。但是 C++中所提供的预定义的基本数据类型毕竟是有限的，在解决一些实际的问题时，往往需要用户自定义数据类型。例如，能否用"+"号进行两个复数的相加？

例如：

```
class Complex                /*复数类*/
{
public:
    double real;             /*实数*/
    double imag;             /*虚数*/
    Complex(double real = 0, double imag = 0)
    {
        this->real = real;
        this->imag = imag;
    }
};
```

在 main()函数中建立两个复数，并用"+"运算符让它们直接相加：

```
Complex com1(10, 10), com2(20, 20), com3;
com3 = com1 + com2;
```

程序在运行时，编译器发出错误信息，提示没有与这些操作数匹配的"+"运算符。这是因为 Complex 类类型不是预定义类型，系统没有对该类型的数据进行加法运算函数的重载。所以在 C++中不能在程序中直接用运算符"+"对复数进行相加运算。用户必须自己设法实现复数相加。

【例 12-7】编写程序，通过定义一个专门的函数来实现复数相加。

（1）在 Visual Studio 2017 中，新建名称为"12-7.cpp"的 Project7 文件。

（2）在代码编辑区域输入以下代码。

```
#include <iostream>
using namespace std;
```

```
class Complex                            /*定义 Complex 类*/
{
public:
    double real;                         /*实部*/
    double imag;                         /*虚部*/
    Complex(double real=0, double imag=0)  /*构造函数重载*/
    {
        this->real = real;
        this->imag = imag;
    }
    Complex add(Complex &c2);            /*声明复数相加函数*/
    void show()                          /*声明输出函数*/
    {
        cout << "(" << real << "," << imag << "i)" << endl;
    }
};
Complex Complex::add(Complex &c2)
{
    Complex c;
    c.real = real + c2.real;
    c.imag = imag + c2.imag;
    return c;
}
int main()
{
    Complex c1(10, 5), c2(10, -15), c3;   /*定义 3 个复数对象*/
    c3 = c1.add(c2);                      /*调用复数相加函数*/
    cout << "c1="; c1.show();             /*输出 c1 的值*/
    cout << "c2="; c2.show();             /*输出 c2 的值*/
    cout << "c1+c2="; c3.show();          /*输出 c3 的值*/
    return 0;
}
```

【程序分析】通过定义复数相加函数 add()也能计算出结果。但是调用方式不直观、太烦琐，也很不方便。

在 Visual Studio 2017 中的运行结果如图 12-12 所示。

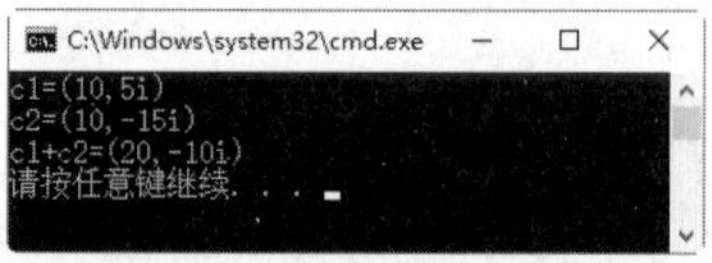

12.5.2　运算符重载的方法

图 12-12　定义复数相加函数

运算符重载的方法就是定义一个重载运算符的函数，在需要执行被重载的运算符时，系统就自动调用该函数，以实现相应的运算。也就是说，运算符重载是通过定义函数实现的。运算符重载实质上是函数的重载。

重载运算符的函数一般格式如下：

```
返回类型 operator 运算符名称 (形参表)
{
    //对运算符的重载处理
}
```

类外定义格式：

```
返回类型 类名:: operator 运算符名称(形参表)
{
    //对运算符的重载处理
}
```

例如，想将"+"用于 Complex 类（复数）的加法运算，函数的原型可以是这样的：

```
Complex operator+ (Complex& c1,Complex& c2);
```

operator 是关键字，是专门用于定义重载运算符的函数的，运算符名称就是 C++提供给用户的预定义运算符。形参是 Complex 类对象的引用，要求实参为 Complex 类对象。

注意： 函数名由 operator 和运算符组成，上面的 operator+就是函数名，意思是"对运算符+重载"。

在定义了重载运算符的函数后，可以说，函数 operator +重载了运算符+。在执行复数相加的表达式 c1+c2 时（假设 c1 和 c2 都已被定义为 Complex 类对象），系统就会调用 operator+函数，把 c1 和 c2 作为实参，与形参进行虚实结合。

为了更清楚地理解运算符重载，可以将两个整数相加想象为调用下面的函数：

```
int operator + (int x, int y)
{
    return (x+y);
}
```

如果有表达式为 10+5，就调用此函数，将 10 和 5 作为调用函数时的实参，函数的返回值为 15。

【例 12-8】编写程序，修改【例 12-7】，使用重载运算符"+"，使之能用于两个复数相加。

（1）在 Visual Studio 2017 中，新建名称为"12-8.cpp"的 Project7 文件。

（2）在代码编辑区域输入以下代码。

```
#include <iostream>
using namespace std;
class Complex                              /*定义 Complex 类*/
{
public:
    double real;                          /*实部*/
    double imag;                          /*虚部*/
    Complex(double real = 0, double imag = 0)   /*构造函数重载*/
    {
        this->real = real;
        this->imag = imag;
    }
    Complex operator+(Complex &c2);       /*声明重载运算符函数*/
    void show()                           /*声明输出函数*/
    {
        cout << "(" << real << "," << imag << "i)" << endl;
    }
};
Complex Complex::operator+(Complex &c2)
{
    Complex c;
    c.real = real + c2.real;
    c.imag = imag + c2.imag;
    return c;
}
int main()
{
    Complex c1(8, 5), c2(6, -2), c3;       /*定义 3 个复数对象*/
    c3 = c1 + c2;                          /*运算符+用于复数运算*/
    cout << "c1="; c1.show();              /*输出 c1 的值*/
    cout << "c2="; c2.show();              /*输出 c2 的值*/
    cout << "c1+c2="; c3.show();           /*输出 c3 的值*/
    return 0;
}
```

【**程序分析**】本例与【例 12-7】相比较有两处不同：

（1）本例中以 operator+函数取代了【例 12-7】中的 add()函数，而且只是函数名不同，函数体和函数返回值的类型都是相同的。

（2）在 main() 函数中，以 "c3=c1+c2;" 取代了【例 12-7】中的 "c3=c1.add(c2);"。在将运算符+重载为类的成员函数后，C++编译系统将程序中的表达式 c1+c2 解释为：

```
c1.operator+(c2)        //其中 c1 和 c2 是 Complex 类的对象
```

即以 c2 为实参调用 c1 的运算符重载函数 operator+(Complex &c2)，进行求值，得到两个复数之和。

在 Visual Studio 2017 中的运行结果如图 12-13 所示。

对于【例 12-8】的运算符重载函数 operator+还可以改写得更简练一些：

```
Complex Complex::operator + (Complex &c2)
{
    return Complex(real+c2.real, imag+c2.imag);
}
```

图 12-13　运算符+的重载

注意：return 语句中的 Complex(real+c2.real, imag+c2.imag) 是建立一个临时对象，它没有对象名，是一个无名对象。在建立临时对象过程中调用构造函数。return 语句将此临时对象作为函数返回值。

运算符重载对 C++有重要的意义，把运算符重载和类结合起来，可以在 C++程序中定义出很有实用意义又使用方便的新的数据类型。运算符重载使 C++具有更强大的功能更好的可扩充性和适应性。

12.5.3　运算符重载的规则

C++对运算符重载定义了如下几条规则：

（1）除了类属关系运算符 "."、成员指针运算符 ".*"、作用域运算符 "::"、sizeof 运算符和三目运算符 "?:" 以外，C++中的所有运算符都可以重载。

（2）C++不允许用户自己定义新的运算符，只能对已有的 C++运算符进行重载。

（3）运算符重载实质上是函数重载，因此编译程序对运算符重载的选择，遵循函数重载的选择原则。

（4）重载之后的运算符不能改变运算符的优先级和结合性，也不能改变运算符操作数的个数及语法结构。如赋值运算符是右结合性（自右至左），重载后仍为右结合性。

（5）运算符重载不能改变该运算符用于内部类型对象的含义。它只能和用户自定义类型的对象一起使用，或者用于用户自定义类型的对象和内部类型的对象混合使用时。

也就是说，参数不能全部是 C++的标准类型，以防止用户修改用于标准类型数据的运算符的性质，例如下面这样是不合法的：

```
int operator + (int a,int b)
{
    return(a-b);
}
```

原来运算符+的作用是对两个数相加，现在企图通过重载使它的作用改为两个数相减。如果允许这样重载的话，有表达式 4+3，它的结果是 7 呢还是 1？显然，这是绝对禁止的。

如果有两个参数，这两个参数可以都是类对象，也可以一个是类对象、一个是 C++标准类型的数据，例如：

```
Complex operator + (int a,Complex&c)
{
    return Complex(a +c.real, c.imag);
}
```

它的作用是使一个整数和一个复数相加。

（6）运算符重载是针对新类型数据的实际需要对原有运算符进行的适当的改造，重载的功能应当与原有功能相类似，避免没有目的地使用重载运算符。

（7）重载运算符的函数不能有默认的参数，否则就改变了运算符的参数个数，与前面第 3 点相矛盾了。

（8）重载的运算符只能是用户自定义类型，否则就不是重载而是改变了现有的 C++标准数据类型的运算符的规则了，会引起天下大乱的。

（9）用户自定义类的运算符一般都必须重载后方可使用，但两个例外，运算符"="和"&"不必用户重载。

① 赋值运算符"="可以用于每一个类对象，可以利用它在同类对象之间相互赋值。我们知道，可以用赋值运算符对类的对象赋值，这是因为系统已为每一个新声明的类重载了一个赋值运算符，它的作用是逐个复制类的数据成员。用户可以认为它是系统提供的默认的对象赋值运算符，可以直接用于对象间的赋值，不必自己进行重载。但是有时系统提供的默认的对象赋值运算符不能满足程序的要求，例如，数据成员中包含指向动态分配内存的指针成员时，在复制此成员时就可能出现危险。在这种情况下，就需要自己重载赋值运算符。

② 地址运算符"&"也不必重载，它能返回类对象在内存中的起始地址。

（10）运算符重载可以通过成员函数的形式，也可是通过友元函数、非成员非友元的普通函数。

可重载的运算符见表 12-1。

表 12-1　可重载的运算符

双目算术运算符	+（加），-（减），*（乘），/（除），%（取模）
关系运算符	==（等于），!=（不等于），<（小于），>（大于>，<=（小于等于），>=（大于等于）
逻辑运算符	‖（逻辑或），&&（逻辑与），!（逻辑非）
单目运算符	+（正），-（负），*（指针），&（取地址）
自增自减运算符	++（自增），--（自减）
位运算符	｜（按位或），&（按位与），~（按位取反），^（按位异或），<<（左移），>>（右移）
赋值运算符	=, +=, -=, *=, /=, %=, &=, |=, ^=, <<=, >>=
空间申请与释放	new，delete，new[]，delete[]
其他运算符	()（函数调用），->（成员访问），,（逗号），[]（下标）

12.5.4　运算符重载作为类的友元函数

运算符函数重载一般有两种形式：重载为类的成员函数和重载为类的非成员函数。非成员函数通常是友元。

运算符重载为类的友元函数的一般格式为：

```
friend 函数类型 operator 运算符(参数表)
{
    //函数体
}
```

当运算符重载为类的友元函数时，由于没有隐含的 this 指针，因此操作数的个数没有变化，所有的操作数都必须通过函数的形参进行传递，函数的参数与操作数自左至右一一对应。

调用友元函数运算符的格式如下：

```
operator 运算符(参数 1,参数 2)
```

它等价于：

参数 1 运算符 参数 2

例如：

a+b 等价于 operator +(a,b)

【例 12-9】编写程序，用友元函数来重载运算符。

（1）在 Visual Studio 2017 中，新建名称为 "12-9.cpp" 的 Project9 文件。

（2）在代码编辑区域输入以下代码。

```cpp
#include <iostream>
using namespace std;
class Complex
{
public:
    Complex()
    {
        real = 0;
        imag = 0;
    }
    Complex(double a, double b)
    {
        real = a;
        imag = b;
    }
    friend Complex operator + (Complex &c1, Complex &c2);      /*重载函数作为友元函数*/
    void show();
private:
    double real;
    double imag;
};
Complex operator + (Complex &c1, Complex &c2)                  /*定义作为友元函数的重载函数*/
{
    return Complex(c1.real + c2.real, c1.imag + c2.imag);
}
void Complex::show()
{
    cout << "(" << real << "," << imag << "i)" << endl;
}
int main()
{
    Complex c1(5, 13.6), c2(8, 17.9), c3;
    c3 = c1 + c2;
    cout << "c1="; c1.show();
    cout << "c2="; c2.show();
    cout << "c1+c2 ="; c3.show();
}
```

【程序分析】本例与【例 12-8】相比较，只改动了一处，将运算符函数不作为成员函数，而把它放在类外，在 Complex 类中声明它为友元函数。同时将运算符函数改为有两个参数。在将运算符 "+" 重载为非成员函数后，C++编译系统将程序中的表达式 c1+c2 解释为 "operator+(c1, c2)"，即执行 c1+c2 相当于调用以下函数：

```cpp
Complex operator + (Complex &c1,Complex &c2)
{
    return Complex(c1.real+c2.real, c1.imag+c2.imag);
}
```

在 Visual Studio 2017 中的运行结果如图 12-14 所示。

图 12-14　友元函数重载运算符

12.6　综合应用

【例 12-10】编写程序，利用抽象类动物类派生鸟类，然后派生出鹰类。

（1）在 Visual Studio 2017 中，新建名称为"12-10.cpp"的 Project10 文件。

（2）在代码编辑区域输入以下代码。

```cpp
#include <iostream>
#include <string>
using namespace std;
class Animal                              /*定义抽象类动物类*/
{
private:
    string Name;                          /*属性名字*/
public:
    Animal(string n) { Name = n; }        /*构造函数*/
    virtual void Show() = 0;              /*定义动物类成员函数Show()为纯虚函数*/
    virtual void name(string n) = 0;     /*定义动物类成员函数name()为纯虚函数*/
};
class Birds :public Animal                /*定义鸟类,继承自动物类*/
{
private:
    string Name;                          /*属性名字*/
public:
    Birds(string n) :Animal(n) { Name = n; }  /*向基类传递名称信息并初始化名称属性*/
    void Show()                           /*在这里实现了基类的Show方法*/
    {
        cout << Name << endl;
    }
};
class Hawk :public Birds                   /*定义鹰类,继承鸟类*/
{
private:
    string Name;                          /*属性名字*/
public:
    Hawk(string n) :Birds(n) { Name = n; }    /*向基类传递名称信息并初始化名称属性*/
    void name(string n) { Name = n; }     /*在这里实现了基类的name方法*/
    void Show(string m)                    /*重载了基类的Show方法*/
    {
        cout << m << Name << endl;
    }
};
void main()
{
    Hawk h("鸟");                          /*创建鹰的对象*/
    h.Show("动物类->");                     /*显示信息*/
    h.name("鹰");                          /*修改名字*/
    h.Show("猛禽类->");                     /*显示新的信息*/
    return;
}
```

【程序分析】本例中，先定义了一个抽象类 Animal 类，该类中有两个纯虚函数 Show()和 name()。再定义一个派生类 Birds，用于继承 Animal 类的名称与属性，然后再定义一个派生类 Hawk，用于继承 Birds 类的名称与属性。

在 Visual Studio 2017 中的运行结果如图 12-15 所示。

图 12-15 鹰类的多态性

12.7 就业面试技巧与解析

12.7.1 面试技巧与解析（一）

面试官：C++多态是如何实现的，及其原理是什么？

应聘者：C++的多态性用一句话概括就是：在基类的函数前加上 virtual 关键字，在派生类中重写该函数，运行时将会根据对象的实际类型来调用相应的函数。如果对象类型是派生类，就调用派生类的函数；如果对象类型是基类，就调用基类的函数。

（1）用 virtual 关键字声明的函数叫作虚函数，虚函数肯定是类的成员函数。

（2）存在虚函数的类都有一个一维的虚函数表叫作虚表，类的对象有一个指向虚表开始的虚指针。虚表是和类对应的，虚表指针是和对象对应的。

（3）多态性是一个接口多种实现，是面向对象的核心，分为类的多态性和函数的多态性。

（4）多态用虚函数来实现，结合动态绑定。

（5）纯虚函数是虚函数再加上 "= 0"。

（6）抽象类是指包括至少一个纯虚函数的类。

纯虚函数："virtual void fun()=0;" 即抽象类！必须在子类实现这个函数，即先有名称，没有内容，在派生类中实现内容。

12.7.2 面试技巧与解析（二）

面试官：运算符重载作为类成员函数和友元函数之间的区别？

应聘者：在多数情况下，将运算符重载为类的成员函数和类的友元函数都是可以的。但成员函数运算符与友元函数运算符也具有各自的一些特点：

（1）一般情况下，单目运算符最好重载为类的成员函数；双目运算符则最好重载为类的友元函数。

（2）以下一些双目运算符不能重载为类的友元函数：=、()、[]、->。

（3）类型转换函数只能定义为一个类的成员函数而不能定义为类的友元函数。

（4）若一个运算符的操作需要修改对象的状态，选择重载为成员函数较好。

（5）若运算符所需的操作数希望有隐式类型转换，则只能选用友元函数。

（6）当运算符函数是一个成员函数时，最左边的操作数（或者只有最左边的操作数）必须是运算符类的一个类对象（或者是对该类对象的引用）。如果左边的操作数必须是一个不同类的对象，或者是一个内部类型的对象，该运算符函数必须作为一个友元函数来实现。

（7）当需要重载运算符具有可交换性时，选择重载为友元函数。

第 13 章

输入与输出

 学习指引

在 C++代码中经常用到的输入与输出，都是以终端为对象的。就是从键盘输入数据，运行结果输出到显示器屏幕上。输入和输出是用户与计算机交互的方式，如何正确、高效地输入数据，又如何准确、清晰地输出数据，以及各自的特点，本章都会详细介绍。

 重点导读

- 熟悉掌握标准输入与输出。
- 掌握标准格式输出流。
- 掌握输入函数的方法。
- 掌握输出函数的方法。

13.1 标准输入与输出

C++标准库提供了一组丰富的输入/输出功能，可以对系统指定的标准设备进行输入和输出。C++的 I/O 发生在流中，流是字节序列。如果字节流是从设备（如键盘、磁盘驱动器、网络连接等）流向内存，这叫作输入操作。如果字节流是从内存流向设备（如显示屏、打印机、磁盘驱动器、网络连接等），这叫作输出操作。

1. I/O 库头文件

在 C++编程中常用的头文件见表 13-1。

表 13-1　I/O 库头文件

头　文　件	函数和描述
<iostream>	该文件定义了 cin、cout、cerr 和 clog 对象，分别对应于标准输入流、标准输出流、非缓冲标准错误流和缓冲标准错误流
<iomanip>	该文件通过所谓的参数化的流操纵器（比如 setw 和 setprecision），来声明对执行标准化 I/O 有用的服务
<fstream>	该文件为用户控制的文件处理声明服务。我们将在文件和流的相关章节讨论它的细节

2. 标准输出流（cout）

预定义的对象 cout 是 iostream 类的一个实例。cout 对象连接到标准输出设备，通常是显示屏。cout 是与流插入运算符<<结合使用的。

【例 13-1】编写程序，使用 cout 与运算符"<<"输出字符串。

（1）在 Visual Studio 2017 中，新建名称为"13-1.cpp"的 Project1 文件。

（2）在代码编辑区域输入以下代码。

```
#include <iostream>
using namespace std;
int main()
{
    char str[] = "Hello C++";
    cout << "数组 str : " << str << endl;
    return 0;
}
```

【程序分析】本例定义了一个数组 str，通过标准输出流 cout 和流插入运算符"<<"，将字符串"Hello C++"输出在屏幕上。

在 Visual Studio 2017 中的运行结果如图 13-1 所示。

C++编译器根据要输出变量的数据类型，选择合适的流插入运算符来显示值。<<运算符被重载来输出内置类型（整型、浮点型、double 型、字符串和指针）的数据项。

图 13-1　标准输出流

流插入运算符<<在一个语句中可以多次使用，如上面实例中所示，endl 用于在行末添加一个换行符。

关于 cout 的说明：

（1）用"cout<<"输出基本类型的数据时，可以不必考虑数据是什么类型，系统会判断数据的类型并根据其类型选择调用与之匹配的运算符重载函数。这个过程都是自动的，用户不必干预。

如果在 C 语言中用 printf()函数输出不同类型的数据，必须分别指定相应的输出格式符，十分麻烦，而且容易出错。

（2）cout 流在内存中对应开辟了一个缓冲区，用来存放流中的数据，当向 cout 流插入一个 endl 时，不论缓冲区是否已满，都立即输出流中所有数据，然后插入一个换行符，并刷新流（清空缓冲区）。

注意：如果插入一个换行符"\n"（如 cout<<a<<"\n"），则只输出和换行，而不刷新 cout 流（但并不是所有编译系统都体现出这一区别）。

（3）在 iostream 中只对"<<"和">>"运算符用于标准类型数据的输入输出进行了重载，但未对用户声明的类型数据的输入输出进行重载。

3. 标准输入流（cin）

预定义的对象 cin 是 iostream 类的一个实例。cin 对象附属到标准输入设备，通常是键盘。cin 是与流提取运算符>>结合使用的。

【例 13-2】编写程序，使用 cin 与运算符">>"输出字符串。

（1）在 Visual Studio 2017 中，新建名称为"13-2.cpp"的 Project2 文件。

（2）在代码编辑区域输入以下代码。

```
#include <iostream>
using namespace std;
int main()
{
    char name[30];
```

```
    cout << "请输入您的姓名：";
    cin >> name;
    cout << "您的姓名是：" << name << endl;
    return 0;
}
```

【程序分析】本例定义一个字符型数组，通过标准输入流 cin，输入一个人的姓名。

在 Visual Studio 2017 中的运行结果如图 13-2 所示。

C++编译器根据要输入值的数据类型，选择合适的流提取运算符
"<<"来提取值，并把它存储在给定的变量中。

图 13-2　标准输入流

流提取运算符>>在一个语句中可以多次使用，如果要求输入多个数据，可以使用如下语句：

```
cin >> name >> scoer;
```

等价于：

```
cin >> name;
cin >> scoer;
```

注意：只有在输入完数据再按回车键后，该行数据才被送入键盘缓冲区，形成输入流，提取运算符 ">>" 才能从中提取数据。需要注意保证从流中读取数据能正常进行。

4．标准错误流(cerr)

cerr 是一个 ostream 对象，关联到标准错误，通常写入到与标准输出相同的设备。默认情况下，写到 cerr 的数据是不缓冲的。cerr 通常用于输出错误信息与其他不属于正常逻辑的内容。

cerr 也是与流插入运算符<<结合使用的。

【例 13-3】编写程序，使用 cerr 输出一个错误信息。

（1）在 Visual Studio 2017 中，新建名称为 "13-3.cpp" 的 Project3 文件。

（2）在代码编辑区域输入以下代码。

```
#include <iostream>
using namespace std;
int main()
{
    char str[] = "cerr....";
    cerr << "Error message : " << str << endl;
    return 0;
}
```

【程序分析】cerr 对应标准错误流，用于显示错误消息。默认情况下被关联到标准输出流，但它不被缓冲，也就说错误消息可以直接发送到显示器，而无须等到缓冲区或者新的换行符时，才被显示。一般情况下不被重定向。

在 Visual Studio 2017 中的运行结果如图 13-3 所示。

图 13-3　标准错误流

5．标准日志流(clog)

预定义的对象 clog 是 iostream 类的一个实例。clog 对象附属到标准输出设备，通常也是显示屏，但是 clog 对象是缓冲的。这意味着每个流插入到 clog 都会先存储在缓冲区，直到缓冲区填满或者缓冲区刷新时才会输出。

clog 也是与流插入运算符<<结合使用的。

【例 13-4】编写程序，使用 clog 输出一个错误信息。

（1）在 Visual Studio 2017 中，新建名称为 "13-4.cpp" 的 Project4 文件。

（2）在代码编辑区域输入以下代码。

```
#include <iostream>
using namespace std;
int main()
{
char str[] = "clog....";
clog << "Error message : " << str << endl;
return 0;
}
```

【程序分析】clog 流也是标准错误流，作用和 cerr 一样，区别在于 cerr 不经过缓冲区，直接向显示器输出信息，而 clog 中的信息存放在缓冲区，缓冲区满或者遇到 endl 时才输出。

在 Visual Studio 2017 中的运行结果如图 13-4 所示。

图 13-4　标准日志流

13.2　标准格式输出流

在输出数据时，为简便起见，往往不指定输出的格式，由系统根据数据的类型采取默认的格式，但有时希望数据按指定的格式输出，如要求以十六进制或八进制形式输出一个整数，对输出的小数只保留两位小数等。

有两种方法可以达到此目的：一种是控制符；另一种是使用流对象（iostream）的有关成员函数。

13.2.1　使用控制符控制输出格式

在使用 cout 和 cin 时通常是默认格式。但有时用户在输入输出时需要一些特殊的要求，如在输出实数时规定字段宽度，只保留两位小数，数据向左或向右对齐等。C++提供了在输入输出流中使用的控制符，见表 13-2。

表 13-2　输入输出流的控制符

控　制　符	作　　用
Dec	设置整数的基数为 10
hex	设置整数的基数为 16
oct	设置整数的基数为 8
setbase(n)	设置整数的基数为 n（n 只能是 16，10，8 之一）
setfill(c)	设置填充字符 c，c 可以是字符常量或字符变量
setprecision(n)	设置实数的精度为 n 位。在以一般十进制小数形式输出时，n 代表有效数字。在以 fixed（固定小数位数）形式和 scientific（指数）形式输出时，n 为小数位数
setw(n)	设置字段宽度为 n 位
setiosflags(ios::fixed)	设置浮点数以固定的小数位数显示
setiosflags(ios::scientific)	设置浮点数以科学计数法（即指数形式）显示
setiosflags(ios::left)	输出数据左对齐
setiosflags(ios::right)	输出数据右对齐
setiosflags(ios::shipws)	忽略前导的空格
setiosflags(ios::uppercase)	在以科学计数法输出 E 和十六进制输出字母 X 时，以大写表示
setiosflags(ios::showpos)	输出正数时，给出 "+" 号

注意：如果使用了控制符，在程序单位的开头除了要加 iostream 头文件外，还要加 iomanip 头文件。
例如，输出一个双精度数：

```
double d = 123.456789012345;                                       /*对 a 赋初值*/
cout << d << endl;                                                 /*输出: 123.456*/
cout << setprecision (8) << d << endl;                             /*输出: 123.45679*/
cout << setprecision (5) << d << endl;                             /*恢复默认格式(精度为 6)123.46*/
cout << setiosflags(ios::fixed) << d << endl;                      /*输出: 123.456789*/
cout << setiosflags(ios::fixed) << setprecision (8) << d << endl;  /*输出: 123.45678901*/
cout << setiosflags(ios::scientific) << d << endl;                 /*输出: 1.234568e+02*/
cout << setiosflags(ios::scientific) << setprecision (4) << d << endl;/*输出: 1.2346e02*/
```

例如，输出一个整数：

```
int a = 123456;                                         /*对 b 赋初值*/
cout << a << endl;                                      /*输出: 123456*/
cout << hex << a << endl;                               /*输出: 1e240*/
cout << setw (10) << a << "," << a << endl;             /*输出: 123456,123456*/
cout << setfill('*') << setw (10) << a << endl;         /*输出: **** 123456*/
cout << setiosflags(ios::showpos) << a << endl;         /*输出: + 123456*/
cout << setiosflags(ios::uppercase) << hex << a << endl; /*输出: 1E240*/
```

【例 13-5】 编写程序，使用控制符使小数点对齐。

（1）在 Visual Studio 2017 中，新建名称为"13-5.cpp"的 Project5 文件。

（2）在代码编辑区域输入以下代码。

```cpp
#include <iostream>
#include <iomanip>
using namespace std;
int main()
{
    double x = 256.456, y = 3.14159, z = -123.67;
    cout << setiosflags(ios::fixed) << setiosflags(ios::right) << setprecision(2);
    cout << setw (10) << x << endl;
    cout << setw (10) << y << endl;
    cout << setw (10) << z << endl;
    return 0;
}
```

【程序分析】 本例先统一设置定点形式输出、取两位小数、右对齐。这些设置对其后的输出均有效，而 setw()只对其后一个输出项有效，因此必须在输出 x、y、z 之前都要写 setw(10)。

在 Visual Studio 2017 中的运行结果如图 13-5 所示。

【例 13-6】 编写程序，用控制符控制输出格式。

（1）在 Visual Studio 2017 中，新建名称为"13-6.cpp"的 Project6 文件。

（2）在代码编辑区域输入以下代码。

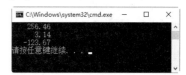

图 13-5 设置字段宽度

```cpp
#include <iostream>
#include <iomanip>/*包含头文件*/
using namespace std;
int main()
{
    int x;
    cout << "input x:";
    cin >> x;
    cout << "dec:" << dec << x << endl;                 /*以十进制形式输出整数*/
```

```
    cout << "hex:" << hex << x  << endl;              /*以十六进制形式输出整数x*/
    cout << "oct:" << oct << x  << endl;              /*以八进制形式输出整数x*/
    const char *pt = "Hello";                          /*pt 指向字符串"Hello"*/
    cout << setw (10) << pt << endl;                   /*指定域宽,输出字符串*/
    cout << setfill('#') << setw (10) << pt << endl;  /*指定域宽,输出字符串,空白处以'#'填充*/
    double pi = 25.0 / 6.0;                            /*计算pi值*/
    cout << setiosflags(ios::scientific) << setprecision(8);    /*按指数形式输出,8位小数*/
    cout << "pi=" << pi << endl;                       /*输出 pi 值*/
    cout << "pi=" << setprecision (4) << pi << endl;   /*改为 4 位小数*/
    cout << "pi=" << setiosflags(ios::fixed) << pi << endl;     /*改为小数形式输出*/
    return 0;
}
```

【程序分析】本例定义了一个 int 型变量，通过格式控制符对该变量输出相应的格式。

在 Visual Studio 2017 中的运行结果如图 13-6 所示。

图 13-6　输出格式控制符

13.2.2　使用流对象的成员函数控制输出

输出格式除了可以用控制符操作外，还可以通过调用流对象的成员函数控制格式输出。用于控制输出格式的常用的流成员函数见表 13-3。

表 13-3　用于控制输出格式的流成员函数

流成员函数	与之作用相同的控制符	作　　用
precision(n)	setprecision(n)	设置实数的精度为 n 位
width(n)	setw(n)	设置字段宽度为 n 位
fill(c)	setfill(c)	设置填充字符 c
setf()	setiosflags()	设置输出格式状态，括号中应给出格式状态，内容与控制符 setiosflags 括号中的内容相同
unsetf()	resetioflags()	终止已设置的输出格式状态，在括号中应指定内容

该表中的流成员函数 setf()和控制符 setiosflags()括号中的参数表示格式状态，它是通过格式标志来指定的。格式标志在类 ios 中被定义为枚举值。因此在引用这些格式标志时要在前面加上类名 ios 和域运算符 "::"。格式标志见表 13-4。

表 13-4　设置格式状态的格式标志

格　式　标　志	作　　用
ios::left	输出数据在本域宽范围内向左对齐
ios::right	输出数据在本域宽范围内向右对齐
ios::internal	数值的符号位在域宽内左对齐，数值右对齐，中间由填充字符填充
ios::dec	设置整数的基数为 10
ios::oct	设置整数的基数为 8
ios::hex	设置整数的基数为 16

格 式 标 志	作　　用
ios::showbase	强制输出整数的基数（八进制数以 0 打头，十六进制数以 0x 打头）
ios::showpoint	强制输出浮点数的小点和尾数 0
ios::uppercase	在以科学记数法格式 E 和以十六进制输出字母时以大写表示
ios::showpos	对正数显示"+"号
ios::scientific	浮点数以科学记数法格式输出
ios::fixed	浮点数以定点格式（小数形式）输出
ios::unitbuf	每次输出之后刷新所有的流
ios::stdio	每次输出之后清除 stdout，stderr

【例 13-7】编写程序，调用流对象的成员函数对格式进行控制。

（1）在 Visual Studio 2017 中，新建名称为"13-7.cpp"的 Project7 文件。

（2）在代码编辑区域输入以下代码。

```cpp
#include <iostream>
using namespace std;
int main()
{
    int x = 37;
    cout.setf(ios::showbase);            /*显示基数符号(0x 或)*/
    cout << "dec:" << x << endl;         /*默认以十进制形式输出 x*/
    cout.unsetf(ios::dec);               /*终止十进制的格式设置*/
    cout.setf(ios::hex);                 /*设置以十六进制输出的状态*/
    cout << "hex:" << x << endl;         /*以十六进制形式输出 x*/
    cout.unsetf(ios::hex);               /*终止十六进制的格式设置*/
    cout.setf(ios::oct);                 /*设置以八进制输出的状态*/
    cout << "oct:" << x << endl;         /*以八进制形式输出 x*/
    cout.unsetf(ios::oct);
    const char *pt = "Hello";            /*pt 指向字符串"Hello"*/
    cout.width(10);                      /*指定域宽*/
    cout << pt << endl;                  /*输出字符串*/
    cout.width(10);                      /*指定域宽*/
    cout.fill('#');                      /*指定空白处以'#'填充*/
    cout << pt << endl;                  /*输出字符串*/
    double pi = 25.0 / 6.0;              /*输出 pi 值*/
    cout.setf(ios::scientific);          /*指定用科学记数法输出*/
    cout << "pi=";                       /*输出"pi="*/
    cout.width(14);                      /*指定域宽*/
    cout << pi << endl;                  /*输出 pi 值*/
    cout.unsetf(ios::scientific);        /*终止科学记数法状态*/
    cout.setf(ios::fixed);               /*指定用定点形式输出*/
    cout.width(12);                      /*指定域宽*/
    cout.setf(ios::showpos);             /*正数输出"+"号*/
    cout.setf(ios::internal);            /*数符出现在左侧*/
    cout.precision(6);                   /*保留 6 位小数*/
    cout << pi << endl;                  /*输出 pi,注意数符"+"的位置*/
```

```
    return 0;
}
```

【程序分析】本例演示了流对象的成员函数对输出格式的控制，可以发现用控制符和 cout 流的有关成员函数，二者的作用是相同的。控制符是在头文件 iomanip 中定义的，因此用控制符时，必须包含 iomanip 头文件。cout 流的成员函数是在头文件 iostream 中定义的，因此只需包含头文件 iostream，不必包含 iomanip。许多程序人员感到使用控制符方便简单，可以在一个 cout 输出语句中连续使用多种控制符。

在 Visual Studio 2017 中的运行结果如图 13-7 所示。

注意：dec、oct 和 hex，left 和 right 是彼此对立的，设置一个另一个就自动取消了。

图 13-7　cont 流的成员函数控制输出格式

13.3　行输入

cin 是 iostream 类的对象，它从标准输入设备（键盘）获取数据，程序中的变量通过流提取符 "<<" 从流中提取数据。cin 输入流对象还有两个常用的成员函数 get()和 getline()。而 read()函数是文件流对象的成员函数。

13.3.1　get()函数

get()函数是 cin 输入流对象的成员函数。它有 3 种形式：无参数的、有一个参数的、有 3 个参数的。

1. 不带参数的 get()函数

该函数的调用形式为：

```
cin.get()
```

该函数的功能是用来从指定的输入流中提取一个字符（包括空白字符），函数的返回值就是读入的字符。

【例 13-8】编写程序，用 get()函数读入一个字符。

（1）在 Visual Studio 2017 中，新建名称为"13-8.cpp"的 Project8 文件。

（2）在代码编辑区域输入以下代码。

```
#include <iostream>
using namespace std;
int main()
{
    int a;                  /*声明整型变量a*/
    cout << "输入字符: ";
    a = cin.get();          /*使用get()函数接收输入字符,并存在a中,赋值符号两边无数据类型转换*/
    cout << a << endl;      /*输出a*/
    return 0;
}
```

【程序分析】输入字符 a，因为 get()函数返回整型，所以输出 a 值为 ASCII 码 97。

在 Visual Studio 2017 中的运行结果如图 13-8 所示。

图 13-8　无参的 get()函数

2. 有一个参数的 get()函数

该函数的调用形式为：

```
cin.get(c)
```

其作用是从输入流中读取一个字符，赋给字符变量 c。如果读取成功则函数返回 true（真），如失败（遇文件结束符）则函数返回 false（假）。

【例 13-9】编写程序，用 get()函数读入字符串。

（1）在 Visual Studio 2017 中，新建名称为"13-9.cpp"的 Project9 文件。

（2）在代码编辑区域输入以下代码。

```cpp
#include <iostream>
using namespace std;
int main()
{
    char c;
    cout << "输入字符串: " << endl;
    cin.get(c);              /*输入字符 c*/
    cout << c << endl;       /*输出字符 c*/
    return 0;
}
```

【程序分析】本例中 get()函数的括号里放的是字符变量名 c。表示接收输入的数据是字符型，而且只接收一个字符。所以在输入字符串 abcdefg 后，只接收字符 a 到字符变量 c 中，故输出结果还是输入的字符 a。

在 Visual Studio 2017 中的运行结果如图 13-9 所示。

3. 有 3 个参数的 get()函数

该函数的调用形式为：

```
cin.get(字符数组, 字符个数 n, 终止字符)
```

或

图 13-9　有一个参数的 get()函数

```
cin.get(字符指针, 字符个数 n, 终止字符)
```

其作用是从输入流中读取 n-1 个字符，赋给指定的字符数组（或字符指针指向的数组），如果在读取 n-1 个字符之前遇到指定的终止字符，则提前结束读取。如果读取成功则函数返回 true（真），如失败（遇终止字符）则函数返回 false（假）。

【例 13-10】编写程序，使用有 3 个参数的 get()函数。

（1）在 Visual Studio 2017 中，新建名称为"13-10.cpp"的 Project10 文件。

（2）在代码编辑区域输入以下代码。

```cpp
#include <iostream>
using namespace std;
int main()
{
    char a[20];
    cout << "输入字符串:" << endl;
    cin.get(a, 10, '\\n');       /*指定换行符为终止字符*/
    cout << a << endl;
    return 0;
}
```

【**程序分析**】在本例中，输入了 11 个字符，但由于在 get() 函数中指定的 n 为 10，读取 n–1 个（即 9 个）字符并赋给字符数组 a 中前 9 个元素。

那为什么指定 n 为 10，却只读取 9 个字符？因为存放的是一个字符串，因此在 9 个字符之后要加入一个字符串结束标志，实际上存放到数组中的是 10 个字符。

在 Visual Studio 2017 中的运行结果如图 13-10 所示。

注意：终止字符也可以用其他字符。

例如：

```
cin.get(a,10,'x');    /*在遇到字符'x'时停止读取操作*/
```

图 13-10　有 3 个参数的 get() 函数

13.3.2　getline() 函数

getline() 函数的作用是从输入流中读取一行字符，其用法与带 3 个参数的 get() 函数类似。

该函数的调用形式为：

```
cin.getline(字符数组(或字符指针)，字符个数 n，终止标志字符)
```

【**例 13-11**】编写程序，使用 getline() 函数。

（1）在 Visual Studio 2017 中，新建名称为"13-11.cpp"的 Project11 文件。

（2）在代码编辑区域输入以下代码。

```cpp
#include <iostream>
using namespace std;
int main()
{
    char ch[50];
    cout << "输入字符串:" << endl;
    cin >> ch;
    cout << "cin 输入流:" << ch << endl;
    cin.getline(ch, 20, '/');        /*读 19 个字符或遇'/'结束*/
    cout << "第二部分:" << ch << endl;
    cin.getline(ch, 20);             /*读 19 个字符或遇'/n'结束*/
    cout << "第三部分:" << ch << endl;
    return 0;
}
```

【**程序分析**】本例先用"cin>>"从输入流提取数据，遇空格就终止。因此只读取到字符串 Day，该字符串有三个字符分别存放在字符数组的元素中，然而在元素 ch[3]中存放的是"\0"。因此用"cout<<ch"输出时，只输出字符串 Day。

然后用 cin.getline(ch, 20, '/')从输入流读取 19 个字符（或遇结束符）。请注意：此时并不是从输入流的开头读取数据。在输入流中有一个字符指针，指向当前应访问的字符。在开始时，指针指向第一个字符，在读入字符串 Day 后，指针就移到下一个字符（y 后面的空格），所以 getline() 函数从空格读起，遇到"/"就停止，把字符串 Monday 存放到以 ch[0]开始的 20 个数组元素中，然后用"cout<<ch"输出这 20 个字符。注意：遇终止标志字符"/"时停止读取并不将其放到数组中。

再用 cin.getline(ch, 20)读 19 个字符（或遇"/n"结束），由于未指定以"/"为结束标志，所以第 2 个"/"被当作一般字符读取，共读入 19 个字符，最后输出这 19 个字符。

在 Visual Studio 2017 中的运行结果如图 13-11 所示。

图 13-11　getline()函数

13.3.3　read()函数

read()的作用是从输入流中读取指定数量的字符，使用格式如下：

```
cin.read(字符数组(或字符指针),字符个数)
```

【例 13-12】编写程序，使用 read()函数输出字符串。

（1）在 Visual Studio 2017 中，新建名称为 "13-12.cpp" 的 Project12 文件。

（2）在代码编辑区域输入以下代码。

```
#include <iostream>
using namespace std;
void main()
{
    char *str = new char;        /*定义字符指针 str*/
    cout << "请输入 11 个字符" << endl;
    cin.read(str, 7);            /*输入字符串,cin 函数只读入前 7 个字符存储到 str*/
    cout << str << endl;         /*输出字符串 str*/
}
```

图 13-12　read()函数

【程序分析】本例中 read()函数已经限定了读入数据的最大值为 7。如果输入值大于 7，str 也只截取前 7 个字符。

在 Visual Studio 2017 中的运行结果如图 13-12 所示。

13.4　put()函数

程序中常见的输出是通过 cout 和插入运算符 "<<" 来实现的。有时用户还有特殊的输出要求，例如只输出一个字符。所以，iostream 类还提供了专用于输出单个字符的成员函数 put()。

put()的作用是输出一个字符，使用格式如下：

```
cout.put(char a)
```

调用该函数的结果是在屏幕上显示一个字符 a。put()函数的参数可以是字符或字符的 ASCII 代码（也可以是一个整型表达式）。

例如：

```
cout.put(65 + 32);
```

也显示字符 a，因为 97 是字符 a 的 ASCII 代码。

可以在一个语句中连续调用 put()函数。

例如：

```
cout.put(72).put(69).put(76).put(76).put(79).put('\n');
```

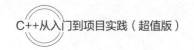
在屏幕上显示 HELLO。

【例 13-13】编写程序，将一个字符串按反向的顺序输出。

（1）在 Visual Studio 2017 中，新建名称为 "13-13.cpp" 的 Project13 文件。

（2）在代码编辑区域输入以下代码。

```cpp
#include <iostream>
using namespace std;
int main()
{
    const char *a = "HELLO";                    /*字符指针指向'H'*/
    for (int i = 4; i >= 0; i--)
    {
        cout.put(*(a + i));                     /*从最后一个字符开始输出*/
    }
    cout.put('\n');
    return 0;
}
```

【程序分析】本例先定义一个字符串指针，让该指针指向字符串 HELLO 的首位置，也就是 H。然后通过 for 循环，将指针指向 O 位置。并从最后一个字符开始输出。

在 Visual Studio 2017 中的运行结果如图 13-13 所示。

图 13-13　put()函数

13.5　printf()函数

printf()函数称为格式输出函数，其关键字最末一个字母 f 即为"格式"（format）之意。其功能是按用户指定的格式，把指定的数据显示到显示器屏幕上。C++程序提供了标准 C 的输入输出库，printf()语句就是其中之一，在某些情况下，printf()使用起来更加方便。

但是 C++不建议使用 printf()函数，最重要的原因是 C++提供了流对象 ">>" 和 "<<"，它们代表了新观念。流对象能输出对象，而 printf()函数不能。此外，C 语言对函数参数的数据类型是不做严格的检查的，但是 C++语言却是要做严格的类型检查的，这与 C++支持函数重载有关。

再者，在一个程序里，如果 cin、cout 和 scanf、printf 混合使用，系统不能保证它们的执行次序是正确的。

要使用 printf()函数，需要包含标准输入输出头文件。

```
#include <stdio.h>
```

printf()函数调用的一般形式为：

```
printf("格式控制字符串",输出表列)
```

其中，格式控制字符串用于指定输出格式。格式控制串可由格式字符串和非格式字符串两种组成。格式字符串是以%开头的字符串，在%后面跟有各种格式字符，以说明输出数据的类型、形式、长度、小数位数等。

常用格式控制字符串有以下一些。

%d：以带符号的十进制形式输出整数。

%o：以八进制无符号形式输出整数。

%x：以十六进制无符号形式输出整数。

%u：以无符号十进制形式输出整数。

%c：以字符形式输出，只输出一个字符。

%s：输出字符串。

%f：以小数形式输出单、双精度数，隐含输出 6 位小数。

%e：以指数形式输出实数。

非格式字符串原样输出，在显示中起提示作用。输出表列中给出了各个输出项，要求格式字符串和各输出项在数量和类型上应该一一对应。

【例 13-14】编写程序，使用 printf()函数输出。

（1）在 Visual Studio 2017 中，新建名称为"13-14.cpp"的 Project14 文件。

（2）在代码编辑区域输入以下代码。

```cpp
#include <stdio.h>
int main(void)
{
    int x = 88, y = 89;
    printf("%d %d\n", x, y);
    printf("%d,%d\n", x, y);
    printf("%c,%c\n", x, y);
    printf("x=%d,y=%d\n", x, y);
    return 0;
}
```

【程序分析】本例中四次输出了 x、y 的值，但由于格式控制字符串不同，输出的结果也不相同。第 5 行的输出语句格式控制字符串中，两格式字符串%d 之间加了一个空格（非格式字符），所以输出的 x、y 值之间有一个空格。第 6 行的 printf()语句格式控制字符串中加入的是非格式字符逗号，因此输出的 x、y 值之间加了一个逗号。第 7 行的格式字符串要求按字符型输出 x、y 值。第 8 行中为了提示输出结果又增加了非格式字符串。

图 13-14　printf()函数

在 Visual Studio 2017 中的运行结果如图 13-14 所示。

13.6　综合应用

【例 13-15】编写程序，输出格式控制符与成员函数之间的对比。

（1）在 Visual Studio 2017 中，新建名称为"13-15.cpp"的 Project15 文件。

（2）在代码编辑区域输入以下代码。

```cpp
#include <iostream>
#include <iomanip>
using namespace std;
int main()
{
    double x = 1.2345678901;
    int precision;
    cout << fixed;
    cout << x << endl;
    cout.width(12);
    cout.fill('*');
    for (precision = 0; precision <= 9; precision++)
```

```
    {
        cout.precision(precision);
        cout << x << endl;
    }
    cout << x << endl;
    cout << setw(12) << setfill('*');
    for (precision = 0; precision <= 9; precision++)
    {
        cout.precision(precision);
        cout << x << endl;
    }
    cout << x << endl;
    return 0;
}
```

【程序分析】本例综合演示了格式控制符与成员函数之间的
操作。

在 Visual Studio 2017 中的运行结果如图 13-15 所示。

图 13-15　格式输出

13.7　就业面试技巧与解析

13.7.1　面试技巧与解析（一）

面试官：什么是 I/O 流？

应聘者：在 C++中，将数据从一个对象到另一个对象的流动抽象为"流"（stream）。

当输入时，所输入的信息是从键盘对应的缓冲区中流入正在运行的程序的缓冲区，这些输入的信息称为"输入流"，该操作称为"读操作"。

当输出时，数据从程序流向屏幕或磁盘文件，称为"输出流"，该操作称为"写操作"。

面试官：get()和 getline()有什么区别？

应聘者：get()函数每次只能读取一个字符，而 getline()函数可以读取整行数据，包括空白在内。

13.7.2　面试技巧与解析（二）

面试官：C++为什么不使用标准 I/O 函数？

应聘者：C 语言中提供两个标准 I/O 函数，格式分别如下：

```
printf(格式控制符,输出变量1,输出变量2…);
scanf(格式控制符,输入变量1的地址,输入变量2的地址…);
```

两个函数都用格式控制字符串，在使用时都要求后面的变量个数和变量类型都要与前面字符串中给出的格式符的格式对应一致。但由于程序员的疏忽，这种不匹配时有发生，从而产生错误的结果，甚至使系统不能工作。

而且这两个 I/O 函数不具有可扩充性。格式控制字符串中，所有控制符只适用于内部定义数据类型。C 语言的 I/O 函数没有提供对用户定义对象的支持。因此，C 语言的 I/O 函数没有灵活性和可扩充性，不能针对实际的类对象产生重载函数。

第4篇

高级应用

数据的存储可以通过操作文件来完成，掌握文件操作是奠定开发大项目的基础。容器可以存储各式各样的数据，甚至是用户自定义的数据类型。模块是 STL 的基础，通过学习模版，可以加深对 STL 构造的理解。最后介绍标准库和异常处理方法。学好本篇内容可以极大地提高对 C++的编程能力并掌握简化 C++编程的技巧。

- 第 14 章　C++文件操作
- 第 15 章　C++容器
- 第 16 章　C++模板
- 第 17 章　C++标准库
- 第 18 章　异常的处理与调试

第14章

C++文件操作

 学习指引

迄今为止，程序的运行结果仅仅显示在屏幕上，当要再次查看结果时，必须将程序重新运行一遍；而且，这个结果也不能被保留。如果希望程序的运行结果能够永久保留下来，供随时查阅或取用，则需要将其保存在文件中。

本章介绍 C++中文件的操作方法。

 重点导读

- 熟悉文件的分类。
- 掌握文件的打开与关闭。
- 掌握文件读写操作的方法。
- 掌握随机函数的用法。

14.1　文件的概述

文件是程序设计中一个重要的概念。所谓"文件"，一般是指相关数据的集合。计算机中的一批数据是以文件的形式存放在外部介质（如磁盘、光盘和 U 盘）上的。操作系统是以文件为单位对数据进行管理的，也就是说，如果想找存在外部介质上的数据，必须先按文件名找到所指定的文件，然后再从该文件中读取数据。要向外部介质上存储数据也必须先建立一个文件（以文件名标识），才能向它输出数据。

 ### 14.1.1　文件的分类

1. 外部文件和内部文件

（1）外部文件：指磁盘文件、光盘文件和 U 盘文件。目前使用最广泛的是磁盘文件，在程序中对光盘文件和 U 盘文件的使用方法与磁盘文件相同。本章所说的文件都是指磁盘文件。

（2）内部文件：指在程序中运行的文件，更正式的称谓是"文件流对象"。

对用户来说，常用到的文件有两大类，一类是程序文件（program file），如 C++的源程序文件（.cpp）、目标文件（.obj）、可执行文件（.exe）等。一类是数据文件（data file），在程序运行时，常常需要将一些数据（运行的最终结果或中间数据）输出到磁盘上存放起来，以后需要时再从磁盘中输入到计算机内存。这种磁盘文件就是数据文件。程序中的输入和输出的对象就是数据文件。

2. 文本文件和二进制文件

根据文件中数据的组织形式，可分为 ASCII 文件和二进制文件。

（1）ASCII 文件：ASCII 文件又称文本（text）文件或字符文件，它的每 1 字节放一个 ASCII 代码，代表一个字符。

（2）二进制文件：又称内部格式文件或字节文件，是把内存中的数据按其在内存中的存储形式原样输出到磁盘上存放。

对于字符信息，在内存中是以 ASCII 代码形式存放的，因此，无论用 ASCII 文件输出还是用二进制文件输出，其数据形式是一样的。但是对于数值数据，二者是不同的。例如有一个长整数 100000，在内存中占 4 字节，如果按内部格式直接输出，在磁盘文件中占 4 字节，如果将它转换为 ASCII 码形式输出，则要占 6 字节。

14.1.2　C++如何使用文件

文件在 C++看来是字符流或二进制流，统称为文件流。使用一个文件流的过程是固定的，一般步骤如下：

（1）打开一个文件，使磁盘文件和文件流对象建立联系；

（2）将数据按文本方式写入一个文件，就如同 cout 用于向显示器送数据。以后可从这个文件读取数据，就如同 cin 用于键盘输入；

（3）当不再使用文件时，要关闭文件，此时文件将从缓冲区中完全写回磁盘。这样，可以永久保存数据。

14.1.3　文件流类和文件流对象

文件流是以外部文件为输入输出对象的数据流。输出文件流是从内存流向外部文件的数据，输入文件流是从外部文件流向内存的数据。每一个文件流都有一个内存缓冲区与之对应。

注意：文件流与文件的概念，不要误以为文件流是由若干文件组成的流。文件流本身不是文件，而只是以文件为输入输出对象的流。若要对磁盘文件输入输出，就必须通过文件流来实现。

到目前为止，用户使用的 iostream 标准库提供了 cin 和 cout 方法分别用于从标准输入读取流和向标准输出写入流。而 cin、cout 就是流对象，C++是通过流对象进行输入输出的。由于 cin、cout 已在 iostream 中事先定义，所以用户不需自己定义。

在 C++的 I/O 类库中不仅可以看到除了标准输入输出流类 istream、ostream 和 iostream 类外，还有 3 个专门用于文件操作的文件类。

（1）ifstream 类，它是从 istream 类派生的，用来支持从磁盘文件的输入。

（2）ofstream 类，它是从 ostream 类派生的，用来支持向磁盘文件的输出。

（3）fstream 类，它是从 iostream 类派生的，用来支持对磁盘文件的输入输出。

在用磁盘文件时，由于情况各异，无法事先统一定义，必须由用户自己定义。此外，对磁盘文件的操作是通过文件流对象（而不是 cin 和 cout）实现的。文件流对象是用文件流类定义的，而不是用 istream 和

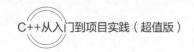

ostream 类来定义的。

例如：

```
ifstream infile;          /*说明输入文件流对象 infile*/
ofstream outfile;         /*说明输出文件流对象 outfile*/
```

如同在头文件 iostream 中定义了流对象 cout 一样，现在在程序中定义了 infile 为 ifstream 类（输入文件流类）的对象，用于读；outfile 为 ofstream 类（输出文件流类）的对象，用于写。

注意：要在 C++中进行文件处理，必须在 C++源代码文件中包含头文件<iostream>和<fstream>。

14.2　文件的打开和关闭

在从文件读取信息或者向文件写入信息之前，必须先打开文件。ofstream 和 fstream 对象都可以用来打开文件进行写操作，如果只需要打开文件进行读操作，则使用 ifstream 对象。

14.2.1　打开文件

所谓打开（open）文件是一种形象的说法，如同打开房门就可以进入房间活动一样。打开文件是指在文件读写之前做必要的准备工作，包括：为文件流对象和指定的磁盘文件建立关联，以便使文件流流向指定的磁盘文件。然后指定文件的工作方式，如该文件是作为输入文件还是输出文件，是 ASCII 文件还是二进制文件等。

1. 调用文件流的成员函数 open()

例如：

```
ofstream outfile;                    /*定义 ofstream 类(输出文件流类)对象 outfile*/
outfile.open("myFile.txt", ios::out); /*使文件流与 myFile.txt 文件建立关联*/
```

该例的含义是，调用输出文件流的成员函数 open()打开磁盘文件 myFile.txt，并指定为输出文件，文件流对象 outfile 将向磁盘文件 myFile.txt 输出数据。

参数说明：

第 1 个参数表示要打开文件的文件名。磁盘文件名可以包括路径，例如：

```
c:\project\\myFile.txt
```

注意：如缺省路径，则默认为当前目录下的文件。

第 2 个参数指定文件的打开方式。输入文件流的默认值 ios::in，意思是按输入文件方式打开文件；输出文件流的默认值 ios::out，意思是按输出文件方式打开文件；对于输入输出文件流没有默认值的打开方式，在打开文件时，应指明打开文件的方式。此时 myFile.txt 是一个输出文件，接收从内存输出的数据。

调用成员函数 open()的一般形式为：

```
文件流对象.open(磁盘文件名，输入输出方式);
```

2. 在定义文件流对象时指定参数

在声明文件流类时定义了带参数的构造函数，其中包含了打开磁盘文件的功能。因此，可以在定义文件流对象时指定参数，调用文件流类的构造函数来实现打开文件的功能。

ifstream、ofstream、fstream 3 个文件流类的构造函数所带的参数与各自的成员函数 open()所带的参数完全相同。因此，在说明这 3 种文件流类的对象时，通过调用各自的构造函数也能打开文件。

例如：

```
ofstream outfile("file.txt", ios::out);
```

注意：一般多用此形式，比较方便。作用与 open()函数相同。

下面是 open()函数的标准语法。open()函数是 fstream、ifstream 和 ofstream 对象的一个成员。

输入输出方式是在 ios 类中定义的，它们是枚举常量，有多种选择，见表 14-1。

表 14-1　文件输入输出方式设置值

方　　式	作　　用
ios::in	以输入方式打开文件
ios::out	以输出方式打开文件（这是默认方式），如果已有此名字的文件，则将其原有内容全部清除
ios::app	以输出方式打开文件，写入的数据添加在文件末尾
ios::ate	打开一个已有的文件，文件指针指向文件末尾
ios::trunc	打开一个文件，如果文件已存在，则删除其中全部数据，如文件不存在，则建立新文件。如已指定了 ios::out 方式，而未指定 ios::app、ios::ate、ios::in，则同时默认此方式
ios::binary	以二进制方式打开一个文件，如不指定此方式，则默认为 ASCII 方式
ios::nocreate	打开一个已有的文件，如果文件不存在，则打开失败。nocreate 的意思是不建立新文件
ios::noreplace	如果文件不存在，则建立新文件；如果文件已存在，则操作失败，replace 的意思是不更新原有文件
ios::in|ios::out	以输入和输出方式打开文件，文件可读可写
ios::out|ios::binary	以二进制方式打开一个输出文件
ios::in|ios::binary	以二进制方式打开一个输入文件

说明：

（1）新版本的 I/O 类库中不提供 ios::nocreate 和 ios::noreplace。

（2）每一个打开的文件都有一个文件指针，该指针的初始位置由 I/O 方式指定，每次读写都从文件指针的当前位置开始。每读入 1 字节，指针就后移 1 字节。当文件指针移到最后，就会遇到文件结束符 EOF（文件结束符也占 1 字节，其值为-1），此时流对象的成员函数 eof()的值为非 0 值（一般设为 1），表示文件结束了。

（3）可以用"位或"运算符"|"对输入输出方式进行组合，如表 14-1 中最后 3 行所示。

例如：

```
ios::in | ios:: noreplace
```

表示打开一个输入文件，若文件不存在，则返回打开失败的信息。

```
ios::app | ios::nocreate
```

表示打开一个输出文件，在文件尾接着写数据，若文件不存在，则返回打开失败的信息。

```
ios::out | ios::noreplace
```

表示打开一个新文件作为输出文件，如果文件已存在，则返回打开失败的信息。

```
ios::in | ios::out | ios::binary
```

表示打开一个二进制文件，可读可写但不能组合互相排斥的方式，例如：

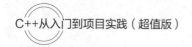

```
ios::nocreate | ios::noreplace
```

（4）如果打开操作失败，open()函数的返回值为 0（假），如果是用调用构造函数的方式打开文件的，则流对象的值为 0。可以据此测试打开是否成功。

例如：

```
if (outfile.open("file.txt", ios::app) == 0)
cout << "open error";
```

或者：

```
if (!outfile.open("file.txt", ios::app))
cout << "open error";
```

14.2.2　关闭文件

当 C++程序终止时，它会自动关闭刷新所有流，释放所有分配的内存，并关闭所有打开的文件。但程序员应该养成一个好习惯，在程序终止前关闭所有打开的文件。关闭文件用成员函数 close()。

例如：

```
outfile.close( );   /*将输出文件流所关联的磁盘文件关闭*/
```

所谓关闭，实际上是解除该磁盘文件与文件流的关联，原来设置的工作方式也会失效，这样，就不能再通过文件流对该文件进行输入或输出。此时可以将文件流与其他磁盘文件建立关联，通过文件流对新的文件进行输入或输出。

【例 14-1】编写程序，使用 ofstream 新建一个文件，并进行打开关闭操作。

（1）在 Visual Studio 2017 中，新建名称为 "14-1.cpp" 的 Project1 文件。

（2）在代码编辑区域输入以下代码。

```
#include <iostream>
#include <fstream>                      /*包含头文件,用于对磁盘文件的输入输出*/
using namespace std;
int main()
{
    ofstream outfile;                  /*以写的模式打开文件*/
    outfile.open("c:\\project\\file14-1.txt", ios::out);   /*使文件流与myFile.dat 文件建立关联*/
    if (outfile.is_open())            /*判断文件是否打开*/
    {
        cout << "文件打开成功!" << endl;
    }
    outfile.close();                   /*关闭文件*/
    return 0;
}
```

【程序分析】本例演示了一个数据文件的打开与关闭操作。首先使用 ofstream 类定义一个对象 outfile，用于对磁盘文件的输出操作。然后通过输出文件流对象 outfile 打开指定磁盘文件，在文件流对象和磁盘文件之间建立联系。接着通过 if 语句进行判断。最后关闭文件。

在 Visual Studio 2017 中的运行结果如图 14-1 所示。

图 14-1　文件的打开关闭操作

14.3　文件的读写

如果文件的每 1 字节中均以 ASCII 代码形式存放数据，即 1 字节存放一个字符，这个文件就是 ASCII 文件（或称文本文件）。程序可以从文本文件中读入若干字符，也可以向它输出一些字符。

14.3.1　文本文件的读写

文本文件读写在文件缓冲区中进行，文件的读写操作可以用以下两种方法：

方法一：用流插入运算符"<<"和流提取运算符">>"输入输出标准类型的数据。"<<"和">>"都已在 iostream 中被重载为能用于 ostream 和 istream 类对象的标准类型的输入输出。由于 ifstream 和 ofstream 分别是 ostream 和 istream 类的派生类，因此它们从 ostream 和 istream 类继承了公有的重载函数，所以在对磁盘文件的操作中，可以通过文件流对象和流插入运算符"<<"及流提取运算符">>"实现对磁盘文件的读写，如同用 cin、cout 和<<、>>对标准设备进行读写一样。

【例 14-2】编写程序，向一个文件中写入 10 个整数。

（1）在 Visual Studio 2017 中，新建名称为"14-2.cpp"的 Project2 文件。

（2）在代码编辑区域输入以下代码。

```cpp
#include <iostream>
#include <fstream>
using namespace std;
int main()
{
    int a[10];
    char f[50];
    cout << "请输入文件名:" << endl;
    cin >> f;
    ofstream outfile(f, ios::out);       /*以写的模式打开文件*/
    if (!outfile)                        /*如果打开失败,outfile 返回值*/
    {
        cerr << "文件无法打开! " << endl;
        exit(1);
    }
    cout << "请输入10 个整数:" << endl;
    for (int i = 0; i<10; i++)
    {
        cin >> a[i];
        outfile << a[i] << " ";
    }                                    /*向磁盘文件"myFile.txt"输出数据*/
    outfile.close();                     /*关闭磁盘文件"myFile.txt"*/
    return 0;
}
```

【程序分析】对程序说明如下：

（1）程序中用#include 命令包含了头文件 fstream，这是由于在程序中用到文件流类 ofstream，而 ofstream 是在头文件 fstream 中定义的。

注意：在使用一些老编译器时，程序中用到 cout，但没有包含 iostream 头文件，这是因为在头文件 fstream 中包含了头文件 iostream，所以编译器可以正常编译。但是在 Visual Studio 2017 中不允许这样操作。

（2）参数 ios::out 可以省略。如果不写此项，则默认为 ios::out。

以下两种写法等价：

```cpp
ofstream outfile(f, ios::out);
```

```
ofstream outfile(f);
```

（3）系统函数 exit()用来结束程序运行。exit()的参数为任意整数，可用 0，1 或其他整数。由于用了 exit()函数，某些老版本的 C++要求包含头文件 stdlib.h，而在新版本的 C++则不要求包含。

（4）在程序中用 "cin>>" 从键盘逐个读入 10 个整数，每读入一个就将该数向磁盘文件输出，输出的语句为：

```
outfile<<a[i]<<" ";
```

可以看出，用法和向显示器输出是相似的，只是把标准输出流对象 cout 换成文件输出流对象 outfile 而已。由于是向磁盘文件输出，所以在屏幕上看不到输出结果。

在 Visual Studio 2017 中的运行结果如图 14-2 和图 14-3 所示。

图 14-2　向文件写入十个整数

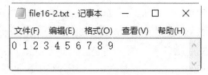

图 14-3　文件中的内容

【例 14-3】编写程序，从一个文件中读出内容。

（1）在 Visual Studio 2017 中，新建名称为 "14-3.cpp" 的 Project3 文件。

（2）在代码编辑区域输入以下代码。

```
#include <iostream>
#include <fstream>
using namespace std;
int main()
{
    int a[10], i;
    char f[100];
    cout << "请输入文件名:" << endl;
    cin >> f;
    ifstream infile(f, ios::in | ios::_Nocreate);    /*以读的模式打开文件*/
    if (!infile)
    {
        cerr << "open error!" << endl;
        exit(1);
    }
    cout << "读出文件中的内容:" << endl;
    for (i = 0; i<10; i++)
    {
        infile >> a[i];          /*从磁盘文件读入 10 个整数,顺序存放在 a 数组中*/
        cout << a[i] << " ";     /*在显示器上顺序显示 10 个数*/
    }
    cout << endl;
    infile.close();
    return 0;
}
```

【程序分析】本例是以读的模式打开一个文件。在代码中首先定义 int 型的数组 a 和变量 i，再定义一个字符型数组 f。数组 a 用于存放文件中的内容，数组 f 用于输入文件名。如果该文件不存在，则打开失败。

在 Visual Studio 2017 中的运行结果如图 14-4 所示。

方法二：用文件流的 put()、get()、getline()等成员函数进行字符的输入输出。

图 14-4　读出文件中的内容

【例 14-4】编写程序，从键盘读入一行字符，把其中的字母字符依次存放在磁盘文件 file14-4.txt 中，再读出磁盘文件中的字符串。

（1）在 Visual Studio 2017 中，新建名称为"14-4.cpp"的 Project4 文件。

（2）在代码编辑区域输入以下代码。

```cpp
#include <fstream>
#include <iostream>
using namespace std;
void save_File()  /*save_File 函数从键盘读入一行字符,并将其中的字母存入磁盘文件*/
{
    cout << "打开文件" << endl;
    ofstream outfile("C:\\project\\file14-4.txt"); /*以写的模式打开文件*/
    if (!outfile)
    {
        cerr << "打开文件 file14-4.txt 错误! " << endl;
        exit(1);
    }
    char c[80];
    cout << "请写入字符串:";
    cin.getline(c, 80);                /*从键盘读入一行字符*/
    for (int i = 0; c[i] != 0; i++)    /*对字符逐个处理,直到遇'/0'为止*/
    {
        if (c[i] >= 65 && c[i] <= 90 || c[i] >= 97 && c[i] <= 122) /*如果是字母字符*/
        {
            outfile.put(c[i]);          /*将字母字符存入磁盘文件*/
        }
    }
    cout << endl;
    outfile.close();                   /*关闭文件*/
}
void get_File()
{
    char ch;
    cout << "打开文件" << endl;
    ifstream infile("C:\\project\\file14-4.txt", ios::in | ios::_Nocreate);  /*以读的模式打开文件*/
    if (!infile)
    {
        cerr << "打开文件 file14-4.txt 错误! " << endl;
        exit(1);
    }
    cout << "读出字符串:";
    while (infile.get(ch))
    {
        cout << ch;
    }
    cout << endl;
    infile.close();                    /*关闭磁盘文件*/
}
int main()
{
    save_File();                       /*调用 save_File(),写入一个字符串*/
    get_File();                        /*调用 get_File(),读出一个字符串*/
    return 0;
}
```

【程序分析】本程序用了文件流的 put()、get()和 getline()成员函数实现输入和输出，用成员函数 getline()从键盘读入一行字符，调用函数的形式是 cin.getline(c, 80)，从磁盘文件读一个字符时用 infile.get(ch)。可以看到二者的使用方法是一样的，cin 和 infile 都是 istream 类派生类的对象，它们都可以使用 istream 类的成员函数。二者的区别只在于：对标准设备显示器输出时用 cin，对磁盘文件输出时用文件流对象。

在 Visual Studio 2017 中的运行结果如图 14-5 和图 14-6 所示。

图 14-5　成员函数对文件的读写

图 14-6　文件的内容

14.3.2　二进制文件的读写

二进制文件在操作时，数据不做任何变换，直接传送。因此它又称为内存数据的映像文件。因为文件中的信息不是字符数据，而是字节中的二进制形式的信息，因而它又称为字节文件。

二进制文件的操作也需要先打开文件，用完后要关闭文件。在打开时要用 ios::binary 指定为以二进制形式传送和存储。对二进制文件的读写主要用 istream 类的成员函数 read() 和 write() 来实现。

这两个成员函数的原型为：

```
istream& read(char *buffer,int len);
ostream& write(const char * buffer,int len);
```

字符指针 buffer 指向内存中一段存储空间。len 是读写的字节数。

调用的方式为：

```
a. write(p1,50);
b. read(p2,30);
```

该例中 a 是输出文件流对象，write() 函数将字符指针 p1 所给出的地址开始的 50 字节的内容不加转换地写到磁盘文件中。在第二行中，b 是输入文件流对象，read() 函数从 b 所关联的磁盘文件中，读入 30 字节（或遇 EOF 结束），存放在字符指针 p2 所指的一段空间内。

【例 14-5】编写程序，将一批数据以二进制形式存放在磁盘文件中。

（1）在 Visual Studio 2017 中，新建名称为 "14-5.cpp" 的 Project5 文件。

（2）在代码编辑区域输入以下代码。

```cpp
#include <fstream>
#include <iostream>
using namespace std;
struct Greens
{
    char name[20];
    float up;
    float weight;
    char addr[50];
} ;
int main()
{
    Greens gre[3]={"白菜",3.5,5.0,"上海","茄子",4.5,7.0,"北京","萝卜",6.5,3.0,"湖南"};
    ofstream outfile("c:\\project\\file14-5.txt",ios::binary);
    if(!outfile)
    {
        cerr<<"open error!"<<endl;
    }
    for(int i=0;i<3;i++)
    {
        outfile.write((char*)&gre[i],sizeof(gre[i]));
    }
```

```
    outfile.close( );
    cout<<"输入成功! "<<endl;
    return 0;
}
```

【程序分析】 本例演示了成员函数 write()向文件"file14-5"写入数据。

根据 write()函数的原型对程序分析的结果如下：

（1）第 1 个形参是指向 char 型常变量的指针变量 buffer，之所以用 const 声明，是因为不允许通过指针改变其指向数据的值。形参要求相应的实参是字符指针或字符串的首地址。现在要将结构体数组的一个元素（包含 4 个成员）一次输出到磁盘文件 file14-5 中。&gre[i]表示结构体数组的第 i 个元素的首地址，但这是指向结构体的指针，与形参类型不匹配。因此要将它强制转换成指针字符，所以在前面加上（char *）。

（2）第 2 个参数是指定一次输出的字节数。sizeof（gre[i]）的值是结构体数组的一个元素的字节数。调用一次 write()函数，就把从&gre[i]开始的结构体数组的一个元素输出到磁盘文件中，执行 3 次循环输出结构体数组的 3 个元素。每执行一次 write()函数即输出了结构体数组的全部数据。

在 Visual Studio 2017 中的运行结果如图 14-7 所示。

二进制的写入函数一次可以输出一批数据，效率较高。在输出的数据之间不必加入空格，在一次输出之后也不必加回车换行符。在以后从该文件读入数据时不是靠空格作为数据的间隔，而是用字节数来控制。

图 14-7　二进制文件的写操作

【例 14-6】 编写程序，将文件"file14-5"的内容以二进制形式存放在磁盘文件中的数据读入内存并在显示器上显示。

（1）在 Visual Studio 2017 中，新建名称为"14-6.cpp"的 Project6 文件。

（2）在代码编辑区域输入以下代码。

```
#include <fstream>
#include <iostream>
using namespace std;
struct Greens
{
    char name[20];
    float up;
    float weight;
    char addr[50];
} ;
int main()
{
    Greens gre[3];
    int i;
    ifstream infile("c:\\project\\file14-5.txt",ios::binary);
    if(!infile)
    {
        cerr<<"open error!"<<endl;
    }
    for(i=0;i<3;i++)
    {
        infile.read((char*)&gre[i],sizeof(gre[i]));
    }
    infile.close( );
    for(i=0;i<3;i++)
    {
        cout<<"NO."<<i+1<<endl;
        cout<<"名称:"<< gre[i].name<<endl;
        cout<<"单价:"<< gre[i].up<<"元"<<endl;;
        cout<<"重量:"<< gre[i].weight<<"千克"<<endl;
        cout<<"原产地:"<<gre[i].addr<<endl<<endl;
```

```
    }
    return 0;
}
```

【程序分析】本例将指定数目的字节读入到内存，依次存放在以地址&gre[0]开始的存储空间中。

要注意读入的数据的格式要与存放它的空间的格式匹配。由于磁盘文件中的数据是从内存中结构体数组元素得来的，因此它仍然保留结构体元素的数据格式。现在再读入内存，存放在同样的结构体数组中，这必然是匹配的。如果把它放到一个整型数组中，就不匹配了，会出错。

在 Visual Studio 2017 中的运行结果如图 14-8 所示。

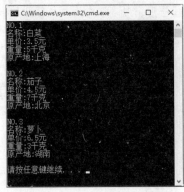

图 14-8　二进制文件的读操作

14.3.3　文件的数据定位

在磁盘文件中有一个文件指针，用来指明当前应进行读写的位置。在输入时每读入 1 字节，指针就向后移动 1 字节。在输出时每向文件输出 1 字节，指针就向后移动 1 字节，随着输出文件中字节不断增加，指针不断后移。对于二进制文件，允许对指针进行控制，使它按用户的意图移动到所需的位置，以便在该位置上进行读写。文件流提供一些有关文件指针的成员函数，见表14-2。

表 14-2　文件指针的成员函数

成　员　函　数	作　　用
gcount()	返回最后一次输入所读入的字节数
tellg()	返回输入文件指针的当前位置
seekg（文件中的位置）	将输入文件中指针移到指定的位置
seekg（位移量，参照位置）	以参照位置为基础移动若干字节
tellp()	返回输出文件指针当前的位置
seekp（文件中的位置）	将输出文件中指针移到指定的位置
seekp（位移量，参照位置）	以参照位置为基础移动若干字节

说明：

（1）这些函数名的第一个字母或最后一个字母不是 g 就是 p。带 g 的是用于输入的函数（g 是 get 的第一个字母，以 g 作为输入的标识），带 p 的是用于输出的函数（p 是 put 的第一个字母，以 p 作为输出的标识）。

例如有两个 tell()函数，tellg 用于输入文件，tellp 用于输出文件。同样，seekg 用于输入文件，seekp 用于输出文件。

（2）函数参数中的"文件中的位置"和"位移量"已被指定为 long 型整数，以字节为单位。"参照位置"可以是下面三者之一：

```
ios::beg              /*文件开头(beg 是 begin 的缩写),这是默认值*/
ios::cur              /*指针当前的位置(cur 是 current 的缩写)*/
ios::end              /*文件末尾.它们是在 ios 类中定义的枚举常量*/
例如:
myFile.seekg(n);      /*定位到 myFile 的第 n 个字节(假设是 ios::beg)*/
myFile.seekg(n, ios::cur);  /*把文件的读指针从 myFile 当前位置向后移 n 个字节*/
```

```
myFile.seekg(n, ios::end);       /*把文件的读指针从 myFile 末尾往回移 n 个字节*/
myFile.seekg(0, ios::end);       /*定位到 myFile 的末尾*/
```

14.3.4　检测 EOF

EOF 是 end of file 的缩写，表示“文字流”（stream）的结尾。在 while 循环中以 EOF 作为文件结束标志，这种以 EOF 作为文件结束标志的文件，可以是文本文件，也可以是标准输入 stdin。在文本文件中，数据都是以字符的 ASCII 代码值的形式存放。

fstream、ifstream 和 ofstream 类中的成员函数 eof()用来检测是否到达文件尾，如果到达文件尾返回非 0 值，否则返回 0。

【例 14-7】编写程序，使用 eof()函数。

（1）在 Visual Studio 2017 中，新建名称为“14-7.cpp”的 Project7 文件。

（2）在代码编辑区域输入以下代码。

```cpp
#include <iostream>
#include <fstream>
using namespace std;
int main()
{
    ofstream outfile;
    ifstream infile;
    outfile.open("myFile");
    for (int i = 0; i < 5; i++)
    {
        outfile.write((char*)(&i), sizeof(i));
    }
    outfile.close();
    infile.open("myFile");
    while (!infile.eof())
    {
        int i;
        infile.read((char*)(&i), sizeof(i));
        cout << i << "\t";
    }
    cout << endl;
    infile.close();
}
```

【程序分析】eof()函数返回 true 的条件是“读到文件结束符”，而不是文件内容的最后一个字符。“文件结束符”不是指文件最后的字符，而是文件最后的字符的下一位。而变量 i 是以二进制形式输入文件的也是以二进制形式读取文件的，每一个 int 在输入文件时是以 int 形式输入，在读取时也是以 int 形式读入。int 所占字节是 4，而 char 所占字节是 1。当读完文件中所有的 int 时，读到最后的“文件结束符”时，只剩下 1 字节，和“infile.read((char*)(&i),sizeof(i));”中的 sizeof(i)不符，这时编译器会重复上一个 sizeof(i)的数据并输出。所以最后输出会重复最后一个 int。

在 Visual Studio 2017 中的运行结果如图 14-9 所示。

除了表示文件结尾，EOF 还可以表示标准输入的结尾。因为有时候无法事先知道输入的长度，必须手动输入一个字符，表示到达 EOF。

注意：EOF 不是特殊字符，而是一个定义在头文件 stdio.h 的常量，一般等于-1：“#define EOF (−1)”。

对于普通文本，ASCII 代码值的范围是 0～255，不可能出现-1，因此可以用 EOF 作为文件结束标志。在 Windows 平台，stdin 输入流的 EOF 标志是“Ctrl + Z”。

【例 14-8】编写程序，EOF 的使用。

（1）在 Visual Studio 2017 中，新建名称为"14-8.cpp"的 Project8 文件。

（2）在代码编辑区域输入以下代码。

```cpp
#include <iostream>
using namespace std;
int main()
{
    int c;
    do
    {
        cout << "请输入文档的结尾标志:";
    } while ((c = getchar()) != EOF);
    cout << "已得到文档结束标志" << endl;
    return 0;
}
```

【程序分析】当程序运行的时候，没有文档结尾，只能找一个命令来替代文档结尾，那就是 Ctrl+Z，如上面的一段程序，当输入 Ctrl+Z 的时候，程序提示已得到文档结束标志。

在 Visual Studio 2017 中的运行结果如图 14-10 所示。

图 14-9　eof()函数

图 14-10　检测 EOF

14.4　随机读写

一般情况下读写是按顺序进行的，即逐个字节进行读写。但是对于二进制数据文件来说，可以利用成员函数移动指针，随机地访问文件中任一位置上的数据，还可以修改文件中的内容。

随机文件的读写分两步：先将文件读写位置移到开始读写位置，再用文件读写函数读或写数据。

【例 14-9】编写程序，将 1~100 的奇数存入二进制文件，并读取指定数据。

（1）在 Visual Studio 2017 中，新建名称为"14-9.cpp"的 Project9 文件。

（2）在代码编辑区域输入以下代码。

```cpp
#include <fstream>
#include <iostream>
using namespace std;
int main()
{
    int  i, x;
    ofstream outfile("c:\\project\\file14-9.txt", ios::out | ios::binary);   /*以写的模式打开文件*/
    if (!outfile)                                                            /*判断文件打开是否正常*/
    {
        cout << "open error!";
        exit(1);
    }
    for (i = 1; i<100; i += 2)
    {
        outfile.write((char*)&i, sizeof(int));                              /*写入100以内3的倍数*/
    }
    outfile.close();                                                        /*关闭写模式的文件*/
    ifstream infile("c:\\project\\file14-9.txt", ios::in | ios::binary);    /*以读模式打开文件*/
    if (!infile)
    {
```

```
        cout << "open error!\n";
        exit(1);
    }
    infile.seekg(30 * sizeof(int));      /*文件指针移到指定位置*/
    for (i = 0; i<4 && !infile.eof(); i++)
    {
        infile.read((char*)&x, sizeof(int));
        cout << x << '\t';
    }
    cout << endl;
    infile.close();
    return 0;
}
```

【程序分析】本例在"file14-9"的文件中，将 1～100 的奇数存入二进制文件，然后再将文件中第 30～33 的数依次读出并输出。代码首先以"out|ios::binary"的方式打开文件。文件打开后，每次写入一个整数。重新打开文件，使用 infile.seekg(30*sizeof(int))，从文件的开头移动 30 个整数的位置，依次输出 4 个整数。

图 14-11　随机读写

在 Visual Studio 2017 中的运行结果如图 14-11 所示。

14.5　C++对字符串流的读写

字符串流是以内存中用户定义的字符数组（字符串）为输入输出的对象，即将数据输出到内存中的字符数组，或者从字符数组（字符串）将数据读入。而文件流是以外存文件为输入输出对象的数据流。因此，字符串流也称为内存流。

字符串流也有相应的缓冲区，开始时流缓冲区是空的。如果向字符数组存入数据，随着向流插入数据，流缓冲区中的数据不断增加，待缓冲区满了（或遇换行符），一起存入字符数组。如果是从字符数组读数据，先将字符数组中的数据送到流缓冲区，然后从缓冲区中提取数据赋给有关变量。

在字符数组中可以存放字符，也可以存放整数、浮点数以及其他类型的数据。字符数组存取数据的过程：

（1）在向字符数组存入数据之前，要先将数据从二进制形式转换为 ASCII 代码，然后存放在缓冲区，再从缓冲区送到字符数组。

（2）从字符数组读数据时，先将字符数组中的数据送到缓冲区，在赋给变量前要先将 ASCII 代码转换为二进制形式。

总之，流缓冲区中的数据格式与字符数组相同。这种情况与以标准设备（键盘和显示器）为对象的输入输出是类似的，键盘和显示器都是按字符形式输入输出的设备，内存中的数据在输出到显示器之前，先要转换为 ASCII 码形式，并送到输出缓冲区中。从键盘输入的数据以 ASCII 码形式输入到输入缓冲区，在赋给变量前转换为相应变量类型的二进制形式，然后赋给变量。

文件流类有 ifstream、ofstream 和 fstream，而字符串流类有 istrstream、ostrstream 和 strstream。文件流类和字符串流类都是 ostream、istream 和 iostream 类的派生类，因此对它们的操作方法是基本相同的。向内存中的一个字符数组写数据就如同向文件写数据一样，但有三点不同：

（1）输出时数据不是流向外存文件，而是流向内存中的一个存储空间。输入时从内存中的存储空间读取数据。严格来说，这不属于输入输出，称为读写比较合适。因为输入输出一般指的是在计算机内存与计算机外的文件（外部设备也视为文件）之间的数据传送。但由于 C++的字符串流采用了 C++的流输入输出机制，因此往往也用输入和输出来表述读写操作。

（2）字符串流对象关联的不是文件，而是内存中的一个字符数组，因此不需要打开和关闭文件。

（3）每个文件的最后都有一个文件结束符，表示文件的结束。而字符串流所关联的字符数组中没有相应的结束标志，用户要指定一个特殊字符作为结束符，在向字符数组写入全部数据后要写入此字符。

字符串流类没有 open()成员函数，因此要在建立字符串流对象时通过给定参数来确立字符串流与字符数组的关联。即通过调用构造函数来解决此问题。

建立字符串流对象的方法与含义如下。

1. 建立输出字符串流对象

ostrstream 类提供的构造函数的原型为：

```
ostrstream::ostrstream(char *buffer,int n,int mode=ios::out);
```

参数说明：

buffer 是指向字符数组首元素的指针，n 为指定的流缓冲区的大小（一般与字符数组的大小相同，也可以不同），第 3 个参数是可选的，默认为 ios::out 方式。可以用以下语句建立输出字符串流对象并与字符数组建立关联，例如：

```
ostrstream strout(S1,20);
```

该例的作用是建立输出字符串流对象 strout，并使 strout 与字符数组 S1 关联（通过字符串流将数据输出到字符数组 S1），流缓冲区大小为 20。

2. 建立输入字符串流对象

istrstream 类提供了两个带参的构造函数，原型为：

```
istrstream::istrstream(char *buffer);
istrstream::istrstream(char *buffer,int n);
```

参数说明：

buffer 是指向字符数组首元素的指针，用它来初始化流对象（使流对象与字符数组建立关联）。可以用以下语句建立输入字符串流对象，例如：

```
istrstream strin(S2);
```

该例的作用是建立输入字符串流对象 strin，将字符数组 S2 中的全部数据作为输入字符串流的内容。例如：

```
istrstream strin(S2,20);
```

流缓冲区大小为 20，因此只将字符数组 S2 中的，20 个字符作为输入字符串流的内容。

3. 建立输入输出字符串流对象

strstream 类提供的构造函数的原型为：

```
strstream::strstream(char *buffer,int n,int mode);
```

可以用以下语句建立输入输出字符串流对象，例如：

```
strstream strio(S3,sizeof(S3),ios::in|ios::out);
```

该例的作用是建立输入输出字符串流对象，以字符数组 S3 为输入输出对象，流缓冲区大小与数组 S3 相同。

以上几个字符串流类是在头文件 strstream 中定义的，因此程序中在用到 istrstream、ostrstream 和 strstream 类时应包含头文件 strstream。

【例 14-10】编写程序，将一组数据保存在字符数组中。

（1）在 Visual Studio 2017 中，新建名称为"14-10.cpp"的 Project10 文件。

（2）在代码编辑区域输入以下代码。

```cpp
#include <strstream>
#include <iostream>
using namespace std;
struct student
{
    char nam[20];
    int age;
    char sex;
};
int main()
{
    student stu[3] = { "Li Yun",19,'M',"Wang Xue",18,'W',"Zhang Fei",19,'M' };
    char S[50];                                /*用户定义的字符数组*/
    ostrstream strout(S, 80);                  /*建立输出字符串流,与数组c建立关联,缓冲区长*/
    for (int i = 0; i < 3; i++)                /*向字符数组c写个学生的数据*/
    {
        strout << stu[i].nam <<"\t"<< stu[i].age <<"\t"<< stu[i].sex << endl;
    }
    strout << ends;                            /*ends是C++的I/O操作符,插入一个'\\0'
    cout << "array c:\n" << S << endl;         /*显示字符数组c中的字符*/
}
```

【程序分析】本例解析如下：

（1）字符数组 S 中的数据全部是以 ASCII 代码形式存放的字符，而不是以二进制形式表示的数据。

（2）在建立字符串流 strout 时指定流缓冲区大小为 40 字节，与字符数组 S 的大小不同，这是允许的，这时字符串流最多可以传送 36 个字符给字符数组 S。

如果将流缓冲区大小改为 30 字节，那么运行结果会是一部分有效数据以及一堆乱码。

在 Visual Studio 2017 中的运行结果如图 14-12 所示。

图 14-12　字符串流的操作

14.6　综合应用

【例 14-11】编写程序，学校要输入 5 位学生的信息，结果第 3 位学生的信息录入错误，需要进行修改。
操作步骤如下：

① 把他们的信息存到磁盘文件中；

② 将磁盘文件中的第 1 个、第 3 个和第 5 个学生数据读入程序，并显示出来；

③ 将第 3 个学生的数据修改后存回磁盘文件中的原有位置；

④ 从磁盘文件读入修改后的 5 个学生的数据并显示出来。

（1）在 Visual Studio 2017 中，新建名称为"14-11.cpp"的 Project11 文件。

（2）在代码编辑区域输入以下代码。

```cpp
#include <iostream>
#include <fstream>
#include <string>
using namespace std;
struct student
{
    int num;
```

```
        char name[20];
        float score;
    };
    int main()
    {
        student stud[5] = {
            1001,"张",97,
            1002,"王",86.6,
            1004,"刘",54.5,
            1006,"李",73,
            1010,"郑",89.5
        };
        /*用 fstream 类定义输入输出二进制文件流对象 iofile*/
        fstream iofile("c:\\project\\file14-7.txt", ios::in | ios::out | ios::binary);
        if (!iofile)
        {
            cerr << "open error!" << endl;
            abort();
        }
        for (int i = 0; i < 5; i++)                          /*向磁盘文件写入 5 个学生的数据*/
        {
            iofile.write((char *)&stud[i], sizeof(stud[i]));
        }
        student stud1[5];                                    /*用来存放从磁盘文件读入的数据*/
        for (int i = 0; i<5; i = i + 2)
        {
            iofile.seekg(i * sizeof(stud[i]), ios::beg);     /*定位于第 1,3,5 学生数据开头*/
            /*先后读入个学生的数据,存放在 stud1[0],stud1[1]和 stud1[2]中*/
            iofile.read((char *)&stud1[i / 2], sizeof(stud1[0]));
            /*输出 stud1[0],stud1[1]和 stud1[2]各成员的值*/
            cout << "第" << i + 1 << "个学生: " << stud1[i / 2].num << " " << stud1[i / 2].name
            << " " << stud1[i / 2].score << endl;
        }
        cout << endl;
        stud[2].num = 1012;                                  /*修改第 3 个学生的学号*/
        strcpy_s(stud[2].name, "柳");                        /*修改第 3 个学生的姓名*/
        stud[2].score = 60;                                  /*修改第 3 个学生的成绩*/
        iofile.seekp(2 * sizeof(stud[0]), ios::beg);         /*定位于第 1 个学生数据的开头*/
        iofile.write((char *)&stud[2], sizeof(stud[2]));     /*更新第 3 个学生数据*/
        iofile.seekg(0, ios::beg);                           /*重新定位于文件开头*/
        for (int i = 0; i<5; i++)
        {
            iofile.read((char *)&stud[i], sizeof(stud[i]));  /*读入 5 个学生的数据*/
            cout << "第" << i+1 << "个学生: " << stud[i].num << " " << stud[i].name
            << " " << stud[i].score << endl;
        }
        iofile.close();
        return 0;
    }
```

【程序分析】 对学生数据修改，需要解决以下问题：

（1）由于同一磁盘文件在程序中需要频繁地进行输入和输出，因此可将文件的工作方式指定为输入输出文件，即 ios::in|ios::out|ios::binary。

（2）正确计算好每次访问时指针的定位，即正确使用 seekg()函数或 seekp()函数。

（3）正确进行文件中数据的重写（更新）。

本例将 iofile 文件定义为输入输出型的二进制文件。这样，不仅可以向文件添加新的数据或读入数据，还可以修改（更新）数据。利用这些功能，可以实现比较复杂的输入输出任务。

在 Visual Studio 2017 中的运行结果如图 14-13 所示。

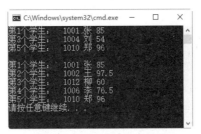

图 14-13　修改学生信息

14.7　就业面试技巧与解析

14.7.1　面试技巧与解析（一）

面试官：什么是文件流？

应聘者：写入文件或者从文件读出的数据流称之为文件流。

面试官：文件流的类时如何划分的？

应聘者：当 C++对文件进行处理时，需要包括头文件 iostream 和 fstream。fstream 头文件包括流类 ifstream（从头文件输入）、ofstream（向文件输出）和 fstream（从文件输入/输出）的定义。生成这些流类的对象可以打开文件，这些流类分别从 istream、ostream 和 iostream 类派生。I/O 类的继承关系如图 14-14 所示。

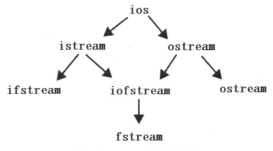

图 14-14　文件流的继承

14.7.2　面试技巧与解析（二）

面试官：二进制与文本的区别？

应聘者：用文本码形式输出的数据是与字符一一对应的，一个字节代表一个字符，可以直接在屏幕上显示或打印出来。这种方式使用方便，比较直观，便于阅读，便于对字符逐个进行输入输出。但一般占存储空间较多，而且要花费转换时间。

用二进制形式输出数值，可以节省外存空间，而且不需要转换时间，但一个字节并不对应一个字符，不能直接显示文件中的内容。如果在程序运行过程中有些中间结果数据暂时保存在磁盘文件中，以后又需要输入到内存的，这时用二进制文件保存是最合适的。如果是为了能显示和打印以供阅读，则应按文本形式输出。此时得到的是 A 文本文件，它的内容可以直接在显示屏上观看。

第15章

C++容器

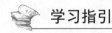 **学习指引**

在面向对象的语言中，大多引入了容器的概念。那么什么是容器？实质上就是一组相同类型对象的集合，但是它又不仅仅像数组那样简单，它实现了比数组更复杂的数据结构，当然也实现了比数组更强大的功能。C++标准模板库里提供了多种通用的容器类，它基本上可以解决程序中遇到的大多数问题。

重点导读

- 熟悉容器的概念。
- 掌握顺序容器的使用方法。
- 掌握关联容器的使用方法。
- 掌握 map 容器的使用方法。
- 掌握容器适配器的使用方法。
- 熟悉如何正确选择容器。

15.1　容器的概念

C++中容器的定义如下：数据存储上，有一种对象类型，它可以持有其他对象或指向其他对象的指针，这种对象类型叫容器。通俗地说容器就是保存其他对象的对象，这种"对象"还包含了一些处理其他对象的方法，这也体现了容器类的一个好处，"容器类是一种对特定代码重用问题的良好的解决方案"。

容器另一个好处就是可以自行扩展，解决问题时通常不知道需要存储多少个对象，数组在这方面也是力不从心。容器可以申请内存、释放内存，并且使用最优的算法来执行命令。

15.2　顺序容器

顺序容器是一种各元素之间有顺序关系的线性表，是一种线性结构的可序群集。顺序容器中的每个元素均有固定的位置，除非用删除或插入的操作改变这个位置。顺序容器具有插入速度快但查找操作相对较慢的特征。

C++标准模板库里提供 3 种顺序容器：vector、list 和 deque。其中，vector 类和 deque 类是以数组为基础的，list 类是以双向链表为基础的。

15.2.1　向量（vector）

vector 是一个动态的顺序容器，具有连续内存地址的数据结构，通过下标运算符 "[ ]" 直接有效地访问向量的任何元素。相比于数组，vector 会消耗更多的内存以有效地动态增长。而相比于其他序列容器（deques，lists），vector 能更快地索引元素（就像数组一样），而且能相对高效地在尾部插入和删除元素。如果不是在尾部插入和删除元素，效率就没有这些容器高。

当需要使用 vector 的时候，需要包含头文件：#include <vector>，一般加上 "using namespace std;"，如果不加，则在调用时候必须用 std::vector<...>这样的形式，即在 vector 前加上 std::，这表示运用的是 std 命名空间下的 vector 容器。

1. 向量的声明及初始化

vector 类包含了多个构造函数，其中包括默认构造函数，因此可以通过多种方式来声明和初始化向量容器。表 15-1 总结了常用的向量容器声明和初始化语句。

表 15-1　vector 的声明和初始化

语　　句	作　　用
vector<元素类型>向量对象名;	创建一个没有任何元素的空向量对象
vector<元素类型>向量对象名(size);	创建一个大小为 size 的向量对象
vector<元素类型>向量对象名(n,初始值);	创建一个大小为 n 的向量对象，并进行初始化
vector<元素类型>向量对象名(begin,end);	创建一个向量对象，并初始化该向量对象（begin,end）中的元素

例如：

```
vector<int> a;                            /*声明一个 int 型向量 a*/
vector<float> a(10);                      /*声明一个初始大小为 10 的向量*/
vector<float> a(10, 1);                   /*声明一个初始大小为 10 且初始值都为 1 的向量*/
vector<int> b(a);                         /*声明并用向量 a 初始化向量 b*/
vector<int> b(a.begin(), a.begin() + 3);  /*将 a 向量中从第 0 个到第 2 个(共 3 个)作为向量 b 的初始值*/
```

除此之外，还可以直接使用数组来初始化向量：

```
int n[] = { 1, 2, 3, 4, 5 };
vector<int> a(n, n + 5);                  /*将数组 n 的前 5 个元素作为向量 a 的初值*/
vector<int> a(&n[1], &n[4]);              /*将 n[1] - n[4]范围内的元素作为向量 a 的初值*/
```

2. 元素的输入及访问

【例 15-1】编写程序，对一个大小为 10 的向量容器进行修改和访问。

（1）在 Visual Studio 2017 中，新建名称为 "17-1.cpp" 的 Project1 文件。

（2）在代码编辑区域输入以下代码。

```
#include <iostream>
#include <vector>                         /*包含头文件*/
```

```
using namespace std;
int main()
{
    vector<int> a(10, 1);               /*大小为10初值为1的向量a*/
    int i;
    cout << "初始化变量:";
    for (i = 0; i < a.size(); i++)
    {
        cout << a[i] << " ";
    }
    cout << "\n插入数据:";              /*对其中部分元素进行输入*/
    cin >> a[2];
    cin >> a[5];
    cin >> a[8];
    cout << "赋值后遍历:";
    for (i = 0; i < a.size(); i++)
    {
        cout <<  a[i] << " ";
    }
    cout << endl;
    return 0;
}
```

【程序分析】本例先用 vector 类创建一个大小为 10 初值为 1 的向量容器 a，然后遍历出该容器，接着在容器第 3、第 6 和第 9 个元素的位置插入三个新元素。

在 Visual Studio 2017 中的运行结果如图 15-1 所示。

图 15-1　向量的初始化赋值

3. 基本操作

（1）修改元素。

如果声明了一个 a 向量类型的容器对象，表 15-2 给出了在 a 中插入元素和删除元素的操作，这些操作是 vector 类定义的成员函数，可以直接使用。

表 15-2　修改元素

语　　句	作　　用
a.insert(position,数值)	将数值的一个拷贝插入到由 position 指定的位置上，并返回新元素的位置
a.insert(position,n,数值)	将数值的 n 个拷贝插入到由 position 指定的位置上
a.insert(position,beg,end)	将从 beg 到 end-1 之间的所有元素的拷贝插入到 a 中由 position 指定的位置上
a.push_back(数值)	在尾部插入
a.pop_back()	删除最后元素
a.resize(num)	将元素个数改为 num
a.resize(num,数值)	将元素个数改为 num。如果 size() 增加，默认的构造函数将这些新元素初始化
a.clear()	从容器中删除所有元素
a.erase(position)	删除由 position 指定的位置上的元素
a.erase(beg,end)	删除从 beg 到 end-1 之间的所有元素

例如：

```
vector<int> a;
a.push_back(1);                /*在尾部加入一个数据*/
a.push_back(2);
a.pop_back();                  /*删除最后一个数据*/
```

```
a.insert(a.begin(), 0);          /*在 a.begin()之前加入 0*/
a.resize();                      /*更改向量大小*/
a.erase(a.begin());              /*将 a.begin()的元素删除*/
a.erase(a.begin() + 1, a.end()); /*将第二个元素以后的元素均删除*/
```

所有的容器都包含成员函数 begin()和 end()。函数 begin()返回容器中第 1 个元素的位置，函数 end()返回容器中最后一个元素的位置。这两个函数都没有参数。

（2）容量。

```
vector<int> a;
a.size();                        /*向量大小*/
a.max_size();                    /*向量最大容量*/
a.capacity();                    /*向量真实大小*/
```

（3）判断 vector 是否为空。

```
vector<int> a;
if (a.empty())
{
a.push_back(1);
}
```

（4）遍历访问 vector。

```
vector<int> a;
```

① 像数组一样以下标访问。

```
for (int i = 0; i < a.size(); i++)
{
cout << a[i];
}
```

② 以迭代器访问。

```
vector<int>::iterator it;
for (it = a.begin(); it != a.end(); it++)
{
cout << *it << " ";
}
```

vector 类包含了一个 typedef iterator，这是一个 public 成员。通过 iterator，可以声明向量容器中的迭代器。例如，声明一个向量容器迭代器：

```
vector<int>::iterator it;        /*将 it 声明为 int 类型的向量容器迭代器*/
```

因为 iterator 是一个定义在 vector 类中的 typedef，所以必须使用容器名（vector）、容器元素类型和作用域符来使用 iterator。

表达式：++it，表示将迭代器 it 加 1，使其指向容器中的下一个元素。

表达式：*it，表示返回当前迭代器位置上的元素。

注意：实际上迭代器就是一个指针，用来存取容器中的数据元素，因此迭代器上的操作和指针上的相应操作是相同的。

（5）复制。

```
vector<int> a;
vector<int> b;
a = b ;                          /*将 b 向量复制到 a 向量中*/
```

（6）比较还保持 ==、!=、>、>=、<、<= 的惯有含义。

```
vector<int> a;
```

```
vector<int> b;
a == b ;                      /*a向量与b向量比较，相等则返回1*/
```

（7）排序必须包含 algorithm 头文件。

```
#include <algorithm>
vector<int> a;
sort(a.begin(), a.end());
```

（8）交换 swap()。

```
vector<int> a;
vector<int> b;
b.swap(a);                    /*a向量与b向量进行交换*/
```

（9）清空。

```
vector<int> a;
a.clear();                    /*清空之后,a.size()为0*/
```

4. 二维向量

与数组相同，向量也可以增加维数。

例如，声明一个 m*n 大小的二维向量方式可以像如下形式：

```
vector< vector<int> > a(3, vector<int>(4));    /*创建一个10*5的int型二维向量,相当于a[3][4]*/
```

在这里，实际上创建的是一个向量中元素为向量的向量。同样可以根据一维向量的相关特性对二维向量进行操作。

【例 15-2】编写程序，创建一个二维向量容器。

（1）在 Visual Studio 2017 中，新建名称为 "15-2.cpp" 的 Project2 文件。

（2）在代码编辑区域输入以下代码。

```
#include <iostream>
#include <vector>
using namespace std;
int main()
{
    vector< vector<int> > a(3, vector<int>(4, 0));
    cout << "输入:" << endl;
    cin >> a[0][1];
    cin >> a[1][0];
    cin >> a[2][3];
    cout << "输出:" << endl;
    int m, n;
    for (m = 0; m<a.size(); m++)              /*b.size()获取行向量的大小*/
    {
        for (n = 0; n < a[m].size(); n++)     /*获取向量中具体每个向量的大小*/
        {
            cout << a[m][n] << " ";
        }
        cout << "\n";
    }
    return 0;
}
```

【程序分析】本例使用 vector 类声明了一个 3 行 4 列的二维向量容器，并且初始化值为 0。最后同二维数组类似，为其赋值，并输出。

在 Visual Studio 2017 中的运行结果如图 15-2 所示。

【例 15-3】编写程序，实现 vector 的基本操作。

图 15-2　二维向量容器

（1）在 Visual Studio 2017 中，新建名称为"15-3.cpp"的 Project3 文件。

（2）在代码编辑区域输入以下代码。

```cpp
#include <vector>
#include <iostream>
using namespace std;
int main()
{
    int i = 0;
    vector<int> a;
    for (i = 0; i<10; i++)
    {
        a.push_back(i);                  /*10个元素依次进入数组*/
    }
    cout << "初始化遍历:";
    for ( int i = 0; i<a.size(); i++)
    {
        cout << a[i] <<"  ";
    }
    cout << "\n迭代 遍历 :";
    vector<int>::iterator it;            /*以迭代器进行访问*/
    for (it = a.begin(); it != a.end(); it++)
    {
        cout << *it << "  ";
    }
    cout << "\n插入 遍历 :";
    a.insert(a.begin() + 4, 0);          /*在第5个元素之前加0*/
    for (unsigned int i = 0; i<a.size(); i++)
    {
        cout << a[i] << "  ";
    }
    cout << "\n擦除 遍历 :";
    a.erase(a.begin() + 2);
    for (unsigned int i = 0; i<a.size(); i++)
    {
        cout << a[i] << "  ";
    }
    cout << "\n迭代 遍历 :";
    a.erase(a.begin() + 3, a.begin() + 5);
    for (vector<int>::iterator it = a.begin(); it != a.end(); it++)
    {
        cout << *it << "  ";
    }
    cout << endl;
    return 0;
}
```

【程序分析】本例演示了 vector 的基本操作。

在 Visual Studio 2017 中的运行结果如图 15-3 所示。

图 15-3　vector 的操作

15.2.2　列表（list）

　　list 是 STL 实现的双向链表，相对于 vector 的连续线性空间，list 就显得复杂太多，它允许快速地插入和删除，但是随机访问却比较慢。它的数据由若干个节点构成，每一个节点都包括一个信息块、一个前驱指针和一个后驱指针，可以向前也可以向后进行访问，但不能随机访问。它的好处是每次插入或者删除就会配置或者释放一个元素空间，而且它对于空间的运用绝对精准，一点也不多余。列表的定义在头文件"#include <list>"中。

1. list 的定义和初始化

```
list<int> lst1;                              /*创建空 list*/
list<int> lst2(5);                           /*创建含有 5 个元素的 list*/
list<float> lst3(3,2);                       /*创建含有 3 个元素的 list,元素初值为 2*/
list<float> lst4(lst2);                      /*使用 lst2 初始化 lst4*/
list<float> lst5(lst2.begin(),lst2.end());   /*同 lst4*/
```

2. 操作 list 开头和结尾的元素

如果要在 list 开头插入元素，可以使用成员函数 push_front()；要在末尾插入数据，可使用 push_back()。需要注意的是，这四个函数只接收一个参数，即要插入的值。删除则使用的是 pop_front()和 pop_back()。

```
push_front(const value_type& val)            /*在 list 头添加元素*/
pop_front()                                  /*删除 list 头的元素*/
push_back(const value_type& val)             /*在 list 尾添加元素*/
pop_back()                                   /*删除 list 尾的元素*/
```

【例 15-4】编写程序，创建一个 list 实例并赋值。

（1）在 Visual Studio 2017 中，新建名称为"15-4.cpp"的 Project4 文件。

（2）在代码编辑区域输入以下代码。

```cpp
#include <iostream>
#include <list>
using namespace std;
int main()
{
    list<int>lst;
    for (int i = 0; i <= 5; ++i)
    {
        lst.push_back(i);
    }
    cout << "在元素末尾操作数据:" << endl;
    lst.push_back(999);
    for (list<int>::iterator it = lst.begin(); it != lst.end(); ++it)
    {
        cout << *it << " ";
    }
    cout << endl;
    lst.pop_back();
    for (list<int>::iterator it = lst.begin(); it != lst.end(); ++it)
    {
        cout << *it << " ";
    }
    cout << endl;
    cout << "在元素开头操作数据:" << endl;
    lst.push_front(888);
    for (list<int>::iterator it = lst.begin(); it != lst.end(); ++it)
    {
        cout << *it << " ";
    }
    cout << endl;
    lst.pop_front();
    for (list<int>::iterator it = lst.begin(); it != lst.end(); ++it)
    {
        cout << *it << " ";
    }
    cout << endl;
```

```
        return 0;
}
```

【程序分析】本例中使用 push_back()函数在列表容器的末尾插入
数据，push_front()函数是在列表开头插入数据。

在 Visual Studio 2017 中的运行结果如图 15-4 所示。

图 15-4　操作 list 的首尾数据

3. 遍历 list

定义迭代器遍历 list，例如：

```
iterator begin()                /*返回指向第一个元素的迭代器*/
iterator end()                  /*返回指向最后一个元素的迭代器*/
reverse_iterator rbegin()       /*返回指向第一个元素的逆向迭代器*/
reverse_rend()                  /*返回指向最后一个元素的逆向迭代器*/
```

【例 15-5】编写程序，对列表容器进行顺序遍历和逆序遍历。

（1）在 Visual Studio 2017 中，新建名称为"15-5.cpp"的 Project5 文件。

（2）在代码编辑区域输入以下代码。

```
#include <iostream>
#include <list>
using namespace std;
int main()
{
    int a[5] = { 22,33,44,55,66 };
    list<int> lst(a, a + 5);        /*将数组 a 的前 5 个元素作为列表容器 lst 的初值*/
    cout << "正序输出:";
    for (list<int>::iterator it = lst.begin(); it != lst.end(); ++it)
    {
        cout << ' ' << *it;
    }
    cout << '\n';
    lst.clear();
    cout << "逆序输出:";
    for (int i = 1; i <= 5; ++i)
    {
        lst.push_back(i);
    }
    for (list<int>::reverse_iterator rit = lst.rbegin(); rit != lst.rend(); ++rit)
    {
        cout << ' ' << *rit;
    }
    cout << '\n';
    return 0;
}
```

【程序分析】本例中先定义了一个数组 a 并赋初值。然后将数组 a 的前 5 个元素作为列表容器的初值，
再定义迭代器指针，从列表头开始依次遍历。接着，再使用迭代器从
列表的尾部依次遍历。

在 Visual Studio 2017 中的运行结果如图 15-5 所示。

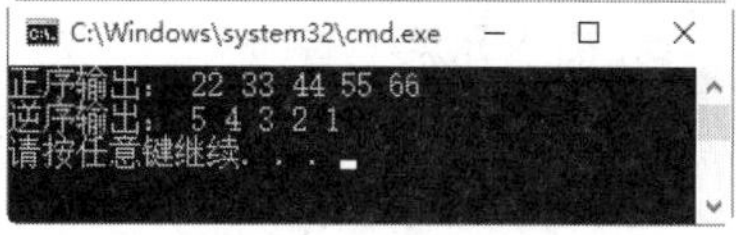

图 15-5　遍历 list

4. 列表容器的操作

（1）获取 list 容器大小信息。

```
empty()             /*list 为空时返回 true*/
size()              /*返回 list 容器里元素的个数*/
max_size()          /*返回 list 容器最大能容纳的元素的个数*/
```

（2）给容器添加新内容。

```
/*first,last 是一个序列中起始和结束的迭代器的值,[first, last)包含了序列中所有元素*/
assign(InputIterator first, InputIterator last)
assign(size_type n, const value_type& val)        /*给 list 赋值 n 个值为 val 的元素*/
```

【例 15-6】编写程序，对列表容器添加新内容。

（1）在 Visual Studio 2017 中，新建名称为 "15-6.cpp" 的 Project6 文件。

（2）在代码编辑区域输入以下代码。

```cpp
#include <iostream>
#include <list>
using namespace std;
int main()
{
    list<int> lst1;
    list<int> lst2;
    cout << "lst1:" << endl;
    lst1.assign(5, 10);                         /*给 first 添加 5 个值为 10 的元素*/
    for (list<int>::iterator it = lst1.begin(); it != lst1.end(); ++it)
    {
        cout << *it << " ";
    }
    cout << endl;
    cout << "lst2:" << endl;
    lst2.assign(lst1.begin(), lst1.end());    /*复制 lst1 给 lst2*/
    for (list<int>::iterator it = lst2.begin(); it != lst2.end(); ++it)
    {
        cout << *it << " ";
    }
    cout << endl;
    cout << "添加新元素 lst1:" << endl;
    int a[] = { 25, 49, 86 };
    lst1.assign(a, a + 3);                      /*将数组 a 的内容添加给 lst1*/
    for (list<int>::iterator it = lst1.begin(); it != lst1.end(); ++it)
    {
        cout << *it << " ";
    }
    cout << endl;
    cout << "Size of lst1: " << int(lst1.size()) << '\n';
    cout << "Size of lst2: " << int(lst2.size()) << '\n';
    return 0;
}
```

【程序分析】在本例中首先创建两个空的列表容器 lst1 和 lst2，首先为 lst1 添加 5 个新元素，初值都为 10。接着将 lst1 的元素都复制给 lst2。然后再将数组 a 的元素添加给 lst1，之前的元素都被覆盖。最后测出两个列表容器的大小。

在 Visual Studio 2017 中的运行结果如图 15-6 所示。

图 15-6　列表容器的操作

5. 插入元素

在 list 中间插入元素需要成员函数 insert() 来完成。

（1）第一种版本。

```
/*position 是要插入的这个 list 的迭代器,val 是要插入的值*/
iterator insert (iterator position, const value_type& val);
```

insert() 函数接收的第 1 个参数表示插入的位置，第 2 个参数表示要插入的值。最后返回一个迭代器，并指向刚刚插入到 list 中的元素。

（2）第二种版本。

```
/*从该 list 容器中的 position 位置处开始,插入 n 个值为 val 的元素*/
void insert (iterator position, size_type n, const value_type& val);
```

该函数的第 1 个参数表示插入的位置,最后一个参数表示要插入的值,而第 2 个参数表示要插入的元素个数。

（3）第三种版本。

```
template <class InputIterator>
/*first,last 是我们选择的把值插入到这个 list 中的值所在的容器的迭代器*/
void insert (iterator position, InputIterator first, InputIterator last);
```

该重载版本是一个模板函数,除了第一个位置参数外,还接收两个输入迭代器,指定要将相应范围内的元素插入到 list。

【例 15-7】编写程序,在列表容器中插入元素。

（1）在 Visual Studio 2017 中,新建名称为"15-7.cpp"的 Project7 文件。

（2）在代码编辑区域输入以下代码。

```
#include <iostream>
#include <list>
#include <vector>
using namespace std;
int main()
{
    list<int> lst;
    list<int>::iterator it;                 /*定义一个迭代器指针*/
    for (int i = 1; i <= 5; ++i)            /*初始化*/
    {
        lst.push_back(i);                   /*1 2 3 4 5*/
    }
    it = lst.begin();                       /*将第一个元素的地址赋给迭代器*/
    ++it;                                   /*迭代器 it 现在指向数字 2*/
                /*在 it 指向的位置出插入元素 9*/
    lst.insert(it, 9);                      /* 1 9 2 3 4 5*/
                /*it 仍然指向数字 2*/

                                            /*在 it 指向的位置出插入两个元素 29*/
    lst.insert(it, 2, 29);                  /*1 9 29 29 2 3 4 5*/
    --it;                                   /*现在 it 指向数字 29*/
    vector<int> v(2, 39);                   /*创建 vector 容器,并初始化为含有 2 个值为 39 的元素*/
                                            /*将 vector 容器的值插入 list 中*/
    lst.insert(it, v.begin(), v.end());
            /*1 10 29 39 39 29 2 3 4 5*/
            /*it 仍然指向数字 29*/
    cout << "list 的元素:";
    for (it = lst.begin(); it != lst.end(); ++it)
    {
        cout << ' ' << *it;
    }
    cout << '\n';
    return 0;
}
```

【程序分析】在本例中,先创建一个列表容器 lst,再定义一个迭代器 it,接着对 lst 进行初始化赋值为 1、2、3、4、5。然后将第一个元素的地址赋给 it,it 自加 1 后便指向第二个元素,也就是 2。使用 insert()函数,将整数 9 插入在元素 2 的前面。此时,迭代器指针 it 指向的仍然是第二个元素,也就是 9。然后再使用 insert()函数在第二个元素的位置插入两个整数 29。接着使用向量容器在 29 的位置再插入 39。最后输出该列表容器。

在 Visual Studio 2017 中的运行结果如图 15-7 所示。

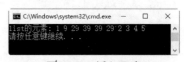

6. 删除 list 中的元素

删除元素使用 erase()函数，该函数有两个重载版本：一个是接收迭代器参数并删除迭代器指向的元素；另一个是接收两个迭代器参数并删除指定范围内所有的元素。

图 15-7　插入元素

例如：

```
iterator erase (iterator position);          /*删除迭代器 position 指向的值,也可以不用变量接收其返回值*/
iterator erase (iterator first, iterator last);
                                             /*删除[first, last)中的值,也可以不用变量接收其返回值*/
```

【例 15-8】编写程序，在列表容器中删除元素。

（1）在 Visual Studio 2017 中，新建名称为 "15-8.cpp" 的 Project8 文件。

（2）在代码编辑区域输入以下代码。

```cpp
#include <iostream>
#include <list>
using namespace std;
int main()
{
    list<int> lst;
    list<int>::iterator it1, it2;
    for (int i = 1; i < 10; ++i)    /*初始化*/
    {
        lst.push_back(i * 10);
    }
    cout << "list :";
    for (it1 = lst.begin(); it1 != lst.end(); ++it1)    /*遍历*/
    {
        cout << *it1 << " ";
    }
    cout << "\n";
    //10 20 30 40 50 60 70 80 90
    it1 = it2 = lst.begin(); //
    advance(it2, 6);              /*将迭代器指针 it2 向后移动 6 位*/
    ++it1;
    cout << "删除元素:" << endl;
    cout << "*it1 : " << *it1 << endl;
    cout << "*it2 : " << *it2 << endl;
    it1 = lst.erase(it1);    /* 10 30 40 50 60 70 80 90*/
    it2 = lst.erase(it2);    /* 10 30 40 50 60 80 90*/
    cout << "list :";
    for (it1 = lst.begin(); it1 != lst.end(); ++it1)
    {
        cout << *it1 << " ";
    }
    cout << '\n';
    cout << "清空元素:" << endl;
    lst.erase(lst.begin(), lst.end());
    cout << "list :";
    for (it1 = lst.begin(); it1 != lst.end(); ++it1)
    {
        cout << *it1 << " ";
    }
    cout << '\n';
    return 0;
}
```

【程序分析】本例中定义了一个空列表 lst，还有两个迭代器指针 it1 和 it2。首先初始化 lst 并赋值。然后将两个迭代器指针移动到不同的位置，删除它们所指向的元素。

最后使用 erase()函数来删除指定范围内的元素，所以使用 begin()和 end()函数删除所有元素，相当于清空 list。

在 Visual Studio 2017 中的运行结果如图 15-8 所示。

图 15-8　删除 list 中的元素

15.2.3　双队列（deque）

deque（Double Ended Queues，双向队列）和向量容器很相似，但是它允许在容器头部快速插入和删除（就像在尾部一样）。

【例 15-9】编写程序，双列队的基本操作。

（1）在 Visual Studio 2017 中，新建名称为 "15-9.cpp" 的 Project9 文件。

（2）在代码编辑区域输入以下代码。

```cpp
#include <deque>
#include <iostream>
#include <algorithm>
using namespace std;
void print(int num)
{
    cout << num << " ";
}
int main()
{
    deque<int> v;
    deque<int>::iterator iv;
    cout << "双队列 deup" << endl;
    cout << "1. 初始化:" << endl;
    v.assign(5, 2);                          /*将 10 个值为 2 的元素赋到 deque 中*/
    for_each(v.begin(), v.end(), print);     /*需要#include <algorithm>*/
    cout << "\ndeup 大小:" << v.size() << endl;  /*返回 deque 实际含有的元素数量*/
    cout << endl;
    cout << "2. 添加:" << endl;
    v.push_front(666);
    for (int i = 1; i <= 5; i++)
    {
        v.push_back(i);
    }
    for_each(v.begin(), v.end(), print);
    cout << "\ndeup 大小:" << v.size() << endl;
    cout << endl;
    cout << "3. 插入与遍历:" << endl;
    v.insert(v.begin() + 3, 99);
    v.insert(v.end() - 3, 99);
    cout << "遍历:" << endl;
    for_each(v.begin(), v.end(), print);
    cout << endl;
    cout << "逆遍历:" << endl;
    for_each(v.rbegin(), v.rend(), print);/*在逆序迭代器上做++运算将指向容器中的前一个元素*/
    cout << endl;
    cout << "迭代器遍历:" << endl;
    for (iv = v.begin(); iv != v.end(); ++iv)
    {
        cout << *iv << " ";
    }
```

```
    cout << endl;
    cout << "4. 删除:" << endl;
    v.erase(v.begin() + 3);
    for_each(v.begin(), v.end(), print);
    cout << endl;
    v.insert(v.begin() + 3, 99);          /*还原*/
    v.erase(v.begin(), v.begin() + 3);    /*注意删除了3个元素而不是4个*/
    for_each(v.begin(), v.end(), print);
    cout << endl;
    cout << "删除首尾:" << endl;
    v.pop_front();
    v.pop_back();
    for_each(v.begin(), v.end(), print);
    cout << endl;
    cout << "5. 查询:" << endl;
    cout << "首元素:" << v.front() << endl;
    cout << "尾元素:" << v.back() << endl;
    cout << "6. 清空:" << endl;
    v.clear();
    for_each(v.begin(), v.end(), print);
    cout << "deup:" << endl;
    cout << "deup 大小:" << v.size() << endl;
    return 0;
}
```

【程序分析】 实际上，deque 是对 vector 和 list 优缺点的结合，它是处于两者之间的，一种优化了的对序列两端元素进行添加和删除操作的基本序列容器。

它允许较为快速地随机访问，但它不像 vector 把所有的对象保存在一个连续的内存块，而是采用多个连续的存储块，并且在一个映射结构中保存对这些块及其顺序的跟踪。向 deque 两端添加或删除元素的开销很小。它不需要重新分配空间，所以向末端增加元素比 vector 更有效。

在 Visual Studio 2017 中的运行结果如图 15-9 所示。

图 15-9　双列队的基本操作

15.3　关联容器

关联容器（associative container）并不是 C++11 才有的概念，之所以叫关联容器是因为容器中的元素是通过关键字来保存和访问的，与之相对的是顺序容器（sequence container），其中的元素是通过它们在容器中的位置来保存和访问的。

关联容器主要有映射（map）和集合（set），支持通过键来高效地查找和读取元素。map 的元素以键-值对（key-value）的形式组织：键用作元素在 map 类型下进行索引，而值则表示所存储和读取的数据。set 仅包含一个键，并有效地支持关于某个键是否存在的查询。set 和 map 类型的对象不允许为同一个键添加第二个元素。如果一个键必须对应多个实例，则需使用多重映射（multimap）或多重集合（mutiset）类型，这两种类型允许多个元素拥有相同的键。

1. 集合和多重集合类

（1）集合和多重集合类提供了控制数值集合的操作，其中数值是关键字，即不必另有一组值与每个关键字相关联。

（2）多重集合和集合通常实现为红黑二叉排序树。红黑二叉排序树是实现平衡二叉排序树的方法之一。

（3）多重集合关联容器用于快速存储和读取关键字。多重集合容器中自动作了升序排列。使用时要用头文件"#include <set>"。

2. 映射和多重映射类

（1）映射和多重映射类提供了操作与关键字相关联的映射值（mapped value）的方法。

（2）多重映射和映射关联容器类用于快速存储和读取关键字与相关值（关键字/数值对，key/value pair）。

15.4　映射 map

映射 map 就是标准模板库中的一个关联容器，它提供一对一的数据处理能力。map 的元素是由 key 和 value 两个分量组成的对偶（key，value）。元素的键 key 是唯一的，给定一个 key，就能唯一地确定与其相关联的另一个分量 value。

生活中常用的字典就是很好的 map 的实例，单词作为索引，其中文含义代表其值。map 类型通常被称为关联数组，其和数组很相似，只不过其下标不是整数而是关键字，我们通过关键字来查找值而不是位置。比如电话簿也是一个 map 的例子，姓名和电话号码就存在一一映射关系，给出一个姓名就能唯一找到与其相关联的号码。map 类型定义在头文件"#include <map>"中。

注意：map 是有序的且不允许重复关键字的关联容器！其有序的实现是依靠关键字类型中的"<"来实现的。

15.4.1　map 类型

1. map 的定义与初始化

（1）创建空 map。

```
#include <map>
map<key_type,value_type> tempMap;        /*创建空 map*/
```

其中，key_type 为关键字的类型，value_type 为值的类型。

（2）列表初始化 map。

```
map<key_type,value_type> tempMap{
```

```
    {key1,value1},
    {key2,value2},
......};
```

（3）使用已有的 map 复制构造。

```
map<key_type,value_type> tempMap(existMap);/*注意关键字类型与值类型匹配*/
```

（4）指定已有 map 的迭代器返回进行构造：

```
map<key_type,value_type> tempMap(x,y);/*x,y 为已有 map 对象的迭代器范围*/
```

用户可以将一个已有的 map 赋值给另一个 map：

```
map1 = map2;
```

2. 关联容器额外的类型别名

除了之前的容器操作具有的类型，map 有自己独特的类型别名，见表 15-3。

表 15-3　类型别名

类 型 别 名	说　　明
key_type	关键字类型
mapped_type	关键字关联的类型
value_type	pair<constkey_type,mapped_type>

例如：

```
map<int ,string> myMap;
myMap::value_type a;          /*a 为 pair<const int ,string>类型*/
myMap::key_type b;            /*b 为 int 类型*/
myMap::mapped_type c;         /*c 为 string 类型*/
```

15.4.2　pair 类型

pair 标准类型定义在头文件 "#include <utility>" 中，一个 pair 保存两个数据成员。类似容器，pair 是一个用来生成特定类型的模板。当创建一个 pair 时，用户必须提供两个类型名，pair 的数据成员将具有对应的类型。一般来说，一个 pair 类型的对象，其实存储的是一个键值对（key-value）。

例如：

```
pair<string string> a;          /*保存两个 string*/
pair<string ,size_t> b;         /*保存一个 string,一个 size_t*/
pair<int ,vector<int>> c;       /*保存一个 int 和 vector<int>*/
```

在没有对 pair 类型的对象进行初始化时，pair 的默认构造函数对数据成员进行值初始化。用户也可以为每个成员提供初始化器：

```
/*创建一个名为 author 的 pair,两个成员被初始化为 "Hello" 和 "World" */
pair<string,string>  author{"Hello","World"};
```

等价于：

```
pair<string,string>  author("Hello","World");
```

pair 的数据成员是 public 的，并且成员命名为 first 和 second，用户可以使用普通的成员访问符 "." 来进行访问。在 pair 上的操作见表 15-4。

表 15-4　pair 的基本操作

操　　作	说　　明
pair<T1,T2>P;	p 的成员数据类型分别为 T1，T2，并执行默认初始化
pair<T1,T2>p(v1,v2);	P 的成员数据类型分别为 T1，T2，并且使用 v1,v2 分别初始化
pair<T1,T2>p={v1,v2};	等价于上式
make_pair(v1,v2);	返回一个 v1 和 v2 初始化的 pair，其类型由 v1 和 v2 推断而来
p.first	返回 p 的 first 成员
p.second	返回 p 的 second 成员
p1relopp2	执行关系运算(>,<,<=,>=),利用数据类型中的关系运算
p1==p2	相等性判断，必须 first 和 second 同时满足要求
p1!=p2	不等于判断

同其他类型一样，我们同样可以在函数中返回一个 pair 类型的对象。

例如：

```
pair<string, int>
process(vector<string> &v)
{
   if (!v.empty())
       return { v.back(),v.back().size() };      /*列表初始化,返回*/
   else
       return pair<string, int>();               /*隐式构造一个空 pair,返回*/
}
```

15.4.3　map 容器的使用

1. map 中添加元素

给 map 添加元素有三种方式：第一种和第二种是使用 insert()成员实现，第三种是先用下标获取元素，然后给获取的元素赋值。

（1）用 insert 函数插入 pair 数据。

pair 是将两个数据组合成一个数据，当需要这样的需求时就可以使用 pair，如 map 就是将 key 和 value 放在一起来保存。

例如：

```
#include <map>                                    /*包含头文件*/
map<int, string> M;                               /*创建一个 map 容器对象 M*/
M.insert(pair<int, string>(1, "M_first"));        /*为 M 容器对象插入第 1 个 pair 数据*/
M.insert(pair<int, string>(2, "M_second"));       /*为 M 容器对象插入第 2 个 pair 数据*/
M.insert(pair<int, string>(3, "M_third"));        /*为 M 容器对象插入第 3 个 pair 数据*/
map<int, string>::reverse_iterator iter;          /*定义迭代器 iter*/
for (iter = M.rbegin(); iter != M.rend(); iter++)
{
   cout << iter->first << "  " << iter->second << endl;   /*输出容器里的元素*/
}
```

（2）用 insert()函数插入 value_type 数据。value_type 类型代表的是这个容器中元素的类型。

例如：

```
#include <map>
map<string, string> M;                                    /*创建一个map容器对象M*/
/*为M容器对象插入第1个value_type数据*/
M.insert(map<string, string>::value_type("001", "M_first"));
/*为M容器对象插入第2个value_type数据*/
M.insert(map<string, string>::value_type("002", "M_second"));
/*为M容器对象插入第3个value_type数据*/
M.insert(map<string, string>::value_type("003", "M_third"));
map<string, string>::iterator iter;                       /*定义迭代器iter*/
for (iter = M.begin(); iter != M.end(); iter++)
{
    cout << iter->first << " " << iter->second << end;     /*输出容器里的元素*/
}
```

（3）为了实现类似数组的功能，类map重载了下标操作符"[]"。map使用下标和vector类似，返回的都是下标关联的值，但是map的下标是键而不是递增的数字。

例如：

```
map<string,int> m;
m["Anna"]=100;
int a= m["Anna"];
```

首先在 m 中查找键为 Anna 的元素，如果没有找到，就会将一个新的键-值对插入到 m 容器中，键为 Anna，值初始化为0；如果 Anna 这个元素，可以为其赋值，最后通过数组的形式进行访问。

需要注意的是，在用下标访问 map 中不存在的元素，会导致在 map 容器中添加一个新元素，它的键即为该下标值。map 的下标运算和 vector 的下标运算相同：返回键相关联的值。运用 map 容器的这些特点，可以使编程编得很简练。

例如：

```
#include <map>
map<string, int> M;
M["Anna"] = 100;
M["Bob"] = 200;
M["Lisa"] = 300;
map<string, int>::iterator iter;                          /*定义迭代器iter*/
for (iter = M.begin(); iter != M.end(); iter++)
{
    cout << iter->first << " " << iter->second << endl;    /*输出容器里的元素*/
}
```

2. map 的大小

往 map 里面插入了数据，该怎么知道当前已经插入了多少数据呢，可以用 size()函数。
例如：

```
map<int, string> M;
int nSize = M.size();
```

3. map 数据的遍历

【例15-10】编写程序，遍历 map 容器。

（1）在 Visual Studio 2017 中，新建名称为 "15-10.cpp" 的 Project10 文件。

（2）在代码编辑区域输入以下代码。

```
#include <map>
#include <string>
#include <iostream>
using namespace std;
```

```
int main()
{
    map<int, string> M;
    M.insert(pair<int, string>(1, "M_first"));
    M.insert(pair<int, string>(2, "M_second"));
    M.insert(pair<int, string>(3, "M_third"));
    map<int, string>::iterator iter;
    for(iter = M.begin(); iter != M.end(); iter++)
    {
        cout<<iter->first<<' '<<iter->second<<endl;
    }
    return 0;
}
```

【程序分析】遍历可以正向遍历，也可以通过逆向遍历，例如：

```
map<int, string>::reverse_iterator iter;
for(iter = M.rbegin(); iter != M.rend(); iter++)
{
    cout<<iter->first<<"  "<<iter->second<<endl;
}
```

在 Visual Studio 2017 中的运行结果如图 15-10 和图 15-11 所示。

图 15-10　正向遍历

图 15-11　逆向遍历

4. map 中元素的查找与读取

map 中下标读取元素的缺点是当不存在该元素时会自动添加，这是不希望看到的。所以 map 提供了另外两个操作：count()和 find()，用于检查某个键是否存在而不会插入该键。

```
m.count(k)   /*返回 m 中 k 出现次数*/
m.find(k)
/*如果 m 容器中存在按 k 索引的元素,则返回指向该元素的迭代器.
如果不存在,则返回超出末端迭代器*/
```

count()成员的返回值只能是 0 或 1，因为 map 值允许一个键对应一个实例。如果返回值为非 0，则可以用下标操作来获取该键所关联的值。

```
int occurs=0;
if(M.count("foobar"))
{
    occurs=M["foobar"];
}
```

find()操作返回指向元素的迭代器，如果元素不存在，则返回 end 迭代器。

```
int occurs=0;
map<string,int>::iterator  it=M.find("foobar");
if(it!=M.end())
{
    occurs=it->second;
}
```

5. map 中删除元素

从 map 容器中删除元素用 erase()操作，它有三种变化形式，例如：

```
m.erase(k)
```

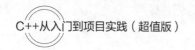

删除 m 中键为 k 的元素。返回 size_type 类型的值，表示删除的元素个数。

```
m.srase(p)
```

从 m 中删除迭代器 p 指向的元素。p 必须指向 m 中确实存在的元素，而且不能等于 m.end()，返回 void 型。

```
m.erase(b,e)
```

从 m 中删除一段范围内的元素，该范围由迭代器对 b 和 e 标记。b 和 e 必须标记 m 中的一段有效范围：即 b 和 e 都必须指向 m 中的元素或最后元素的下一个位置，而且，b 要么在 e 的前面，要么和 e 相等，返回 void 型。

15.5 set 类容器

set 只是单纯的键的集合。当只想知道一个值是否存在时，使用 set 容器是最合适的。set 容器支持大多数 map 的操作，包括构造函数、insert、count、find、erase 操作，但是不包括下标操作，没有定义 mapped_type 类型。在 set 容器中 value_type 不是 pair 类型，而是与 key_type 相同的类型。与 map 一样，set 容器中存储的键也是唯一的。

1. set 的定义与使用

使用 set 之前必须包含 set 头文件，set 支持的操作基本与 map 提供的相同。
例如：

```
vector<int > ivec;
for(vector<int>::size_type  i=0;i!=10;++i)
{
    ivec.push_back(i);
    ivec.push_back(i);
}
/*用 ivec 初始化 set*/
set<int>  iset(ivec.begin(),ivec.end());
cout<<ivec.size()<<endl;        /*输出 20*/
cout<<iset.size()<<end;         /*输出 10*/
```

2. 在 set 中添加元素

（1）直接插入：

```
set<string>  set1;
set1.insert("the");
```

（2）使用迭代器：

```
set<string>  set2;
set2.insert(ivec.begin(),ivec.end());
```

3. 从 set 中获取元素

set 没有下标操作，为了通过键从 set 中获取元素，可使用 find() 运算。如果仅是判断某个元素是否存在，也可使用 count() 操作，返回值只能是 1 或 0。

15.6 容器适配器

容器适配器是用基本容器实现的一些新容器，这些容器可以用于描述更高级的数据结构。本质上，适配器是使一事物的行为类似于另一类事物的行为的一种机制。容器适配器让一种已存在的容器类型采用另一种不同的抽象类型的工作方式实现。

　　容器适配器有三种：stack、queue 和 priority_queue。stack 可以与数据结构中的栈对应，它具有先进后出的特性，而 queue 则可以理解为队列，它具有先进先出的特性，priority_queue 则是带优先级的队列，其元素可以按照某种优先级顺序进行删除。

　　默认情况下 stack 容器衍生自 deque，对于 queue 容器而言，它同样默认是衍生自 deque 容器的。priority_queue 容器提供了 top() 函数用于访问下一个元素，访问但不删除。对于整型的优先队列而言，默认是按照数据从大到小的顺序删除元素的，见表 15-5。

表 15-5 适配器类型

种　类	默认顺序容器	可用顺序容器	说　明
stack	deque	vector、list、deque	
queue	deque	list、deque	基础容器必须提供 push_front()运算
priority_queue	vector	vector、deque	基础容器必须提供随机访问功能

　　要使用适配器，需要加入以下头文件：

```
#include <stack>        /*stack*/
#include <queue>        /*queue、priority_queue*/
```

1. stack 类

stack 允许在顶部插入和删除元素，但不能访问中间的元素。因此 stack 的行为就像叠盘子一样。

（1）stack 的初始化。

例如：

```
stack<int> stk;
```

等价于：

```
stack < int, deque < int > > stk;
```

如果用户想从 vector 衍生出 stack 容器则需要按照如下方式进行定义：

```
stack < int, vector < int > > s;
stack < int,vector < int > > stk;
```

（2）stack 的成员函数。

stack 通过限制元素插入或删除的方式实现一些功能，从而提供了严格遵守栈机制的成员函数，见表 15-6。

表 15-6 stack 的成员函数

函　数	描　述
push()	在栈定插入元素
pop()	删除栈顶的元素
empty()	检查栈是否为空并返回一个布尔值
size()	返回栈中的元素数
top()	获得指向栈顶元素的引用

【例 15-11】编写程序，使用 push()和 pop()函数在栈中插入和删除数据。

（1）在 Visual Studio 2017 中，新建名称为"15-11.cpp"的 Project11 文件。

（2）在代码编辑区域输入以下代码。

```cpp
#include <iostream>
#include <stack>
using namespace std;
int main()
{
    stack< int > stk;
    cout << "将数据{25,17,6,100,59}插入栈中" << endl;
    stk.push(25);
    stk.push(17);
    stk.push(6);
    stk.push(100);
    stk.push(59);
    cout << "stack 大小为:" << stk.size() << endl;
    while (stk.size()!=0)
    {
        cout << "弹出最顶端的元素:" << stk.top() << "\t" << "删除" << .endl;
        stk.pop();
    }
    if (stk.empty())
    {
        cout << "栈为空" << endl;
    }
    return 0;
}
```

【程序分析】本例首先使用 push()函数将一组数据压入栈中，然后使用 pop()函数从 stack 中删除。stack 只允许访问栈顶元素，可以使用 top()函数进行访问。pop()函数每次只能删除一个元素，所以使用 while 循环语句可以不断执行删除任务。最后通过判断函数 empty()，确认 stack 是否为空。

从元素弹出的顺序可知，最后插入的元素最先弹出，这说明 stack 是典型的后进先出特征。

在 Visual Studio 2017 中的运行结果如图 15-12 所示。

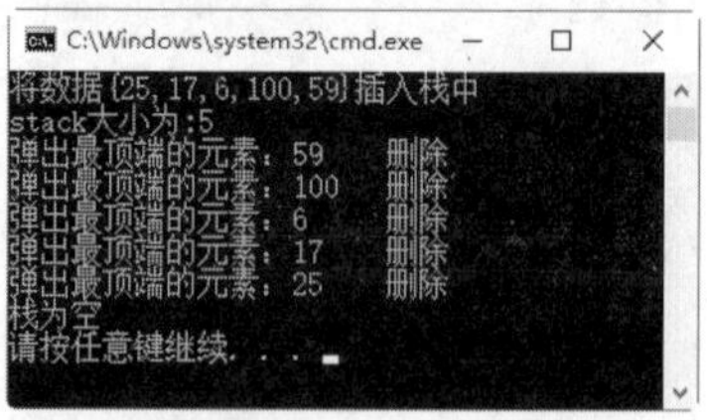

2. queue 类

queue 只允许在末尾插入元素以及从开头删除元素。queue 也不允许访问中间的元素，但可以访问开头和末尾的元素。该行为与收银台前的队列相似。

图 15-12　stack 类

（1）queue 的初始化。

例如：

```cpp
queue<int> q;
```

（2）queue 的成员函数。

与 stack 类似，也是基于容器 vector，list 或 deque 来实现的。queue 的成员函数见表 15-7。

表 15-7　queue 的成员函数

函　　数	描　　述
push()	在队尾插入一个元素，即最后位置
pop()	将队首的元素删除，即最开始位置
front()	返回指向队首元素的引用

续表

函　　数	描　　述
back()	返回指向队尾元素的引用
empty()	检查队列是否为空并返回一个布尔值
size()	返回队列中的元素数

【例 15-12】编写程序，queue 插入和删除元素。

（1）在 Visual Studio 2017 中，新建名称为"15-12.cpp"的 Project12 文件。

（2）在代码编辑区域输入以下代码。

```
#include <iostream>
#include <queue>
using namespace std;
int main()
{
    queue< int > q;
    cout << "将数据{25,17,6,100,59}插入队列" << endl;
    q.push(25);
    q.push(17);
    q.push(6);
    q.push(100);
    q.push(59);
    cout << "queue大小为:" << q.size() << endl;
    cout << "队列头:" << q.front() << endl;
    cout << "队列尾:" << q.back() << endl;
    while (q.size()!=0)
    {
        cout << "删除队列头" << q.front() << endl;
        q.pop();
    }
    if (q.empty())
    {
        cout << "队列为空" << endl;
    }
    return 0;
}
```

【程序分析】本例中使用 push()函数在队列 q 的末尾插入元素，通过 front()和 back()函数可以访问队列的头和尾。然后使用 pop()函数依次从头开始删除队列的元素，直到为空。

从输出可知，元素被删除的顺序与插入的顺序相同，因此 queue 是先进先出的特征。

在 Visual Studio 2017 中的运行结果如图 15-13 所示。

图 15-13　queue 类

3. priority_queue 类

priority_queue 与 queue 的不同之处在于，包含最大值的元素位于队首，且只能在队首执行操作。

（1）priority_queue 的初始化。

例如：

```
priority_queue<int> q;
```

（2）priority_queue 的成员函数。

queue 提供了 front()和 back()函数，而 priority_queue 没有，见表 15-8。

表 15-8   stack 的成员函数

函 数	描 述
push()	在优先级队列中插入一个元素
pop()	删除队首的元素，即最大的元素
empty()	检查优先级队列是否为空并返回一个布尔值
size()	返回优先级队列中的元素个数
top()	返回指向队列中最大元素的引用

【例 15-13】编写程序，priority_queue 插入和删除元素。

（1）在 Visual Studio 2017 中，新建名称为 "15-13.cpp" 的 Project13 文件。

（2）在代码编辑区域输入以下代码。

```cpp
#include <iostream>
#include <queue>
using namespace std;
int main()
{
    priority_queue< int > q_value;
    cout << "将数据{25,17,6,100,59}插入队列" << endl;
    q_value.push(25);
    q_value.push(17);
    q_value.push(6);
    q_value.push(100);
    q_value.push(59);
    cout << "priority_queue 大小为:" << q_value.size() << endl;
    while (q_value.size() != 0)
    {
        cout << "删除队列头" << q_value.top() << endl;
        q_value.pop();
    }
    if (q_value.empty())
    {
        cout << "队列为空" << endl;
    }
    return 0;
}
```

【程序分析】本例先使用 push()函数将一组无序的元素放入队列中，然后使用 pop()函数依次将队列中的最大值删除。

在 Visual Studio 2017 中的运行结果如图 15-14 所示。

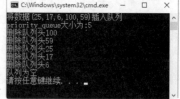

图 15-14   priority_queue 类

15.7   正确选择容器

容器是随着面向对象语言的诞生而提出的，容器类在面向对象语言中特别重要，甚至它被认为是早期面向对象语言的基础。在现在几乎所有的面向对象的语言中也都伴随着一个容器集，在 C++中，就是标准模板库（SLT）。

可能有多种 SLT 容器能够满足应用程序的需求，但是如何正确选择合适的容器是很重要的，因为错误的选择将导致性能不良和可扩展型差等问题。

15.7.1 容器的种类

STL 对定义的通用容器分三类：顺序容器、关联容器和容器适配器。

顺序容器是一种各元素之间有顺序关系的线性表，是一种线性结构的可序群集。顺序容器中的每个元素均有固定的位置，除非用删除或插入的操作改变这个位置。这个位置和元素本身无关，而和操作的时间和地点有关，顺序容器不会根据元素的特点排序而是直接保存了元素操作时的逻辑顺序。

关联容器和顺序容器不一样，关联容器是非线性的树结构，更准确地说是二叉树结构。各元素之间没有严格的物理上的顺序关系，也就是说元素在容器中并没有保存元素置入容器时的逻辑顺序。但是关联容器提供了另一种根据元素特点排序的功能，这样迭代器就能根据元素的特点"顺序地"获取元素。

关联容器另一个显著的特点是它是以键值的方式来保存数据，就是说它能把关键字和值关联起来保存，而顺序容器只能保存一种。

容器适配器是一个比较抽象的概念，C++的解释是：适配器是使一事物的行为类似于另一事物的行为的一种机制。容器适配器是让一种已存在的容器类型采用另一种不同的抽象类型的工作方式来实现的一种机制。其实仅是发生了接口转换。那么你可以把它理解为容器的容器，它实质还是一个容器，只是它不依赖于具体的标准容器类型，可以理解是容器的模板。或者把它理解为容器的接口，而适配器具体采用哪种容器类型去实现，在定义适配器的时候可以由用户决定。

表 15-9 列出 STL 定义的三类容器所包含的具体容器类：

表 15-9 通用容器

标准容器类	特 点
顺序性容器	
Vector	从后面快速的插入与删除，直接访问任何元素
Deque	从前面或后面快速的插入与删除，直接访问任何元素
List	双链表，从任何地方快速插入与删除
关联容器	
Set	快速查找，不允许重复值
Multiset	快速查找，允许重复值
Map	一对多映射，基于关键字快速查找，不允许重复值
Multimap	一对多映射，基于关键字快速查找，允许重复值
容器适配器	
Stack	后进先出
Queue	先进先出
priority_queue	最高优先级元素总是第一个出列

15.7.2 顺序容器的选择

1. vector 的特点

（1）指定一块如同数组一样的连续存储，但空间可以动态扩展。即它可以像数组一样操作，并且可以进行动态操作。通常体现在 push_back()和 pop_back()。

（2）随机访问方便，它像数组一样被访问。

（3）节省空间，因为它是连续存储，在存储数据的区域都是没有被浪费的，但是要明确一点：vector大多情况下并不是满存的，在未存储的区域实际是浪费的。

（4）在内部进行插入、删除操作效率非常低，这样的操作基本上是被禁止的。vector 被设计成只能在后端进行追加和删除操作，其原因是 vector 内部的实现是按照顺序表的原理。

（5）只能在 vector 的最后进行 push 和 pop，不能在 vector 的头进行 push 和 pop。

（6）当动态添加的数据超过 vector 默认分配的大小时要进行内存的重新分配、拷贝与释放，这个操作非常消耗性能。所以要 vector 达到最优的性能，最好在创建 vector 时就指定其空间大小。

2. list 的特点

（1）不使用连续的内存空间，这样可以随意地进行动态操作。

（2）可以在内部任何位置快速地插入或删除，当然也可以在两端进行 push 和 pop。

（3）不能进行内部的随机访问。

（4）相对于 vector 占用更多的内存。

3. deque 的特点

（1）随机访问方便，即支持[ ]操作符，但性能没有 vector 好。

（2）可以在内部进行插入和删除操作，但性能不及 list。

（3）可以在两端进行 push 和 pop。

4. 三者的比较

vector 是一段连续的内存块，而 deque 是多个连续的内存块，list 是所有数据元素分开保存，可以是任何两个元素没有连续。

vector 的查询性能最好，并且在末端增加数据的性能也很好，除非它重新申请内存段；适合高效地随机存储。

list 是一个链表，任何一个元素都可以是不连续的，但它都有两个指向上一元素和下一元素的指针。所以它对插入、删除元素性能是最好的，而查询性能非常差；适合大量地插入和删除操作而不关心随机存取的需求。

deque 是介于两者之间，它兼顾了数组和链表的优点，它是分块的链表和多个数组的联合。所以它有比list 更好的查询性能，有比 vector 更好的插入和删除性能。如果用户需要随机存取又关心两端数据的插入和删除，那么 deque 是最佳之选。

15.7.3　关联容器的选择

set、multiset、map、multimap 都是一种非线性的树结构，因为这四种容器类都使用同一原理，所以它们核心的算法是一致的，但是它们在应用上又有一些差别，

1. 关联容器之间的差别

（1）set 又称集合，实际上就是一组元素的集合，但其中所包含的元素的值是唯一的，且是按一定顺序排列的，集合中的每个元素被称作集合中的实例。因为其内部是通过链表的方式来组织，所以在插入的时候比 vector 快，但在查找和末尾添加数据时比 vector 慢。

（2）multiset 是多重集合，其实现方式和 set 是相似的，只是它不要求集合中的元素是唯一的，也就是说集合中的同一个元素可以出现多次。

（3）map 提供一种"键–值"关系的一对一的数据存储能力。其"键"在容器中不可重复，且按一定顺序排列。由于其是按链表的方式存储，它也继承了链表的优缺点。

（4）multimap 和 map 的原理基本相似，它允许"键"在容器中可以不唯一。

2. 关联容器的特点

（1）其内部实现是采用非线性的二叉树结构，具体地说是以红黑树的结构原理实现的。

（2）set 和 map 保证了元素的唯一性，mulset 和 mulmap 扩展了这一属性，可以允许元素不唯一。

（3）元素是有序的集合，默认在插入的时候按升序排列。

15.7.4 容器适配器的选择

STL 中包含三种适配器：栈 stack、队列 queue 和优先级 priority_queue。

适配器是容器的接口，它本身不能直接保存元素，它保存元素的机制是调用另一种顺序容器去实现，即可以把适配器看作"它保存一个容器，这个容器再保存所有元素"。

STL 中提供的三种适配器可以由某一种顺序容器去实现。默认下 stack 和 queue 基于 deque 容器实现，priority_queue 则基于 vector 容器实现。当然在创建一个适配器时也可以指定具体的实现容器，创建适配器时在第二个参数上指定具体的顺序容器可以覆盖适配器的默认实现。

由于适配器的特点，一个适配器不是由任一个顺序容器都可以实现的。

栈 stack 的特点是后进先出，所以它关联的基本容器可以是任意一种顺序容器，因为这些容器类型结构都可以提供栈的操作要求，它们都提供了 push_back、pop_back 和 back 操作。

队列 queue 的特点是先进先出，适配器要求其关联的基础容器必须提供 pop_front 操作，因此其不能建立在 vector 容器上。

优先级队列 priority_queue 适配器要求提供随机访问功能，因此不能建立在 list 容器上。

15.8 综合应用

【例 15-14】编写程序，使用向量容器，根据年龄的大小，对 5 位青少年进行排序。

（1）在 Visual Studio 2017 中，新建名称为"15-14.cpp"的 Project14 文件。

（2）在代码编辑区域输入以下代码。

```
#include <iostream>
#include <vector>
#include <string>
#include <algorithm>
using namespace std;
struct Person
{
    char name[10];
    int age;
};
bool comp(const Person &a, const Person &b)/*自定义"小于"*/
{
return a.age < b.age;
}
int main()
{
    vector<Person> v_per;
```

```
        int n = 5;
        while (n--)
        {
            Person people;
            string name;
            int age;
            cin >> name >> age;
            strcpy(people.name, name.c_str());
            people.age = age;
            v_per.push_back(people);
        }
        cout << "===========排序前================" << endl;
        for (vector<Person>::iterator it = v_per.begin(); it != v_per.end(); it++)
        {
            cout << "姓名: " << it->name << "\t 年龄: " << it->age << endl;
        }
        sort(v_per.begin(), v_per.end(), comp);
        cout << "===========排序后================" << endl;
        for (vector<Person>::iterator it = v_per.begin(); it != v_per.end(); it++)
        {
            cout << "姓名: " << it->name << "\t 年龄: " << it->age << endl;
        }
        return 0;
    }
```

图 15-15　按年龄大小进行排序

【程序分析】本例中先定一个关于人的结构体，该结构体例有两个成员，分别表示一个人的姓名和年龄。再定义一个 bool 型的比较函数 comp()，并返回两个年龄之间的比较。在 main()函数中，定义一个向量对象 v_per。然后通过 while 循环，依次输入 5 个人的年龄和姓名。最后定义迭代器，依次将该容器遍历出来。

在代码中还使用了 sort()函数，该函数包含在头文件 algorithm 中，该函数的功能是对给定区间所有元素进行排序。

在 Visual Studio 2017 中的运行结果如图 15-15 所示。

15.9　就业面试技巧与解析

15.9.1　面试技巧与解析（一）

面试官：vector 和数组有什么区别？

应聘者：vector 是 C++标准库中定义的类型，是容器的一种。vector 类型和数组类型的基本功能都是一样的，就是存储同类元素。数组使用前要实例化，实例化了，长度就固定了，而 vector 实例化不会固定长度，想添加还可以添加内容。而且系统在处理不定长的时候向量比数组要好，速度要快。

15.9.2　面试技巧与解析（二）

面试官：如何选取合适的容器？

应聘者：如果用户需要高效的随机存取，而不在乎插入和删除的效率，使用 vector；如果用户需要大量的插入和删除，而不关心随机存取，则应使用 list；如果用户需要随机存取，而且关心两端数据的插入和删除，则应使用 deque。

第16章

C++模板

 学习指引

模板是 C++支持参数化多态的工具，也是一个相对较新的重要特性。模板可以分为两类，即函数模板和类模板。使用模板可以使用户为类或者函数声明一种一般模式，使得类中的某些数据成员或者成员函数的参数、返回值取得任意类型。

 重点导读

- 掌握模板的基本语法。
- 熟悉并掌握函数模板的方法。
- 熟悉并掌握类模板的方法。
- 掌握模板的特化。

16.1　模板的基础

在 C++中，模板是泛型编程的基础。模板是创建类和函数的蓝图或公式。

16.1.1　模板简介

模板让程序员能够定义一种适用于不同类型对象的行为。它可以实现类型参数化，即把类型定义为参数，从而实现代码的可重用性。而且模板能够减少源代码量并提高代码的机动性，而不会降低类型安全。这与宏定义有些类似，但是宏不是类型安全的，但模板是类型安全的。

模板是泛型编程的基础，而泛型编程是 C++继面向对象编程之后的又一个重点，是为了编写与具体类型无关的代码。模板，也可以理解为模具行业的模型。根据分类，有函数模板和类模板。根据传入的不同模板参数，函数模板会生成不同模板函数。类模板则生成不同的模板类。

16.1.2 模板的用处

模板就是把功能相似、仅数据类型不同的函数或类设计为通用的函数模板或类模板，提供给用户。

例如，有以下这样 3 个求加法的函数：

```
int Add(int x, int y)
{
    return x + y;
}
double Add(double x, double y)
{
    return x + y;
}
long Add(long x, long y)
{
    return x + y;
}
```

该例中的函数都拥有同一个函数名，相同的函数体，却因为参数类型和返回值类型不一样，所以是 3 个完全不同的函数。即使它们是重载函数，也不得不为每一个函数编写一组函数体完全相同的代码。如果从这些函数中提炼出一个通用函数，而它又适用于多种不同类型的数据，这样会使代码的重用率大大提高。

那么 C++的模板就可解决这样的问题。模板可以实现类型的参数化（把类型定义为参数），从而实现了真正的代码可重用性。

16.1.3 模板的基本语法

模板定义以 template 关键字开始，后接模板参数列表，用 "<>" 括起来的。

基本语法格式为：

```
template <模板参数列表 >
```

关键字 template 标志着模板声明的开始，后面是模板参数列表。该参数列表包含关键字 typename，用于定义模板形参。针对对象实例化模板时，将使用对象的类型替换它。

例如：

```
template <typename T>
```

在多个模板形参用逗号隔开：

```
template <typename T1, typename T2=T1>
```

例如，定义模板函数：

```
template <typename T>
int Add(T x, T y)
{
    return x + y;
}
```

使用模板函数：

```
int main()
{
    int z;
    z = Add(5, 7);
    char c;
    c = Add(5, 7);
    cout << "int 型:" << z << endl;
```

```
        cout << "char 型:" << c << endl;
        return 0;
}
```

与函数模板类似，我们也可以定义类模板（class templates），使得一个类可以有基于通用类型的成员，而不需要在类生成的时候定义具体的数据类型。

类模板的一般定义形式如下：

```
template <class T>
class 类名
{
        //类定义
};
```

在模板定义中，关键字 typename 和 class 的意义相同，可以互换使用，甚至可以在同一模板形参表中同时存在。但关键字 typename 是作为标准 C++的组成部分加入到 C++中的，因此旧的程序更有可能只用关键字 class。

1. 模板形参

模板形参表不能为空。模板形参分为以下两种：

（1）模板类型参数，代表一种类型。

（2）模板非类型参数，代表一个常量表达式。

2. 类型参数

类型形参由关键字 class 或 typename 后接说明符构成。

例如：

```
template<class T> void h(T a){};
```

其中，T 就是一个类型形参，类型形参的名字由用户自己确定。模板形参表示的是一个未知的类型。模板类型形参可作为类型说明符用在模板中的任何地方，与内置类型说明符或类类型说明符的使用方式完全相同，即可以用于指定返回类型，变量声明等。

注意：不能为同一个模板类型形参指定两种不同的类型，只适用于函数模板，不适用于类模板。

例如：

```
template<class T>void fun(T a, T b){};
```

语句调用 fun(2, 3.14)将出错，因为该语句给同一模板形参 T 指定了两种类型，第一个实参 2 把模板形参 T 指定为 int，而第二个实参 3.14 把模板形参指定为 double，两种类型的形参不一致，会出错。

当用户声明类对象为：A<int> a，比如 template<class T>T fun(T a, T b){}，语句调用 a.fun(2, 3.14)在编译时不会出错，但会有警告，因为在声明类对象的时候已经将 T 转换为 int 类型，而第二个实参 3.14 把模板形参指定为 double，在运行时，会对 3.14 进行强制类型转换为 3。

当用户声明类的对象为：A<double> a，此时就不会有上述的警告，因为从 int 到 double 是自动类型转换。

3. 非类型参数

（1）模板的非类型形参也就是内置类型形参。

例如：

```
template<class T, int a> class B{};
```

其中，int a 就是非类型的模板形参。

（2）非类型形参在模板定义的内部是常量值，也就是说非类型形参在模板的内部是常量。

（3）模板的非类型形参只能是整型、指针和引用。像 double、String、String **这样的类型是不允许的。但是像 double &、double *这种形式类型的引用或指针是正确的。

（4）调用非类型模板形参的实参必须是一个常量表达式，即必须能在编译时计算出结果。

（5）任何局部对象，局部变量，局部对象的地址，局部变量的地址都不是一个常量表达式，都不能用作非类型模板形参的实参。全局指针类型，全局变量，全局对象也不是一个常量表达式，不能用作非类型模板形参的实参。

（6）全局对象的地址或引用 const 类型变量是常量表达式，可以用作非类型模板形参的实参。

（7）sizeof 表达式的结果是一个常量表达式，也能用作非类型模板形参的实参。

（8）当模板的形参是整型时调用该模板时的实参必须是整型的，且在编译期间是常量。

例如：

```
template <class T, int a> class A{};
```

如果有 int b，这时"A<int, b> m;"将出错，因为 b 不是常量，如果是 const int b，这时"A<int, b> m;"就是正确的，因为这时 b 是常量。

16.2　函数模板

所谓函数模板，实际上是建立一个通用函数，其函数类型和形参类型不具体指定，用一个虚拟的类型来代表。这个通用函数就称为函数模板。简而言之，就是只要函数体相同的函数都可以用这个模板来代替，不必定义多个函数，只需在模板中定义一次即可。

注意： 在调用函数时，系统会根据实参的类型来取代模板中的虚拟类型，从而实现了不同函数的功能。

1. 函数模板的好处

可以通过下面的例子来说明函数模板的好处。

例如，要写 n 个函数，交换 char 类型、int 类型、double 类型变量的值。

不使用模板函数对类型进行交换，程序如下。

```
void swap(int &x, int &y)        /*int 型数据交换的函数*/
{
    int temp = x;
    x = y;
    y = temp;
}
void swap(char &x, char &y)      /*char 型数据交换的函数*/
{
    char temp = x;
    x = y;
    y = temp;
}
```

像这样几乎一样的代码却要重复写很多次，极大地增加了程序的负担。因此出现了函数模板机制。

有了函数模板之后，可以对程序做如下修改：

```
#include <iostream>
using namespace std;
template <typename T>            /* template 关键字告诉 C++编译器开始要声明模板了,不能随便报错*/
void swap(T &x, T &y)            /*数据类型 T 参数化数据类型 */
{
    T temp;
```

```
    temp = x;
    x = y;
    y = temp;
}
void main()
{
    int  a = 10;
    int  b = 20;
    swap(a, b);              /*自动数据类型 推导的方式*/
    float m = 2.5;
    float n = 3.5;
    swap(m, n);              /*自动数据类型 推导的方式*/
    swap<float>(m, n);       /*显示类型调用*/
    return;
}
```

通过函数模板就可以大大减少代码量，让用户编程变得更加方便。

2. 函数模板语法

函数模板定义的基本形式：

```
template<类型形式参数表>
```

类型形式参数的形式：

```
typename T1, typename T2, ……, typename Tn
```

或者：

```
class T1, class T2, ……, class Tn
```

函数模板声明：

```
template <类型形式参数表>
类型 函数名 (形式参数表)
{
    语句序列
}
```

说明：

（1）函数模板定义由模板说明和函数定义组成。

（2）模板说明的类属参数必须在函数定义中至少出现一次。

（3）函数参数表中可以使用类属类型参数，也可以使用一般类型参数。

3. 函数模板调用

例如：

```
swap(m, n);              /*自动数据类型 推导的方式*/
swap<float>(m, n);       /*显示类型调用*/
```

4. 函数模板和模板函数

函数模板是模板的定义，是模板函数的抽象，定义中要用到通用类型参数。

模板函数是实实在在的函数定义，是函数模板的实例，它由编译系统在碰见具体的函数调用时所生产，具有程序代码，占用内存空间。

【例 16-1】编写程序，定义模板函数，对不同数据类型进行比较。

（1）在 Visual Studio 2017 中，新建名称为"16-1.cpp"的 Project1 文件。

（2）在代码编辑区域输入以下代码。

```
#include <iostream>
using namespace std;
template <typename T>
T max(T a, T b)                                /*定义函数模板*/
{
    return a > b ? a : b;
}
int main()
{
    cout << "max(3,5)=" << max(3, 5) << endl;         /*调用模板函数*/
    cout << "max(2.5,3.1)=" << max(2.5,3.1) << endl;  /*调用模板函数*/
    cout << "max('x','y')=" << max('x', 'y') << endl; /*调用模板函数*/
    return 0;
}
```

【程序分析】定义函数模板后，在 main()函数中就会调用函数，所以在程序执行 max(a,b)时会匹配不同的模板函数。

下面是编译时生成的模板函数：

```
int max(int a, int b)
{ return a > b ? a : b; }
char max(char a, char b)
{ return a > b ? a : b; }
double max(double a, double b)
{ return a > b ? a : b; }
```

在 Visual Studio 2017 中的运行结果如图 16-1 所示。

图 16-1　调用模板函数

5. 函数模板遇上函数重载

函数模板和普通函数的区别：

（1）函数模板是不允许自动类型转换的。

（2）普通函数允许自动类型转换。

当函数模板和普通函数在一起时，调用规则如下：

（1）函数模板可以像普通函数一样被重载。

（2）C++编译器优先考虑普通函数。

（3）如果函数模板可以产生一个更好的匹配，那么选择模板。

（4）可以通过空模板实参列表的语法，限定编译器只通过模板匹配。

【例 16-2】编写程序，定义相加函数，计算两个数据的和。

（1）在 Visual Studio 2017 中，新建名称为 "16-2.cpp" 的 Project2 文件。

（2）在代码编辑区域输入以下代码。

```
#include <iostream>
using namespace std;
int Add(int a, int b)                  /*定义普通函数*/
{
    cout << "int Add(int a, int b)=";
    return a + b;
}
template<typename T>                    /*定义函数模板*/
T Add(T a, T b)
{
    cout << "T Add(T a, T b)=";
    return a + b;
```

```
}
template<typename T>
T Add(T a, T b, T c)              /*函数模板的重载*/
{
    cout << "T Add(T a, T b, T c)=";
    return Add(Add(a, b), c);
}
int main()
{
    int a = 2;
    int b = 3;
    cout << Add(a, b) << endl;      /*当函数模板和普通函数都符合调用时,优先选择普通函数*/
    cout << Add<>(a, b) << endl;    /*若显示使用函数模板,则使用<> 类型列表*/
    cout << Add(3.5, 4.6) << endl;  /*如果 函数模板产生更好的匹配,使用函数模板*/
    cout << Add(5.5, 6.5, 7.5) << endl;  /*重载*/
    cout << Add('a', 100) << endl;  /*调用普通函数,可以隐式类型转换*/
    return 0;
}
```

【程序分析】在本例中，定义了普通的相加函数 Add()、相加的函数模板以及函数模板例的重载相加函数。在 main()中通过调用发现，程序优先选择普通函数；若想显示使用函数模板，需要使用 "<>" 类型列表；重载函数的定义体与函数模板的函数定义体相同，而形式参数表的类型则以实在参数表的实际类型为依据；重载函数也称为模板函数。在调用普通函数时，可以隐式类型转换，但是函数模板不提供隐式的类型转换，必须是严格的匹配。

在 Visual Studio 2017 中的运行结果如图 16-2 所示。

图 16-2　调用函数模板

16.3　类模板

类模板与函数模板的定义和使用类似。

1. 类模板的定义

例如：

```
template<class 模板参数表>
class 类名
{
    //类定义...
};
```

其中，template 是声明类模板的关键字，表示声明一个模板，模板参数可以是一个，也可以是多个，可以是类型参数，也可以是非类型参数。类型参数由关键字 class 或 typename 及其后面的标识符构成。非类型参数由一个普通参数构成，代表模板定义中的一个常量。

例如：

```
template<class T, int a>
class Myclass;
```

该例中，type 为类型参数，a 为非类型参数。

对类模板的说明如下：

（1）如果在全局域中声明了与模板参数同名的变量，则该变量被隐藏掉。

（2）模板参数名不能被当作类模板定义中类成员的名字。

（3）同一个模板参数名在模板参数表中只能出现一次。

（4）在不同的类模板或声明中，模板参数名可以被重复使用。

例如：

```
typedef string T;
template<class T, int a>
class Graphics
{
    T node;                       /*node 不是 string 类型*/
    typedef double T;             /*错误:成员名不能与模板参数 T 同名*/
};
template<class T, class T>         /*错误:重复使用名为 T 的参数*/
class A;
template<class T>                 /*参数名 T 在不同模板间可以重复使用*/
class B;
```

（5）在类模板的前向声明和定义中，模板参数的名字可以不同。

例如：

```
template <class T> class Image;
template <class U> class Image;
template <class Type>   /*模板的真正定义*/
class Image
{
    /*模板定义中只能引用名字"Type",不能引用名字"T"和"U"*/
};
```

该例中的三个 **Image** 声明都引用同一个类模板的声明。

（6）类模板参数可以有缺省实参，给参数提供缺省实参的顺序是先右后左。

例如：

```
template <class T, int size = 1024>
class Myclass;
template <class T = char, int size >
class Myclass;
```

2. 类模板的实例化

从通用的类模板定义中生成类的过程称为模板实例化，如图 16-3 所示。

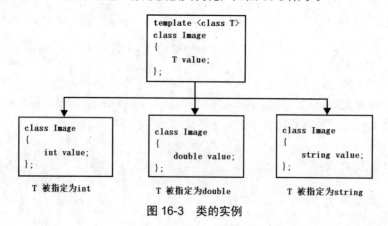

图 16-3　类的实例

T 是一个形参，同类型的实参值被提供给该形参。指定每个不同类型的值都创建一个新类。

与类模板不同的是，函数模板的实例化是由编译程序在处理函数调用时自动完成的，而类模板的实例化则必须由程序员在程序中显式地指定。

实例化的一般形式是：

类名 <数据类型 数据,数据类型 数据…> 对象名

例如：

Image<int> gi;　/*类模板的实例化*/

该语句表示将类模板 Image 的类型参数 T 替换成 int 型，从而创建一个具体的类，并生成该具体类的一个对象 gi。

3. 类模板的使用

【例16-3】编写程序，声明一个类模板，利用它分别实现两个整数、双精度数和字符的比较，求出最大数和最小数。

（1）在 Visual Studio 2017 中，新建名称为"16-3.cpp"的 Project3 文件。

（2）在代码编辑区域输入以下代码。

```
#include <iostream>
using namespace std;
template <class T>                      /*声明一个模板,新定义一个类型名为 T*/
class Compare                           /*定义类模板*/
{
public:
    Compare(T a, T b)
    {
        x = a; y = b;
    }
    T max()
    {
        return (x>y) ? x : y;
    }
    T min()
    {
        return (x<y) ? x : y;
    }
private:
    T x, y;
};
int main()
{
    Compare<int > cmp1(3, 7);                /*定义对象 cmp1,用于两个整数的比较*/
    cout << "int 类型(3, 7):" << endl;
    cout << "cmp1.max()=" << cmp1.max() << endl;
    cout << "cmp1.min()=" << cmp1.min() << endl << endl;
    Compare<double > cmp2(51.25, 54.69);     /*定义对象 cmp2,用于两个双精度数的比较*/
    cout << "double 类型(51.25, 54.69):" << endl;
    cout << "cmp2.max()=" << cmp2.max() << endl;
    cout << "cmp2.min()=" << cmp2.min() << endl << endl;
    Compare<char> cmp3('y', 'X');            /*定义对象 cmp3,用于两个字符的比较*/
    cout << "char 类型('y', 'X'):" << endl;
    cout << "cmp3.max()=" << cmp3.max() << endl;
    cout << "cmp3.min()=" << cmp3.min() << endl;
    return 0;
}
```

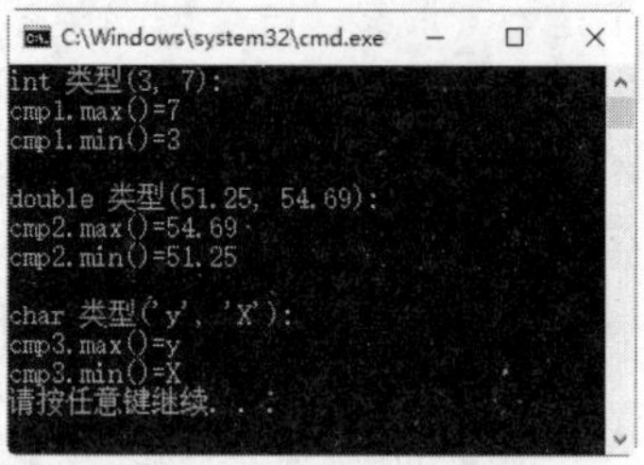

【**程序分析**】本例中，声明了一个模板，新定义的类型名为 T。然后定义一个类模板，用于求出最大值和最小值。

在 Visual Studio 2017 中的运行结果如图 16-4 所示。

在【例 16-3】的类模板中的成员函数是在类模板内定义的。如果改为在类模板外定义，不能用一般定义类成员函数的形式，例如：

```
T Compare::max( )  //不能这样定义类模板中的成员函数
{…}
```

图 16-4 类模板

而应当写成类模板的形式：

```
template <class T>        /*类模板*/
T Compare<T>::max( )
{
    return (x>y)?x:y;
}
```

该例的第一行表示类模板，第二行左端的 T 是虚拟类型名，而后面的 Compare <T>是一个整体，是带参的类。表示所定义的 max 函数是在类 Compare <T>的作用域内的。在定义对象时，用户当然要指定实际的类型，进行编译时就会将类模板中的虚拟类型名 T 全部用实际的类型代替，这样 Compare <T>就相当于一个实际的类。

在使用类模板时需要注意以下事项：

（1）先写出一个实际的类。由于其语义明确，含义清楚，一般不会出错。

（2）将此类中准备改变的类型名（如 int 要改变为 float 或 char）改用一个自己指定的虚拟类型名（如上例中的 T）。

（3）用类模板定义对象时用以下形式：

```
类模板名<实际类型名> 对象名;
类模板名<实际类型名> 对象名(实参表列);
```

例如：

```
Compare<int> cmp;
Compare<int> cmp(3,7);
```

16.4 模板的特化

C++中模板参数在某种特定类型下的具体实现称为模板的特化。模板的特化有时也称之为模板的具体化，分别有函数模板的特化和类模板的特化。

16.4.1 函数模板的特化

函数模板的特化就是当函数模板需要对某些类型进行特别处理，称为函数模板的特化。

例如，定义一个比较函数模板：

```
template <typename T>
int comp(const T &left, const T&right)
{
    cout << "函数模板" << endl;
    return (left - right);
```

```
}
```

该函数仅支持常见的 int、char、double 等类型的数据的比较，但是并不支持 char*（或 string）类型。所以用户必须对其进行特化，以让它支持两个字符串的比较。

例如：

```
template < >            /*特化标志*/
int comp<const char*>(const char* left, const char* right)
{
    scout << "函数模板特化" << endl;
    return strcmp(left, right);
}
```

或者：

```
template < >            /*特化标志*/
int comp(const char* left, const char* right)
{
    cout << "函数模板特化" << endl;
    return strcmp(left, right);
}
```

当函数调用发现有特化后的匹配函数时，会优先调用特化的函数，而不再通过函数模版来进行实例化。

【例 16-4】编写程序，判断两个字符串是否相同。

（1）在 Visual Studio 2017 中，新建名称为"16-4.cpp"的 Project4 文件。

（2）在代码编辑区域输入以下代码。

```
#include <iostream>
#include <cstring>
using namespace std;              /*函数模板*/
template<typename T>
bool fun(T t1, T t2)
{
    return t1 == t2;
}
template<>                        /*函数模板特化*/
bool fun(char *t1, char *t2)      /*用 char*特化*/
{
    return strcmp(t1, t2) == 0;   /*字符串比较*/
}
int main()
{
    char str1[] = "hello";
    char str2[] = "hello";
    cout << "调用函数模板:" << fun(1, 1) << endl;          /*调用函数模板*/
    cout << "调用函数模板特化:" << fun(str1, str2) << endl;  /*调用函数模板特化*/
    return 0;
}
```

【程序分析】本例先定义一个函数模板 fun()，该函数用于比较两个整数是否相同，并返回一个 bool 值。再对该函数进行特化，对两个字符串进行比较，判断是否相同，并返回一个 bool 值。

在 Visual Studio 2017 中的运行结果如图 16-5 所示。

图 16-5 函数模板特化

16.4.2 类模板的特化

类模板的特化与函数模板的特化类似，当类模板内需要对某些类型进行特别处理时，使用类模板的特化。

【例 16-5】编写程序，判断两个字符串是否相同。

（1）在 Visual Studio 2017 中，新建名称为 "16-5.cpp" 的 Project5 文件。

（2）在代码编辑区域输入以下代码。

```cpp
#include <iostream>
#include <cstring>
using namespace std;
template <class T>
class Comp
{
public:
    bool fun(T t1, T t2)
    {
        return t1 == t2;
    }
};
template<>
class Comp<char *>                                  //特化(char*)
{
public:
    bool fun(char* t1, char* t2)
    {
        return strcmp(t1, t2) == 0;                 //使用 strcmp 比较字符串
    }
};
int main()
{
    char str1[] = "Hello";
    char str2[] = "Hello";
    Comp<int> c1;
    Comp<char *> c2;
    cout <<"调用类模板:" <<c1.fun(5, 1) << endl;        //比较两个 int 类型的参数
    cout << "调用类模板特化:"<<c2.fun(str1, str2) << endl;  //比较两个 char *类型的参数
    return 0;
}
```

【程序分析】本例先定义了一个类模板，该类模板有个成员函数 fun()，用于返回一个 bool 值，在 main() 函数中调用 fun() 函数，对两个整数进行比较，相同返回 1，不同则返回 0。再定义类模板，对参数 char*特化，调用 fun() 函数对两个字符串进行比较，然后返回一个 bool 值。

在 Visual Studio 2017 中的运行结果如图 16-6 所示。

注意：进行类模板的特化时，需要特化所有的成员变量及成员函数。

图 16-6　类模板特化

16.4.3　类模板的偏特化

类模板的偏特化是指需要根据类模板的某些，但不是全部的参数进行特化，因此偏特化又叫部分特化。例如：

```cpp
template<class T1,class T2>      /*这里是类模板*/
class A
{
//...
};
template <class T1>             /*这里是对 C 的偏特化*/
class A<T1,int>
{
//...
};
```

该例在偏特化的时候，template 后面的尖括号里面的模板参数列表必须列出未特化的模板参数。同时在类 A 后面要列出全部模板参数，同时指定特化的类型，比如指定 int 为 T2 的特化类型。

16.5　综合应用

【例 16-6】编写程序，使用函数模板对字符串进行排序。

（1）在 Visual Studio 2017 中，新建名称为"16-6.cpp"的 Project6 文件。

（2）在代码编辑区域输入以下代码。

```cpp
#include <iostream>
#include <cstring>
using namespace std;
template<typename T, typename T2>
void s_Arr(T *a, T2 num)
{
    T tmp;
    int i, j;
    for (i = 0; i<num; i++)
    {
        for (j = i + 1; j<num; j++)
        {
            if (a[i] < a[j])                /*交换两个数据*/
            {
                tmp = a[i];
                a[i] = a[j];
                a[j] = tmp;
            }
        }
    }
}
template< typename T>
void p_Arr(T *a, int num)                   /*打印数组*/
{
    int i = 0;
    for (i = 0; i<num; i++)
    {
        cout << a[i] << " ";
    }
    cout << endl;
}
int main()
{
    int num = 0;
    char arr[] = "abcdefg";
    num = strlen(arr);                      /*将数组的长度赋给变量num*/
    cout << "排序之前:" << endl;
    p_Arr<char>(arr, num);
    s_Arr<char, int>(arr, num);
    cout << "排序之后:" << endl;
    p_Arr<char>(arr, num);
    return 0;
}
```

【程序分析】本例演示了函数模板作为函数参数的传值过程。在代码中先定义一个 s_Arr() 函数，用于接收字符数组中的字符和长度，并将字符依次倒叙排列。通过 p_Arr() 函数将字符数组中的数据依次输出。

在 Visual Studio 2017 中的运行结果如图 16-7 所示。

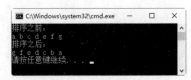

图 16-7　字符串排序

16.6　就业面试技巧与解析

16.6.1　面试技巧与解析（一）

面试官：类模板什么时候会被实例化呢？

应聘者：在以下情况会被实例化：

（1）当使用了类模板实例的名字，并且上下文环境要求存在类的定义时。

（2）对象类型是一个类模板实例，当对象被定义时。此点被称作类的实例化点。

（3）一个指针或引用指向一个类模板实例，当检查这个指针或引用所指的对象时。

面试官：类模板特化需要注意什么？

应聘者：需要注意以下几点：

（1）只有当通用类模板被声明后，特化才可以被定义。

（2）若定义了一个类模板特化，则必须定义与这个特化相关的所有成员函数或静态数据成员，此时类模板特化的成员定义不能以符号 template<>作为打头。（template<>被省略）

（3）类模板不能在某些文件中根据通用模板定义被实例化，而在其他文件中却针对同一组模板实参被特化。

16.6.2　面试技巧与解析（二）

面试官：在 C++的 Template 中很多地方都用到了 typename 与 class 这两个关键字，有时候这两者可以替换，那么这两个关键字是否完全一样呢？

应聘者：事实上 class 用于定义类，在模板引入 C++后，最初定义模板的方法为："template<class T>"，这里 class 关键字表明 T 是一个类型，后来为了避免混淆，所以引入了 typename 这个关键字，它的作用同 class 一样表明后面的符号为一个类型，这样在定义模板的时候可以使用下面的方式了："template<typename T>"，在模板定义语法中关键字 class 与 typename 的作用完全一样。

面试官：如何区分类模板与模板类？

应聘者：一个类模板（类生成类）允许用户为类定义一种模式，使得类中的某些数据成员、默认成员函数的参数，某些成员函数的返回值，能够取任意类型（包括系统预定义的和用户自定义的）。

如果一个类中的数据成员的数据类型不能确定，或者是某个成员函数的参数或返回值的类型不能确定，就必须将此类声明为模板，它的存在不是代表一个具体的、实际的类，而是代表一类的类。

第17章

C++标准库

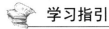 学习指引

C++标准库就好像设计图像时的图库一样，为 C++程序员提供了可扩展的基础性框架，为程序设计带来了便利。本章介绍标准库的组成，STL 中的迭代器、算法、函数对象以及字符串库等。

重点导读

- 熟悉标准库的概述。
- 掌握迭代器的方法。
- 熟悉并掌握算法。
- 掌握函数对象。
- 熟悉并掌握字符串的操作。

17.1　标准库概述

C++强大的功能来源于其丰富的类库及库函数资源。C++标准库的内容共在 50 个标准头文件中定义。在 C++开发中，要尽可能地利用标准库完成。

标准库的优点：

（1）成本：已经作为标准提供，可直接调用，节省人力重新开发的成本。

（2）质量：标准库都是经过严格测试，正确性有保证。

（3）良好的编程风格：采用行业中普遍的做法进行开发，其他开发者也能读懂。

17.2　迭代器

迭代器（iterators）提供对一个容器中的对象的访问方法，并且定义了容器中对象的范围。迭代器就如

同一个指针。事实上，C++的指针也是一种迭代器。但是，迭代器不仅仅是指针，因此不能认为它们一定具有地址值。

迭代器有各种不同的创建方法，可以作为一个变量创建，也可以为了一个特定类型的数据而创建。

迭代器定义格式为：

```
声明迭代器的格式:<容器名><数据类型> iterator 迭代器变量名;
```

1. 头文件

所有容器含有其各自的迭代器型别（iterator types），所以当用户使用一般的容器迭代器时，并不需要含入专门的头文件。不过有几种特别的迭代器，例如逆向迭代器，被定义于<iterator>中。

2. 迭代器类型

迭代器有 5 种，分别是输入、输出、向前、双向以及随机存取。

（1）输入迭代器（input iterators）：只能向前移动，每次只能移动一步，只能读迭代器指向的数据，而且只能读一次。表 17-1 列出了输入迭代器的各种操作行为。

表 17-1　输入迭代器

表　达　式	功 能 表 述
*iter	读取实际元素
iter->member	读取实际元素的成员
++iter	向前步进（传回新位置）
iter++	向前步进（传回旧位置）
iter1 == iter2	判断两个迭代器是否相同
iter1 != iter2	判断两个迭代器是否不相等
TYPE(iter)	复制迭代器（copy 构造函数）

（2）输出迭代器（output iterators）：只能向前移动，每次只能移动一步，只能写迭代器指向的数据，而且只能写一次。表 17-2 列出了输出迭代器的有效操作。

表 17-2　输出迭代器

表　达　式	功 能 表 述
*iter = value	将元素写入到迭代器所指位置
++iter	向前步进（传回新位置）
iter++	向前步进（传回旧位置）
TYPE(iter)	复制迭代器（copy 构造函数）

（3）前向迭代器（forward iterators）：forward 迭代器是 input 迭代器与 output 迭代器的结合，具有 input 迭代器的全部功能和 output 迭代器的大部分功能。forward 迭代器能多次指向同一群集中的同一元素，并能多次处理同一元素。表 17-3 列出了向前迭代器的所有操作。

表 17-3　向前迭代器

表 达 式	功 能 表 述
*iter	存取实际元素
iter->member	存取实际元素的成员
++iter	向前步进（传回新位置）
iter++	向前步进（传回旧位置）
iter1==iter2	判断两个迭代器是否相同
iter1!=iter2	判断两个迭代器是否不相等
TYPE()	产生迭代器（default 构造函数）
TYPE(iter)	复制迭代器（copy 构造函数）
iter1==iter2	复制

（4）双向迭代器（bidirectional iterators）：以前向迭代器为基础加上了向后移动的能力。

（5）随机访问迭代器（random access iterators）：为双向迭代器加上了迭代器运算的能力，即具有向前或者向后跳转一个任意的距离的能力。

【例 17-1】编写程序，使用迭代器运算符修改容器元素。

（1）在 Visual Studio 2017 中，新建名称为"17-1.cpp"的 Project1 文件。

（2）在代码编辑区域输入以下代码。

```
#include <iostream>
#include <vector>                              /*包含容器头文件*/
#include <iterator>                            /*包含迭代器头文件*/
using namespace std;
int main()
{
    vector <int> v(10, 1);                     /*设置容器有10个元素,初值都为1*/
    int i = 0;
    cout << "未修改前:";
    vector<int>::iterator iter = v.begin();    /*使迭代器指向容器前端*/
    for (;iter!=v.end();++iter)                /*遍历容器*/
    {
        cout << *iter << " ";                  /*未修改前*/
    }
    cout << endl;
    for (iter = v.begin(); iter != v.end(); ++iter)
    {
        *iter += i;                            /*依次对容器元素赋值*/
        ++i;
    }
    cout << "修 改 后:";
    for (iter = v.begin(); iter != v.end(); ++iter)  /*遍历容器*/
    {
        cout << *iter << " ";
    }
    cout << endl;
    return 0;
}
```

【程序分析】本例创建了一个向量对象 v，并初始化赋值。然后使迭代器指向容器中的第一个元素，进行遍历。接着使用迭代器对容器内的元素进行自增 1 运算。最后遍历出该容器。

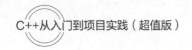

在 Visual Studio 2017 中的运行结果如图 17-1 所示。

图 17-1　迭代器的运算

17.3　算法

函数库对数据类型的选择对其可重用性起着至关重要的作用。而 C++通过模板的机制允许推迟对某些类型的选择，直到真正想使用模板或者说对模板进行特化的时候，STL 就利用了这一点提供了相当多的有用算法。其中常用到的功能范围涉及比较、交换、查找、遍历操作、复制、修改、移除、反转、排序、合并等等。

STL 的算法被定义在 algorithm 头文件中，使用时必须载入该文件。

17.3.1　数据编辑算法

通过数据编辑算法可以对容器内的数据进行填充、赋值、合并、删除等操作。

1. fill()

该函数的功能是将指定值分配给指定范围中的每个元素。

语法格式如下：

```
template < class ForwardIterator, class T >
void fill ( ForwardIterator first, ForwardIterator last, const T& value );
```

例如：

```
#include <algorithm>
fill(vec.begin(), vec.end(), val);      /*原来容器中每个元素被重置为val*/
```

该语句表示，将一个区间的元素都赋予 val 值。

2. copy()

该函数的功能是将一个范围复制到另一个范围。

语法格式如下：

```
template<class InputIterator, class OutputIterator>
OutputIterator copy(InputIterator _First,InputIterator _Last,OutputIterator _DestBeg)
```

函数参数：

（1）_First，_Last 指出被复制的元素的区间范围[_First，_Last)。

（2）_DestBeg 指出复制到的目标区间起始位置。

返回值：返回一个迭代器，指出已被复制元素区间的最后一个位置。

3. merge()

该函数的功能是将两个有序的序列合并为一个有序的序列。

函数语法格式如下：

```
template <class InputIterator1, class InputIterator2, class OutputIterator>
OutputIterator merge(InputIterator1 first1, InputIterator1 last1, InputIterator2 first2,
InputIterator2 last2,OutputIterator result);
```

函数参数：

（1）first1 为第一个容器的首迭代器；

（2）last1 为第一个容器的末迭代器；

（3）first2 为第二个容器的首迭代器；

（4）last2 为容器的末迭代器；

（5）result 为存放结果的容器。

该函数表示将容器 1 的[first1，last1)范围内的对象与容器 2 的[first2，last2)范围内的对象合并后的有序序列存放在以 result 为起始的指定位置处，容器 1 的数据在前。

返回值：函数返回一个迭代器，它指向合并后的结果容器的末尾。

4. remove()

该函数的功能是将指定范围中移除指定的元素值。

函数语法格式如下：

```
template<class ForwardIterator, class T>
ForwardIterator remove(ForwardIterator first, ForwardIterator last, const T& value);
```

该函数表示移除[first，last)范围内的值是 value 的所有元素。注意不是将该元素移除，而是将该元素用后面的元素覆盖，因此 remove 后容器长度不变，而未被移除的元素将会向前复制，后面多余的元素将不会移除。如果想删除，则必须使用 erase 将新末端到原容器末端的元素删除。

返回值：返回容器新末端的迭代器。

5. replace()

该函数的功能是用一个值来替换指定范围中与指定值匹配的所有元素。

函数语法格式如下：

```
template < class ForwardIterator, class T >
void replace(ForwardIterator first, ForwardIterator last, const T& old_value, const T&
new_value);
```

将[first，last)范围内的元素值 old_value 用 new_value 来替换。

【例 17-2】编写程序，将数组复制到容器中。

（1）在 Visual Studio 2017 中，新建名称为"17-2.cpp"的 Project2 文件。

（2）在代码编辑区域输入以下代码。

```
#include <iostream>
#include <vector>
#include <algorithm>
using namespace std;
int main()
{
    int arr[] = { 1,2,3,4,5,6,7,8,9 };
    vector<int>v1;
    vector<int>v2;
    copy(arr, arr + 9, back_inserter(v1));
    for (int i = 0; i < v1.size(); i++)
    {
        cout << v1[i] << " ";
    }
```

```
    cout << endl;
    copy(v1.begin(), v1.end(), back_inserter(v2));
    for (int i = 0; i < v2.size(); i++)
    {
        cout << v2[i] << " ";
    }
    cout << endl;
    return 0;
}
```

【程序分析】本例定义了一个 int 型数组 arr 并初始化。再创建两个容器对象 v1 和 v2。然后使用 copy() 函数分别将数组的元素复制到 v1 和 v2 中。

在 Visual Studio 2017 中的运行结果如图 17-2 所示。

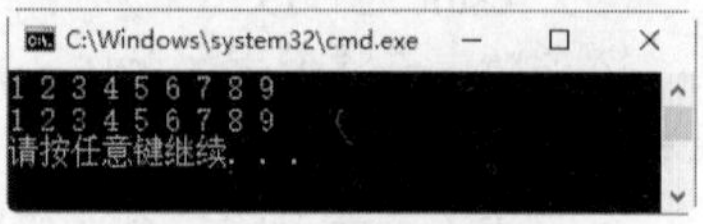

图 17-2　复制函数

17.3.2　查找算法

查找算法是非变序算法，只是用来在容器中查找一个数据或者多个数据，不改变容器中的内容。

1. find()

该函数的功能是在给定范围内搜索与指定值匹配的第一个元素。

函数语法格式如下：

```
template <class InputIterator, class T>
InputIterator find(InputIterator first, InputIterator last, const T& value);
```

该函数表示在容器的[first1，last1)范围内查找 value。

返回值：返回值是迭代器类型，如果找到该数据，则指向该数据在容器中第 1 次出现的位置，否则指向结果序列的尾部。

【例 17-3】编写程序，查找容器中的元素。

（1）在 Visual Studio 2017 中，新建名称为"17-3.cpp"的 Project3 文件。

（2）在代码编辑区域输入以下代码。

```
#include <iostream>
#include <algorithm>
#include <vector>
using namespace std;
int main()
{
    vector<string> m;
    m.push_back("A");
    m.push_back("B");
    m.push_back("C");
    m.push_back("D");
    m.push_back("E");
    if (find(m.begin(), m.end(), "D") == m.end())
    {
        cout << "no" << endl;
    }
    else
    {
        cout << "yes" << endl;
    }
    return 0;
}
```

【程序分析】 在容器中查找字符 D，如果存在，输出 yes，否则输出 no。

在 Visual Studio 2017 中的运行结果如图 17-3 所示。

图 17-3　查找

2. search()

该函数的功能是在目标范围内，根据元素相等性（即运算符==）或指定搜索第一个满足条件的元素。

函数语法格式如下：

```
template <class ForwardIterator1, class ForwardIterator2>
ForwardIterator1 search(ForwardIterator1 first1, ForwardIterator1 last1, ForwardIterator2
first2,ForwardIterator2 last2);
```

该函数表示在容器[first1，last1)范围内查找另一容器[first2，last2)范围是否存在。

返回值：返回值是迭代器类型，如果找到该数据，则指向该范围在容器中第 1 次出现的位置，否则指向结果序列的尾部。

17.3.3　比较算法

比较算法用来比较两个容器内的数据是否相等。

1. equal()

该函数的功能是比较两个元素是否相等。

函数语法格式如下：

```
template <class InputIterator1, class InputIterator2>
bool equal(InputIterator1 first1, InputIterator1 last1, InputIterator2 first2);
```

该函数用于判断容器 1 的[first1，last1)范围内的对象序列是否与另一容器以 first2 开始的对象序列一一对应相等。

返回值：相等返回 true，否则返回 false。

例如：

```
int a[] = { 10,20,30,40,50 };        /* a: 10、20、30、40、50*/
vector<int>v1(a, a + 5);             /*v1: 10、20、30、40、50*/
v1[2] = 70;                          /*v1: 10、20、70、40、50*/
if (equal(v1.begin(), v1.end(), a))/*判断 v1 与 a 是否相等*/
    cout << "两个序列内容相等" << endl;
else
    cout << "两个序列内容不相等" << endl;
```

2. mismatch()

该函数的作用是使用指定数据找出两个元素范围的第一个不同的地方。

函数语法格式如下：

```
template <class InputIterator1, class InputIterator2>
pair<InputIterator1, InputIterator2>mismatch(InputIterator1 first1, InputIterator1 last1,
InputIterator2 first2);
```

该函数用于判断容器 1 的[first1，last1)范围内的对象序列是否与另一容器以 first2 开始的对象序列一一对应相等。

返回一个 pair 类对象。如果两个序列相等，pair 类对象的两个迭代器 first 和 second 都指向各自容器的末尾即 end()；如果不相等，两个迭代器分别指向两个不同的元素。因此，使用该函数必须定义一个 pair 类型的对象。

【例 17-4】编写程序，比较两个容器内的数据，并输出这两个不同的数据。

（1）在 Visual Studio 2017 中，新建名称为 "17-4.cpp" 的 Project4 文件。

（2）在代码编辑区域输入以下代码。

```cpp
#include <algorithm>
#include <vector>
#include <iostream>
using namespace std;
bool strEqual(const char* s1, const char* s2)
{
    return strcmp(s1, s2) == 0 ? true : false;
}
typedef vector<int>::iterator iter;
int main()
{
    vector<int> v1, v2;
    v1.push_back(2);
    v1.push_back(4);
    v1.push_back(6);
    v1.push_back(7);
    v2.push_back(2);
    v2.push_back(3);
    v2.push_back(6);
    v2.push_back(10);
    pair<iter, iter> retCode;
    retCode = mismatch(v1.begin(), v1.end(), v2.begin());
    if (retCode.first == v1.end() && retCode.second == v2.end() /* ivec2.begin() */)
    {
        cout << "v1 和 v2 完全相同" << endl;
    }
    else
    {
        cout << "v1 和 v2 不相同,不匹配的元素为:\n"<< *retCode.first << endl
            << *retCode.second << endl;
    }
    return 0;
}
```

【程序分析】本例先定义了一个比较函数 strEqual()，用于返回一个布尔值。在 main()函数中创建两个向量容器的对象 v1 和 v2，接着使用 push_back()函数依次将数据放入容器中，然后使用 mismatch()算法将两个容器中第一个不相同的数据进行输出。

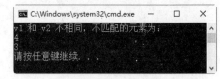

图 17-4　比较算法

在 Visual Studio 2017 中的运行结果如图 17-4 所示。

equal()和 mismatch()算法的功能都是比较容器中的两个区间内的元素。这两个算法各有 3 个参数 first1、last1 和 first2。如果对于区间[first1,last1)内所有的 first1+i、first1+i 和 first2 所在位置处的元素都相等，则 equal()算法返回真，否则返回假。mismatch()算法的返回值是由两个迭代器 first1+i 和 first2+i 组成的一个 pair，表示第 1 对不相等的元素的位置。如果没有找到不相等的元素，则返回 last1 和 first2+(last1-first1)。

17.3.4　排序相关算法

容器里的数据可以进行反转、交换或者排序等，完成这些操作只需要调用 STL 里的相关函数即可。

1. sort()

该函数的作用是使用指定排序标准对指定范围内的元素进行排序。排序可能改变相等元素的相对顺序。

函数语法格式如下：

```
template <class RandomAccessIterator>
void sort(RandomAccessIterator first,RandomAccessIterator last);
```

该函数是对容器中[first，last)范围内的对象进行排序，默认为升序排序。

2. reverse()

该函数的作用是对容器内的数据进行反转。

函数语法格式如下：

```
template <class BidirectionalIterator>
void reverse(BidirectionalIterator first,BidirectionalIterator last);
```

该函数将对容器中[first，last)范围内的对象进行反转。

【例 17-5】编写程序，使用排序算法。

（1）在 Visual Studio 2017 中，新建名称为 "17-5.cpp" 的 Project5 文件。

（2）在代码编辑区域输入以下代码。

```cpp
#include <iostream>
#include <algorithm>
#include <vector>
using namespace std;
int main()
{
    vector<int>arr= { 9,6,3,8,5,2,7,4,1,0 };
    vector<int>::iterator it;
    cout << "排序前:" << endl;
    for (it = arr.begin(); it != arr.end(); ++it)
    {
        cout << *it << "  ";
    }
    cout << endl;
    cout << "升序排列:" << endl;
    sort(arr.begin(), arr.end());
    for (it = arr.begin(); it != arr.end(); ++it)
    {
        cout << *it << "  ";
    }
    cout << endl;
    cout << "降序排列:" << endl;
    reverse(arr.begin(), arr.end());
    for (it = arr.begin(); it != arr.end(); ++it)
    {
        cout << *it << "  ";
    }
    cout << endl;
    return 0;
}
```

【**程序分析**】本例创建了一个容器，该容器里放入 10 个无序的整型元素。通过 sort() 和 reverse() 将容器里的数据进行升序和降序排列。

在 Visual Studio 2017 中的运行结果如图 17-5 所示。

图 17-5　排序

17.3.5　计算相关算法

通过计算相关算法，可以求出容器里元素个数以及最大数、最小数，并且还能对所有元素进行运算。

1. count()

该函数的作用是统计容器中等于 value 元素的个数。

函数语法格式如下：

```
template <class InputIterator, class T>
typename iterator_traits<InputIterator>::difference_type count(ForwardIterator first,
ForwardIterator last,const T& value );
```

说明：查找对象 value 在[first，last)范围内出现的次数。first 是容器的首迭代器，last 是容器的末迭代器，value 是询问的元素。

返回值：返回出现的次数。

2. max_element()和 min_element()

该函数的作用是计算容器中的最大值和最小值。

函数语法格式如下：

```
template <class ForwardIterator>
ForwardIterator max_element (ForwardIterator first,ForwardIterator last );
template <class ForwardIterator>
ForwardIterator min_element(ForwardIterator first,ForwardIterator last );
```

说明：查找在[first，last)范围内的最大值和最小值。

返回值：返回最大值和最小值。

3. transform()

该函数的作用是将某操作应用于指定范围的每个元素并且存储结果。

函数语法格式如下：

```
template <class InputIterator,class OutputIterator,class UnaryOperator >
OutputIterator transform(InputIterator first1,InputIterator last1,OutputIterator result,
UnaryOperator op);
```

说明：对[first、last)范围内的对象进行 op 操作，并把结果保存到以 result 开始的容器里。

返回值：函数返回一个迭代器，它指向结果序列的尾部。

4. for_each()

该函数的作用是逐个遍历容器元素。

函数语法格式如下：

```
template <class InputIterator, class Function>
Function for_each (InputIterator first, InputIterator last, Function f);
```

说明：对迭代器区间[first，last)所指的每一个元素，执行由单参数函数对象 f 所定义的操作。

返回值：返回值的类型与 f 函数相同。

它是 for 循环的一种替代方案。

17.4　函数对象

函数对象，即一个重载了括号操作符 "()" 的对象。当用该对象调用此操作符时，其表现形式如同普通函数调用一般，因此取名叫函数对象。

例如：

```
class MyClass
{
public:
    void operator() ()
    {
        cout << "Hello World!" << endl;
    }
};
```

类 MyClass 中重载了 "()" 操作符，在主函数中创建一个对象 val，并进行调用。

例如：

```
MyClass val;
val();
```

该例中，val 就成为一个函数对象，当用户执行 val() 时，实际上就是利用了重载符号()。该调用语句在形式上跟以下函数的调用完全一样：

```
void val()
{
    cout << "Hello World!" << endl;
}
```

函数对象既然是一个类对象，那么就可以在函数形参列表中调用它。

（1）定义一个函数对象类。

```
class Fun
{
public:
    int operator() (int a, int b)
    {
        cout << a << '+' << b << '=' << a + b << endl;
        return a;
    }
};
int addFunc(int a, int b, Fun& func)
{
    func(a, b);
    return a;
}
int main()
{
    Fun func;
    addFunc(1, 3, func);
    return 0;
}
```

该例中，首先定义了一个函数对象类，并重载了()操作符，目的是使前两个参数相加并输出，然后在 addFunc 中的形参列表中使用这个类对象，从而实现两数相加的功能。

（2）定义一个模板函数对象类。

```
class FuncT
{
public:
```

```
    template<typename T>
    T operator() (T t1, T t2)
    {
        cout << t1 << '*' << t2 << '=' << t1 * t2 << endl;
        return t1;
    }
};
template <typename T>
T addFuncT(T t1, T t2, FuncT& funct)
{
    funct(t1, t2);
    return t1;
}
int main()
{
    FuncT funct;
    addFuncT(3, 4, funct);
    addFuncT(2.5, 6.0, funct);
    return 0;
}
```

该例中定一个函数模板类，来实现一般类型的数据的相加。

函数对象的优点：

（1）函数对象可以有自己的状态。用户可以在类中定义状态变量，这样一个函数对象在多次的调用中可以共享这个状态。但是函数调用没这种优势，除非它使用全局变量来保存状态。

（2）函数对象有自己特有的类型，而普通函数无类型可言。这种特性对于使用 C++标准库来说是至关重要的。这样在使用 STL 中的函数时，可以传递相应的类型作为参数来实例化相应的模板，从而实现我们自己定义的规则。

17.5　字符串库

针对字符串处理，C 语言是使用字符数组以及相应的指针来表示字符串。C++中并没有专门的内置类型。而是通过对 C++标准库提供的字符串库的操作。

下面将讲解字符串处理方式和 C++标准库封装字符串处理的字符串类类型。

17.5.1　字符串处理函数

1. 字符串连接函数 strcat_s()

该函数原型为：

```
errno_t strcat_s(
    char *strDestination,
    size_t numberOfElements,
    const char *strSource
);
```

参数说明：

（1）strDestination 表示目标字符串缓冲区的位置。

（2）numberOfElements 表示多字节窄函数 char 单元以及宽函数 wchar_t 单元中的目标字符串缓冲区的大小。

（3）strSource 表示以 NULL 结尾的源字符串缓冲区。

strcat_s()脱胎于 strcat()。以前的连接函数 strcat()用于两个字符串的链接，strcat(str1,str2)直接返回新的str1。但在 vs2005 后，为了安全起见，重新添加了 strcat_s()函数。

那么新的函数安全在哪里呢？对于 strcat()函数，在用户添加 str2 的时候如果 st1 溢出怎么办？很明显这就是需要改进的地方。所以新的 strcat_s()规定，有三个参数，必须指定 str1 的大小。

【例 17-6】编写程序，使用 strcat_s()函数。

（1）在 Visual Studio 2017 中，新建名称为"17-6.cpp"的 Project6 文件。

（2）在代码编辑区域输入以下代码。

```
#include <iostream>
#include <cstring>
using namespace std;
int main()
{
    char str[64];
    strcpy_s(str, "三更灯火五更鸡\n");
    strcat_s(str, "正是少年读书时\n");
    strcat_s(str, "黑发不知勤学早\n");
    strcat_s(str, size(str), "白首方悔读书迟\n");
    cout << str << endl;
    return 0;
}
```

【程序分析】本例使用 strcat_s()函数依次将字符串连接。其中第 10 行的 strcat_s()函数有 3 个参数，第 1 个和第 3 个都表示字符串，中间的参数 size(str)表示缓冲区的总大小，也就是合并字符串后的字符数量，不能理解为剩余空间的大小。

在 Visual Studio 2017 中的运行结果如图 17-6 所示。

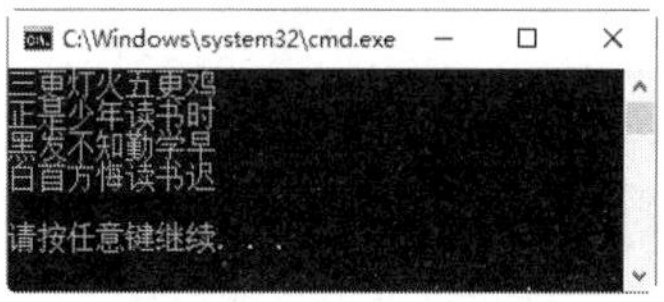

2. 字符串复制函数 strcpy_s()

strcpy_s()也是系统的安全函数，微软在 vs2005 后建议用 strcpy_s()取代 strcpy()，原来 strcpy()函数，就像 gets()函数一样，它没有方法来保证有效的缓冲区尺寸，所以它只能假定缓冲足够大来容纳要复制的字符串。所以用 strcpy_s()代替。

图 17-6　strcat_s()函数

例如：

```
char source[] = "Hello world !";
char destination[20] = { 0 };
strcpy_s(destination, sizeof(destination) / sizeof(destination[0]), source);
```

这个函数用两个参数、三个参数都可以，只要可以保证缓冲区大小。

三个参数时，函数原型为：

```
errno_t strcpy_s(
    char *strDestination,
    size_t numberOfElements,
    const char *strSource
);
```

该函数表示复制字符串 strSource 中的字符到字符串 strDestination，其中限制了大小为 size_t numberOfElements，这是为了防止字符串过长超出缓存区内存引发问题而要求的。

两个参数时，函数原型为：

```
errno_t strcpy_s(
    char (&strDestination)[size],
    const char *strSource
);
```

注意：如果需要使用两个参数的版本，则 strDestination 所指向的空间必须是静态分配的，而不能是动态 new 出来的堆内存。

【例 17-7】编写程序，使用 strcpy_s()函数。

（1）在 Visual Studio 2017 中，新建名称为"17-7.cpp"的 Project7 文件。

（2）在代码编辑区域输入以下代码。

```cpp
#include <iostream>
#include <cstring>
using namespace std;
void fun()
{
    char *str1 = NULL;
    str1 = new char[20];
    char str[7];
    strcpy_s(str1, 20, "Hello China");//三个参数
    strcpy_s(str, "Hello");//两个参数但如果:char *str=new char[7];会出错:提示不支持两个参数
    cout << "strlen(str1):" << strlen(str1) << endl << "strlen(str):" << strlen(str) << endl;
    cout << str1 << endl;
    cout << str << endl;
}
int main()
{
    fun();
    return 0;
}
```

【程序分析】本例演示了 strcpy_s()函数有不同参数时的使用情况。该函数有两个参数时，不支持 new。有三个参数时，必须使用 new 来分配空间，并确认字符串的长度。

在 Visual Studio 2017 中的运行结果如图 17-7 所示。

图 17-7 stycpy_s()函数

3. 字符串比较函数 strcmp()

该函数原型为：

```cpp
strcmp(const char[],const char[]);
```

strcmp 是 string compare（字符串比较）的缩写。作用是比较两个字符串。由于这两个字符数组只参加比较而不应改变其内容，因此两个参数都加上 const 声明。

例如，定义两个字符数组 str1 和 str2：

```cpp
strcmp(str1, str2);
strcmp("Hello ", "C++");
strcmp(str1, "world");
```

该函数返回一个比较结果：

（1）如果 str1 等于 str2，函数值为 0。

（2）如果 str1 大于 str2，函数值为一个正整数。

（3）如果 str1 小于 str2，函数值为一个负整数。

字符串比较的规则与其他语言中的规则相同，即对两个字符串自左至右逐个字符相比（按 ASCII 码值大小比较），直到出现不同的字符或遇到"\0"为止。如全部字符相同，则认为相等；若出现不相同的字符，则以第一个不相同的字符的比较结果为准。

注意：对两个字符串比较，不能用以下形式：

```cpp
if (str1>str2)  cout << "Yes";
```

字符数组名 str1 和 str2 代表数组地址，上面写法表示将两个数组地址进行比较，而不是对数组中的字符串进行比较。

对两个字符串比较应该用以下方式：

```
if (strcmp(str1, str2)>0)  cout << "Yes";
```

4. 字符串长度函数 strlen()

该函数原型为：

```
strlen(const char[]);
```

strlen 是 string length（字符串长度）的缩写。它是测试字符串长度的函数。其函数的值为字符串中的实际长度，不包括 "\0" 在内。

例如：

```
char str[10] = "Hello";
cout << strlen(str);
```

输出结果不是 10，也不是 6，而是 5。

17.5.2　字符串类

C++的 string 类，它重载了运算符，连接、索引和复制等操作不必使用函数，使运算更加方便，而且不易出错。string 类包含在名字空间 std 中的头文件<string>。

1. string 类的使用方法

（1）string 类有三个构造函数。

```
string(const char *s);        /*用 C 字符串 s 初始化*/
string(int n,char c);         /*用 n 个字符 c 初始化*/
```

此外，string 类还支持默认构造函数和复制构造函数。

例如：

```
string str;                   /*调用默认的构造函数,建立空串*/
string str("OK");             /*调用采用 C 字符串初始化的构造函数*/
string str(str1);             /*调用复制构造函数,str 是 str1 的复制*/
```

上例语句都是合法的。当构造的 string 太长而无法表达时会抛出 length_error 异常。

（2）string 类的字符操作。

```
char &operator[](int n);
char &at(int n);
```

operator[]和 at()均返回当前字符串中第 n 个字符的位置，但 at()函数提供范围检查，当越界时会抛出 out_of_range 异常，下标运算符[]不提供检查访问。

例如：

```
string s1("help");
char a = s1[1];               /*a 字符的值为"e",不检查是否出界*/
char b = s1.at(3);            /*b 字符的值为"p",检查是否出界*/
```

（3）string 类重载了一些运算符，特别注意当目标串较小，无法容纳新的字符串时，系统会自动分配更多的空间给目标串，不必顾虑出界。

例如：

```
string str1, str2;
str1 = str2;                  /*str1 成为 str2 的代码*/
```

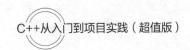
```
str1 += str2;                     /*str2 的字符数据连接到 str1 的尾部*/
str1 + str2;                      /*返回一个字符串,它将 str2 连接到 str1 的尾部*/
str1 == str2; str1 != str2;       /*比较串是否相等,返回布尔值*/
str1<str2; str1>str2;             /*比较大小,返回布尔值*/
str1 <= str2; str1 >= str2;       /*比较大小,返回布尔值*/
```

（4）string 的特性描述。

```
int capacity()const;             /*返回当前容量(即 string 中不必增加内存即可存放的元素个数)*/
int max_size()const;             /*返回 string 对象中可存放的最大字符串的长度*/
int size()const;                 /*返回当前字符串的大小*/
int length()const;               /*返回当前字符串的长度*/
bool empty()const;               /*当前字符串是否为空*/
void resize(int len,char c);     /*把字符串当前大小置为 len,并用字符 c 填充不足的部分*/
```

（5）string 类的输入输出。

输出与 C++风格字符串同样方便，使用插入运算符<<和 cout。输入如用提取运算符>>，代码读取的是以空白字符结束的字符串，输入完整的字符串可用非成员函数 getline()，注意格式：

```
getline(cin,str);                /*串以'\n'结束*/
getline(cin,str,ch);             /*串以 ch 结束*/
```

（6）string 类有一些常用的成员函数可进行字符串处理。

```
str.substr(pos,length1);         /*返回对象的一个子串,从 pos 位置起,长 length1 个字符*/
str.empty();                     /*查是否空串*/
str.insert(pos,str2);            /*将 str2 插入 str 的 pos 位置处*/
str.remove(pos,length1);         /*在 str 位置 pos 处起,删除长度为 length1 的字串*/
str.find(str1);                  /*返回 str1 首次在 str 中出现时的索引*/
str.find(str1,pos);              /*返回从 pos 处起 str1 首次在 str 中出现时的索引*/
str.length(str);                 /*返回串长度*/
```

（7）字符串到 string 类对象是由构造函数隐式自动进行，而 string 类对象到字符串的转换必须执行显式的类型转换，应调用成员函数 c_str()。

该函数格式为：

```
const char  *c_str()const;
```

表示获得一个字符串。返回一个以 null 终止的字符串。

例如：

```
string s1("Hello world"), c = s1.c_str();          /*c 字符串的值为"Hello world"*/
```

2. string 类的优点

string 类有自己的构造函数和析构函数，如果它作为类或结构的成员，要记住它是成员对象，当整个类对象建立和撤销时，会自动调用作为成员对象的 string 字符串的构造和析构函数。

17.6　综合应用

【例 17-8】编写程序，使用算法对容器内的数据进行操作。

（1）在 Visual Studio 2017 中，新建名称为 "17-8.cpp" 的 Project8 文件。

（2）在代码编辑区域输入以下代码。

```cpp
#include <iostream>
#include <vector>
#include <algorithm>
using namespace std;
int main()
{
    int a[10] = { 12,31,5,2,23,121,0,89,34,66 };
    int b[9] = { 5,2,23,54,5,5,5,2,2 };
    int x;
    vector<int> v1(a, a + 10);
    vector<int>::iterator iter1, iter2;          /*iter1 和 iter2 是随机访问迭代器*/
    cout << "v1:";
    for (iter1 = v1.begin(); iter1 != v1.end(); ++iter1)
    {
        cout << *iter1 << "  ";
    }
    cout << endl;
    cout << "在 v1 中找到 23: ";
    iter1 = find(v1.begin(), v1.end(), 23);       /*在 v1 中找到 23,iter1 指向 v1 中的 23*/
    cout << *iter1 << endl;
    cout << "在 v1 中找到 5: ";
    iter2 = find(v1.begin(), v1.end(), 5);        /*在 v1 中找到 5,iter2 指向 v1 中的 5*/
    cout << *iter2 << endl;
    cout << "两个元素相减:" << endl;
    x = *iter1 - *iter2;
    cout << "*iter1 - *iter2="<<x << endl;
    cout.width(30);
    cout.fill('*');
    vector<int>::iterator it;
    cout << "\nv2:";
    vector<int> v2(a + 2, a + 8);
    for (it = v2.begin(); it != v2.end(); ++it)
    {
        cout << *it << "  ";
    }
    cout << endl;
    cout << "查找容器 v1 与 v2 中第一个相等的元素是:";
    iter1 = search(v1.begin(), v1.end(), v2.begin(), v2.end());
    cout << *iter1 << endl;
    cout.width(30);
    cout.fill('*');
    cout << "\nv3:";
    vector<int> v3(b, b + 4);
    for (it = v3.begin(); it != v3.end(); ++it)
    {
        cout << *it << "  ";
    }
    cout << endl;
    cout << "查找容器 v1 与 v3 中第一个相等的元素是:";
    iter1 = search(v1.begin(), v1.end(), v3.begin(), v3.end());
    cout << *(iter1 - 1) << endl;
    cout << "注:在 v1 中没有找到序列 v3,iter1 指向 v1.end(),屏幕打印出 v1 的最后一个元素 66"
        << endl;
    cout.width(30);
    cout.fill('*');
    cout << "\nv4:";
    vector<int> v4(b, b + 9);
    for (it = v4.begin(); it != v4.end(); ++it)
    {
        cout << *it << "  ";
    }
    cout << endl;
```

```
        int i = count(v4.begin(), v4.end(), 5);
        int j = count(v4.begin(), v4.end(), 2);
        cout << "计算v4中,与元素5相同的有 " << i << " 个" << endl;
        cout << "计算v4中,与元素2相同的有 " << j << " 个" << endl;
        return 0;
}
```

【程序分析】本例中先定义了两个数组 a 和 b，并且都进行初始化赋值。然后定义容器对象 v1，将数组 a 中的元素放入到 v1，找出其中两个元素，进行相减操作。接着，定义容器对象 v2，并截取数组 a 中一部分元素放入 v2，并查找 v1 与 v2 中相等的元素。再次定义一个容器 v3，截取数组 b 中一部分元素放入 v3，查看与 v1 有没有相等的元素，如果没有说明情况。最后，再定义一个容器对象 v4，将数组 b 中的元素放入 v4 中，并计算该容器中指定的相同元素的个数。

在 Visual Studio 2017 中的运行结果如图 17-8 所示。

图 17-8　容器内算法的操作

17.7　就业面试技巧与解析

17.7.1　面试技巧与解析（一）

面试官：C++中 for_each()算法与 transform()算法的区别在哪里？

应聘者：for_each()对指定区间中的每个元素使用指定的函数进行访问及处理，所用的函数作为参数传递给该函数；而 transform()函数用于元素传输。

17.7.2　面试技巧与解析（二）

面试官：C++的 string 和字符串数组的区别在哪里？

应聘者：字符串数组的大小被限定在定义时的长度上，而 C++标准库中的 string 类的对象在创建时会保留额外的内存空间，以便于用户调用 append()成员函数或者给 string 对象重新赋值时不会发生越界行为。

第 18 章

异常的处理与调试

 学习指引

异常处理是在程序执行期间遇到程序不正常的情况时，允许两个独立开发的程序组件相互通信的机制。开发程序是一项"烧脑"的工作，即使程序员做到一丝不苟，并且能注意每一个细节和边界，也不能防止程序出错。

本章总结 C++异常处理中的常见问题，基本涵盖了一般 C++程序开发所需的关于异常处理部分的细节。

重点导读

- 熟悉异常处理的常见错误。
- 熟悉异常处理的基本思想。
- 掌握如何抛出异常。
- 掌握如何捕获异常。
- 掌握构造函数的异常处理。

18.1 程序常见错误

程序的错误大致可以分为三种，分别是语法错误、逻辑错误和运行时错误。

18.1.1 语法错误

所谓语法错误是指在书写语句时没有按照相应的语法格式。常见的语法错误有变量未定义、括号不匹配、遗漏了分号等等。大多数的语法错误都是能够被编译器发现的。因此相比于逻辑错误，语法错误更容易被解决。

语法检查的工作由编译器完成，很多情况下编译器无法智能地报告出真正的语法错误数和错误位置。比如缺少一个变量的定义，而该变量在程序中被使用了 6 次，则编译器可能会报告 6 个甚至更多的语法错误，而实际上错误只有一个。所以，对编译器来说，任何一个语法错误都可能是"牵一发而动全身"的。

由于编译器是按顺序查找语法错误的，所以它所找到的第一个错误的位置往往是正确的。如果程序规模不大，编译一次的时间不是很长，用户可以每次只修正编译器报告的第一个错误以及由此可以发现的连带错误，直到整个程序没有任何错误为止。

18.1.2 逻辑错误

逻辑错误就是用户编写的程序已经没有语法错误，可以运行，但得不到所期望的正确结果，也就是说由于程序设计者的原因，程序并没有按照程序设计者的思路来运行。一个最简单的例子：用户的目的是求两个数的和，应该写成"z=x+y;"，由于某种原因却写成了"z=x-y;"，这就是逻辑错误。

发生逻辑错误的程序编译软件是发现不了的，要用户跟踪程序的运行过程才能发现程序中的逻辑错误，这是最不容易修改的。

1. 修改逻辑错误

如上面所说的目的是求两个数的和，程序语句却写成了求两个数的差的语句，这说明程序存在逻辑错误。程序运行后，肯定是得不到正确结果，将其改正即可。

2. 常见的逻辑错误

常见的逻辑错误有，运算符使用不正确、语句的先后顺序不对、条件语句的边界值不正确、循环语句的初值与终值有误等。发生逻辑错误的程序是不会产生错误信息的，需要程序设计者细心地分析阅读程序，并具有程序调试经验。

3. 调试技巧

监视循环体时，只要监视循环开始的几次和最后几次循环的条件语句成立与否时的各变量的值，就可以知道该循环是否有逻辑错误。监视选择语句时关键是看条件成立与否的分界值。

18.1.3 运行时错误

运行时错误是指程序在运行期间发生的错误，这一般与算法、逻辑有关。常见的有文件打开失败、数组下标溢出和系统内存不足等。这些问题的出现，将导致程序无法运行中断、算法失效、甚至程序崩溃等。这就要求用户在设计软件时考虑全面，运行中一旦出现异常，如果放任不管，系统就会执行默认的操作，终止程序运行，也就是人们常说的程序崩溃（Crash）。C++提供了异常（Exception）机制，让用户能够捕获运行时的错误，给程序一次"起死回生"的机会，或者至少告诉用户发生了什么再终止程序。

18.2 异常处理的基本思想

C++的异常处理的基本思想大致可以概括为传统错误处理机制、通过函数返回值来处理错误。如果用户对异常的处理满足下面这几点，程序就会显得更加完善。

（1）把可能出现异常的代码和异常处理代码隔离开，结构更清晰。

（2）把内层错误的处理直接转移到适当的外层来处理，简化了处理流程。传统的手段是通过一层层返回错误码把错误处理转移到上层，上层再转移到上上层，当层数过多时将需要非常多的判断，以采取适当的策略。

（3）在程序出现异常时保证不产生内存泄漏。

（4）在出现异常时，能够获取异常的信息，指出异常原因，并给用户标明提示。

这样做不仅可以使程序更加安全，而且一旦程序出现了问题也更容易查到原因，修改时做到有的放矢。

异常并不是只适合于处理灾难性的事件，一般的错误也可以用异常机制来处理。任何事情都有个度，不能滥用，否则就会带来程序结构的混乱。异常处理机制的本质是程序处理流程的转移，适度的、恰当的转移会起到很好的作用。

18.3　异常处理

异常就是让一个函数可以在发现自己无法处理的错误时抛出一个异常，希望它的调用者可以直接或者间接处理这个问题。使用异常处理机制，可以使程序更加安全、可靠。

18.3.1　异常的处理语句块

在 C++中，一个函数能够检测出异常并且将异常返回，这种机制称为抛出异常。当抛出异常后，函数调用者捕获到该异常，并对该异常进行处理，称之为异常捕获。异常提供了一种转移程序控制权的方式。C++异常处理涉及三个关键字：try、catch、throw。

下面先介绍 3 个语句块整体的功能。

（1）throw 语句块：当问题出现时，程序会抛出一个异常。这是通过使用 throw 关键字来完成的。

（2）catch 语句块：在用户想要处理问题的地方，通过异常处理程序捕获异常。catch 关键字用于捕获异常。

（3）try 语句块：try 块中的代码标识将被激活的特定异常。它后面通常跟着一个或多个 catch 块。

1. 捕获异常的语法

```
try
{
    /*可能抛出异常的语句*/
}
catch (exceptionType variable)
{
    /*处理异常的语句*/
}
```

C++异常机制用来在程序中处理异常，可以提前发现问题，避免程序崩溃。try 和 catch 都是 C++中的关键字，后跟语句块，不能省略{}。

try 中包含可能会抛出异常的语句，一旦有异常抛出就会被后面的 catch 捕获。从 try 的意思可以看出，它只是"检测"语句块有没有异常，如果没有发生异常，它就"检测"不到。catch 是"抓住"的意思，用来捕获并处理 try 检测到的异常；如果 try 语句块没有检测到异常（没有异常抛出），那么就不会执行 catch 中的语句。

catch 关键字后面的 exceptionType variable 指明了当前 catch 可以处理的异常类型，以及具体的出错信息。

2. 抛出异常的语法

```
throw exceptionData;
```

在 C++中，使用 throw 关键字来显式地抛出异常。exceptionData 是"异常数据"的意思，它可以包含任意的信息，完全由程序员决定。exceptionData 可以是 int、float、bool 等基本类型，也可以是指针、数组、字符串、结构体、类等聚合类型。

例如：

```
char str[] = "Hello World!";
char *pstr = str;
class Base {};
Base obj;
throw 100;    /*int 类型*/
throw str;    /*数组类型*/
throw pstr;   /*指针类型*/
throw obj;    /*对象类型*/
```

注意：异常必须显式地抛出，才能被检测和捕获到；如果没有显式地抛出，即使有异常也检测不到。

18.3.2　异常的抛出与捕获

如果用户想在程序中抛出一个异常时，可以这样：

```
#include <iostream>
#include <exception>
using namespace std;
double fun(double left, double right)
{
    if (right == 0)
    {
        throw exception("除数不能为0");
    }
    return left / right;
}
```

当用户想使用这个函数时,需要在函数外部进行异常的捕获：

```
int main()
{
try
{
cout << fun(10, 20) << endl;    /*合法*/
cout << fun(10, 30) << endl;    /*合法*/
cout << fun(10, 0) << endl;     /*非法,会抛出异常*/
}
catch (exception & e)
{
cout << e.what() << endl;       /*打印异常信息*/
}
return 0;
}
```

exception 类是 C++库中所有异常的父类。每个异常类都重写了 what()用于返回一段描述异常的字符串。它包含在头文件<exception>和<stdexcept>中，通常用来报告错误。

18.3.3　异常的匹配

如果存在不同类型的异常，使用 try/catch 语句的语法如下：

```
try {
    /*包含可能抛出异常的语句*/
}
catch (类型名[形参名]) {
    /*可能出现的异常1*/
}
catch (类型名[形参名]) {
```

```
            /*可能出现的异常 2*/
    }
    catch (...) {
        /*如果不确定异常类型,在这里可以捕获所有类型异常*/
    }
```

异常的匹配是符合函数参数匹配的原则的,但是又有些不同,函数匹配的时候存在类型转换,异常则不然,在匹配过程中不会做类型的转换。

【**例 18-1**】编写程序,使用异常处理。

(1)在 Visual Studio 2017 中,新建名称为"18-1.cpp"的 Project1 文件。

(2)在代码编辑区域输入以下代码。

```
#include <iostream>
using namespace std;
int main()
{
    try                         /*可能出现异常的语句块*/
    {
        cout << "'a' 的类型:" << endl;
        throw 'a';              /*抛出 char 型数据 a 的异常*/
    }
    catch (int a)               /*捕获抛出整型的异常*/
    {
        cout << "int" << endl;
    }
    catch (char c)              /*捕获抛出字符型的异常*/
    {
        cout << "char" << endl;
    }
    catch (double c)            /*捕获抛出双精度浮点数的异常*/
    {
        cout << "double" << endl;
    }
    return 0;
}
```

【**程序分析**】本例最后输出结果是 char,因为抛出的异常类型就是 char,所以就匹配到了第二个异常处理器。可以发现在匹配过程中没有发生类型的转换,将 char 转换为 int。

在 Visual Studio 2017 中的运行结果如图 18-1 所示。

尽管异常处理不做类型转换,但是基类可以匹配到派生类,这个在函数和异常匹配中都是有效的,但是需要注意 catch 的形参需要是引用类型或者是指针类型,否则会导致切割派生类这个问题。

图 18-1　捕获异常

【**例 18-2**】编写程序,类的异常匹配。

(1)在 Visual Studio 2017 中,新建名称为"18-2.cpp"的 Project2 文件。

(2)在代码编辑区域输入以下代码。

```
#include <iostream>
#include <string>
using namespace std;
class Base //基类
{
public:
    Base(string s) :str(s) {}
    virtual void what()
    {
        cout << str << endl;
    }
```

```
        void test()
        {
            cout << "这是派生类！" << endl;
        }
protected:
    string str;
};
class CBase : public Base               /*派生类,重新实现了虚函数*/
{
public:
    CBase(string s) :Base(s) { }
    void what()
    {
        cout << "CBase:" << str << endl;
    }
};
int main()
{
    try                                 /*抛出派生类对象*/
    {
        throw CBase("这是派生类 CBase 的异常！");
    }
    catch (Base& e)                     /*使用基类可以接收*/
    {
        e.what();
    }
    Return 0;
}
```

【程序分析】本例定义了一个基类 Base 和派生类 CBase，在 main()函数中，catch 语句块捕获的是基类的异常，但最后却输出的是派生类的异常。所以，异常处理允许派生类型到基类类型的转换。

注意：如果将 Base&换成 Base 的话，将会导致对象被切割，因为 CBase 被切割了，导致 CBase 中的 test() 函数无法被调用。

例如：

```
try
{
    throw CBase("这是派生类 CBase 的异常！");
}
catch (Base e)
{
    e.test();
}
```

在 Visual Studio 2017 中的运行结果如图 18-2 所示。

【例 18-3】编写程序，数组和指针的类型转换。

（1）在 Visual Studio 2017 中，新建名称为 "18-3.cpp" 的 Project3 文件。

图 18-2　类的异常匹配

（2）在代码编辑区域输入以下代码。

```
#include <iostream>
using namespace std;
int main()
{
    int arr[] = { 1, 2, 3 };
    try
    {
        throw arr;
        cout << "此语句将不被执行" << endl;
    }
```

```
catch (const int *)
{
    cout << "异常类型: const int *" << endl;
}
return 0;
}
```

【程序分析】本例中 arr 本来的类型是 int[3]，但是 catch 中没有严格匹配的类型，所以先转换为 int *，再转换为 const int *。

在 Visual Studio 2017 中的运行结果如图 18-3 所示。

异常匹配除了必须要是严格的类型匹配外，还支持下面几个类型转换：

图 18-3　异常匹配的类型转换

（1）允许非常量到常量的类型转换，也就是说可以抛出一个非常量类型，然后使用 catch 捕捉对应的常量类型版本。

（2）允许从派生类到基类的类型转换。

（3）允许数组被转换为数组指针，允许函数被转换为函数指针。

18.4　异常的重新捕获

当 catch 语句捕获一个异常后，可能不能完全处理异常，完成某些操作后，该异常必须由函数链中更上级的函数来处理，这时 catch 子句可以重新抛出该异常，把异常传递给函数调用链中更上级的另一个 catch 子句，由它进行进一步处理。

C++中使用 try/catch 语句进行异常的处理，通过 throw 语句进行异常的抛出，结构如下：

```
try
{
    throw ...;
}
catch (...)
{
    //语句;
}
```

这是一般的异常处理的形式，而重新抛出，即在 catch 语句中继续抛出异常，例如：

```
try
{
    throw ...;
}
catch (int i)
{
    throw;                /*此时 throw 语句后面不需要任何表达式*/
}
```

重新抛出仅有一个关键字 throw，因为异常类型在 catch 语句中已经有了，不必再指明。

被重新抛出的异常就是原来的异常对象。但是重新抛出异常的 catch 子句应该把自己做过的工作告诉下一个处理异常的 catch 子句，往往要对异常对象做一定修改，以表达某些信息，因此 catch 子句中的异常声明必须被声明为引用，这样修改才能真正做在异常对象自身中。

【例 18-4】编写程序，异常的重新捕获。

（1）在 Visual Studio 2017 中，新建名称为"18-4.cpp"的 Project4 文件。

（2）在代码编辑区域输入以下代码。

```
#include <string>
```

```
#include <iostream>
using namespace std;
void fun(int i)
{
    if (i < 0)
        throw - 1;
    if (i>=100)
        throw - 2;
}
void show(int i)
{
    try
    {
        fun(i);
    }
    catch (int i)
    {
        switch (i)
        {
        case -1:
            throw "运行时错误";
            break;
        case -2:
            throw "数据超界异常";
            break;
        }
    }
}
int main()
{
    try
    {
        show(-16);
        cout << "运行正常" << endl;
    }
    catch (const char *s)
    {
        cout << "错误代码: " << s << endl;
    }
    return 0;
}
```

【程序分析】本例中定义了两个函数 fun() 和 show()。fun() 函数中抛出了两个异常，如果在 main() 函数中调用 fun() 函数，只会输出异常–1 所代表的意思，无法知道–2 代表什么意思，这样不仅麻烦，而且不直观。如果再定义一个函数，用于说明异常–2 所在代表的意思。这样就不需要每次都根据异常代码查找错误原因。

在 Visual Studio 2017 中的运行结果如图 18-4 所示。

图 18-4　异常的重新捕获

18.5　构造函数异常处理

构造函数是完成对象的构造和初始化。在创建对象时会自动调用构造函数，为对象分配存储空间和进行初始化操作，然后才访问对象的成员属性和成员方法等。最后再调用析构函数进行清理。那么，如果构造函数中抛出异常，会发生什么情况呢？

C++仅能删除被完全构造的对象。构造函数完成对象的构造和初始化，需要保证不要在构造函数中抛出异常，否则这个异常将传递到创建对象的地方，这样对象就只是部分被构造，它的析构函数将不会被执行。

【例 18-5】编写程序，构造函数中抛出异常。

（1）在 Visual Studio 2017 中，新建名称为"18-5.cpp"的 Project5 文件。

（2）在代码编辑区域输入以下代码。

```cpp
#include <iostream>
#include <string>
using namespace std;
class Myclass
{
public:
    Myclass(const string& str) :s(str)
    {
        //throw exception("测试:在构造函数中抛出一个异常");
        cout << "构造一个对象!" << endl;
    };
    ~Myclass()
    {
        cout << "销毁一个对象!" << endl;
    };
private:
    string s;
};
int main()
{
    try
    {
        Myclass m("Hello");
    }
    catch (exception e)
    {
        cout << e.what() << endl;
    };
    return 0;
}
```

【程序分析】本例中定义了一个类 Myclass，该类中有构造函数和析构函数。当对语句"throw exception();"
注释掉后，在 main()函数中的局部对象 m 会离开 try{}语句块的作用域，程序会自动执行析构函数。

如果在构造函数中抛出一个异常（去掉注释），对象只被部分构造，析构函数没有被自动执行。那为什么
"构造一个对象！"也没有输出呢？这是因为程序控制权转移了，所以在异常点以后的语句都不会被执行。

在 Visual Studio 2017 中的运行结果如图 18-5 和图 18-6 所示。

图 18-5　构造函数未抛出异常

图 18-6　构造函数抛出异常

18.6　综合应用

【例 18-6】编写一个除法函数 div()，要求避免除数为零的情况。

（1）在 Visual Studio 2017 中，新建名称为"18-6.cpp"的 Project6 文件。

（2）在代码编辑区域输入以下代码。

```cpp
#include <iostream>
```

```
using namespace std;
double div(double x,double y)
{
    if (y==0)
    {
        throw y;            /*发现异常,抛出异常对象y*/
    }
    return x/y;
}
int main()
{
    try {
        cout<<"7.6/2.1="<<div(7.6,2.1)<<endl;
        cout<<"7.6/0.0="<<div(7.6,0.0)<<endl;
        cout<<"7.6/3.1="<<div(7.6,3.1)<<endl;
    }
    catch(double)           /*异常处理程序*/
    {
        cout<<"错误:试图除以零! \n";
    }
    return 0;
}
```

【程序分析】本例在 div()函数中，如果形参变量 y 的值等于 0，则抛出异常 y。然后在 main()函数中捕获这个异常 y，并终止程序，打印出异常的原因。所以除数不能为 0，在除法函数 div()中，如果除数等于 0，则输出这个错误原因。

在 Visual Studio 2017 中的运行结果如图 18-7 所示。

图 18-7　捕获异常

18.7　就业面试技巧与解析

18.7.1　面试技巧与解析（一）

面试官：如果程序中的异常一直没有捕获，对程序有什么影响？

应聘者：如果抛出的异常一直没有函数捕获（catch），则会一直上传到 C++运行系统那里，导致整个程序的终止。

面试官：在构造函数中抛出异常，需要注意什么问题？

应聘者：如果在类的构造函数中抛出异常，系统是不会调用它的析构函数的，处理方法是：如果在构造函数中要抛出异常，则在抛出前要记得删除申请的资源。

18.7.2　面试技巧与解析（二）

面试官：异常处理是如何进行匹配的？

应聘者：异常处理仅仅通过类型而不是通过值来匹配的，所以 catch 块的参数可以没有参数名称，只需要参数类型。

面试官：在派生类和基类里的异常说明需不需要一致？

应聘者：编写异常说明时，要确保派生类成员函数的异常说明和基类成员函数的异常说明一致，即派生类改写的虚函数的异常说明至少要和对应的基类虚函数的异常说明相同，甚至更加严格，更特殊。

第 5 篇

行业应用

在本篇中，将贯通前面所学的各项知识和技能来学会在不同行业开发中的应用技能。通过本篇的学习，读者将具备在游戏开发行业、金融电信行业、移动互联网行业等行业开发的应用能力，并为日后进行软件开发积累下行业开发经验。

- 第 19 章　C++在游戏开发行业中的应用
- 第 20 章　C++在金融电信行业中的应用
- 第 21 章　C++在移动互联网行业中的应用

第19章

C++在游戏开发行业中的应用

 学习指引

C++是 C 语言的继承，它既可以进行 C 语言的过程化程序设计，又可以进行以抽象数据类型为特点的基于对象的程序设计等。并且 C++在发展的过程中，不断地补充语言特性，使得 C++成为最灵活的编程语言之一。

由于 C++比 C 语言的效率高，所以目前很多游戏客户端都是基于 C++开发的。本章将以一款推箱子的小游戏为例，详细介绍 C++语言进行应用程序开发的流程，以及图形编程的方法和技巧。

 重点导读

- 了解推箱子游戏的功能描述。
- 掌握推箱子游戏的功能分析方法。
- 掌握推箱子游戏的功能实现方法。
- 掌握推箱子游戏的程序运行方法。

19.1　系统功能描述

推箱子游戏是一款非常简单且益智的小游戏，不但有趣，而且还可以训练玩家的逻辑思考能力。在一个狭小的空间内，要求把木箱从开始的位置推放到目的地。如果稍有不慎，就会出现无法移动或者通道被堵住的情况，而且箱子只能推不能拉，所以玩家必须巧妙地利用有限的空间和通道，合理的安排移动的次序和位置，才能顺利完成任务。

19.2　系统功能分析及实现

在开发应用程序时，必须了解清楚需求和对功能实现的分析。只有这样才能使后续的开发过程按部就班地进行，不至于出现顾此失彼甚至出错的情况。

19.2.1　功能分析

通过对推箱子游戏的观察可以发现，该游戏是在一个界面对图片进行移动的操作。因此，可以定义一个二维数组 map，对其进行初始化，其中"0"表示空地，"1"表示墙体，"3"表示目的地，"4"表示箱子，"5"表示人物。用这些数据来记录各点的状态。

要实现推箱子游戏至少包括以下几个模块：

（1）菜单模块。该模块包括屏幕初始化和游戏主体内容。屏幕初始化用于输出欢迎信息与开始结束操作，游戏的主体内容包括游戏的操作说明与运行。

（2）图画模块。该模块的功能用于打印地图，就是将二维数组中的数据转换成图形模式。

（3）移动模块。该模块用于移动箱子和控制人物的移动。

（4）主函数模块。该模块是将以上几个模块的集合，通过调用它们，实现屏幕的输出与人物的移动。

根据以上的需求以及特征，推箱子模块如图 19-1 所示。

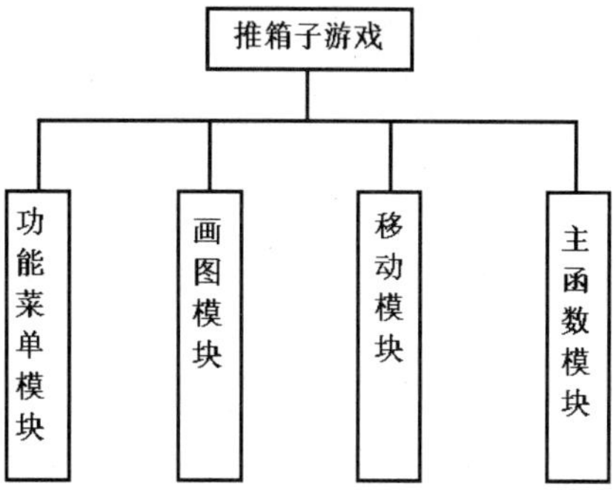

图 19-1　整体功能模块

19.2.2　功能实现

1. 程序预处理

程序预处理部分包括加载头文件，定义全局变量以及对函数模块的声明。

```
/*程序所包含的头文件*/
#include <iostream>
#include <conio.h>               /*函数_getch()所需头文件*/
#include <windows.h>             /*BOOL 所需头文件*/
using namespace std;
/*宏定义二维数组的下标*/
#define R 9                      /*行坐标*/
#define C 11                     /*列坐标*/
/*推箱子游戏的地图数据*/
int map[R][C] = {                //游戏地图
    { 0,1,1,1,1,1,1,1,1,1,0 },   //1.表示墙体
    { 0,1,0,0,0,0,0,0,0,1,0 },   //3.表示目的地
    { 0,1,0,4,4,4,4,4,0,1,0 },   //4.表示箱子
    { 0,1,0,4,0,4,0,4,0,1,1 },   //5.表示人
    { 0,1,0,0,0,5,0,0,4,0,1 },   //0.表示空地
    { 1,1,0,1,1,1,1,0,4,0,1 },
    { 1,0,3,3,3,3,3,1,0,0,1 },
    { 1,0,3,3,3,3,3,0,0,1,1 },
    { 1,1,1,1,1,1,1,1,1,1,0 },};
/*函数声明*/
void Game_Menu();               /*初始化模块,显示游戏开始菜单*/
void Game_description();        /*初始化模块,显示游戏操作说明*/
int DrawMap();                  /*画图模块,绘制地图*/
void Move();                    /*移动模块,操作人物和箱子的移动*/
/*定义布尔值的标记*/
BOOL flag = true;
```

2. 功能菜单的实现

在程序运行前，会显示选择菜单和操作说明，供用户选择，这些需要 cout 输出流来完成。

```
void Game_Menu()    //游戏菜单
{
    system("cls");
    cout << "/*****************************************\\\n";
    cout << "*                                       *\n";
    cout << "*            经 典 小 游 戏              *\n";
    cout << "*               推 箱 子                *\n";
    cout << "*         1.按 F 或 f 键 开 始          *\n";
    cout << "*         2.按 Q 或 q 键 退 出          *\n";
    cout << "*                                       *\n";
    cout << "\\*****************************************/\n";
    _getch();
}
```

在按下 F 键或者 f 键时，就会进入游戏主体并且还会显示出游戏的相关操作说明，而操作说明是通过函数 Game_description()实现的。

```
void Game_description()/*游戏说明*/
{
    cout << "/*****************************************\\\n";
    cout << "*                                       *\n";
    cout << "*              操 作 提 示              *\n";
    cout << "*         操作上移: W  w   ↑           *\n";
    cout << "*         操作下移: S  s   ↓           *\n";
    cout << "*         操作左移: A  a   ←           *\n";
    cout << "*         操作右移: D  d   →           *\n";
    cout << "*                                       *\n";
    cout << "*         退    出: Q  q               *\n";
    cout << "*                                       *\n";
    cout << "*                                       *\n";
    cout << "\\*****************************************/\n";
}
```

3. 画图模块

该模块主要用于画图操作，将二维数组中的数据用图形来代替，如墙体、人物、目的地等。

```
int DrawMap()
{
    for (int i = 0; i < R; i++)
    {
        for (int j = 0; j < C; j++)
        {
            switch (map[i][j])
            {
            case 0:
                cout << "  ";         //空地
                break;
            case 1:
                cout << "■";          //墙体
                break;
            case 3:
                cout << "☆";          //目的地
                break;
            case 4:
                cout << "□";          //箱子
                break;
            case 5:
                cout << "♀";          //人
                break;
            case 7:                   //4+3   箱子到达目的地
```

```
            cout << "★";
            break;
        case 8:                          //5+3  人与目的地重合
            cout << "♀";
            break;
        default:
            break;
        }
    }
    cout << '\n';
    }
    return 0;
}
```

该函数是对二维数组 map 进行遍历，然后通过 switch 语句将数组中的元素 1 用符号 "■" 代替，表示墙体；元素 3 用符号 "☆" 代替，表示目的地；元素 4 用符号 "□" 代替，表示箱子；元素 5 用符号 "♀" 代替，表示人物；元素 0 表示空地，使用空格代替比较好。

但是以下两种情况必须要考虑到：

（1）当箱子到达目的地时该如何表示？可以选用数字 7 表示到达目的地，用符号 "★" 来代替。

（2）当人物与目的地重合时该如何表示？可以选用数字 8 表示人物与目的地的重合，为方便起见，沿用符号 "♀" 来表示。

4．移动模块

移动模块是本程序的核心。该模块通过接收键盘的数据，改变二维数组的值，实现了人物和箱子的移动。

（1）首先在 Move()函数中确定人物在数组中的位置。

```
int r, c;
for (int i = 0; i < R; i++)                  /*i 和 j 是循环控制变量*/
{
    for (int j = 0; j < C; j++)              /*充当循环的次数和数组的下标*/
    {
        if (map[i][j] == 5 || map[i][j] == 8)  /*找到人的位置*/
        {
            r = i;
            c = j;
        }
    }
}
cout << "您当前的坐标:" << r << "," << c << endl;
```

该代码中定义了两个整型变量 r 和 c。r 表示数组中的行坐标，c 表示列坐标。当数组中的元素 map[r][c] 等于 5 或者等于 8 时，来确定人物当前的位置。

（2）改变数组中的元素值，实现移动操作。

```
int ch;
ch = _getch();
switch (ch)
{
case 'W':                                      /*上移*/
case 'w':
case 72:
    if (map[r - 1][c] == 0 || map[r - 1][c] == 3)  /*人物面前是空地或者是目的地*/
    {/*上移时,改变 r 坐标*/
        map[r - 1][c] += 5;                    /*人走上前,前面就变成 5*/
        map[r][c] -= 5;                        /*后面复原所以-5*/
    }
```

```
        //人物的前面是箱子或者前面的箱子与目的地重合
      else if (map[r - 1][c] == 4 || map[r - 1][c] == 7)
      {//箱子前面是空地或者是目的地
          if (map[r - 2][c] == 0 || map[r - 2][c] == 3)
          {
              map[r - 2][c] += 4;/*箱子在向前移动时,前面就变成4*/
              map[r - 1][c] += 1;//人物推箱子移动时,箱子的原位置加1,就表示人物的位置
              map[r][c] -= 5;
          }
      }
      break;
case 'S':            /*下移*/
case 's':
case 80:
      if (map[r + 1][c] == 0 || map[r + 1][c] == 3)
      {
          map[r + 1][c] += 5;
          map[r][c] -= 5;
      }
      else if (map[r + 1][c] == 4 || map[r + 1][c] == 7)
      {
          if (map[r + 2][c] == 0 || map[r + 2][c] == 3)
          {
              map[r + 2][c] += 4;
              map[r + 1][c] += 1;
              map[r][c] -= 5;
          }
      }
      break;
case 'A':              /*左移*/
case 'a':
case 75:
      if (map[r][c - 1] == 0 || map[r][c - 1] == 3)
      {
          map[r][c - 1] += 5;
          map[r][c] -= 5;
      }
      else if (map[r][c - 1] == 4 || map[r][c - 1] == 7)
      {
          if (map[r][c - 2] == 0 || map[r][c - 2] == 3)
          {
              map[r][c - 2] += 4;
              map[r][c - 1] += 1;
              map[r][c] -= 5;
          }
      }
      break;
case 'D':            /*右移*/
case 'd':
case 77:
      if (map[r][c + 1] == 0 || map[r][c + 1] == 3)
      {
          map[r][c + 1] += 5;
          map[r][c] -= 5;
      }
      else if (map[r][c + 1] == 4 || map[r][c + 1] == 7)
      {
          if (map[r][c + 2] == 0 || map[r][c + 2] == 3)
          {
              map[r][c + 2] += 4;
              map[r][c + 1] += 1;
              map[r][c] -= 5;
```

```
        }
    }
    break;
case 'Q':           /*按字母 Q 或 q 选择退出*/
case 'q':
    flag = false;
default:
    break;
}
```

在执行上移和下移时，改变的是 r 坐标，所以用"r-1"和"r+1"表示。同理，在左移和右移时，改变 c 坐标。

19.2.3　程序运行

主函数模块实现整个程序的控制，通过调用每个函数完成各项功能。

```
int main()
{
    char c;
    do                      /*等待游戏进入*/
    {
        Game_Menu();
        c = _getch();
        if (c == 'q'&& c == 'Q')
            return 0;
    } while (c != 'f'&&c != 'F');
    while (flag)             /*游戏主体*/
    {
        system("cls");
        Game_description();
        DrawMap();
        Move();
    }
    return 0;
}
```

到了这里，整个推箱子游戏就基本设计好了，现在就来看看设计的成果。

（1）单击工具栏中的 ▶ 本地 Windows 调试器 ▾ 按钮，即可运行系统。系统运行后，会出现一个操作界面，如图 19-2 所示。

（2）演示游戏开始。输入字符 F 或 f，即可进入游戏界面，如图 19-3 所示。

图 19-2　等待进入游戏

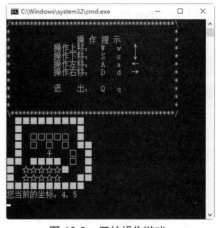

图 19-3　开始操作游戏

第 20 章

C++在金融电信行业中的应用

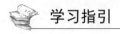 学习指引

20 世纪 80 年代中期，中国银行为了提升银行现代化形象，开始引进 ATM 机。时至今日，ATM 机已经在中国市场得到长足的发展。本章将以 ATM 机的系统为例，通过 C++实现 ATM 机界面的常规操作。

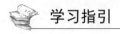 重点导读

- 了解 ATM 机操作的功能描述。
- 掌握 ATM 机操作的功能分析方法。
- 掌握 ATM 机操作的功能实现方法。
- 掌握 ATM 机操作的程序运行方法。

20.1　系统功能描述

ATM 机是一款对用户的银行卡进行操作管理的系统。在不考虑用户注册的情况下，只需要对用户银行卡的信息进行操作和管理。

银行卡的属性中含有用户的卡号、密码、余额等信息。当用户需要查询卡里的余额时，输入正确的密码，为保护用户的个人财产，输入错误密码三次后，ATM 机将自动吞卡；在进入 ATM 即操作界面后，用户便可以进行取款、存款转账、改密的操作。

20.2　系统功能分析及实现

对 ATM 机的各项业务分别编制一个函数完成。提示功能菜单（1. 查询、2. 取款、3. 存款、4. 转账、5. 改密、0. 退出）后，由用户输入功能选择，用 switch 多分支完成对应的功能。

20.2.1　功能分析

各项函数功能分析如下：

（1）查询：调用函数 display_balance()，显示"您的余额是 xxxx.xx 元。"

（2）取款：调用 draw_money()，完成取款。要求输入取款金额，若余额不够，提示不能取款，否则，账户余额减少。取款后给出提示："你的余额还有 XXX.XX 元"。

在实际业务中，还涉及计算的问题。本题暂不考虑，作为拓展建议，可以在此处考虑计息。

（3）存款：调用 save_money()，完成存款，余额增加。

（4）转账：调用 transfer_Accounts()，完成转账，只支持转出功能。要求输入对方账号和转账金额，若金额充足，完成转账，当前账户的余额减少，对方账户余额增加。由于本题只有一个账号，故对方账户增加的操作先不做了。

（5）改密：调用 updatePassword()改变密码。要求先输入旧密码，对了以后才能改密。新密码要输入两次，只有两次完全相同时才可以完成修改。

根据用户银行卡的需求以及特征，ATM 机系统的整体功能模块如图 20-1 所示。

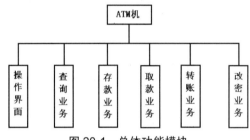

图 20-1　总体功能模块

20.2.2　功能实现

1. 程序预处理

程序预处理需要添加相应的头文件。在代码中用到 setw()函数和_getch()函数，所以需要添加头文件"iomanip"与"conio.h"。而编译器编译一个 cpp 源文件时，采取顺序执行的方式。因此，在代码前先将所有功能函数模块进行声明，以便了解函数的参数类型、个数和返回值等信息，在后续的代码中遇到该函数的调用，编译器自然可以轻松处理。反之，编译器遇到一个函数的调用，但尚未编译该函数的定义，对该函数"一无所知"，那么编译器可能就会报错。

```
/*程序所包含的头文件*/
#include <iostream>
#include <iomanip>
#include <conio.h>
using namespace std;
int password = 666666;        /*定义全局变量,设置银行卡密码*/
double balance = 50000;       /*定义全局变量,设置银行卡额度*/
bool Input_pass();            /*判断银行卡密码输入是否正确*/
void work();                  /*业务模块*/
void display_balance();       /*查询模块*/
void draw_money();            /*取款模块*/
void save_money();            /*存款模块*/
```

```
void transfer_Accounts();  /*转账模块*/
void updatePassword();     /*改密模块*/
void menu_select();        /*功能选择模块*/
void Bank_Card();          /*银行卡信息*/
```

2. 功能菜单的实现

程序运行后，会显示一张银行卡的界面，提示该卡的密码与余额的信息。只有输入正确的密码，才能办理相关的业务。该操作相当于在 ATM 机前插卡输密码的过程。

```
void Bank_Card()
{
    cout << "*******************银行卡*****************" << endl;
    cout << "*                                       *" << endl;
    cout << "*" << setw(15) << "密码:" << password << setw(15) << "*" << endl;
    cout << "*" << setw(15) << " 余额:" << balance << setw(16) << "*" << endl;
    cout << "*                                       *" << endl;
    cout << "*                                       *" << endl;
    cout << "*****************************************" << endl;
}
```

函数 menu_select()用于显示选择菜单，供用户选择需要的功能，这需要通过 cout 输出流来输出主菜单。用户根据需要，输入不同的数字来选择相应功能。

```
void menu_select()    //菜单中选项
{
cout << "******************************************************* *" << endl;
cout << "********************银行储蓄系统 v1.0*****************" << endl;
cout << "*                                                   *" << endl;
cout << "*                  1.查询                           *" << endl;
cout << "*                  2.取款                           *" << endl;
cout << "*                  3.存款                           *" << endl;
cout << "*                  4.转账                           *" << endl;
cout << "*                  5.改密                           *" << endl;
cout << "*                  0.退出                           *" << endl;
cout << "******************************************************* *" << endl;
cout << endl << endl;
}
```

3. 主函数模块

主函数是所有程序的入口。因此在进入主函数后先调用 Bank_Card()函数，将银行卡界面打印出来，然后调用校验密码模块并进行判断，如果正确，可以进行业务办理，如果错误次数超过当天上限，ATM 机将没收银行卡。

```
int main()
{
    Bank_Card();
    if (Input_pass())
    {
        work();
    }
    else
        cout << "密码错误已超出当天上限,请联系银行工作人员! ……" << endl;
    return 0;
}
```

4. 校验密码

为保证用户的财产安全，定义 bool 类型的函数 Input_pass()。如果用户的银行丢失后，该银行卡的密码被非法输入超过三次，将不允许再输入。

```
//检验密码
//返回值:通过-true; 不通过-false
bool Input_pass()
{
    bool Bpass = false;              //先假设不正确,直至正确后赋值为true
    int Ipass;                       //定义密码变量
    int num = 1;
    do
    {
cout << "请输入密码:";
        if (num>1)
        cout << "（温馨提示:这是第" << num << "次输入密码,三次不对将没收银行卡）";
        cin >> Ipass;
        num++;
        if (Ipass == password)
        {
            Bpass = true;
        }
    } while (!Bpass&&num<4);         //密码不正确且次数在允许范围内
    system("cls");
    return Bpass;  //密码正确为true,表示通过,反之表示不通过
}
```

5. 处理业务

在判断密码输入无误之后，在 work()函数中通过 switch 语句，调用功能模块函数，实现仿真的 ATM 机操作。

```
//处理业务
void work()
{
char ch;
    bool Bexit = false;
    cout << "                    *欢迎使用银行储蓄系统！*" << endl;
    menu_select();
    do
    {
        cout << endl << "*  请您选择需要办理的业务：";
        cin >> ch;
        switch (ch)
        {
        case '1':
            display_balance();
            break;
        case '2':
            draw_money();
            break;
        case '3':
            save_money();
            break;
        case '4':
            transfer_Accounts();
            break;
        case '5':
            updatePassword();
            break;
        case '0':
            system("cls");
            Bank_Card();
```

```
            cout << "温馨提示:请取回您的银行卡" << endl << endl;
            Bexit = true;
        }
    } while (!Bexit);
    return 0;
}
```

6. 查询

通过输出全局变量 balance，表示银行卡的余额。

```
void display_balance()          /*查询余额*/
{
    cout << "您的当前余额是:" << balance << "元" << endl;
}
```

7. 取款

在办理取款业务时，需要判断银行卡的余额是否能够达到这次取款金额的标准，如果大于该卡余额，将会显示金额不足。如果小于该卡余额，则会提示取款成功。

```
void draw_money()
{
    double money;
    cout << "请输入取款金额:";
    cin >> money;
    if (money <= balance)
    {
        balance -= money; //取款成功
        cout << "取款后,您的余额是:" << balance << "元." << endl;
    }
    else
    {
        cout << "您的余额不足,取款失败." << endl;
    }
}
```

8. 存款

在银行卡余额的基础上，增加金额就能完成存款操作。

```
void save_money()
{
    double money;
    cout << "请输入存款金额:";
    cin >> money;
    balance += money; //取款成功
    cout << "存款后,您的余额是:" << balance << "元." << endl;
}
```

9. 转账

在办理转账业务时，需要确定本账户的余额是否支持转账操作，以及对方的账户。

```
void transfer_Accounts()
{
    double money;
    int iAccount2;
    cout << "请输入转账金额:";
    cin >> money;
    cout << "请输入对方账户:";
    cin >> iAccount2; //应该判断对方账户的有效性再转账,暂时不做,待以后改进
```

```
        if (money <= balance)
        {
            balance -= money; //取款成功
            cout << "转给" << iAccount2 << "后,您的余额是:"
            << balance << "元." << endl;
        }
        else
        {
            cout << "您的余额不足,转账失败." << endl;
        }
}
```

10. 修改密码

在程序的开头已经定义了一个全局变量 password 来表示银行卡密码，只需要对该变量重新赋值即可。

```
void updatePassword()
{
    int p1, p2;
    cout << "请输入旧密码:";
    cin >> p1;
    if (p1 != password)
    {
        cout << "旧密码输入不正确,不允许修改密码." << endl;
    }
    else
    {
        cout << "请输入新密码:";
        cin >> p1;
        cout << "请确认新密码:";
        cin >> p2;
        if (p1 == p2)//两次输入相符
        {
            password = p1;
            cout << "密码修改成功! " << endl;
        }
        else
        {
            cout << "两次输入不一致,密码修改失败." << endl;
        }
    }
}
```

20.2.3　程序运行

（1）单击工具栏中的 ▶ 本地 Windows 调试器 ▾ 按钮，即可运行系统。系统运行后，会出现一个银行卡界面，如图 20-2 所示。

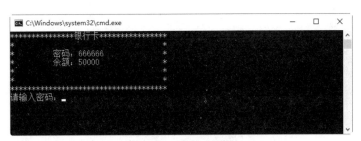

图 20-2　银行卡界面

（2）演示输入密码。如果密码输入错误超过三次，系统就会出现提示，如图 20-3 和图 20-4 所示。

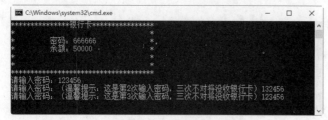

图 20-3　密码错误界面　　　　　　　　　　　　　　　图 20-4　密码录入错误超过三次

（3）模拟 ATM 机，演示办理业务，如图 20-5 所示。

（4）演示退出。输入字符"0"，实现退卡操作，如图 20-6 所示。

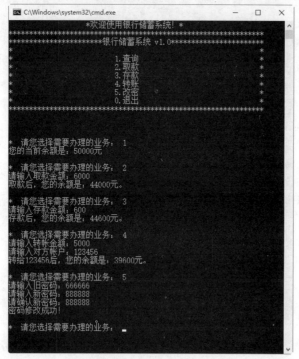

图 20-5　操作界面

图 20-6　退出

第 21 章

C++在移动互联网行业中的应用

 学习指引

随着计算机科学技术的飞速发展，互联网已经遍布到全球的每个角落，并且深刻地改变了人们生活的方方面面。像过去那种陈旧的通信方式，都已经不能满足现代生活的需求。为了改变现状，需要设计出更加方便快捷的方式来实现即时通信。本章将以 C++为基础，实现一套简易的局域网聊天系统。

 重点导读

- 了解 socket 编程技术。
- 掌握 TCP 通信模型的基本流程。
- 掌握服务端功能实现方法。
- 掌握客户端功能实现方法。
- 掌握局域网聊天程序运行方法。

21.1　系统功能描述

基于局域网的即时通信工具，实际上是互联网即时通信工具的一个小规模版本。广域网上的即时通信工具，如今一般采用 UDP 或者 TCP 协议体系来实现，例如微信、腾讯 QQ 和新浪 UC 等。这些软件在使用方面各有特色，在实现方面也各有所长，但是它们都是利用各种平台上的网络通信接口，构建基于下层TCP/IP，或者 UDP 协议的软件产品。

21.2　系统功能分析及实现

本章主要讲述通过 C++利用 socket 编程技术、多线程开发技术以及 TCP 协议实现局域网聊天系统的开发。

21.2.1 功能分析

在计算机通信领域，socket 被翻译为"套接字"，它是计算机之间进行通信的一种约定或一种方式。通过 socket 这种约定，一台计算机可以接收其他计算机的数据，也可以向其他计算机发送数据。

对于 socket 编程而言，有两个概念，一个是 ServerSocket，一个是 socket。服务端和客户端之间通过 socket 建立连接，之后它们就可以进行通信了。首先 ServerSocket 将在服务端监听某个端口，当发现客户端有 socket 来试图连接它时，它会 accept 该 Socket 的连接请求，同时在服务端建立一个对应的 socket 与之进行通信。这样就有两个 socket 了，客户端和服务端各一个。

对于 socket 之间的通信其实很简单，服务端往 socket 的输出流里面写东西，客户端就可以通过 socket 的输入流读取对应的内容。socket 与 socket 之间是双向连通的，所以客户端也可以往对应的 socket 输出流里面写东西，然后服务端对应的 socket 的输入流就可以读出对应的内容。

如图 21-1 所示，TCP 通信模型基本流程如下：

```
服务器端------------------------------------------ 客户端
1.创建 socket------------------------------------ 1.创建 socket
2.bind()
3.listen()
4.accept()
等待客户端连接------------------------------------ 2.connect()
5.读数据（ recv ）-------------------------------- 3.写数据（ send ）
6.写数据（ send ）-------------------------------- 4.读数据（ recv ）
7.关闭 socket（ closesocket() ）----------------- 5.关闭 socket（ closesocket() ）
```

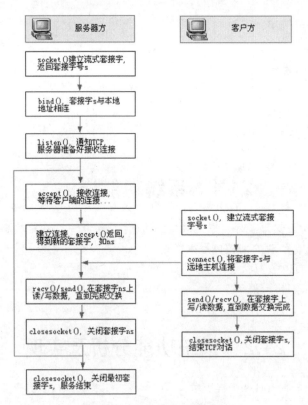

图 21-1　TCP 网络通信模型

21.2.2　功能实现

1. 服务端 server

首先打开 Visual Studio 2017，创建一个源程序，重命名为 server.cpp。

```cpp
#include "stdafx.h"
#include <WinSock2.h>              //windows socket 的头文件
#include <Windows.h>
#include <iostream>
#include <thread>                  //获取当前线程编号的头文件
#include <mutex>                   //多线程初级
#include <process.h>
#pragma comment(lib, "ws2_32.lib") //连接 winsock2.h 的静态库文件
using namespace std;
//定义结构体用来设置
typedef struct my_file
{
    SOCKET clientSocket;          //文件内部包含了一个 SOCKET 用于和客户端进行通信
    sockaddr_in clientAddr;       //用于保存客户端的 socket 地址
    int id;                       //文件块的序号
}F;
DWORD WINAPI transmmit(const LPVOID arg)
{
    F *temp = (F*)arg;
    cout << "=========*进 入 聊 天 室*=========" << endl;
    cout << "等待客户端发送消息..." << endl;
    cout << endl;
    while (true)
    {
        //从客户端处接收数据
        char Buffer[MAXBYTE] = { 0 }; //缓冲区
        //recv 方法 从客户端通过 clientScocket 接收
        recv(temp->clientSocket, Buffer, MAXBYTE, 0);
        cout << "线程:" << temp->id << "\t端口号:"
            << ntohs(temp->clientAddr.sin_port) << endl;
        cout << "客户端:" << Buffer << endl;
        //发送简单的字符串到客户端
        const char* s = "Server file";
        send(temp->clientSocket, s, strlen(s) * sizeof(char) + 1, NULL);
        cout << "线程:" << temp->id << "通过客户端的"
            << ntohs(temp->clientAddr.sin_port) << "号端口发送:" << s << endl;
        cout << "=========*已发送=========*" << endl;
    }
    return 0;
}
int main()
{
    WSADATA wsaData;
    //第一个参数是 winsocket load 的版本号（2.2）
    WSAStartup(MAKEWORD(2, 3), &wsaData);
    //创建服务器端的 socket（协议族，sokcet 类型）
    SOCKET servSocket = socket(AF_INET, SOCK_STREAM, 0);
    /*服务器的 socket 地址,包含 sin_addr 表示 IP 地址,
    sin_port 保持端口号和 sin_zero 填充字节*/
    sockaddr_in servAddr;
    memset(&servAddr, 0, sizeof(SOCKADDR)); //初始化 socket 地址
```

```
    servAddr.sin_family = PF_INET;        //设置使用的协议族
    servAddr.sin_port = htons(2017);      //设置使用的端口
    servAddr.sin_addr.s_addr = inet_addr("127.0.0.1");
    //将之前创建的 servSocket 和端口,IP 地址绑定
    ::bind(servSocket, (SOCKADDR *)&servAddr, sizeof(SOCKADDR));
    HANDLE hThread[20];                   //获取句柄
    listen(servSocket, 20);               //监听服务器端口
    for (int i = 0; i < 20; i++)
    {
        F *temp = new F;                  //创建新的传输结构体
        sockaddr_in clntAddr;
        int nSize = sizeof(SOCKADDR);
        SOCKET clientSock = accept(servSocket, (SOCKADDR*)&clntAddr, &nSize);
        //temp 数据成员赋值
        temp->clientSocket = clientSock;
        temp->id = i + 1;
        temp->clientAddr = clntAddr;
        //通过句柄创建子线程
        hThread[i] = CreateThread(NULL, 0, &transmmit, temp, 0, NULL);
    }
    //等待子线程完成
    WaitForMultipleObjects(20, hThread, TRUE, INFINITE);
    cout << WSAGetLastError() << endl;    //查看错误信息
    //关闭 socket,释放 winsock
    closesocket(servSocket);
    WSACleanup();
    cout << "服务器连接已关闭." << endl;
    system("pause");
    return 0;
}
```

2. 客户端

再次打开 Visual Studio 2017，创建一个源程序，重命名为 client1.cpp。

客户端则只需要创建一个 socket，填写好地址信息，通过 connect()发送连接请求，之后就可以写数据和读数据了，直到数据交换完成。

```
#include "stdafx.h"
#include <WinSock2.h>                     //windows socket 的头文件
#include <Windows.h>
#include <iostream>
#include <thread>
#include <process.h>
#pragma comment(lib, "ws2_32.lib")        //连接 winsock2.h 的静态库文件
using namespace std;
int main()
{
    //加载 winsock 库
    WSADATA wsadata;
    WSAStartup(MAKEWORD(2, 3), &wsadata);
    //客户端 socket
    SOCKET clientSock = socket(PF_INET, SOCK_STREAM, 0);
    //初始化 socket 信息
    sockaddr_in clientAddr;
    memset(&clientAddr, 0, sizeof(SOCKADDR));
    clientAddr.sin_addr.s_addr = inet_addr("127.0.0.1");
    clientAddr.sin_family = PF_INET;
    clientAddr.sin_port = htons(2017);
    //建立连接
```

```
            connect(clientSock, (SOCKADDR*)&clientAddr, sizeof(SOCKADDR));
            cout << "==========*已进入聊天室*==========" << endl;
            while (true)
            {
            char* s = new char[100];
            cout << "小天: ";
            cin >> s;
            send(clientSock, s, strlen(s) * sizeof(char) + 1, NULL);
            cout << "==========*发 送 成 功*==========" << endl;
        }
        system("pause");
        char Buffer[MAXBYTE] = { 0 };
        recv(clientSock, Buffer, MAXBYTE, 0);
        cout << "通过端口:" << ntohs(clientAddr.sin_port)
        << "接收到:" << Buffer << endl;
        closesocket(clientSock);
        WSACleanup();
        cout << "客户端连接已关闭." << endl;
        system("pause");
        return 0;
}
```

这里将 TCP 最大监听连接数设置成了 20，表示最多可以同时接受 20 个连接请求。

3. 客户端

再次打开 Visual Studio 2017，创建一个源程序，重命名为 client2.cpp，第二个客户端与第一个客户端内容相似。

```
#include "stdafx.h"
#include <WinSock2.h>                      //windows socket 的头文件
#include <Windows.h>
#include <iostream>
#include <thread>
#include <process.h>
#pragma comment(lib, "ws2_32.lib")        //连接 winsock2.h 的静态库文件
using namespace std;
int main()
{
    //加载 winsock 库
    WSADATA wsadata;
    WSAStartup(MAKEWORD(2, 3), &wsadata);
    //客户端 socket
    SOCKET clientSock = socket(PF_INET, SOCK_STREAM, 0);
    //初始化 socket 信息
    sockaddr_in clientAddr;
    memset(&clientAddr, 0, sizeof(SOCKADDR));
    clientAddr.sin_addr.s_addr = inet_addr("127.0.0.1");
    clientAddr.sin_family = PF_INET;
    clientAddr.sin_port = htons(2017);
    //建立连接
    connect(clientSock, (SOCKADDR*)&clientAddr, sizeof(SOCKADDR));
    cout << "==========*已进入聊天室*==========" << endl;
    while (true)
    {
char* s = new char[100];
        cout << "小明: ";
        cin >> s;
        send(clientSock, s, strlen(s) * sizeof(char) + 1, NULL);
        cout << "==========*发 送 成 功*==========" << endl;
```

```
    }
    char Buffer[MAXBYTE] = { 0 };
    recv(clientSock, Buffer, MAXBYTE, 0);
    cout << "通过端口:" << ntohs(clientAddr.sin_port)
    << "接收到:" << Buffer << endl;
    closesocket(clientSock);
    WSACleanup();
    cout << "客户端连接已关闭." << endl;
    system("pause");
    return 0;
}
```

21.2.3　程序运行

将 server.cpp、client1.cpp 与 client2.cpp 分别编译为 server.exe、client1.exe 与 client2.exe，先运行 server.exe，再运行 client1.exe 与 client2.exe。

（1）客户端 client1.cpp 与 client2.cpp 分别进入聊天室进行通信，如图 21-2 和图 21-3 所示。

图 21-2　client1.cpp

图 21-3　client2.cpp

（2）服务端显示聊天内容，如图 21-4 所示。

图 21-4　server.cpp

第6篇

项目实践

在本篇中，将综合前面所学的各种知识技能以及高级开发技巧来开发各类 C 语言程序和项目，包括：简易计算器、学生信息查询系统等。通过本篇的学习，读者将对 C++语言编程在项目开发中的实际应用拥有切身的体会，为日后进行前端开发积累下项目管理及实践开发经验。

- **第 22 章** 项目实践案例 1——简易计算器
- **第 23 章** 项目实践案例 2——学生信息查询系统

第 22 章
项目实践案例 1——简易计算器

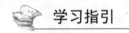 学习指引

本章以简易计算器为例,系统介绍通过 C++语言进行应用程序开发的流程。通过本例的练习,加深读者对 C++语言的界面操作,完成逻辑封装等较为简单的界面编程任务,提高自身编程技能。

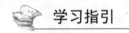 重点导读

- 掌握使用 C++面向对象的设计方法和思路。
- 学习面向对象语言的编程技巧和特点。
- 掌握 Windows 客户端界面程序的设计与编程方法。
- 掌握 C++异常处理机制和处理,能够设计自定义类。
- 掌握基本 Ui 控件及事件处理方式。

22.1 需求及功能分析

该案例介绍一个简单的计算器程序,能计算整数的加、减、乘、除功能,在 Visual C++ 2017 环境下开发完成所有功能点。

该案例的功能点较为简单,主要包含整型数字的运算计算和顺序表达式计算,其中顺序表达式计算逻辑处理较为复杂。该案例的计算器基本界面上的控件主要包括"+、-、x、/、1、2、3、4、5、6、7、8、9、0、C、="这几个最基本的选项按钮,以及界面下方的历史记录展示框 Ui 部分;该项目中对录入处理和异常处理机制作了代码层面的封装,特别是对于"除以零"的错误进行了异常捕获和异常处理。

整个系统的功能结构图如图 22-1 所示。

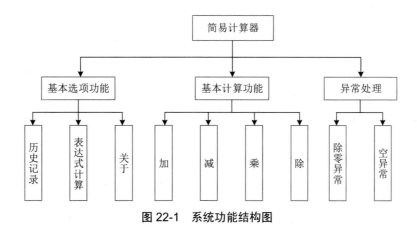

图 22-1　系统功能结构图

22.2　系统功能分析及实现

该系统实现了计算器的最简单的加、减、乘、除功能。下面讲述各个核心文件是如何实现的。

22.2.1　封装系统的各个处理功能

SimpleCalculator.h 和 SimpleCalculator.cpp 代码文件封装了整个计算器程序的异常处理、基本运算和操作符处理功能。

SimpleCalculator.h 的代码如下：

```cpp
#pragma once
#include <vector>
#include <exception>
using namespace std;
class BaseException : public exception
{
public:
    enum class TypeOfException : char
    {
        None = 0, DividedByZero
    };
    BaseException(string exceptionMsgWhat,
        TypeOfException typeOfException)
        : mExceptionMsgWhat(exceptionMsgWhat),
        mTypeOfException(typeOfException)
    {
    }
    virtual const char* what() const throw()
    {
        return mExceptionMsgWhat.c_str();
    }
private:
    string mExceptionMsgWhat;

    TypeOfException mTypeOfException
    {
        TypeOfException::None
    };
};
class SimpleCalculator
{
```

```cpp
public:
    //操作类型:加、减、乘、除、数字、清空等
    enum class ComputeType : char
    {
        Number, Plus, Minus, Multiply, Divide, Equals, None
    };
    struct Operation
    {
        ComputeType computeType;
        double value;
    };
    //重置
    void reset();
    bool addInput(const Operation& input);
    bool hasLeftTermValue() const
    {
        return mLeftTerm.hasValue();
    }
    bool hasLeftExpressionValue() const
    {
        return mLeftExpression.hasValue();
    }
    bool isOperation(ComputeType computeType) const;
    int getOperationsSize()
    {
        return static_cast<int>(mComputeTypes.size());
    }
    double getCurrentResult() const;

    Operation getLastInput() const;
    const Operation& getOperation(int i)
    {
        return mComputeTypes.at(i);
    }
private:
    bool isOprationTerm(ComputeType computeType) const;
    bool isOprationExpression(ComputeType computeType) const;

    ComputeType getLastOperation();

    class LeftExpression
    {
    public:
        void reset();
        void set(double value);
        void add(double value);
        double getValue() const { return mValue; }
        bool hasValue() const { return mHasValue; }
    private:
        bool mHasValue = false;
        double mValue = 0.0;
    };

    class LeftTerm
    {
    public:
        void reset();
        void set(double value);
        void multiplyBy(double value);
        double getValue() const { return mValue; }
        bool hasValue() const { return mHasValue; }
    private:
        bool mHasValue = false;
        double mValue;
    };
    vector<Operation> mComputeTypes;
```

```
        LeftExpression mLeftExpression;
        LeftTerm mLeftTerm;
};

inline void SimpleCalculator::LeftExpression::reset()
{
    mHasValue = false;
    mValue = 0.0;
}

inline void SimpleCalculator::LeftExpression::set(double value)
{
    mHasValue = true;
    mValue = value;
}
inline void SimpleCalculator::LeftExpression::add(double value)
{
    set(mValue + value);
}
inline void SimpleCalculator::LeftTerm::reset()
{
    mHasValue = false;
    mValue = 0.0;
}
inline void SimpleCalculator::LeftTerm::set(double value)
{
    mHasValue = true;
    mValue = value;
}
inline void SimpleCalculator::LeftTerm::multiplyBy(double value)
{
    set(mValue * value);
}
```

SimpleCalculator.cpp 的代码如下：

```
#include "stdafx.h"
#include "SimpleCalculator.h"
SimpleCalculator::Operation SimpleCalculator::getLastInput() const
{
    return mComputeTypes.size() <= 0 ?
        Operation{ComputeType::None, 0.0} : mComputeTypes.back();
}

void SimpleCalculator::reset()
{
    mLeftExpression.reset();
    mLeftTerm.reset();
    mComputeTypes.clear();
}

bool SimpleCalculator::isOperation(ComputeType computeType) const
{
    return (computeType == ComputeType::Plus ||
        computeType == ComputeType::Minus ||
        computeType == ComputeType::Multiply ||
        computeType == ComputeType::Divide ||
        computeType == ComputeType::Equals);
}

bool SimpleCalculator::isOprationTerm(ComputeType computeType) const
{
    return (computeType == ComputeType::Multiply ||
        computeType == ComputeType::Divide);
}

bool SimpleCalculator::isOprationExpression(ComputeType computeType) const
```

```
{
    return (computeType == ComputeType::Plus ||
        computeType == ComputeType::Minus);
}

SimpleCalculator::ComputeType SimpleCalculator::getLastOperation()
{
    for (auto operation = mComputeTypes.rbegin();
        operation != mComputeTypes.rend(); ++operation)
    {
        if (isOperation(operation->computeType))
        {
            return operation->computeType;
        }
    }

    return ComputeType::None;
}

double SimpleCalculator::getCurrentResult() const
{
    return mLeftExpression.hasValue() ?
        mLeftExpression.getValue() : mLeftTerm.getValue();
}

bool SimpleCalculator::addInput(const Operation& input)
{
    const SimpleCalculator::Operation lastInput = getLastInput();

    if (input.computeType == ComputeType::Number)
    {
        if (lastInput.computeType != ComputeType::Number)
        {
            mComputeTypes.push_back(input);
        }
    }
    else if (isOperation(input.computeType))
    {
        if (lastInput.computeType == ComputeType::Number)
        {
            ComputeType lastOperation = getLastOperation();
            switch (lastOperation)
            {
            case ComputeType::Plus:
                if (isOprationExpression(input.computeType)
                    || input.computeType == ComputeType::Equals)
                {
                    mLeftExpression.add(lastInput.value);
                    mLeftTerm.reset();
                }
                else if (isOprationTerm(input.computeType))
                {
                    mLeftTerm.set(lastInput.value);
                }

                break;
            case ComputeType::Minus:
                if (isOprationExpression(input.computeType) ||
                    input.computeType == ComputeType::Equals)
                {
                    mLeftExpression.add(-lastInput.value);
                    mLeftTerm.reset();
                }
                else if (isOprationTerm(input.computeType))
                {
                    mLeftTerm.set(-lastInput.value);
                }
```

```
      break;
case ComputeType::Multiply:
   if (isOprationExpression(input.computeType) ||
      input.computeType == ComputeType::Equals)
   {
      mLeftExpression.add(mLeftTerm.getValue()
         * lastInput.value);
      mLeftTerm.reset();
   }
   else if (isOprationTerm(input.computeType))
   {
      mLeftTerm.multiplyBy(lastInput.value);
   }

   break;
case ComputeType::Divide:
   if (isOprationExpression(input.computeType) ||
      input.computeType == ComputeType::Equals)
   {
      if (lastInput.value == 0.0)
      {
         BaseException divByZeroException("发生错误：除数不为零！",
            BaseException::TypeOfException::DividedByZero);
         throw divByZeroException;
      }
      else
      {
         mLeftExpression.add(
            mLeftTerm.getValue() / lastInput.value);
         mLeftTerm.reset();
      }
   }
   else if (isOprationTerm(input.computeType))
   {
      mLeftTerm.multiplyBy(1.0 / lastInput.value);
   }

   break;
case ComputeType::Equals:
   if (isOprationTerm(input.computeType))
   {
      mLeftExpression.reset();
      mLeftTerm.set(lastInput.value);
   }
   else if (isOprationExpression(input.computeType))
   {
      mLeftExpression.set(lastInput.value);
      mLeftTerm.reset();
   }

   break;
case ComputeType::None:
   if (isOprationTerm(input.computeType))
   {
      mLeftExpression.reset();
      mLeftTerm.set(lastInput.value);
   }
   else if (isOprationExpression(input.computeType))
   {
      mLeftExpression.set(lastInput.value);
      mLeftTerm.reset();
   }

   break;
}
```

```
        mComputeTypes.push_back(input);
        return true;
    }
  }

  return false;
}
```

22.2.2　定义功能键和事件处理功能

SimpleCalculatorDlg.h 和 SimpleCalculatorDlg.cpp 分别定义和实现了计算器程序界面上的各个功能键的 Ui 控件和事件处理功能。

SimpleCalculatorDlg.h 的代码如下：

```cpp
#pragma once
#include <memory>
#include "afxwin.h"
#include "SimpleCalculator.h"
class CSimpleCalculatorDlg : public CDialogEx
{
public:
    CSimpleCalculatorDlg(CWnd* pParent = NULL);
#ifdef AFX_DESIGN_TIME
    enum { IDD = IDD_CALCULATOR_DIALOG };
#endif
protected:
    virtual void DoDataExchange(CDataExchange* pDX);    //DDX/DDV support
protected:
    HICON mHIcon;
    virtual BOOL OnInitDialog();
    afx_msg void OnSysCommand(UINT nID, LPARAM lParam);
    afx_msg void OnPaint();
    afx_msg HCURSOR OnQueryDragIcon();
    DECLARE_MESSAGE_MAP()
public:
    afx_msg void OnBnClickedButton1();
    afx_msg void OnBnClickedButton2();
    afx_msg void OnBnClickedButton3();
    afx_msg void OnBnClickedButton0();
    afx_msg void OnBnClickedButton4();
    afx_msg void OnBnClickedButton5();
    afx_msg void OnBnClickedButton6();
    afx_msg void OnBnClickedButton7();
    afx_msg void OnBnClickedButton8();
    afx_msg void OnBnClickedButton9();
    afx_msg void OnBnClickedButtonPlus();
    afx_msg void OnBnClickedButtonEquals();
    afx_msg void OnBnClickedButtonC();
    afx_msg void OnBnClickedButtonDivide();
    afx_msg void OnBnClickedButtonMultiply();
    afx_msg void OnBnClickedButtonMinus();
    afx_msg HBRUSH OnCtlColor(CDC* pDC, CWnd* pWnd, UINT nCtlColor);
private:
    bool mIsErrorInput = false;
    void resetOutput();
    void reset();
    void addDigit(char digit);
    void doOperation(SimpleCalculator::ComputeType operation, bool handleNumber = true);
    void createHistoryText();
    BOOL mIsFirstDigitEntered = FALSE;
    const CString mOutputResetString{ "0" };
    SimpleCalculator m_calculator;
```

```
    CString mOutputString;
    CString mHistoryText;
    CFont mFonts;
    CFont mHistoryFonts;

    CEdit mEditResult;
    CEdit mEditHistory;

    CButton mButton0;
    CButton mButton1;
    CButton mButton2;
    CButton mButton3;
    CButton mButton4;
    CButton mButton5;
    CButton mButton6;
    CButton mButton7;
    CButton mButton8;
    CButton mButton9;
    CButton mButtonPlus;
    CButton mButtonEquals;
    CButton mButtonC;
    CButton mButtonMinus;
    CButton mButtonMultiply;
    CButton mButtonDivide;
    unique_ptr<CBrush> mHistoryBrush;
    COLORREF mHistoryColor;
public:
    afx_msg void OnEnChangeEditHistory();
};
```

SimpleCalculatorDlg.cpp 的代码请参照本书源代码，这里不再讲述。

22.2.3　主程序和窗体界面绘制

SimpleCalculatorApp.h 和 SimpleCalculatorApp.cpp 代码文件是整个计算器程序主控函数的定义和实现，完成程序运行的实例初始化和 Windows 窗体界面的绘制功能。

SimpleCalculatorApp.h 的代码如下：

```
//SimpleCalculatorApp.h

#pragma once

#ifndef __AFXWIN_H__
#error "include 'stdafx.h' before including this file for PCH"
#endif

#include "resource.h"

//主程序类
class CSimpleCalculatorApp : public CWinApp
{
public:
    CSimpleCalculatorApp();
    virtual BOOL InitInstance();
    DECLARE_MESSAGE_MAP()
};
extern CSimpleCalculatorApp theCalculatorApp;
```

SimpleCalculatorApp.cpp 的代码如下：

```
#include "stdafx.h"
#include "SimpleCalculatorApp.h"
#include "SimpleCalculatorDlg.h"
```

```
#ifdef _DEBUG
#define new DEBUG_NEW
#endif
BEGIN_MESSAGE_MAP(CSimpleCalculatorApp, CWinApp)
    ON_COMMAND(ID_HELP, &CWinApp::OnHelp)
END_MESSAGE_MAP()
CSimpleCalculatorApp::CSimpleCalculatorApp()
{
    //support Restart Manager
    m_dwRestartManagerSupportFlags = AFX_RESTART_MANAGER_SUPPORT_RESTART;

    //TODO: add construction code here,
    //Place all significant initialization in InitInstance
}
CSimpleCalculatorApp theCalculatorApp;
//初始化
BOOL CSimpleCalculatorApp::InitInstance()
{
    //InitCommonControlsEx() is required on Windows XP if an application
    //manifest specifies use of ComCtl32.dll version 6 or later to enable
    //visual styles.  Otherwise, any window creation will fail.
    INITCOMMONCONTROLSEX InitCtrls;
    InitCtrls.dwSize = sizeof(InitCtrls);
    //Set this to include all the common control classes you want to use
    //in your application.
    InitCtrls.dwICC = ICC_WIN95_CLASSES;
    InitCommonControlsEx(&InitCtrls);
    CWinApp::InitInstance();
    AfxEnableControlContainer();
    //Create the shell manager, in case the dialog contains
    //any shell tree view or shell list view controls.
    CShellManager *pShellManager = new CShellManager;

    //Activate "Windows Native" visual manager for enabling themes in MFC controls
    CMFCVisualManager::SetDefaultManager(RUNTIME_CLASS(CMFCVisualManagerWindows));
    //Standard initialization
    //If you are not using these features and wish to reduce the size
    //of your final executable, you should remove from the following
    //the specific initialization routines you do not need
    //Change the registry key under which our settings are stored
    //TODO: You should modify this string to be something appropriate
    //such as the name of your company or organization
    SetRegistryKey(_T("Local AppWizard-Generated Applications"));
    CSimpleCalculatorDlg dlg;
    m_pMainWnd = &dlg;
    INT_PTR nResponse = dlg.DoModal();
    if (nResponse == IDOK)
    {
        //TODO: Place code here to handle when the dialog is
        //dismissed with OK
    }
    else if (nResponse == IDCANCEL)
    {
        //TODO: Place code here to handle when the dialog is
        //dismissed with Cancel
    }
    else if (nResponse == -1)
    {
        TRACE(traceAppMsg, 0, "Warning: dialog creation failed, so application is terminating
unexpectedly.\n");
        TRACE(traceAppMsg, 0, "Warning: if you are using MFC controls on the dialog, you cannot
#define _AFX_NO_MFC_CONTROLS_IN_DIALOGS.\n");
    }
```

```
//Delete the shell manager created above.
if (pShellManager != NULL)
{
    delete pShellManager;
}
//Since the dialog has been closed, return FALSE so that we exit the
//application, rather than start the application's message pump.
return FALSE;
}
```

22.2.4 其他文件

除了上述核心文件以外，还有其他文件，包括 resource.h、StdAfx.h 和 tdAfx.cpp。它们的作用如下：

（1）resource.h 是标准头文件，它定义新的资源 ID。

（2）StdAfx.h 和 tdAfx.cpp 文件用于生成名为 MySerVer.pch 的预编译头（PCH）文件和名为 StdAfx.obj 的预编译类型文件。

上述文件的代码请参照本系统的相关代码，这里不再重述。

22.3 系统运行与测试

到了这里，整个计算器系统就基本设计好了，现在就来看看设计的成果。

运行主程序后，直接展示计算器的主功能界面，如图 22-2 所示。

通过鼠标点击功能区的各个功能按键，实现基本的加减乘除操作。例如这里运算 7+8 的值，如图 22-3 所示。

图 22-2 计算器的主界面

图 22-3 基本计算功能展示

单击 C 键，可以实现清除功能，如图 22-4 所示。

如果除数为 0，将会提示"除零"异常，如图 22-5 所示。

图 22-4 清除功能展示

图 22-5 除零异常功能展示

计算复杂的表达式功能，如图 22-6 所示。

实现大数间的运算功能，如图 22-7 所示。

图 22-6 表达式计算

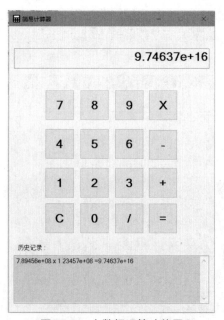

图 22-7 大数间运算功能展示

第23章

项目实践案例 2——学生信息查询系统

学习指引

在各类学校中，学生信息管理都是一个非常重要的问题，传统的信息管理记录和保存都非常困难，而且容易出错，查询也非常不方便。因此，在当今信息时代，学生信息管理系统就应运而生了。它主要提供登录及验证、校公告信息浏览、学生成绩查询、四六级报名查分、账号信息修改等功能。本章通过编写学生信息管理系统程序，进一步巩固 C++语言的使用方法。

重点导读

- 掌握学生信息管理系统的功能分析方法。
- 掌握学生信息管理系统的数据库设计方法。
- 掌握学生信息管理系统的功能实现方法。
- 掌握学生信息管理系统的运行和测试方法。

23.1 学生信息管理系统分析

该案例介绍一个学生信息自助查询系统，整个系统在 Visual Studio 2017 开发环境下完成。整个系统主要包括系统登录及验证、校公告信息浏览、学生成绩查询、四六级报名查分、账号信息修改这 5 个功能模块，其功能结构图如图 23-1 所示。

系统中的各个界面功能如下：

（1）登录界面：后台数据库中默认分配了一个账号和密码分别为：20151001234 和 123456 的账号，账号的拥有者是"小明"同学。当在登录界面，用户可以通过输入用户名和密码进行登录，登录信息与后台数据库进行匹配，匹配正确则登录成功，否则，系统提示登录失败。

（2）校公告界面：用户登录成功后，首先显示的校公告信息，包括公告序号、发布时间、年级及内容信息；点击每条公告可进入公告详情界面，展示详细的公告内容。

（3）四六级操作界面：在导航栏"四六级"选项上包括四六级报名、报名查看、分数查询 3 个子选项，点击每一个子选项进入相应的界面，分别完成四六级报名、报名信息查看和历史分数查询功能。

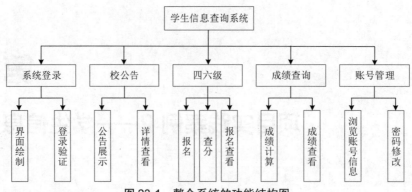

图 23-1　整个系统的功能结构图

（4）成绩查询界面：点击导航栏的"成绩查看"界面，将显示学生所有课程的修课状态、学分、课程编号、分数等信息。

（5）账号管理界面：点击导航栏的"账号管理"按钮，系统弹出"修改密码"子选项，进入后可以进行登录密码修改操作，操作后密码信息在数据库中同步更新。

23.2　数据库设计

学生信息管理系统中的所有信息都存放在 SQL Server 2016 数据库中。该系统总共设计了 6 张数据表：四六级分数表、课程表、公告信息表、学生表、学生四六级信息表、学生课程信息表，见表 23-1～表 23-6。

表 23-1　四六级分数表

CET_Score	
列　　名	数 据 类 型
RegisterTime	char
Student_No	char
CET_Name	int
Score	int

表 23-2　课程表

Courses	
列　　名	数 据 类 型
Course_No	char
Course_Name	char
Course_Credit	double

表 23-3　公告信息表

Info	
列　名	数 据 类 型
Info_No	int
Info_Grade	char
Info_Time	datetime
Info_Notice	char

表 23-4　学生表

Students	
列　名	数 据 类 型
Student_No	char
Student_Name	char
Student_Sex	char
Student_Code	char

表 23-5　学生四六级信息表

Students_CET	
列　名	数 据 类 型
Student_No	char
CET_Name	char

表 23-6　学生课程信息表

Students_Courses	
列　名	数 据 类 型
Student_No	char
Course_No	char
Score	int

23.3　系统功能分析及实现

该案例的代码按照 C++语言的头文件 ".h" 和实现文件 ".cpp" 的方式进行组织，总共包含 17 个头文件和 16 个实现文件。下面按不同的功能分别介绍。

23.3.1 系统登录模块

系统登录模块包含两个文件。LogIn.h 和 LogIn.cpp 分别定义和实现了登录相关的功能。

LogIn.h 的代码如下：

```
#ifndef LOGIN_H
#define LOGIN_H
#include "afxwin.h"
#pragma once
//CLogIn 对话框
class CLogIn : public CDialogEx
{
    DECLARE_DYNAMIC(CLogIn)
public:
    CLogIn(CWnd* pParent = NULL);    //标准构造函数
    virtual ~CLogIn();
    //对话框数据
    enum { IDD = IDD_LOGIN };
protected:
    virtual void DoDataExchange(CDataExchange* pDX);    //DDX/DDV 支持
    DECLARE_MESSAGE_MAP()
private:
    CString mPwd;
    CString mNo;
public:
    afx_msg void OnBnClickedOk();
};
#endif
```

LogIn.cpp 的代码如下：

```
//LogIn.cpp : 实现文件
#include "stdafx.h"
#include "StudentSystem.h"
#include "LogIn.h"
#include "afxdialogex.h"
#include "DataBase.h"
#include "User.h"
//CLogIn 对话框
extern User user;
IMPLEMENT_DYNAMIC(CLogIn, CDialogEx)

CLogIn::CLogIn(CWnd* pParent /*=NULL*/)
    : CDialogEx(CLogIn::IDD, pParent)
    , mPwd(_T(""))
    , mNo(_T(""))
{
}
CLogIn::~CLogIn()
{
}
void CLogIn::DoDataExchange(CDataExchange* pDX)
{
    CDialogEx::DoDataExchange(pDX);
    DDX_Text(pDX, IDC_PASSWORD, mPwd);
    DDX_Text(pDX, IDC_STU_NO, mNo);
}
BEGIN_MESSAGE_MAP(CLogIn, CDialogEx)
```

```
    ON_BN_CLICKED(IDOK, &CLogIn::OnBnClickedOk)
END_MESSAGE_MAP()
//CLogIn 消息处理程序
void CLogIn::OnBnClickedOk()
{
    //TODO:  在此添加控件通知处理程序代码
    UpdateData(TRUE);
    CString grade;
    if (mNo.IsEmpty() || mPwd.IsEmpty())
    {
        AfxMessageBox(L"账号和密码不能为空！");
    }
    user.SetNo(mNo);
    user.SetPwd(mPwd);
    if (user.LogIn())
    {
        CDialogEx::OnOK();
    }
    else
    {
        AfxMessageBox(L"登录失败,请重试！");
    }
}
```

23.3.2　校公告模块

校公告模块包含 4 个文件。Notice.h、Notice.cpp、NoticeInfo.h、NoticeInfo.cpp 分别定义和实现了校公告浏览和详情可查看的功能。

Notice.h 的代码如下：

```
#ifndef NOTICE_H
#define NOTICE_H
#include <vector>
using namespace std;
#pragma once
struct NoticeItem
{
    DATE time;
    CString grade;
    CString content;
};
class Notice
{
public:
    Notice();
    ~Notice();
    void GetAllNotice();
    NoticeItem GetNotice(int i);
    void MoveFirst();
    void MoveNext();
    void MovePrevious();
    void MoveLast();
    bool GetEndOfNotice();
public:
    NoticeItem currentNotice;
private:
    int cur;
```

```
        vector<NoticeItem> mNotice;
};
#endif
```

Notice.cpp 的代码如下：

```
#include "stdafx.h"
#include "Notice.h"
#include "DataBase.h"
Notice::Notice()
{
}
Notice::~Notice()
{
}
void Notice::GetAllNotice()
{
    DataBase ado;
    CString sql;
    NoticeItem item;
    sql.Format(L"select * from Info order by Info_No desc");
    try
    {
        ado.GetRecordSet((_bstr_t)sql);
        if (ado.HaveRset())
        {
            _variant_t vValue;
            ado.mRecordsetPtr->MoveFirst();
            while (!ado.mRecordsetPtr->GetEndOfFile())
            {
                vValue = ado.mRecordsetPtr->GetCollect("Info_Time");
                if (vValue.vt == VT_NULL)
                    item.time = 0;
                else
                    item.time = vValue;
                vValue = ado.mRecordsetPtr->GetCollect("Info_Grade");
                if (vValue.vt == VT_NULL)
                    item.grade = "";
                else
                    item.grade = vValue;
                vValue = ado.mRecordsetPtr->GetCollect("Info_Notice");
                if (vValue.vt == VT_NULL)
                    item.content = "";
                else
                    item.content = vValue;
                mNotice.push_back(item);
                ado.mRecordsetPtr->MoveNext();
            }
        }
    }
    catch (_com_error &e)
    {
        AfxMessageBox(e.Description());
    }
}
NoticeItem Notice::GetNotice(int i)
{
    return mNotice.at(i);
}
void Notice::MoveFirst()
{
```

```
    cur = 0;
    currentNotice = mNotice.at(cur);
}
void Notice::MoveNext()
{
    ++cur;
    if (cur < mNotice.size())
        currentNotice = mNotice.at(cur);
}
void Notice::MovePrevious()
{
    --cur;
    if (cur >= 0)
        currentNotice = mNotice.at(cur);
}
void Notice::MoveLast()
{
    cur = mNotice.size() - 1;
    currentNotice = mNotice.at(cur);
}
bool Notice::GetEndOfNotice()
{
    if (cur == mNotice.size())
        return TRUE;
    else
        return FALSE;
}
#ifndef LOGIN_H
```

NoticeInfo.h 和 NoticeInfo.cpp 可以参照本书的源代码，这里不再讲述。

23.3.3　成绩管理模块

成绩管理模块包含 6 个文件。Course.h、Course.cpp、NormalScoreViewDlg.h、NormalScoreViewDlg.cpp、NormalScore.h、NormalScore.cpp 分别定义和实现了学生成绩查询功能。

Course.h 的代码如下：

```
#ifndef COURSE_H
#define COURSE_H
#pragma once
class Course
{
public:
    Course();
    ~Course();

    CString GetCourseNo();
    CString GetCourseName();
    double GetCourseCredit();
    CString GetCourseType();
    int GetCourseNum();
    void SetCourseNo(CString no);
    void SetCourseName(CString name);
    void SetCourseCredit(double credit);
    void SetCourseNum(int num);
    void SetCourseScore(int score);
    int GetCourseScore();
private:
```

```
    CString cNo;
    CString cName;
    double cCredit;
    int cScore;
    CString cType;
    int cNum;
};
#endif
```

Course.cpp 的代码如下：

```cpp
#include "DataBase.h"
#include "User.h"
extern User user;
Course::Course()
:cCredit(0)
{
}

Course::~Course()
{
}
CString Course::GetCourseNo()
{
    return cNo;
}

CString Course::GetCourseName()
{
    return cName;
}
double Course::GetCourseCredit()
{
    return cCredit;
}
CString Course::GetCourseType()
{
    return cType;
}
void Course::SetCourseNo(CString no)
{
    cNo = no;
}

void Course::SetCourseName(CString name)
{
    cName = name;
}
void Course::SetCourseCredit(double credit)
{
    cCredit = credit;
}

void Course::SetCourseNum(int num)
{
    cNum = num;
}
int Course::GetCourseNum()
{
    return cNum;
}
```

```
void Course::SetCourseScore(int score)
{
    cScore = score;
}
int Course::GetCourseScore()
{
    return cScore;
}
```

NormalScoreViewDlg.h、NormalScoreViewDlg.cpp、NormalScore.h、NormalScore.cpp 的代码可以参照本书的源代码，这里不再讲述。

23.3.4　四六级管理模块

四六级管理模块包含 8 个文件。CET.h、CET.cpp、CETScoreDlg.h、CETScoreDlg.cpp、CETViewDlg.h、CETViewDlg.cpp、CETDlg.h、CETDlg.cpp 分别定义和实现了四六级报名、报名查看、历史成绩查询功能。

CET.h 的代码如下：

```
#ifndef CET_H
#define CET_H
#pragma once
#include "vector"
using namespace std;
class CETScore
{
private:
    CString mType;
    int mScore;
    CString mTime;
public:
    void SetType(CString type){
        mType = type;
    }
    CString GetType(){
        return mType;
    }
    void SetScore(int score){
        mScore = score;
    }
    int GetScore(){
        return mScore;
    }
    void SetTime(CString time){
        mTime = time;
    }
    CString GetTime(){
        return mTime;
    }
};
class CET
{
public:
    CET();
    ~CET();
    //bool IsLock();
    bool Register();
    void SetType(CString type);
    vector<CString> GetRegisterInfo();
```

```
        vector<CETScore> GetCETScore();
        bool DeleteRegister(CString type);
    private:
        CString mType;
        vector<CETScore> mCETScore;
    };
    #endif
```

CET.cpp 的代码如下：

```
//CET.cpp
#include "stdafx.h"
#include "CET.h"
#include "Database.h"
#include "User.h"
extern User user;
CET::CET()
{
}
CET::~CET()
{
}
bool CET::Register()
{
    DataBase ado;
    CString sql;
    sql.Format(L"insert into Students_CET(Student_No, CET_Name) values('%s', '%s')", user.
GetNo(), mType);
    return ado.ExecuteSQL((_bstr_t)sql);
}
vector<CETScore> CET::GetCETScore()
{
    if (mCETScore.size() == 0)
    {
        DataBase ado;
        CString sql;
        sql.Format(L"select * from CET_Score where Student_No = '%s' order by RegisterTime", user.
GetNo());
        try
        {
            ado.GetRecordSet((_bstr_t)sql);
            if (ado.HaveRset())
            {
                CETScore tt;
                ado.mRecordsetPtr->MoveFirst();
                while (!ado.mRecordsetPtr->GetEndOfFile())
                {
                    tt.SetTime(ado.mRecordsetPtr->GetCollect("RegisterTime"));
                    tt.SetType(ado.mRecordsetPtr->GetCollect("CET_Name"));
                    tt.SetScore(ado.mRecordsetPtr->GetCollect("Score"));
                    mCETScore.push_back(tt);
                    ado.mRecordsetPtr->MoveNext();
                }
            }
        }
        catch (_com_error &e)
        {
            AfxMessageBox(e.Description());
        }
```

```
    }
    return mCETScore;
}
vector<CString> CET::GetRegisterInfo()
{
    DataBase ado;
    CString sql;
    vector<CString> info;
    sql.Format(L"select * from Students_CET where Student_No = '%s'", user.GetNo());
    try
    {
        ado.GetRecordSet((_bstr_t)sql);
        if (ado.HaveRset())
        {
            CString tt;
            ado.mRecordsetPtr->MoveFirst();
            while (!ado.mRecordsetPtr->GetEndOfFile())
            {
                tt = ado.mRecordsetPtr->GetCollect("CET_Name");
                info.push_back(tt);
                ado.mRecordsetPtr->MoveNext();
            }
        }
    }
    catch (_com_error &e)
    {
        AfxMessageBox(e.Description());
    }
    return info;
}
bool CET::DeleteRegister(CString type)
{
    DataBase ado;
    CString sql;
    sql.Format(L"delete Students_CET where Student_No = '%s' and CET_Name = '%s'", user.GetNo(), type);
    return ado.ExecuteSQL((_bstr_t)sql);
}
void CET::SetType(CString type)
{
    mType = type;
}
```

CETScoreDlg.h、CETScoreDlg.cpp、CETViewDlg.h、CETDlg.h、CETDlg.cpp 的代码可以参照本书的源代码，这里不再讲述。

23.3.5　账号管理模块

账号管理模块包含 4 个文件。ModifyPwd.h、ModifyPwd.cpp、User.h、User.cpp 分别定义和实现了账号管理和密码查询功能。

ModifyPwd.h 的代码如下：

```
#pragma once
//CModifyPwd 对话框
class CModifyPwd : public CDialogEx
{
    DECLARE_DYNAMIC(CModifyPwd)
```

```
public:
    CModifyPwd(CWnd* pParent = NULL);                        //标准构造函数
    virtual ~CModifyPwd();
//对话框数据
    enum { IDD = IDD_MODIFY_PWD };
protected:
    virtual void DoDataExchange(CDataExchange* pDX);          //DDX/DDV 支持
    virtual BOOL OnInitDialog();
    DECLARE_MESSAGE_MAP()
private:
    CString mAccount;
    CString mNewPwd1;
    CString mNewPwd2;
    CString mOldPwd;
public:
    afx_msg void OnBnClickedOk();
};
```

ModifyPwd.cpp 的代码如下：

```
//ModifyPwd.cpp ：实现文件
#include "stdafx.h"
#include "StudentSystem.h"
#include "ModifyPwd.h"
#include "afxdialogex.h"
#include "User.h"
#include "DataBase.h"
extern User user;
//CModifyPwd 对话框
IMPLEMENT_DYNAMIC(CModifyPwd, CDialogEx)
CModifyPwd::CModifyPwd(CWnd* pParent /*=NULL*/)
    : CDialogEx(CModifyPwd::IDD, pParent)
    , mAccount(_T(""))
    , mNewPwd1(_T(""))
    , mNewPwd2(_T(""))
    , mOldPwd(_T(""))
{
}
CModifyPwd::~CModifyPwd()
{
}
void CModifyPwd::DoDataExchange(CDataExchange* pDX)
{
    CDialogEx::DoDataExchange(pDX);
    DDX_Text(pDX, IDC_MODIFY_ACCOUNT, mAccount);
    DDX_Text(pDX, IDC_MODIFY_NEW_PWD1, mNewPwd1);
    DDX_Text(pDX, IDC_MODIFY_NEW_PWD2, mNewPwd2);
    DDX_Text(pDX, IDC_MODIFY_OLD_PWD, mOldPwd);
}
BEGIN_MESSAGE_MAP(CModifyPwd, CDialogEx)
    ON_BN_CLICKED(IDOK, &CModifyPwd::OnBnClickedOk)
END_MESSAGE_MAP()
//CModifyPwd 消息处理程序
BOOL CModifyPwd::OnInitDialog()
{
    CDialogEx::OnInitDialog();

    mAccount = user.GetNo();
    UpdateData(FALSE);
```

```
    return FALSE;
}
void CModifyPwd::OnBnClickedOk()
{
    //TODO:  在此添加控件通知处理程序代码
    UpdateData(TRUE);
    CString oldPwd;
    oldPwd = user.GetPwd();
    if (mOldPwd.IsEmpty() || mNewPwd1.IsEmpty() || mNewPwd2.IsEmpty())
    {
        AfxMessageBox(L"密码不能为空,请输入! ");
        return;
    }
    if (mNewPwd1 != mNewPwd2)
    {
        AfxMessageBox(L"两次输入密码不一致! ");
        return;
    }
    if (oldPwd != mOldPwd)
    {
        AfxMessageBox(L"原密码错误! ");
        return;
    }
    if (user.ModifyPwd(mNewPwd1))
    {
        AfxMessageBox(L"密码修改成功!");
        CDialogEx::OnOK();
    }
    else
    {
        AfxMessageBox(L"密码修改失败!");
    }
}
```

User.h 和 User.cpp 的代码可以参照本书的源代码，这里不再讲述。

23.3.6　数据库操作模块

数据库操作模块包含两个文件。DataBase.h、DataBase.cpp 分别定义和实现了数据库链接配置、初始化、数据操作等相关功能。

DataBase.h 的代码如下：

```
//DataBase.h
#ifndef DATABASE_H
#define DATABASE_H
#pragma once
class DataBase
{
public:
    _ConnectionPtr mConnectionPtr;
    _RecordsetPtr mRecordsetPtr;
public:
    DataBase();
    ~DataBase();
    void GetRecordSet(_bstr_t bstrSQL);
    bool ExecuteSQL(_bstr_t bstrSQL);
    bool HaveRset();
```

```
private:
    void OnInitADOConn();
    void ExitConnect();
};
#endif
```

DataBase.cpp 的代码如下：

```
//DataBase.cpp
#include "stdafx.h"
#include "DataBase.h"
DataBase::DataBase()
{
    try
    {
        mConnectionPtr.CreateInstance(__uuidof(Connection));
        mRecordsetPtr.CreateInstance(__uuidof(Recordset));
        OnInitADOConn();
    }
    catch (_com_error &e)
    {
        AfxMessageBox(e.Description());
    }
}
DataBase::~DataBase()
{
    ExitConnect();
}
void DataBase::GetRecordSet(_bstr_t bstrSQL)
{
    try
    {
        if (mConnectionPtr == NULL)
        {
            OnInitADOConn();
        }

        if (mRecordsetPtr->State == adStateOpen)
            mRecordsetPtr->Close();
        mRecordsetPtr->Open(bstrSQL, mConnectionPtr.GetInterfacePtr(), adOpenDynamic, adLockOptimistic,
adCmdText);
    }
    catch (_com_error& e)
    {
        AfxMessageBox(e.Description());
    }
}
bool DataBase::ExecuteSQL(_bstr_t bstrSQL)
{
    try
    {
        if (mConnectionPtr == NULL)
        {
            OnInitADOConn();    //初始化连接对象
        }
        mConnectionPtr->Execute(bstrSQL, NULL, adCmdText);    //执行SQL
        return TRUE;
    }
    catch (_com_error &e)
    {
        AfxMessageBox(e.Description());
    }
    return FALSE;
}
```

```
bool DataBase::HaveRset()
{
    if (mRecordsetPtr->BOF && mRecordsetPtr->EndOfFile)
    {
        return FALSE;
    }
    else
    {
        return TRUE;
    }
}
void DataBase::OnInitADOConn()
{
    try
    {
        mConnectionPtr->Open("Provider=SQLOLEDB.1;Password=111111;Persist Security Info=True;
User ID=ca;Initial Catalog=StudentManage;Data Source=125.0.0.1", \
            "", "", adModeUnknown);
    }
    catch (_com_error &e)
    {
        AfxMessageBox(e.Description());
    }
}
void DataBase::ExitConnect()
{
    try
    {
        if (mRecordsetPtr->State == adStateOpen)
        {

            mRecordsetPtr->Close();      //关闭记录集
        }
    }
    catch (_com_error &e)
    {
        AfxMessageBox(e.Description());
    }
    try
    {
        mConnectionPtr->Close();          //关闭连接
    }
    catch (_com_error &e)
    {
        AfxMessageBox(e.Description());
    }
}
```

23.3.7　其他文件

除了上述核心代码以外，系统还包括的文件或文件夹的含义如下。

Resource.h 是标准头文件，它定义新的资源 ID，C++ 读取并更新此文件。

StdAfx.h 和 tdAfx.cpp 文件用于生成名为 MySerVer.pch 的预编译头（PCH）文件和名为 StdAfx.obj 的预编译类型文件。

Res 文件夹下包含了 MFC 界面程序所有的所有资源文件，如图表类、控件设计以及其他说明文档等。

详细的函数功能描述参见代码文件中的注释。

23.4　系统运行与测试

到了这里，整个学生信息管理系统就基本设计好了，现在就来看看设计的成果。

程序运行后直接进入登录界面，默认分配账号和密码为：20151001234 和 123456，登录界面如图 23-2 所示。

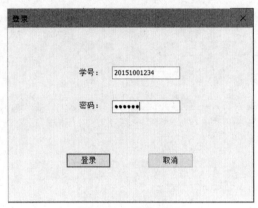

图 23-2　登录界面

如果登录失败，将会提示信息如图 23-3 所示。

图 23-3　登录失败的提示信息

登录成功后，可直接显示校公告界面，如图 23-4 所示。

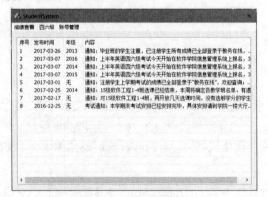

图 23-4　校公告界面

单击不同的校公告的标题，可以显示公告详情，如图 23-5 所示。

图 23-5　校公告及详情界面

选择"四六级"选项可以进行四六级考试报名、报名查看及历史成绩查看操作，具体界面如图 23-6 所示。

报名完成后，单击"提交"按钮，会提示"报名成功"的信息，如图 23-7 所示。

图 23-6　四六级考试报名

图 23-7　报名成功

在已报列表中将会看到报名成功的信息，如图 23-8 所示。

单击"删除"按钮，弹出确认窗口，单击"确定"按钮，即可删除已经报名的信息，如图 23-9 所示。

图 23-8　报名信息

图 23-9　删除报名信息

在主界面中选择"成绩查看"选项，即可进入成绩查看页面，结果如图 23-10 所示。

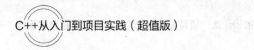

图 23-10　成绩查询界面

在主界面中选择"账号管理"选项，进入修改密码页面，可以修改账号的密码，如图 23-11 所示。

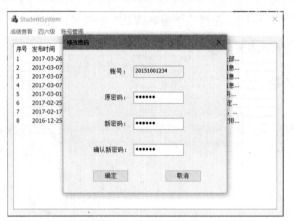

图 23-11　修改密码界面

密码修改完成后，单击"确定"按钮，提示密码修改成功，如图 23-12 所示。

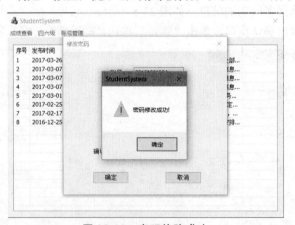

图 23-12　密码修改成功